"十四五"职业教育河南省规划教材

工业机器人离线编程与仿真

主　编　王淑珍　宋黎明
副主编　张庆杰　尹　斌

郑州大学出版社

图书在版编目(CIP)数据

工业机器人离线编程与仿真 / 王淑珍，宋黎明主编. -- 郑州:郑州大学出版社，2024. 5(2026.1 重印)

ISBN 978-7-5773-0155-6

Ⅰ. ①工… Ⅱ. ①王…②宋… Ⅲ. ①工业机器人 - 程序设计②工业机器人 - 计算机仿真 Ⅳ. ①TP242.2

中国国家版本馆 CIP 数据核字(2023)第 254974 号

工业机器人离线编程与仿真

GONGYE JIQIREN LIXIAN BIANCHENG YU FANGZHEN

策划编辑	祁小冬	封面设计	苏永生
责任编辑	吴 波	版式设计	王 微
责任校对	李 香	责任监制	朱亚君
出版发行	郑州大学出版社	地 址	河南省郑州市高新技术开发区长椿路 11 号(450001)
经 销	全国新华书店		
发行电话	0371-66966070	网 址	http://www.zzup.cn
印 刷	郑州尚品数码快印有限公司		
开 本	787 mm×1 092 mm 1 / 16		
印 张	20.25	字 数	482 千字
版 次	2024 年 5 月第 1 版	印 次	2026 年 1 月第 2 次印刷
书 号	ISBN 978-7-5773-0155-6	定 价	49.00 元

本书如有印装质量问题，请与本社联系调换。

编者名单

主　编　王淑珍　宋黎明

副主编　张庆杰　尹　斌

前言

本书为“十四五”首批职业教育河南省规划教材。工业机器人是广泛用于工业领域的多关节机械手或多自由度的机器装置，具有一定的自动性，可依靠自身的动力能源和控制能力实现各种工业加工制造功能。工业机器人是智能制造的重要支撑装备和关键切入点，是机器人家族中的重要一员。工业机器人的研发和产业化能力是衡量一个国家科技创新和高端制造发展水平的重要标志，工业机器人自动化生产线成套设备已成为自动化装备的主流及未来的发展方向。全球诸多国家近半个世纪的工业机器人的使用实践表明，工业机器人的普及是实现自动化生产、提高社会生产效率、保证产品质量、推动企业和社会生产力发展的有效手段。

当前，工业机器人在汽车、电子电器、工程机械等行业应用十分广泛，大多数工业机器人采用示教的方式进行操作，需要操作人员手持示教器通过现场不断调试来获得运动路径中的关键点，对环境的适应能力较低。机器人离线编程系统利用计算机图形学技术，建立起机器人及其工作环境的模型，利用机器人语言及相关算法，在离线的情况下通过对图形的控制和操作进行轨迹规划，减少开发的难度和重复性，具有很高的灵活性。其中离线编程软件中的虚拟仿真技术是验证机器人运动指令有效性的关键，以不可达点和碰撞发生作为有效性的检测标准。

本书从工业机器人实际应用出发，基于 PQArt 工业机器人离线编程软件，采用项目导向、任务驱动，将工业机器人的知识与软件基本功能相融合，利用软件的动画仿真功能在各个工作站中集成了夹具动作、物料搬运、周边设备动作等多种动画效果，使得机器人工作站高度模拟真实工作任务与工作场景情况，从而帮助读者全面掌握相关工业机器人应用的安装、配置与调试方法。通过实施焊接、涂胶、搬运、打磨等工业机器人典型工程应用项目，让读者掌握工业机器人应用的方法与技巧，学会应用已知的知识和已经掌握的技能，去学习和掌握未知的专业知识和专业技能，解决未知的生产实际问题，实现人类认识自然的本原方式的回归。

本书共七个项目任务，每个项目包括五部分：一是项目描述，通过文字或文字配合图片，说明实际情况、实现的主要技术和最终完成的工作任务，使学生明确“要做什么”和

"要做到什么程度"。二是学习目的,根据任务实现的主要技术,由易到难梳理出学生需要掌握的原理和技术,使学生明确要学会哪些专业知识,掌握哪些操作技能,明确"学习目标是什么"。三是基础知识,实现项目设计制作所必需的知识,不求知识的完整性与全面性,以"必需、够用"为度,明确"学什么"和"怎么学"。四是项目实施,以完成项目任务为导向,基于知识内容,以工程案例的设计与实施方法说明操作方法、操作步骤等工作过程知识,使学生明确"怎样做"。五是考核评价,在项目实施的基础上,通过适度改变任务,使学生能够自主思考、独立完成项目练习,追求"怎样做得更好"。

本书图文并茂,通俗易懂,具有很强的实用性和可操作性,既可以作为高等院校和中高等职业院校工业机器人离线编程和虚拟仿真相关课程的教材,也可以作为工业机器人培训用书,同时也可供机械、自动化等相关行业的技术人员参考。通过学习本书,读者可以对工业机器人虚拟仿真应用有一个清晰全面的认识。

特别感谢北京华航唯实机器人科技股份有限公司、固高科技股份有限公司和洛阳理工学院鲁欣、冯崇、王亚磊、师树谦等老师给予此书编写的大力支持,为本书的撰写提供了许多宝贵意见。尽管我们主观上想努力使读者满意,但书中肯定还会有不尽如人意之处,热忱欢迎读者提出宝贵的意见和建议。

编者

2023 年 10 月

目录

项目一　概述

1.1　项目描述 ………………………………………… 1
1.2　学习目的 ………………………………………… 1
1.3　基础知识 ………………………………………… 1
1.4　项目实施 ………………………………………… 15
　任务　在计算机上安装 PQArt ………………………… 15
1.5　考核评价 ………………………………………… 17

项目二　PQArt 入门

2.1　项目描述 ………………………………………… 18
2.2　学习目的 ………………………………………… 18
2.3　基础知识 ………………………………………… 18
2.4　项目实施 ………………………………………… 33
　任务 1　PQArt 软件模型导入 ………………………… 33
　任务 2　三维球的使用 ……………………………… 38
2.5　考核评价 ………………………………………… 47

项目三　PQArt 自定义功能

3.1　项目描述 ………………………………………… 48
3.2　学习目的 ………………………………………… 48
3.3　基础知识 ………………………………………… 48
3.4　项目实施 ………………………………………… 79
　任务 1　自定义机器人 ……………………………… 79
　任务 2　自定义机构 ………………………………… 87

任务3　自定义状态机 …… 90
任务4　自定义工具 …… 95
任务5　自定义零件 …… 100
任务6　自定义底座 …… 109
任务7　自定义后置 …… 111
3.5　**考核评价** …… 113

项目四　机器人离线编程与仿真初级项目

4.1　**项目描述** …… 114
4.2　**学习目的** …… 115
4.3　**基础知识** …… 115
4.4　**项目实施** …… 134
任务1　焊接机器人工作站搭建 …… 134
任务2　机器人轨迹 …… 143
任务3　利用外部工具画线离线编程与仿真 …… 152
任务4　机器人离线程序运行 …… 167
4.5　**考核评价** …… 176

项目五　机器人离线编程与仿真中级项目

5.1　**项目描述** …… 177
5.2　**学习目的** …… 177
5.3　**基础知识** …… 177
5.4　**项目实施** …… 182
任务1　机器人码垛工作站离线编程与仿真 …… 182
任务2　带导轨的机器人系统应用 …… 190
任务3　带变位机的机器人系统应用 …… 199
5.5　**考核评价** …… 205

项目六　机器人离线编程与仿真高级项目

6.1　**项目描述** …… 207
6.2　**学习目的** …… 207
6.3　**基础知识** …… 207
6.4　**项目实施** …… 212
任务1　将鼠标底座移动到装配台 …… 212
任务2　机器人装配鼠标电池 …… 217

任务 3　装配鼠标上盖 ………………………………………………………………… 228
任务 4　装配 USB 并放置鼠标 ……………………………………………………… 232
6.5　**考核评价** ……………………………………………………………………… 244

项目七　活塞生产工艺仿真综合实训项目

7.1　**项目描述** ……………………………………………………………………… 245
7.2　**学习目的** ……………………………………………………………………… 245
7.3　**基础知识** ……………………………………………………………………… 245
7.4　**项目实施** ……………………………………………………………………… 246
任务 1　毛坯切割工艺仿真 ………………………………………………………… 247
任务 2　去毛刺—打磨—抛光工艺仿真 …………………………………………… 260
任务 3　检测—贴标—扫描工艺仿真 ……………………………………………… 273
任务 4　搬运工件仿真 ……………………………………………………………… 298
7.5　**考核评价** ……………………………………………………………………… 311

附录　PQArt 软件快捷键 ……………………………………………………… 312
参考文献 ………………………………………………………………………… 313

项目一 概 述

1.1 项目描述

本项目的主要内容为工业机器人离线编程与仿真技术、国内外离线编程与仿真软件简介和 PQArt 软件安装等。

1.2 学习目的

1. 了解我国离线编程与仿真技术的发展现状，增强自信和家国情怀；
2. 了解工业机器人离线编程与仿真技术的应用现状、特点及其意义；
3. 熟悉国内外离线编程与仿真软件的发展现状、分类及其特点；
4. 掌握 PQArt 软件的下载与安装，熟悉软件的功能，为后面项目的学习打下坚实的基础。

1.3 基础知识

1.3.1 离线编程与仿真技术发展现状与发展趋势

进入 21 世纪，机器人已经成为现代工业不可缺少的工具，它标志着工业的现代化程度。近年来，随着计算机技术、微电子技术及网络技术等的快速发展，机器人技术也得到了飞速发展。它集机械工程、电子工程、自动控制工程及人工智能等多种学科的最新科研成果于一体，目前已有许多类型的机器人投入工程应用，创造了巨大的经济效益和社会效益。随着中国制造业的转型以及人口红利的消失，工业机器人在制造业中逐渐普及开来。工业机器人具有柔性生产、降低工人劳动强度、保护工人安全和节约人力成本的优点，是先进制造业中不可缺少的自动化设备。工业机器人的应用极大地提高了工厂的生产效率，在帮助企业应对人工成本上涨、劳动力供给不足等方面提供了可供选择的方式，赢得了企业的广泛关注。目前，机器人广泛应用于焊接、装配、搬运、喷漆、打磨等领域。

国外在 20 世纪 70 年代末就开始了机器人离线规划和编程系统的研究。早期的离线编程系统有 IPA 程序、SDMMIE 软件包和 GRASP 仿真系统等。这些系统都因为功能不完备而使用不方便。在众多版本的机器人仿真与离线编程系统中,以色列 Tecnomatic 公司在 1986 年推出的 Robcad 机器人计算机辅助设计及仿真系统最具代表性,它是运行在 SGI 图形工作站上的大型机器人设计、仿真和离线编程系统,集通用化、完整化、交互式计算机图形化、智能化和商品化为一体。但这些传统的机器人离线编程系统的分析、设计、实现和编程的方法都是面向过程的,存在着许多不足。

随着视觉技术、传感技术、智能控制、网络和信息技术以及大数据等技术的发展,未来的机器人编程技术将会发生根本的变革,主要表现在以下几个方面:①编程将会变得简单、快速、可视、模拟和仿真立等可见;②基于视觉、传感、信息和大数据技术,感知、辨识、重构环境和工件等的 CAD 模型,自动获取加工路径的几何信息;③基于互联网技术实现编程的网络化、远程化、可视化;④基于增强现实技术实现离线编程和真实场景的互动;⑤根据离线编程技术和现场获取的几何信息自主规划加工路径、焊接参数并进行仿真确认。总之,在不远的将来,传统的在线示教编程将只在很少的场合得到应用,比如空间探索、水下、核电等,而离线编程技术将会得到进一步发展,并与 CAD/CAM、视觉、传感、互联网、大数据、增强现实等技术深度融合,自动感知、辨识和重构工件与加工路径等,实现路径的自主规划、自动纠偏和自适应环境。

1.3.2 离线编程与仿真技术的概念和内容

1.3.2.1 离线编程与仿真技术的概念

离线编程与仿真技术是指通过计算机对实际的机器人系统进行模拟的技术,利用计算机图形学技术,建立起机器人及其工作环境的模型,利用机器人语言及相关算法,在离线的情况下通过对图形的控制和操作进行轨迹规划。

现代计算机软硬件技术、计算机图形技术的高度发展以及数字仿真技术的广泛应用,为工业机器人离线编程模拟仿真技术的实际应用提供了有利条件;同时,现代生产的高效率、柔性化需求也促使了工业机器人离线编程软件产品的产生。工业机器人离线编程系统一般具备以下几点:①所编程的工作过程的知识;②机器人和工作环境三维实体模型;③机器人几何学、运动学和动力学的知识;④基于图形显示的软件系统,可进行机器人运动的图形仿真;⑤轨迹规划和检查算法,如检查机器人关节角超限、检测碰撞以及规划机器人在工作空间的运动轨迹等;⑥传感器的接口和仿真,以利用传感器的信息进行决策和规划;⑦通信功能,以完成离线编程系统所生成的运动代码到各种机器人控制柜的通信;⑧用户接口,以提供有效的人机界面,便于进行人工干预和系统的操作。此外,离线编程系统是基于机器人系统的图形模型来模拟机器人在实际环境中的工作进行编程的,因此为了使编程结果能很好地符合实际情况,系统应能够计算仿真模型和实际模型之间的误差,并尽量减少二者间的误差。

1.3.2.2 离线编程与仿真技术的内容

离线编程与仿真技术涉及众多专业,属于交叉性学科,有专业的设计过程与实现原理。离线编程与仿真技术的基础是数学和计算机技术。在数学方面,主要涉及与运动学相关的矩阵理论、与动力学相关的拉格朗日方程或牛顿方程、与动力学逆解相关的最小二乘理论及插补方法等。计算机技术涉及的更多，主要有事先可视化的计算机图形学、用于存储的数据库技术和网络通信技术等。离线编程与仿真技术主要包括 CAD 建模、离线编程、图形仿真、传感器模拟、后置处理等部分。

（1）CAD 建模

CAD 建模需要完成以下任务：①零件建模；②设备建模；③系统设计和布置；④几何模型图形处理。因为利用现有的 CAD 数据及机器人理论结构参数所构建的机器人模型与实际模型之间存在误差，所以必须对机器人进行标定，对其误差进行测量、分析，不断校正所建模型。随着机器人应用领域的不断扩大，机器人作业环境的不确定性对机器人作业任务有着十分重要的影响，固定不变的环境模型是不够的，极可能导致机器人作业的失败。因此，如何对环境的不确定性进行抽取并以此动态修改环境模型，是机器人离线编程系统实用化的一个重要问题。

目前市面上免费和非免费的机械 CAD 软件虽然界面不同，功能有一定差异，但都具有强大的机械三维建模和设计能力。由于这些软件支持的文件格式不同，导致软件无法共享设计图样和三维结构图。这种现状极大地限制了三维结构图和二维图样在不同设计软件中的交流。为此，这些软件普遍支持 VRML、STL、STEP、IGES 等通用文件格式，只要将在一种设计软件中设计的文件保存为通用格式，就可以利用其他机械 CAD 软件查看、修改。这也为工业机器人离线编程和仿真软件提供了强大的支撑。

VRML（Virtual Reality Modeling Language）是一种用在 Internet 和 Web 超链上的，多用户交互的，独立于计算机平台的网络虚拟现实建模语言。虚拟世界的显示、交互及网络互连都可以用 VRML 来描述。文件格式显示为. wrl。VRML 提供了（6+1）个自由度，用户可以沿着三个方向移动，也可以沿着三个方向旋转，同时还可以建立与其他三维空间的超链接。与 STL 文件比较起来，VRML 文件具有更强的三维模型表达能力，能支持颜色、材质、光照等常见属性。

STL（STereoLithography）是由 3D Systems 软件公司创立、原本用于立体光刻计算机辅助设计软件的文件格式。文件格式显示为. stl。STL 只能用来表示封闭的面或者体。STL 文件有两种：一种是 ASCII 明码格式，另一种是二进制格式。ASCII 明码格式的 STL 文件逐行给出三角面片的几何信息，每一行以 1 个或 2 个关键字开头。二进制格式的 STL 文件用固定的字节数来给出三角面片的几何信息。STL 文件格式简单，只能描述三维物体的几何信息，不支持颜色、材质等信息，是计算机图形学处理、数字几何处理、数字几何工业应用支持的最常见文件格式。

STEP（Standard for Exchange of Product Model Data）是产品模型数据交换标准，于 1983 年由国际标准化组织（ISO）工业自动化与集成技术委员会（TC184）下属的第四分委会（简称 SC4）开发。1992 年，STEP 标准已成为 ISO 国际标准（ISO 10303），国内将其采标为同名国家标准，标准号为 GB/T 16656。文件格式可以显示为. step，. stp，. stpz，. ste 或. p21。STEP 提供了一种不依赖具体系统的中性机制，旨在实现产品数据的交换和共享，可以包含产品的形状、属性、材料、工业等所有信息。它不仅适合于交换文件，也适合于作为执行和分享产品数据库以及产品数据存档的基础。一些发达国家已经把 STEP 标准推向了工业应用。它的应用显著降低了产品生命周期内的信息交换成本,提高了产品研发效率,成为制造业进行国际合作、参与国际竞争的重要基础标准,也是保持企业竞争力的重要工具。

IGES(Initial Graphics Exchange Specification)由美国国家标准局颁布的描述和传输产品定义数据的标准,可用于不同的CAD/CAM系统间的数据交换,是各国广泛使用的事实上的国际标准数据交换格式。其原理是通过前处理器把发送系统内部定义的产品定义文件,翻译成符合IGES规范的"中性格式",再经过后处理器翻译成接受系统的内部文件。文件格式可以显示为.igs,.iges。IGES的文件格式分为ASCII明码格式与二进制格式。ASCII明码格式便于阅读,二进制格式适于传送大容量文件。IGES文件一般由五或六段组成:标志(FLAG)段、开始(START)段、全局(GLOBAL)段、元素索引(DIRECTORY ENTRY)段、参数数据(PARAMETER DAFA)段、结束(TERMINATE)段。其中,标志段仅出现在二进制或压缩的ASCII文件格式中。

(2)离线编程

离线编程一般包括机器人及设备的作业任务描述(包括路径点的设定)、建立变换方程、求解未知矩阵及编制任务程序等。根据机器人的结构参数和传动比等运动参数,建立机器人的D-H矩阵、运动学方程和运动学逆解方程。同时,根据设计轨迹和离散之后的轨迹点,使用运动学逆解方程和连续条件,确定离散点处各关节的转角、角速度及角加速度等控制数据,并存储在对应的数据库中。离线编程环节通过软件设计实现,侧重于末端执行器运动轨迹的规划。

(3)图形仿真

图形仿真主要是与计算机图形学技术的结合,建立包含机器人和工件等的工作场景,确定各关节的转角等控制数据后,使用计算机图形学技术将这些关节数据显示在屏幕上即可实现机器人的运动仿真,并实时进行轴超限点、不可达点、奇异点及碰撞的检测,确保规划路径的可行性。如果出现轴超限点、不可达点、奇异点及工件之间的碰撞,以及需要规避的某些点,或者在某些位置需要更多离散点,则必须重新规划路径。仿真主要通过计算机图形学和可视化技术实现,侧重于机器人、工作场景及末端执行器轨迹及位姿的可视化实现。仿真可以通过交互式计算机图形技术和机器人学理论等,在计算机中生成机器人的几何图形,并对其进行三维显示,用来确定机器人的本体及工作环境的动态变化过程。

随着计算机技术的发展,在PC的Windows平台上可以方便地进行三维图形处理,并以此为基础完成CAD、机器人任务规划和动态模拟图形仿真。一般情况下,用户在离线编程模块中为作业单元编制任务程序,经编译连接后生成仿真文件。在仿真模块中,系统解释控制执行仿真文件的代码,对任务规划和路径规划的结果进行三维图形动画仿真,模拟整个作业的完成情况。检查发生碰撞的可能性及机器人的运动轨迹是否合理,并计算机器人的每个工步的操作时间和整个工作过程的循环时间,为离线编程结果的可行性提供参考。

(4)传感器模拟

近年来,随着机器人技术的发展,传感器在机器人作业中起着越来越重要的作用,对传感器的仿真已成为机器人离线编程系统中必不可少的一部分,并且也是离线编程能够实用化的关键。利用传感器的信息能够减少仿真模型与实际模型之间的误差,增加系统操作和程序的可靠性,提高编程效率。对于有传感器驱动的机器人系统,由于传感器产生的信号会受到多方面因素的干扰(如光线条件、物理反射率、物体几何形状以及运动过程的不平衡性等),使得基于传感器的运动不可预测。传感器技术的应用使机器人系统的智能性大大提高,机器人作业任务已离不开传感器的引导。因此,离线编程系统应能对传感器进行建模,生成传感器的控制策略,对基于传感器的作业任务进行仿真。

(5)后置处理

后置处理的主要任务是把离线编程的源程序编译为机器人控制系统能够识别的目标程序。在确保规划路径可行的条件下,根据离散点处的关节数据和电动机转动惯量、关节传动比等参数,使用拉格朗日方程或牛顿方程建立机器人的动力学方程,结合具体的控制方法实现离散点之间的运动控制,并确定相应的运动控制参数。即当作业程序的仿真结果完全达到作业的要求后,将该作业程序转换成目标机器人的控制程序和数据,将编译后包含运动参数和控制参数的软件代码通过通信接口加载到机器人控制器中,以实现机器人的具体工程应用。由于机器人控制柜的多样性,要设计通用的通信模块比较困难,因此一般采用后置处理将离线编程的最终结果翻译成目标机器人控制柜可以接受的代码形式,然后实现加工文件的上传及下载。机器人离线编程中,仿真所需数据与机器人控制柜中的数据是有些不同的。所以离线编程系统中生成的数据有两套:一套供仿真用,一套供控制柜使用,这些都是由后置处理进行操作的。

离线编程与仿真的主要作用:①模型数据导入;②自动路径生成,通过使用待加工部件模型数据,可以找到生成跟踪曲线所需的机器人位置;③自动分析伸展能力,可让操作者灵活移动机器人或工件;④碰撞检测,确保机器人离线编程得出的程序的可行性;⑤在线作业,可与真实机器人连接通信,使调试和维护更轻松;⑥模拟仿真,为工程的实施提供真实的验证;⑦应用功能包,将机器人更好地与工艺应用进行有效的融合;⑧二次开发,使机器人应用实现更多的可能,满足机器人科研的需要。

1.3.3　离线编程与仿真技术的优点

工业机器人是一个可编程的机械装置,其功能的灵活性和智能性很大程度上取决于机器人的编程能力。由于机器人应用范围的扩大和所完成任务复杂程度的不断增加,机器人工作任务的编制已经成为一个重要问题。通常,机器人编程方式可分为示教再现编程和离线编程。目前,在国内外生产中应用的机器人系统大多为示教再现型。示教再现型机器人在实际生产应用中存在的主要技术问题:①机器人的在线示教编程过程烦琐、效率低;②示教的精度完全靠示教者的经验目测决定,对于复杂路径难以取得令人满意的示教效果;③对于一些需要根据外部信息进行实时决策的应用无能为力。

而离线编程与示教编程相比,具有如下优点:①减少机器人停机的时间,当对下一个任务进行编程时,机器人可仍在生产线上工作;②使编程者远离危险的工作环境,改善了编程环境;③离线编程系统使用范围广,可以对各种机器人进行编程,并能方便地实现优化编程;④便于和 CAD/CAM 系统结合,做 CAD/CAM/ROBOTICS 一体化;⑤可使用高级计算机编程语言对复杂任务进行编程;⑥便于修改机器人程序。

工业自动化的市场竞争压力日益加剧,客户在生产中要求更高的效率,以降低价格,提高质量。离线编程在实际机器人安装之前,可通过可视化界面确认的布局以及解决方案来降低风险,通过创建更加精确的路径来获得更高的部件质量。在产品制造的同时对机器人系统进行编程,可提早开始产品生产,缩短上市时间。

1.3.4 常用离线编程与仿真软件

国外常用的离线编程与仿真软件包括 RobotMaster(加拿大)、RobotWorks(以色列)、Robomove(意大利)、RobCAD(德国)、DELMIA(法国)、RobotStudio(瑞士)、RoboGuide(美国);国内的主要有 PQArt(原 RobotArt)。按照适用机器人的种类,工业机器人离线编程与仿真软件可分为通用离线编程软件与厂家专用离线编程软件。其中 PQArt、RobotMaster、RobotWorks、Robomove、RobCAD、DELMIA 属于通用离线编程软件,而 RobotStudio、RoboGuide、KUKASim 属于厂家专用离线编程软件。

1.3.4.1 通用离线编程与仿真软件

为了扩大机器人离线编程与仿真软件的适用范围,国际上有一些软件支持多品牌工业机器人,此处将其称为通用离线编程与仿真软件,常见的有 RobotMaster、RobotWorks、Robomove、RobCAD、DELMIA、PQArt 等。

(1) RobotMaster

RobotMaster 是来自加拿大的工业机器人编程软件。在 2002 年发布了第一版 RobotMaster 软件,软件将 CAD/CAM 专业技巧与应用数学和机器人运动学结合,支持大多数机器人品牌和机器人应用。现在 RobotMaster 编程的机器人已经广泛应用于焊接、切割、机加工、去毛刺、抛光、打磨、喷涂等多个领域,其功能界面如图 1-1 所示。

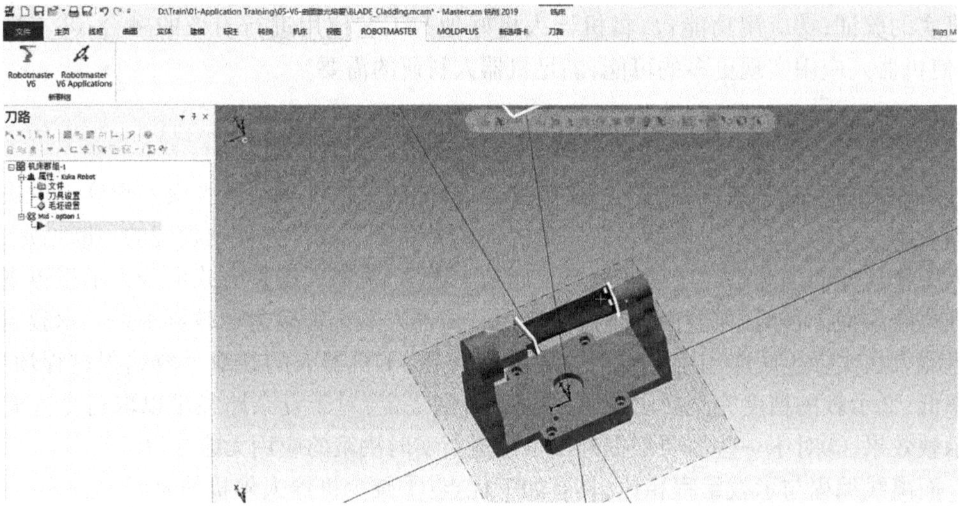

图 1-1 RobotMaster 功能界面

RobotMaster 致力于成为最纯粹、最开放、最易用的机器人行业软件。最纯粹：为机器人应用量身定做的路径和工艺算法，使 RobotMaster 可以轻松地应用于各类机器人场景，简单如搬运，复杂如打磨等都有专门的解决方案。RobotMaster 也拥有最专业的机器人运动学算法。举世闻名的路径优化曲线便是 RobotMaster 的创举，被广泛认可后，成为机器人行业编程软件的标配。最开放：包括机器人应用领域和机器人品牌支持。在应用上，从搬运、涂胶到焊接、打磨，再到雕刻、3D 打印，凡是可以应用机器人的领域，RobotMaster 几乎都可以提供支持。而经过多年耕耘，RobotMaster 更是已经支持了超过 50 个机器人品牌。最易用：RobotMaster 不仅可以作为项目调试的编程工具，也可以作为销售方案的演示工具。RobotMaster 在设计之初就尽量"减少用户鼠标点击"，因此成就了如今最简洁、最易用的机器人软件。对于销售方案，用户只需简单几次点击，便可快速得到仿真演示。对于编程调试，也只需要简单的点击设置，便可实现复杂轨迹的快速生成与编辑。

RobotMaster 可以自动生成平滑无错的加工路径和跳转路径，帮助调试更好的工艺参数，以达到精确漂亮的切割效果，可实现多外部轴的联动切割。通过自动生成焊接路径和参数，加入接触传感、多层多道焊等专业工具，真正实现了离线编程在焊接中的应用。通过喷覆参数来模拟覆盖效果，并自动优化加工路径，以最小的工作实现最完善的喷涂效果。可以根据产品 CAD 模型快速生成加工路径，即便是机器人手持工件的加工方式，用户也可以灵活地在软件中进行路径微调以达到最佳的磨抛效果。通过特有的机器人 CAD/CAM 编程系统，在简化编程过程的同时，提升了机器人铣削加工的优势和效率。全集成的 6 轴曲线编程工具，使得工艺专家无须了解复杂的 CAD/CAM 系统和机器人编程知识，便可以得到最优的加工程序。通过简单的点击-拖拽，来实时显示和分析机器人可达性。自动生成无碰撞的过渡点，最小化路径间的节拍时间。将整个机器人工作站都作为一个整体进行管理，可以毫不费力地控制所有外部轴，包括导轨和变位机，来实现复杂工件的最优加工姿态。基于应用的用户界面，允许工程师自行设定和管理工艺参数。

(2) RobotWorks

RobotWorks 是来自以色列的机器人离线编程仿真软件，是基于 Solidworks 做的二次开发，下载界面如图 1-2 所示。使用时，需要先购买 Solidworks。

RobotWorks 是在一个交互式 CAD 环境中进行工作单元设计、运动仿真和机器人编程；使用 Solidworks 图形和内部引擎，沿着 CAD 对象的面、边缘和曲线快速创建机器人路径。在 RobotWorks 中，"数学就是路径"——CAD 对象背后的几何图形被转换为数学上精确的路径，包括位置和方向，机器人可以沿着该路径运行。只需点击几下鼠标，就可以获得用本机机器人语言编写的准确的离线机器人程序，而无须使用示教器。创建路径后，可以在屏幕上移动零件，路径将自动修改，或者以交互方式手动修改任何点。RobotWorks 提供机器人模型。用户零件和夹具可以从零件库加载、从其他 CAD 程序导入或在 Solidworks 内部构建。RobotWorks 可作为 Solidworks 的附加组件提供。RobotWorks 本身直观且易于掌握；它只需要一些 Solidworks 的基本知识。

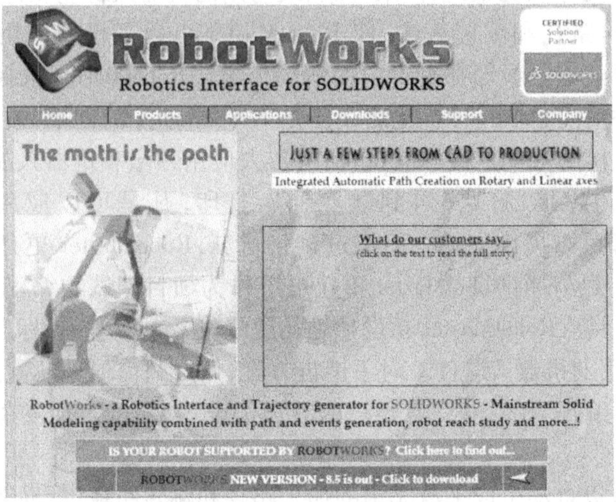

图 1-2　RobotWorks 下载界面

RobotWorks 的主要特点包括：①沿 CAD 对象自动计算路径；②允许移动工具或移动零件；③启用碰撞检测；④显示实际关节值和限制；⑤提供工具框架和用户（基础）框架；⑥适用于大多数导入的曲面；⑦读取 *X*、*Y*、*Z* 点并将其转换为机器人路径；⑧记录每个点的外部事件和指令（I/O、速度等）；⑨为 FANUC、ABB、Kawasaki、Motoman、KUKA 和 Staubli 写入本机文件；⑩为大多数其他机器人生成通用形式的点文件。

（3）Robomove

Robomove 来自意大利，同样支持市面上大多数品牌的机器人，机器人加工轨迹由外部 CAM 导入，与其他软件不同的是，Robomove 可以根据实际项目进行定制。软件操作自由，功能完善，支持多台机器人仿真。但是，需要操作者对机器人有较为深厚的理解，策略智能化程度与 RobotMaster 有较大差距。

（4）RobCAD

RobCAD 作为西门子旗下的软件，软件较庞大，重点在生产线仿真，价格也是同类软件中最贵的。RobCAD 功能界面如图 1-3 所示。软件支持工业机器人离线编程点焊、多台机器人仿真、非机器人运动机构仿真等。尤其是在汽车行业生产线的布局设计、工厂仿真和离线编程都离不开它，与 CAD 系统有较好的兼容。RobCAD 也是同类仿真软件中比较容易入门的适合初级学习者的软件。

主要功能包括：①Workcelland Modeling，对白车身生产线进行设计、管理和信息控制；②Spotand OLP，完成点焊工艺设计和工业机器人离线编程；③Human，实现人因工程分析；④Application 中的 Paint、Arc、Laser 等模块，实现生产制造中喷涂、弧焊、激光加工、绲边等工艺的仿真验证及离线程序输出；⑤RobCAD 的 Paint 模块，喷漆的设计、优化和工业机器人离线编程，其功能包括喷漆路线的自动生成、多种颜色喷漆厚度的仿真、喷漆过程的优化。

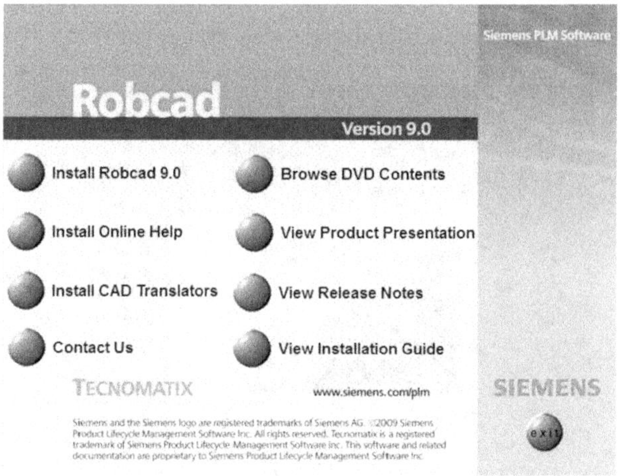

图 1-3 RobotCAD 功能界面

(5)DELMIA

DELMIA 是达索旗下的 CAM 软件。DELMIA 有六大模块,其中 DELMIA Robotics 解决方案涵盖汽车领域的发动机、总装和白车身(Body-in-White),航空领域的机身装配、维修维护,以及一般制造业的制造工艺。DELMIA Robotics 是一个可伸缩的解决方案,利用强大的产品-工艺-资源数据协同运作系统(Product-Process-Resource,PPR)快速进行机器人工作单元建立、仿真与验证,是一个完整的、可伸缩的、柔性的解决方案。其主要特点包括:①DELMIA Robotics 开放的建模平台建立机器人模型,同时自带 15 个主流机器人公司的 1000 多种机器人模型;②支持 RRS-2 和离线编程和现场校验;③广泛应用于多种行业(如焊接、搬运、喷涂等)。DELMIA Robotics 一体化机器人仿真平台是以 PPR 为核心的数字化制造体系。通过统一的数据库环境,把围绕着生产工程的各个领域环节的内容有机地集成在一起,加快产品设计和工艺过程优化。DELMIA Robotics 可为用户提供机构创建、工位及产线布局、工作任务定义、生产节拍验证及干涉检查,以及单台到多台及整线级的机器人任务仿真的能力,并最终生成机器人的离线程序(OLP)。DELMIA 功能界面如图 1-4 所示。

(6)PQArt

PQArt(原 RobotArt)是我国拥有自主知识产权的工业机器人离线编程软件。PQArt 是北京华航唯实机器人科技股份有限公司的系列工业软件中核心产品之一,始于 2013 年,经过多年的研发与应用,PQArt 拥有多项核心技术,包括 3D 平台、几何拓扑、特征驱动、自适应求解算法、开放后置、碰撞检测、代码仿真等。软件根据几何数模的拓扑信息生成机器人运动轨迹,之后轨迹仿真、路径优化、后置代码一气呵成,同时集碰撞检测、场景渲染、动画输出于一体,可快速生成效果逼真的模拟动画,广泛应用于打磨、去毛刺、焊接、激光切割、数控加工等领域。

PQArt 软件分为企业版、教育版和竞赛版,教育版针对教学实际情况,增加了模拟示教器、自由装配等功能,帮助初学者在虚拟环境中快速认识机器人,快速学会机器人示教器基本操作,大大缩短学习周期,降低学习成本。PQArt 教育版功能界面如图 1-5 所示。教育版的主要特点包括:①支持多种格式的三维 CAD 模型,可导入扩展名为 step、igs、stl、

图 1-4　DELMIA 功能界面

xt、prt(UG)、prt(ProE)、CATPart、sldpart 等的文件;②支持多种品牌工业机器人离线编程操作,如 ABB、KUKA、FANUC、YASKAWA、Staubli、KEBA 系列、新时达、广数等;③自动识别与搜索 CAD 模型的点、线、面信息生成轨迹;④轨迹与 CAD 模型特征关联,模型移动或变形,轨迹自动变化;⑤一键优化轨迹与几何级别的碰撞检测;⑥支持多种工艺包,如切割、焊接、喷涂、去毛刺、数控加工;⑦支持将整个工作站仿真动画发布到网页、手机端;⑧提供二次开发平台,使机器人应用实现更多的可能,满足机器人科研需要。

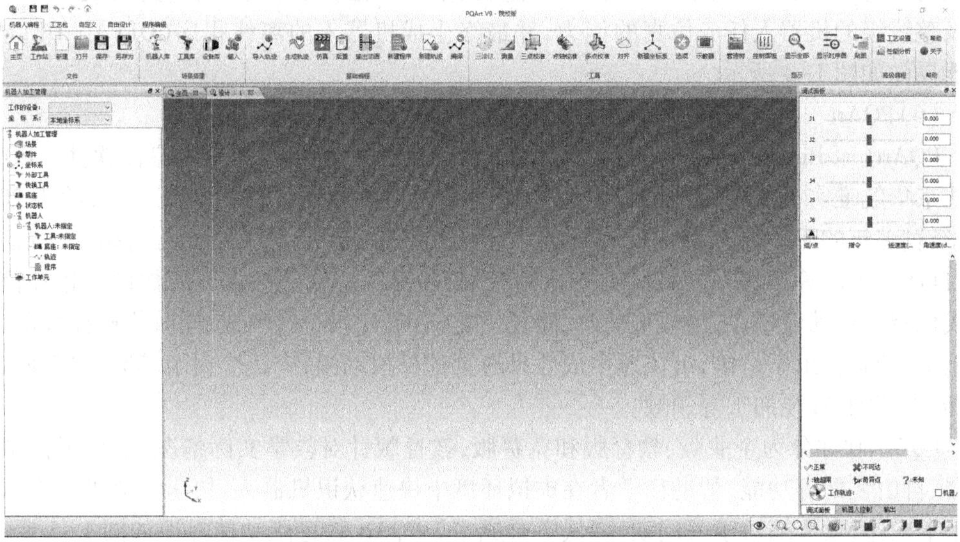

图 1-5　PQArt 教育版功能界面

为了确保 PQArt 能够正确安装和顺利使用,安装环境要求如表 1-1 所示。本书所列项目主要基于 PQArt。

表 1-1 安装环境要求

项目	要求
CPU	主频≥2.0 GHz
内存	≥3 GB(Windows 32) ≥8 GB(Windows 64)
硬盘	空闲≥10 GB
显卡	≥1 GB 独立显卡
操作系统	Win7/Win8/Win10(32 位、64 位)
网络状况	联网,可访问 Internet

此外,国内常用的机器人离线编程与仿真软件还有 RoboDK、Smartrack、亚龙、旭上、汇博等,软件各具特色,轨迹生成与优化、碰撞检测、可达性分析及后置代码等核心功能逐渐接近或超越国际水平,已经初步具备与国际一线品牌竞争的实力,成为我国工业软件和科技发展水平的重要组成部分。

1.3.4.2 厂家专用离线编程与仿真软件

目前,大多数厂家的机器人都配置了相关的离线编程与仿真软件,RobotStudio、RoboGuide、KUKA Sim 等软件仅提供自家品牌的机器人离线编程与仿真。

(1)RobotStudio

RobotStudio 是瑞士 ABB 公司配套的软件,是机器人本体商用软件中做得最好的一款。RobotStudio 支持机器人的整个生命周期,使用图形化编程、编辑和调试机器人系统来创建机器人的运行,并模拟优化现有的机器人程序,功能界面如图 1-6 所示。RobotStudio 是基于 ABB 虚拟控制器构建而成,可以轻松实现在个人 PC 端进行机器人编程培训、编程和优化之类的任务,借助其强大的虚拟控制器,用户可以在机器人生产环境之外运行仿真程序,使用车间相同的机器人程序和配置文件来执行相当逼真的机器人仿真设计工作;也可将其应用于开发新的机器人程序,例如焊接机器人。同时,利用它集成化的 programmaker 编程功能,还能在其中创建、编辑和修改机器人程序或者其他各种数据文件,能够导入包括 IGES、STEP、VRML、VDAFS、ACIS 及 CATIA 在内的各种主流 CAD 格式文件,程序员可以利用导入的精确 CAD 数据来编写机器人程序,提高其产品设计质量,降低设计成本,从而缩短产品制造周期。

Robotstudio 可实现的主要功能:①CAD 导入,包括 IGES、STEP、VRML、VDAFS、ACIS 和 CATIA,通过使用此类非常准确的 3D 模型数据,机器人程序设计员可以生成更为精确的机器人程序,从而提高产品质量;②自动生成路径,一些不规则的轨迹,通常人为示教比较麻烦,并且效率低,可以使用自动生成路径功能,把生成好的路径下载到真实机器人中,大大提高效率;③自动分析伸展能力,此功能可以测量机器人能够到达哪些位置,优化工作站单元布局;④碰撞检测,可以对机器人在运动过程中是否可能与周边设备发生碰撞进行验证与确认,以确保机器人离线编程得出的程序的可用性;⑤在线作业,与真实的机器人进行连接通信,对机器人进行便捷的监控、程序修改、参数设定、文件传送及备份恢复的操作,使调试和维护工作更轻松;⑥模拟仿真,对工业机器人及其工作站的动作模拟仿真以及周期节拍,为工程的实施提供真实的验证;⑦应用功能包,针对不同的应用推出功能强大的工艺功能包,将机器人更好地与工艺应用进行有效的结合。

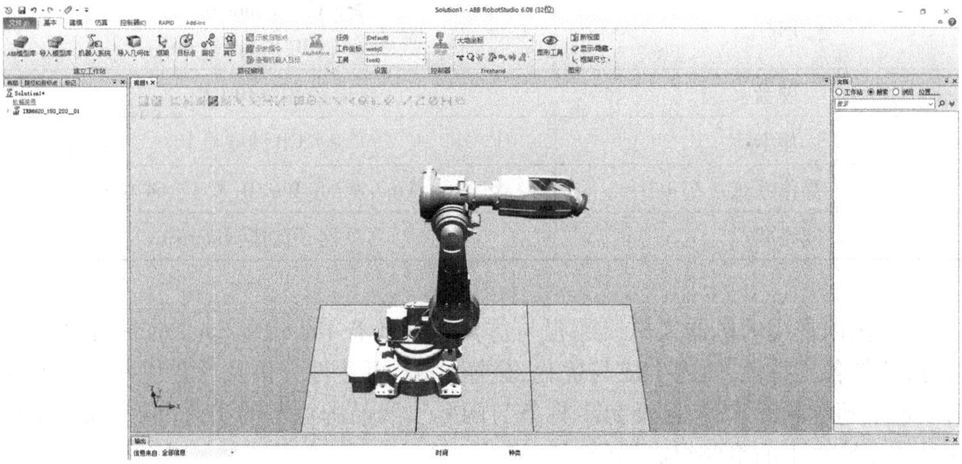

图 1-6　RobotStudio 功能界面

(2) RoboGuide

RoboGuide 是一款 FANUC 自带的支持机器人系统布局设计和动作模拟仿真的软件,可以进行系统方案的布局设计、机器人干涉性可达性的分析和系统的节拍估算,还能够自动生成机器人的离线程序、进行机器人故障的诊断和程序的优化等。RoboGuide 软件能够提供便捷的功能来支持程序和布局的设计。工程师可以在不使用真实机器人的情况下,使用该软件高效地进行机器人系统集成仿真,减少智能制造系统搭建时间,提高机器人应用系统集成效率。

RoboGuide 软件内置了所有 FANUC 机器人的模型及其运动参数,建立了大量的外围设备模型,除此之外,在仿真软件中可以使用几乎所有机器人选项功能,功能界面如图 1-7 所示。

RoboGuide 是一款核心应用软件,主要通过功能模块和拓展插件共同实现工业机器人系统布局设计和动作模拟仿真。功能模块包括常用仿真功能模块和其他功能模块,不同的应用场合可以使用不同的仿真模块。常用仿真功能模块主要包括:去毛刺、倒角等工件加工仿真模块(ChamferingPRO),机床上下料、冲压、装配等物料搬运仿真模块(HandingPRO),焊接、激光切割等工艺仿真模块(WeldPRO),码垛仿真模块(PalletPRO)和喷涂仿真模块(PaintPRO)等。使用各个仿真模块实现工艺仿真功能时,与用各个模块相对应的软件工具包有所不同。在搭建不同工艺仿真环境时,要根据需要的仿真功能选取特定的仿真模块。

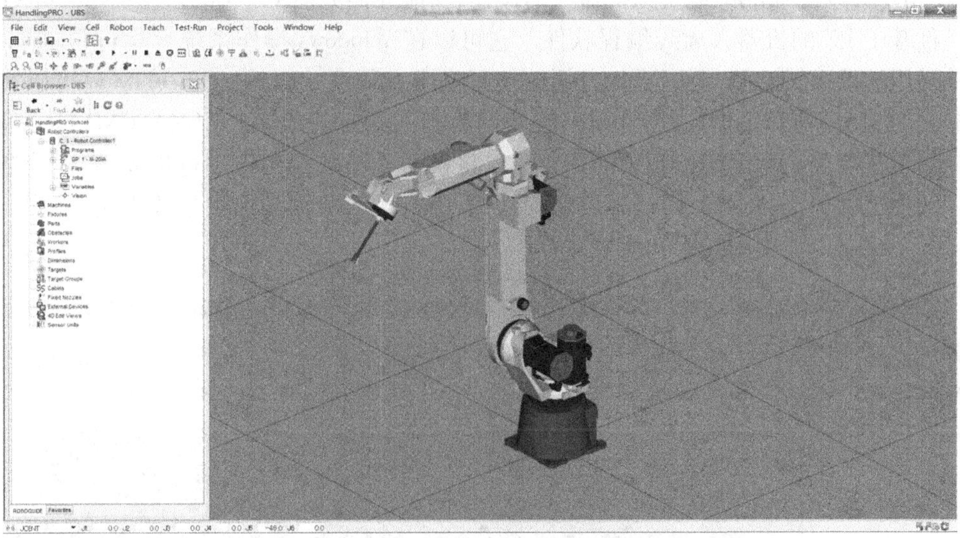

图 1-7 RoboGuide 功能界面

其他模块及其常见的功能有编辑模块、入门模块(OplcPRO)、运动优化模块、诊断模块(DiagnosticsPRO)、拾取模块和码垛 TP 程序版模块(PalletPROTP)。编辑模块常用于创建图形文件。入门模块可进行 TP 程序、KAREL 程序相关的编辑。运动优化模块可分析机器人的运动数据,还可根据需要优化 TP 程序。诊断模块可对机器人进行运动报警或者伺服报警诊断,还可以进行预防性诊断。拾取模块可生成高速视觉拾取程序以及进行高速视觉跟踪仿真。码垛 TP 程序版模块可生成码垛程序以及进行码垛仿真。

RoboGuide 提供的拓展插件有直线跟踪插件(Line Tracking)、协调运动插件(Coordinate Motion)、喷涂膜厚插件(Spray Simulation)、能源评估插件(Energy Assessment)和寿命评估插件(Life Evalution)。安装直线跟踪插件后,机器人可以自动补偿工件随导轨的运动,将绝对运动的工件当作相对静止的物体,可以实现在不停止装配流水线的前提下对流水线的工件进行相应的操作。安装协调运动插件后,机器人与外部轴做协调运动,以合适的焊接姿态来提高焊接质量。通过喷涂膜厚插件,可以根据实际情况建立喷枪模型,然后在软件中模拟喷涂效果,查看膜厚的分布情况。能源评估插件可以在给定的节拍内优化程序使能源消耗最少,也可在给定的能源范围内优化程序使节拍最短。寿命评估插件可以在给定的节拍内优化程序使减速机寿命达到最长,也可以在给定的寿命内优化程序使节拍最短。

(3)KUKA Sim

离线编程及系统软件是库卡机器人的核心技术之一,它可以为机器人的操作提供更好的支持。库卡机器人的离线编程可以使用 KUKA Sim Pro、KUKA OfficeLite、KUKA. CNC 等多种软件平台,实现机器人程序的编写和模拟。KUKA Sim Pro 是一款基于 3D 模拟技术的机器人离线编程软件。它可以模拟机器人在真实工作环境中的运动轨迹,帮助用户更加直观地了解机器人的工作过程;还提供了各种丰富的工具,例如工件夹持、传感器检测等,使用户可以更加准确地模拟机器人的操作,功能界面如图 1-8 所示。KUKA OfficeLite 是一种基于 PC 的机器人离线编程软件。它可以在 Windows 操作系统上运行,并提供了简单易用的界面,使用户可以更加方便地编写机器人程序。KUKA OfficeLite 还可以实现机器人的 3D 模拟和机器人路径的优化,提高机器人的运行效率。KUKA. CNC 是一种专门针对机器人加工的离线编程软件。它可以将机器人与数控系统进行集成,实现复杂零部件的加工和焊接;还可以自动生成加工路径、进行碰撞检测和加工参数优化等操作,大大提高了机器人加工的效率和质量。

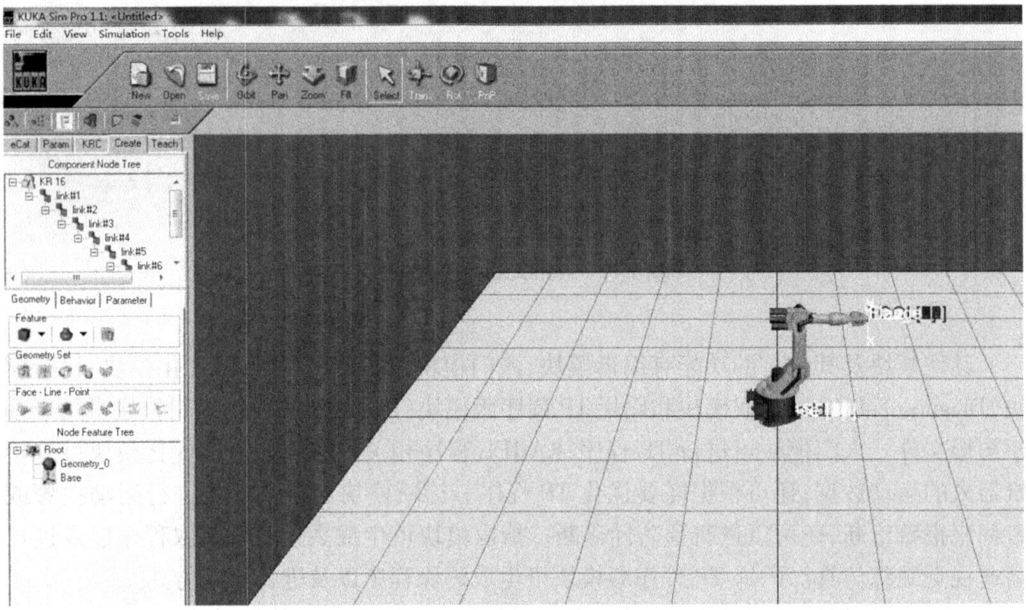

图 1-8 KUKA Sim 功能界面

KUKA Sim 将创建一个数字孪生体,即与之后的生产流程一模一样的一个映像。3D 模拟涵盖了整个规划过程:从流程的设计,到物料流与瓶颈的可视化,再到 PLC 代码。在此过程中,数据保持完全一致,因此虚拟与实际的控制系统采用完全相同的数据进行工作。KUKA Sim 通过这种方式构成了虚拟调试的基础,因此可以事先测试和优化新的生产线。KUKA Sim 采用模块化软件结构,遵从的是高效、灵活、耐用的模块原理。基础软件包可增加三个插件:一是用于高性能的个性化组件库建模,二是用于虚拟调试,三是用于焊接应用模拟。这意味着客户只需付费购买其实际需要的功能扩展件。如果需求发生变化,今后用户也可以非常轻松地增加插件。因为该模块化系统的特点是灵活性强、使用寿命长。

KUKA Sim 基本功能范围:64 位应用程序,具有最高的 CAD 性能;内置 CAD 导入(CATIA V5、V6、JT、STEP、2D-RealDWG 等);3D 导出功能(STEP-AP242、JT);2D 导出功能(RealDWG);全面的在线数据库,包含当前可用的机器人型号等;可配置的碰撞检查和可达性检查;AVI HD 视频和 3D PDF 导出功能;用于创建自有组件的建模助手;准确确定循环时间(无 KUKA OfficeLite 亦可);支持虚拟现实(需要附加的 VR 硬件);提供用于移动设备的 Mobile Viewer 应用程序；支持 3D 鼠标（例如：3Dconnexion）；支持 NVIDIA PhysX；用于高级离线编程的 KRL 编辑器；3D 安全区域配置；高级输入/输出信号编辑器；机器人惯性行程模拟；导出 WorkVisual 项目等。

Modeling 插件扩展了 KUKA Sim 的基本功能范围，能够根据自有 CAD 数据创建个性化组件库（包含运动系统、传感系统、信号、物料流或物理特性），从而实现更加逼真的特性模拟。Connectivity 插件能够模拟整个单元以进行虚拟调试。KUKA Sim ArcWelding 插件模拟了 ArcTech Basic 的功能，将有助于加快焊接应用的离线编程。例如，可以定义焊接流程中机器人的接近位置或最佳姿态。

1.4　项目实施

任务　在计算机上安装 PQArt

1. 软件下载

下载 PQArt 的具体步骤如下：

（1）登录 https://www.pq1959.com/Art/Download（图 1-9）。

图 1-9　下载界面示意图

（2）选择注册（图 1-10），注册完成后登录。

图 1-10 软件注册示意图

（3）单击所需要的软件版本，下载即可，如图 1-11 所示。

企业版可通过注册账号获得 30 天的试用期，每个账号可申请一次试用期，在使用过程中用户必须遵守软件协议规定。教育版和竞赛版主要面向大中专院校等教育机构，用户需要与北京华航唯实机器人科技股份有限公司联系确认资格相关问题。教育版升级后仍然是教育版，且继续受教学和实习等非商业用途使用限制。

图 1-11 软件下载示意图

2. 软件安装

（1）将下载的软件包解压后，打开文件夹，双击 setup. exe 安装程序的图标，按照提示安装软件，过程如图 1-12 所示。

（2）建议关闭计算机系统的防火墙或对防火墙进行必要的设置，计算机系统中的防火墙打开可能会造成 PQArt 软件故障。

图 1-12 软件安装界面

1.5 考核评价

任务考评				
评分项	分值	考核内容	评分标准	得分
基础知识	20 分	1. 虚拟仿真技术的概念 2. 工业机器人离线编程与仿真技术的内容和优点 3. 常用工业机器人离线编程与仿真软件 4. 通用的文件格式	参照基础知识部分，每条 5 分	
任务实施	50 分	工业机器人离线与仿真软件安装	参考安装过程和结果，酌情打分	
任务汇报	20 分	任务分析、过程实施和结果呈现	参考汇报过程和结果，酌情打分	
其他	10 分	撰写任务实施过程和结果分析	参考评分标准，根据提交任务报告打分	
合计				

项目二 PQArt 入门

2.1 项目描述

本项目的主要内容为工业机器人基础概念、主要技术参数等基本知识，PQArt 软件的基本功能和三维球的使用等。

2.2 学习目的

1. 了解 PQAt 软件，认识工业软件国产化的重要意义；
2. 熟悉 PQArt 软件的开发环境及基本功能；
3. 能使用 PQArt 完成模型导入；
4. 能使用 PQArt 三维球。

2.3 基础知识

2.3.1 PQArt 开发环境

2.3.1.1 软件界面介绍

总的来说，软件界面主要分为八大部分：标题栏、菜单栏(机器人编程、工艺包、自定义)、绘图区、机器人加工管理面板、机器人控制面板、调试面板、输出面板和状态栏等，如图 2-1 所示。

标题栏用来显示软件名称、版本号和当前文件名。菜单栏涵盖了 PQArt 的基本功能，包含机器人编程、工艺包、自定义等功能块。

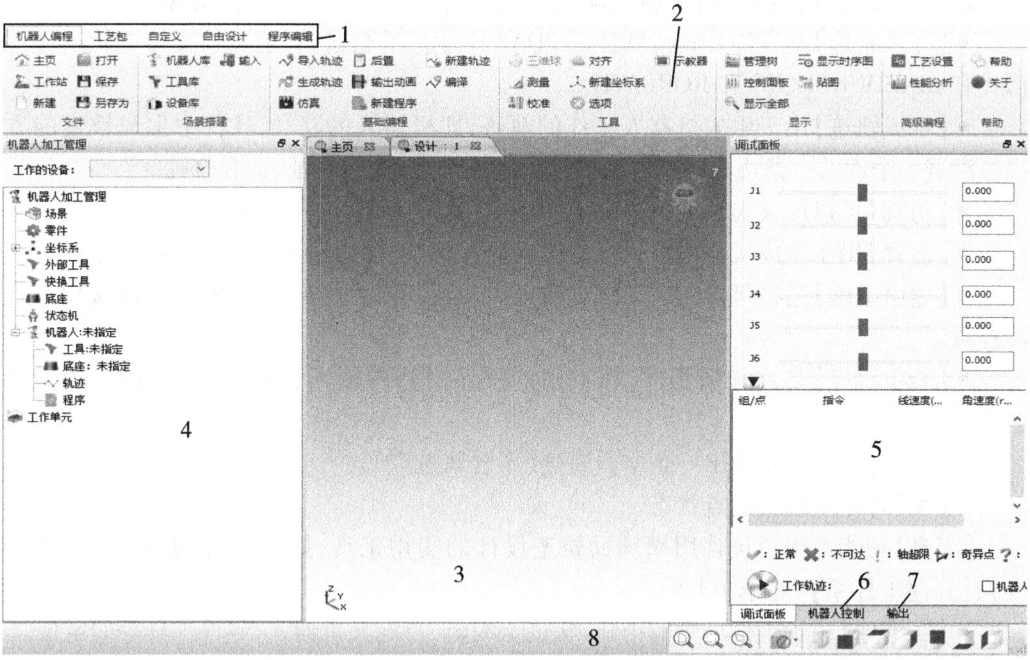

1. 标题栏；2. 菜单栏；3. 绘图区；4. 机器人加工管理面板；5. 调试面板；6. 机器人控制；7. 输出；8. 状态栏。

图 2-1 软件界面

2.3.1.2 机器人编程

机器人编程包括【文件】、【场景搭建】、【基础编程】、【工具】、【显示】、【高级编程】和【帮助】七个功能选项栏，如图 2-2 所示。可进行场景搭建、轨迹设计、模拟仿真和后置生成代码等操作。

图 2-2 机器人编程栏

【文件】功能选项栏包括【主页】、【工作站】、【新建】、【打开】、【保存】、【另存为】。

【场景搭建】功能选项栏包含【机器人库】、【输入】、【工具库】和【设备库】。

- 【机器人库】用于导入官方提供的机器人。
- 【输入】用来将 OBJ/IGS/BMS/STP/STL 等多种格式的文件导入软件环境中。
- 【工具库】用于导入官方提供的工具，导入工具之前必须先导入机器人，否则会弹出警告。
- 【设备库】用来导入官方提供的零件、底座、状态机等。其中，零件包括场景零件和加工零件，场景零件用来搭建工作环境，加工零件是机器人加工的对象。

【基础编程】功能选项栏实现初步生成机器人运行的路径和程序，包括【导入轨迹】、

【生成轨迹】、【仿真】、【后置】、【输出动画】、【新建程序】、【新建轨迹】和【编译】。

- 【导入轨迹】是指导入其他软件或 PQArt 中生成的轨迹，目前软件支持的轨迹文件格式有 APTSOURCE、NC 和 ROBPATH。
- 【生成轨迹】用于生成机器人工作的轨迹，即机器人的路径，软件中生成轨迹的方式有沿着一个面的一条边、面的外环、一个面的一个环、曲线特征、边和打孔。
- 【仿真】可以形象逼真地模拟真实环境中机器人的运动轨迹和状态。
- 【后置】用于生成机器人可执行的代码语言，可以拷贝到示教器控制真机运行。
- 【输出动画】是将机器人运动轨迹输出为动画，可通过微信扫码和复制链接用浏览器查看。
- 【新建程序】是添加新程序，在空白的程序文档中输入程序代码，然后实现真机运行。
- 【新建轨迹】是新建出一条空白轨迹（不含轨迹点）。
- 【编译】是获取轨迹点状态。

【工具】功能选项栏包含用来辅助轨迹设计的实用工具，如【三维球】、【测量】、【校准】、【新建坐标系】和【选项】等。

- 【三维球】用于工作场景的搭建、轨迹点编辑、自定义机器人、零件工具等的定位。
- 【测量】是对场景内模型的点、线、面进行有关间距、口径和角度等的测量。
- 【校准】用于调整虚拟环境中零件和机器人的相对位置关系，做到模拟环境中零件和机器人的相对位置与真实环境中的一致，另外还可校准外部工具与机器人或零件的相对位置。
- 【新建坐标系】用于自定义新的工件坐标系。
- 【选项】用于控制轨迹点、轨迹点姿态和序号、轨迹线、轨迹间连接线、TCP（Tool Center Position，工具中心点）等的显示和隐藏。

【显示】功能选项栏用于控制场景中所有设备、机器人加工管理面板、机器人控制面板、调试面板和输出面板等显示和隐藏、控制时序图的显示与隐藏和为模型贴图等。

- 【管理树】是控制机器人加工管理面板和设计环境面板的显示和隐藏。
- 【控制面板】是控制调试面板、输出面板和机器人控制面板的显示或隐藏。
- 【显示全部】是将绘图区中隐藏的模型对象全部显示出来。
- 【显示时序图】是显示所有机构的时序顺序。
- 【贴图】是将所选图片以指定的角度粘贴到目标模型上。

【高级编程】功能选项栏用于进一步规划编辑机器人运动轨迹，并查看机器人的运动数据，包括【工艺设置】和【性能分析】。

- 【工艺设置】适用于设置工艺参数，包括工艺模板、事件信息、动作定义、变量管理、自定义和 i 事件模板等。
- 【性能分析】是显示机器人运动数据：机器人名称、运动的平均速度、总轨迹数、总点数、总时间以及运动节拍等。

【帮助】功能选项栏用于帮助用户迅速了解并入门 PQArt，包含丰富的视频和文档资料，包括【帮助】和【关于】。

2.3.1.3 工艺包

工艺包中包含每个工艺的具体参数，可非常简便地实现切孔和码垛工艺，并进行仿真，包含【仿真】、【切孔工艺包】、【码垛工艺包】、【绘画工艺包】、【AGV 路径规划工作站】和【机器人餐厅工作站】，如图 2-3 所示。

图 2-3 工艺包栏

【仿真】功能选项栏与“机器人编程”内的【仿真】是同一个功能，可以在将程序导入真实机器人中之前对做好的轨迹进行仿真模拟，找出机器人运动时的碰撞、不可达、奇异点等问题，为进一步编辑完整优化轨迹提供参考依据。

【切孔工艺包】功能选项栏可以做类似于 CAM 内的铣削圆孔，让机器人手持铣刀（末端执行器），进行铣孔或铣外圆操作。

【码垛工艺包】功能选项栏是用来快速生成码垛和拆垛的轨迹。需要注意的是：在码垛之前需要先做好抓取物块和放置物块的轨迹，并对抓取和放开物块的轨迹进行合并后，码垛轨迹才能使用。而拆垛轨迹一旦生成，和码垛轨迹可以删除或者调整顺序，从而实现先拆垛后码垛。

【绘画工艺包】功能选项栏用于导入文字和设置写字工艺，并自动生成机器人运动轨迹，包括【导入文字】和【写字工艺】。

【AGV 路径规划工作站】功能选项栏中上设置了【导入 AGV 工作站】和【AGV 路径规划】两个功能，通过导入工作站模型、设置轨迹参数实现仿真模拟。

【机器人餐厅工作站】功能选项栏中设置了【导入机器人餐厅】和【送餐机器人路径规划】两个功能，通过导入餐厅模型、设置机器人轨迹参数实现仿真模拟。

2.3.1.4 自定义

PQArt 不仅支持自定义、运动机构、工具、零件、底座以及后置，还可以依据用户需求开发其他自定义功能，基本可以满足各种需求，包含【场景】、【机器人】、【工具】、【零件】、【底座】、【后置】和【状态机】，如图 2-4 所示。

图 2-4 自定义功能栏

【场景】功能选项栏用于输入不同格式的模型。

【机器人】功能选项栏包含【定义机器人】、【定义机构】和【导入机器人】三个功能。

- 【定义机器人】用于定义通用六轴机器人、非球型机器人、SCARA 四轴机器人。
- 【定义机构】用于定义 1 ~ N 轴的运动机构。
- 【导入机器人】是导入自定义的机器人,支持的文件格式为 robrd。

【工具】功能选项栏用于定义法兰工具、快换工具和外部工具,包括【定义工具】和【导入工具】两项。

【零件】功能选项栏用于将各种格式的 CAD 模型定义为 robp 格式的零件,包含【定义零件】和【导入零件】两个功能。

【底座】功能选项栏是将各种格式的 CAD 模型定义为 robp 格式的底座,包含【定义底座】和【导入底座】两个功能。

【后置】功能选项栏满足用户自定义自家机器人的后置格式。

【状态机】功能选项栏是将各种格式的 CAD 模型定义为 robm 格式的状态机。

2.3.1.5 绘图区

绘图区为软件界面中心的蓝色区域,用于场景搭建和轨迹的添加、显示和编辑等。导入的对象和对对象的各种操作,只要没有选择隐藏的,都会显示在绘图区中,如图 2-5 所示。

左下角的坐标系为绝对坐标轴(世界坐标系的方位指示器),它的 X、Y、Z 三个轴的朝向与世界坐标系保持一致。

2.3.1.6 机器人加工管理面板

机器人加工管理面板主要是全局浏览软件中所有模型和操作,使所有目标对象方便管理、简便操作以及直观清晰地查看。由场景、零件、坐标系、外部工具、快换工具以及机器人等元素节点组成,通过面板中的树形结构可以轻松查看并管理机器人、工具和零件等对象的各种操作。

一般来讲,每个节点下面会有子节点,可通过点开 ⊞ 查看该条目下的子节点,点击 ⊟ 收起子节点列表。例如,机器人下面设有工具、底座、轨迹和程序等子节点,如图 2-6 所示。

工作的设备用于选择处于工作状态的设备(机器人)。

图 2-5　绘图区示意图

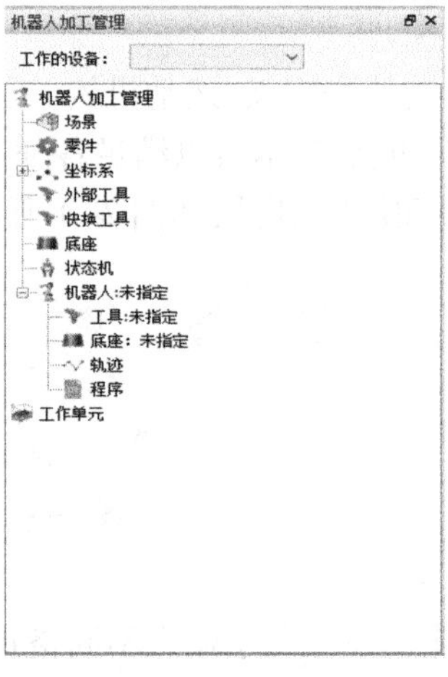

图 2-6　机器人加工管理面板

2.3.1.7 机器人控制面板

机器人控制面板用于控制机器人六个轴和关节的运动，调整其姿态，显示坐标信息，读取机器人的关节值，以及使机器人回到机械零点（机器人出厂时的初始位置）等，分为“机器人空间”和“关节空间”两部分，如图 2-7 所示。

“机器人空间”是模拟示教器控制机器人，利用“+”“-”控制机器人在 *X* 轴（前后）、*Y* 轴（左右）和 *Z* 轴（上下）上平移。利用“+”“-”控制机器人绕 *X* 轴（前后）、*Y* 轴（左右）和 *Z* 轴（上下）旋转。根据机器人品牌来确定坐标表示用四元数还是欧拉角。一般来说，ABB 机器人坐标用四元数，其他品牌机器人一般用欧拉角来表示。“工具坐标系”是指以工具坐标系的原点来确定机器人的位置。“调整步长”中的步长是指机器人平移或旋转运动幅度的大小，范围是 0.01 ~ 10.00。

“关节空间”是通过控制机器人的每个关节实现机器人控制。J1、J2、J3、J4、J5、J6 分别代表机器人的一轴、二轴、三轴、四轴、五轴和六轴。其中，±165，±110，-110 到 70，±160，±120，±400 分别表示每个关节的旋转角度范围，通过“ ”上下移动改变六个轴在六个范围内的关节角度值。数字框可实现具体数字输入和显示，实现精确调整。同时，每个关节对应有活动范围，也可以利用“ ”减小或增大关节角度，每次减小或增大的数值为步长，步长调整范围是 0.01 ~ 10.00。“读取关节值”用来将机器人各个关节位置点坐标值导出。“回机械零点”用来将机器人从现在的位置恢复至机械零点，机械零点是机器人出厂时的初始位姿。

“HOME 点”用来显示已保存的 HOME 点，也可以删除不需要的 HOME 点。

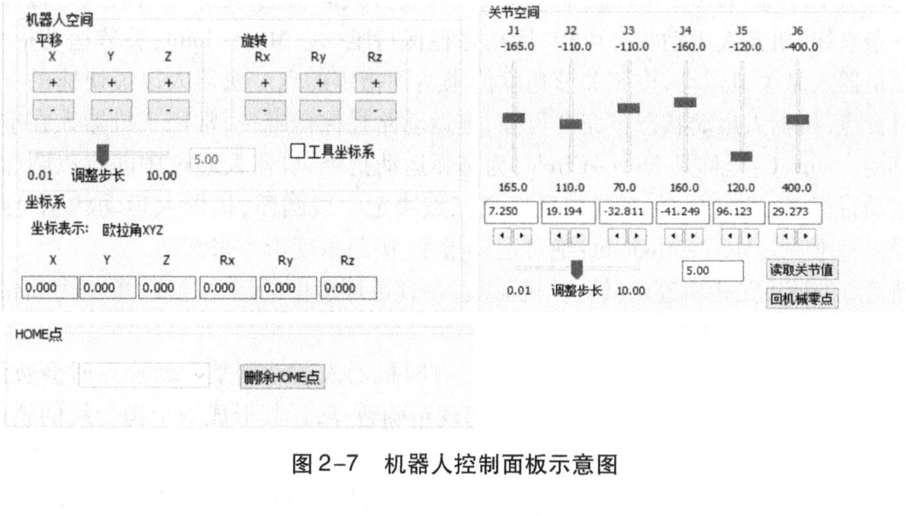

图 2-7 机器人控制面板示意图

2.3.1.8 调试面板

调试面板与机器人姿态和轨迹点特征紧密联系。用于调试机器人的关节角，改变机器人的姿态，如图 2-8 所示。

J1、J2、J3、J4、J5、J6 分别代表机器人的一轴、二轴、三轴、四轴、五轴和六轴，通过“ ”左右移动改变六个轴在六个范围内的关节角度值。需要注意的是：选取的机器人有几个轴,此处就会显示几个机器人轴。

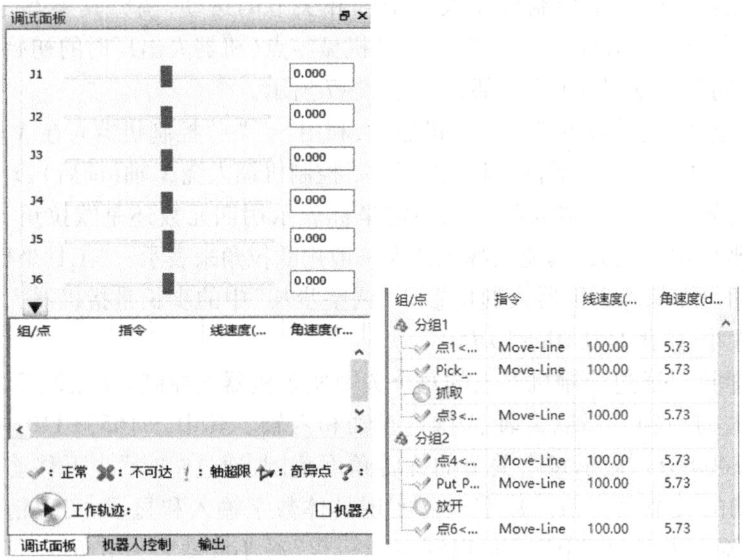

图 2-8 调试面板示意图

更改轨迹点的运动指令、速度和轨迹逼近值,并且显示出机器人在该点执行的事件,如图 2-9 所示。轨迹点的运动指令包括 Move-Line,Move-Joint,Move-AbsJoint 和 Move-Circle 四种。Move-Line:机器人以线性移动方式运动至目标点,当前点与目标点两点为一条直线,机器人运动状态可控,运动路径保持唯一。Move-Joint:关节运动指令,表示的是机器人做关节运动,按照关节角度值来达到指定的点。机器人以最快捷的方式运动到目标点,机器人运动状态不完全可控,但运动路径保持唯一,常用于机器人在空间大范围移动。MoveC:全称是 Move-Circle,为圆弧运动指令,机器人通过中间点以圆弧移动方式运动目标点,当前点、中间点与目标点三点决定一段圆弧,机器人运动状态可控,运动路径保持唯一。Move-AbsJoint:绝对运动指令,按照角度指令来移动。

轨迹点的速度是指轨迹点(轨迹/机器人)在真机环境中的运动速度,单位为 mm/s,可生成后置代码导入示教器中。

轨迹逼近是形成轨迹的平滑圆弧过渡。有时机器人运动到某个轨迹点时会暂停,即速度为 0。该指令可以防止机器人在该点出现精确暂停,让其形成一个抛物线的轨迹,即实现圆弧过渡。如图 2-9(a)所示,机器人从 P1 运动到 P2 到 P3,再到 P4。轨迹逼近值的最大值是 P2 到 P3 之间距离的 1/2,机器人运动到 P2、P3 时速度为 0。此时设定"逼近轨迹"的数值为 6 mm,那么机器人的运动路径就会是绕过 P2 和 P3 的黑色曲线。需要注意的是,如果机器人在 P2 或 P3 点停止,则不能使用该指令。另外,如果原轨迹是从点 1 到点 2,两点之间有障碍物,可以插入一个点 3,然后使用轨迹逼近,可使机器人连续运动,如图 2-9(b)所示。

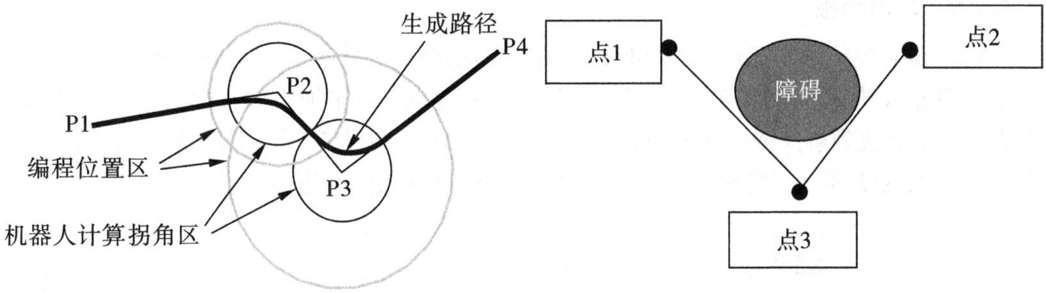

(a)　　　　　　　　　　(b)

图 2-9　机器人轨迹示意图

使用五种状态来显示机器人轨迹结果，如图 2-10 所示。绿色“ ”表示该轨迹点是完全正常的；红色“ ”表示不可达点，机器人距离目标太远，此时需要调整机器人与工件或外部工具的距离；黄色“ ”表示轴超限，机器人的运动超过了某个关节的运动范围；紫色“ ”表示奇异点；灰色“ ”表示不知道该轨迹点的当前状态。

奇异状态一般指工业机器人机器手臂出现的运动故障，指的是在该状态下失去了一些运动自由。而奇异点就是造成机器人出现奇异状态的点。

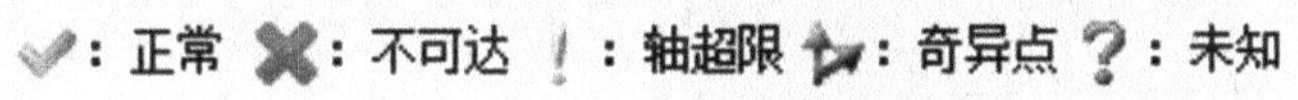

图 2-10　机器人轨迹结果示意图

仿真当前轨迹状态指令，如图 2-11 所示。点击“ ”时出现“仿真管理”面板，执行仿真操作，同时“输出”面板上还显示出该条轨迹的名称，如图 2-12 所示。

使机器人运动到某点指令，如图 2-11 所示。当勾选该指令时，只需要单击目标点就可以使机器人运动到该点。

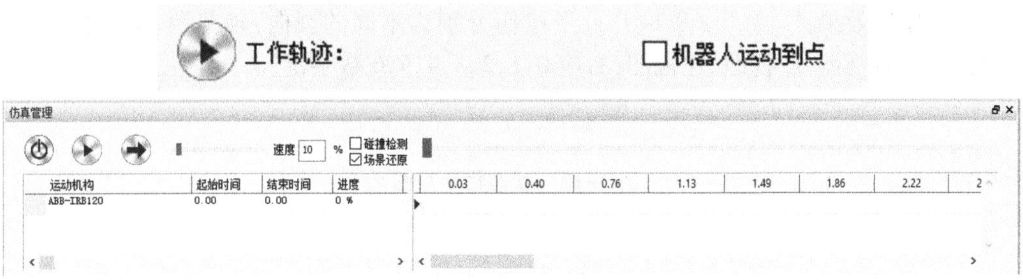

图 2-11　仿真当前轨迹状态指令

2.3.1.9 输出面板

仿真功能模拟的是机器人在实际环境中的运动路径和状态。仿真时,“输出”面板会显示出机器人执行的事件和命令,以及有问题的轨迹点。双击输出面板中的提示事件,机器人姿态会更改到事件被执行时的状态。同时,该面板会输出有问题的轨迹点,如图 2-12 所示轴超限的轨迹点。出现这种情况后,需要对轨迹点的姿态进行调整。

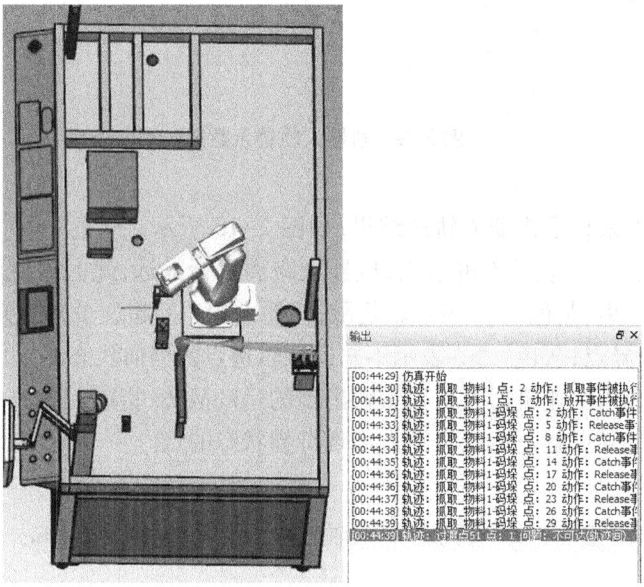

输出
[00:44:29] 仿真开始
[00:44:30] 轨迹: 抓取_物料1 点: 2 动作: 抓取事件被执
[00:44:31] 轨迹: 抓取_物料1 点: 5 动作: 放开事件被执
[00:44:32] 轨迹: 抓取_物料1-码垛 点: 2 动作: Catch事件
[00:44:33] 轨迹: 抓取_物料1-码垛 点: 5 动作: Release
[00:44:33] 轨迹: 抓取_物料1-码垛 点: 8 动作: Catch事件
[00:44:34] 轨迹: 抓取_物料1-码垛 点: 11 动作: Release
[00:44:35] 轨迹: 抓取_物料1-码垛 点: 14 动作: Catch
[00:44:36] 轨迹: 抓取_物料1-码垛 点: 17 动作: Release
[00:44:36] 轨迹: 抓取_物料1-码垛 点: 20 动作: Catch
[00:44:37] 轨迹: 抓取_物料1-码垛 点: 23 动作: Release
[00:44:38] 轨迹: 抓取_物料1-码垛 点: 26 动作: Catch
[00:44:39] 轨迹: 抓取_物料1-码垛 点: 29 动作: Release

图 2-12　输出面板示意图

2.3.1.10 状态栏

状态栏包括功能提示、模型绘制样式、视向等功能,如图 2-13 所示。“ ”表示显示全部,点击之后,所有导入的模型都会显示在绘图区。“ ”将选中区域进行缩放;“ ”在绘图区选中内容;“ ”包含了点、线框等五种模型的绘制样式,不同绘制样式将会生成不同的模型效果;“ ”七个按钮分别为不同的视向:轴侧图、前视图、顶视图、右视图、后视图、底视图、左视图,对应 0,1,2,3,4,5,6 数字键。

图 2-13　状态栏示意图

2.3.2 工作站与工作站库

工作站与工作站库是机器人离线编程与仿真技术中的重要概念,是离线编程与仿真控制对象的图形化表示和验证,也是计算机图形学在离线编程与仿真领域的应用与实现。

所谓工作站是指为实现具体的焊接、涂装、搬运或其他作业而需要的机器人、生产线、夹具、工具、工件及其他所需设备的总称和集合，是一个可以完成具体工况的机电自动化控制系统。为确保仿真的可靠性，工作站是按特定比例缩微后的实际场景，可以进行与实际工况相关的 TCP 校准、工件校准、轨迹生成、插入 POS 点及仿真等核心作业的设计与仿真验证。

为便于数据组织、管理、维护、更新、检索及升级，工作站相关的机器人、生产线、夹具、工具、工件及其他设备均采用数据库管理方式，这就是工作站库的由来。与其他软件类似，PQArt 离线编程与仿真软件将场景搭建相关的设备按功能划分为机器人库、工具库和设备库三大类，如图 2-14 所示，分别存储在机器人模型库、工具模型库及设备模型库中，以简化场景搭建过程并提高工作效率。

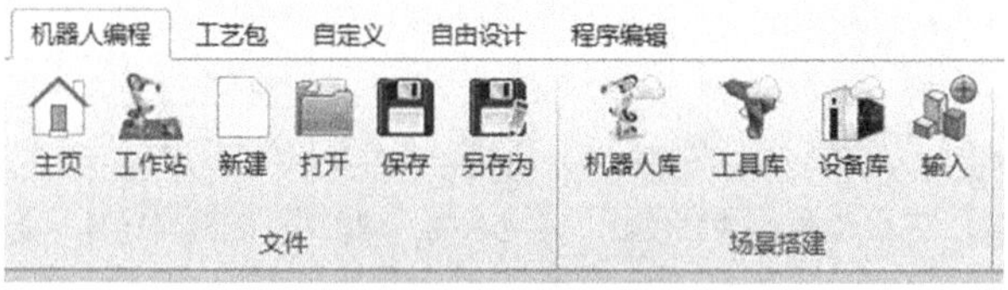

图 2-14 工作站和工作站库

2.3.3 POS 点与 HOME 点

POS 点与 HOME 点是机器人离线编程中非常重要的概念，用于标识轨迹上点的性质和类型。

POS 点也称为过渡点或趋近点，在两条独立的 PTP 路径或 CP 路径中间插入的、用于将其连接为一条连续工作路径的工作点就是 POS 点，位于轨迹端点附近。POS 点主要有三个作用：①当机器人在两点间走直线时，插入 POS 点可有效避免机器人及工具与工件的碰撞；②激光切割等作业一般包含打孔和切割等多个工序，若打孔位置在切割轨迹上，将直接影响切割面的质量，插入 POS 点可解决打孔和切割轨迹的干涉问题；③将多个独立 PTP 轨迹或 CP 轨迹连接为一条连续的工作轨迹时，插入 POS 点后将生成一条连续的 PTP 轨迹或 CP 轨迹。POS 点可根据需要命名。

HOME 点就是机器人工作开始前和工作结束后停留的位置，即工作轨迹的起点和终点。根据需要，在轨迹两端的 HOME 点中间会有若干工作点、趋近点、离开点和过渡点等 POS 点，以组成连续工作轨迹。

2.3.4 三维球

高精度工作场景是高精度离线编程与仿真的基础。在高精度工作场景中，需要各种物体和对象的高精度定位和姿态确定。在场景搭建中，通过拖动鼠标和转动鼠标滚轮等方法来调节机器人、底座、末端执行器、机床等位置和姿态，以精确模拟和仿真实际工作场景。然而，鼠标操作会由于系统精度、用户使用习惯及操作水平等因素，造成仿真场景与实际工作场景之间的较大误差，使得实际工作场景中的机器人无法实现预期轨迹，导致离线程序和仿真结果的可靠性和真实性降低。为了尽可能提高物体的定位精度，减小仿真场景与实际场景之间的误差，PQArt 软件提供了三维空间定位工具，即三维球。三维球是 PQArt 软件的技术创新和特色，是一个强大而灵活的三维空间定位工具。它可以通过平移、旋转和其他复杂的三维空间变换精确定位任何一个三维物体，可用于工作场景中任何一个三维物体的高精度定位。根据功能，三维球可提供基于点和基于轴的两种基本操作方法。基于点的操作方法用来实现物体的位置移动，基于轴的操作方法用来实现物体的姿态调整，二者结合实现物体在软件中的位姿调整。

选中需要调整位置的三维模型，单击工具栏上的按钮 打开三维球，如图 2-15 所示，使三维球附着在三维物体之上，从而方便地对它们进行移动和相对定位。使用三维球时，必须先选中三维模型，将三维球激活。默认的三维球图标是灰色的，激活后显示为黄色。

图 2-15　三维球功能位置示意图

三维球由一个中心点、三个平移轴和三个旋转轴组成，如图 2-16 所示。三维球有三种颜色：默认颜色（X、Y、Z 三个轴对应的颜色分别是红、绿、蓝）、白色和黄色。默认颜色：三维球与物体关联，三维球动，物体会跟着三维球一起动。白色：三维球与物体互不关联，三维球动，物体不动。黄色：表示该轴已被固定（约束），三维物体只能在该轴的方向上进行定位，三维球与附着元素的关联关系，通过键盘空格键来转换。三维球为默认颜色时按下空格键，则三维球会变白。变白后，移动三维球时附着元素不动。

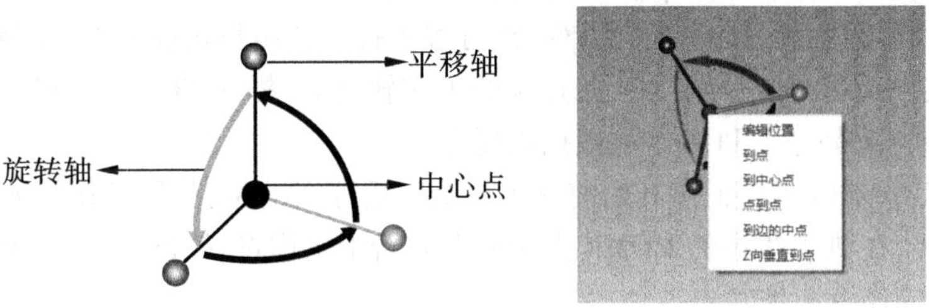

图 2-16　三维球功能示意图

2.3.4.1　中心点

中心点主要用来进行点到点的移动。使用的方法是在三维球上单击鼠标右键，然后从弹出的中心点菜单中挑选一个选项。也可进行点定位，即确定坐标系原点的位置。三维球弹出菜单包括“编辑位置”“到点”“到中心点”“点到点”和“到边的中点”，如图 2-16 所示。

“编辑位置”用来输入相对父节点锚点的 X、Y、Z 三个方向的坐标值，如图 2-17 所示。X、Y、Z 数值代表的是中心点在 X、Y、Z 三个轴方向上的向量值。位置是相对于世界坐标系来说的，填入数值可以改变物体在世界坐标系中的位置。例如，需要将坐标系的位置移动至世界坐标系原点，将编辑位置对话框中的 X、Y、Z 值都更改为 0。

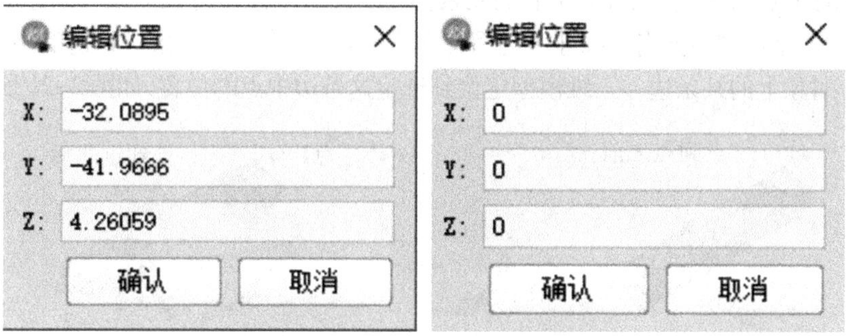

图 2-17 “编辑位置”示意图

“到点”用来将三维球附着的元素移动到第二个操作对象上的选定点。操作步骤：选中三维模型→弹出三维球→选择三维球中心点右键菜单内的“到点”→选中第二个操作对象上的某个点→三维模型定位到选定点的位置，如图 2-18 所示。

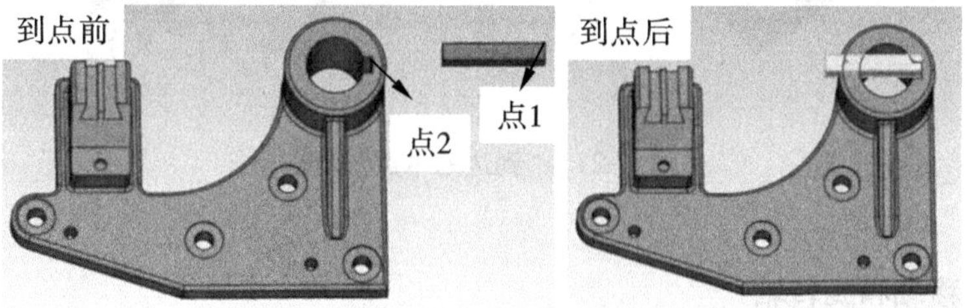

图 2-18 “到点”功能

“到中心点”用来将三维球附着的元素移动到回转体的中心位置。操作步骤：选中三维模型→弹出三维球→选择三维球中心点右键菜单内的“到中心点”→选中第二个操作对象上的某个圆弧→三维模型定位到选定点的位置，如图 2-19 所示。

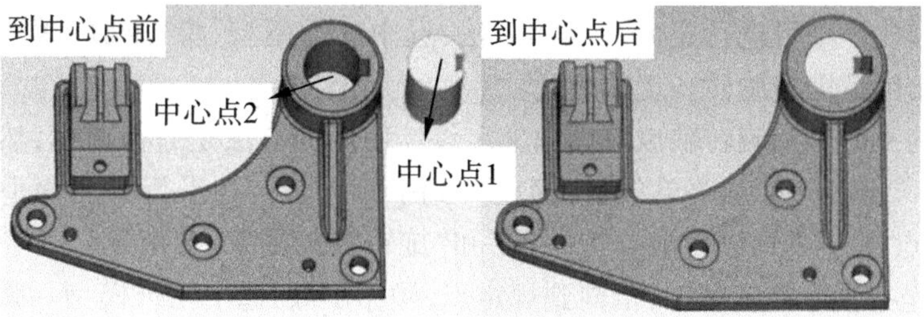

图 2-19 “到中心点”功能

“点到点”用来将三维球附着的元素移动到第二个操作对象上两点之间的中点，该功能需要在第二个操作对象上指定两个点。操作步骤：选中三维模型→弹出三维球→选择三维球中心点右键菜单内的“点到点”→选中第二个操作对象上的某两个点→三维模型定位到选定两个点之间中点的位置，如图 2-20 所示。

“到边的中点”用来将三维球附着的元素移动到第二个操作对象上某一条边的中点。操作步骤：选中三维模型→弹出三维球→选择三维球中心点右键菜单内的“到边的中点”→选中第二个操作对象上的某条边→三维模型定位到选定这条边中点的位置，如图 2-21 所示。

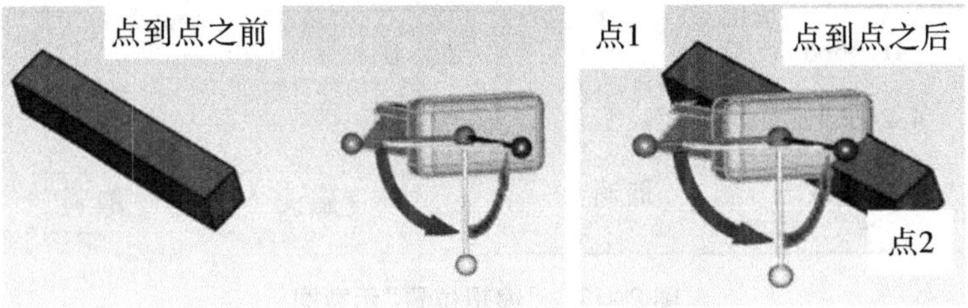

图 2-20 “点到点”功能

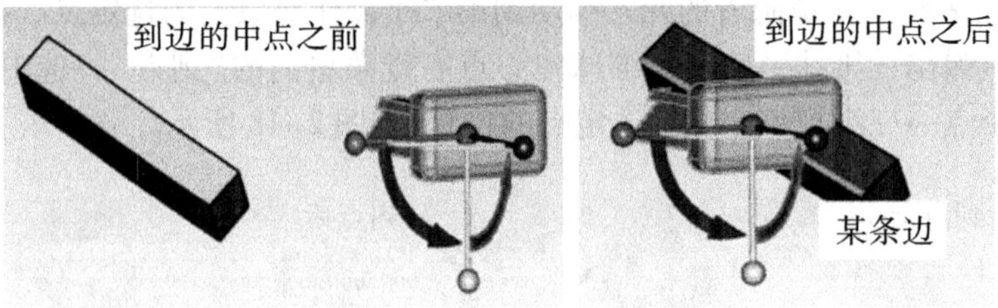

图 2-21 “到边的中点”功能

2.3.4.2 平移轴和旋转轴

平移轴主要用来进行坐标系沿 X、Y、Z 轴方向的平移。有两种用法：一是拖动轴，使轴线对准另一个位置进行平移；二是右击鼠标，然后从弹出的菜单中选择一个项目进行定向。具体方法：选中三维模型，将三维球激活，将零件、图素在指定的轴线方向上移动一定的距离，可在空白数值框内输入平移的距离，单位为 mm。

旋转轴主要用来进行坐标系绕 X、Y、Z 轴的旋转。主要有两种用法：一是选中轴后，可以围绕一条从视点延伸到三维球中心的虚拟轴线旋转；二是右击鼠标，然后从弹出的菜单中选择一个项目进行定向。具体方法：选中三维模型，将三维球激活，将零件、图素在指定的角度范围内旋转一定的角度。

三维球的平移轴和旋转轴也可以用来定位。使用的方法是右击鼠标，然后从弹出的菜单中挑选一个选项，弹出菜单包括“到点”“到中心点”“与边平行”“与面垂直”“与轴平行”“反向”“点到点”“到边的中点”“平移”和“旋转”，如图 2-22 所示。

“到点”是指鼠标捕捉的轴，指向到规定点，操作步骤：选中三维模型→弹出三维球→选择三维球的轴右键菜单内的“到点”→选中第二个操作对象上的某个点→选中轴将通过指向该点，如图 2-23 所示。

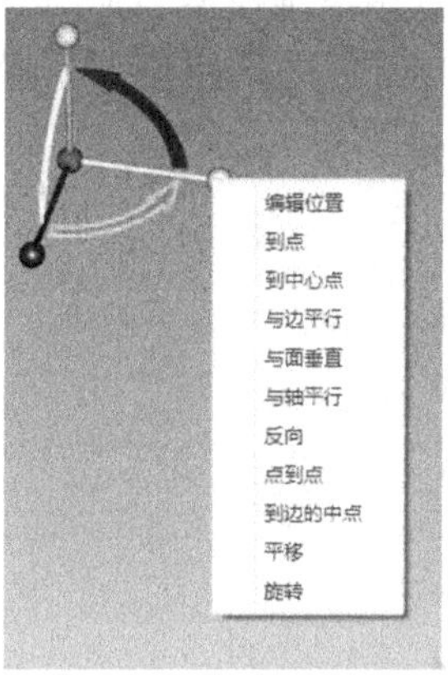

图 2-22　三维球的轴功能

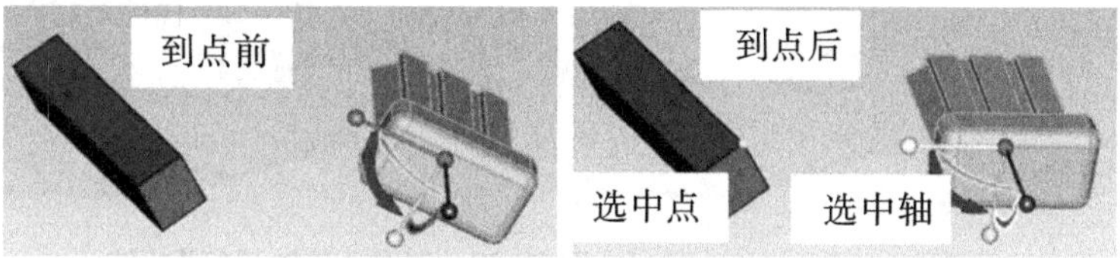

图 2-23　轴的“到点”功能

“到中心点”是指鼠标捕捉的轴，指向到规定圆心点，操作方法同“到点”，不做赘述。

“与边平行”是指鼠标捕捉的轴与选取的边平行。操作步骤：选中三维模型→弹出三维球→选择三维球的轴（轴与边 1 平行）右键菜单内的“与边平行”→选中第二个操作对象上的某条边（边 2）→轴（边 1）与边 2 平行，如图 2-24 所示。

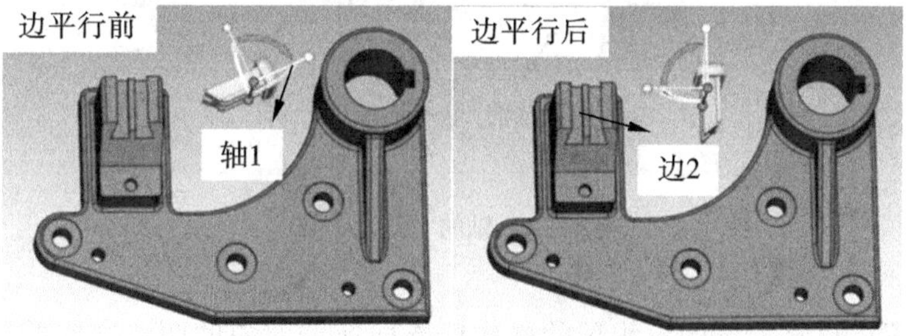

图 2-24　轴的“与边平行”功能

“与面垂直”是指鼠标捕捉的轴与选取的面垂直。操作步骤：选中三维模型→弹出三维球→选择三维球的轴（轴与面 1 平行）右键菜单内的“与面垂直”→选中第二个操作对象上的某个面（面 2）→轴（面 1）与面 2 平行，如图 2-25 所示。

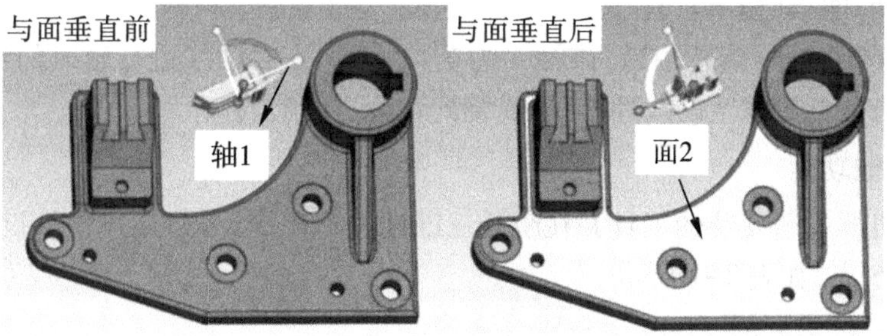

图 2-25　轴的“与面垂直”功能

“与轴平行”是指鼠标捕捉的轴与柱面轴线平行。操作步骤:选中三维模型→弹出三维球→选择三维球的轴(轴与圆柱轴线平行)右键菜单内的“与轴平行”→选中第二个操作对象上的圆柱→轴(柱体 1)与柱面(柱体 2)轴线平行,如图 2-26 所示。

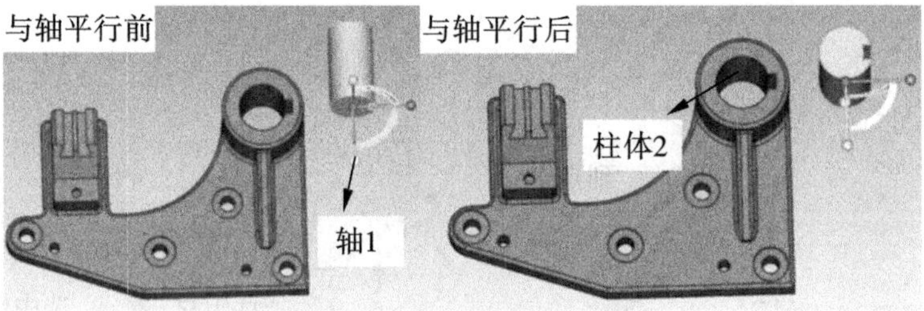

图 2-26 轴的“与轴平行”功能

“反向”是指三维球带动元素在选中的轴方向上转动 180°。操作步骤:选中三维模型→弹出三维球→选择三维球的轴右键菜单内的“反向”→轴旋转 180°,如图 2-27 所示。

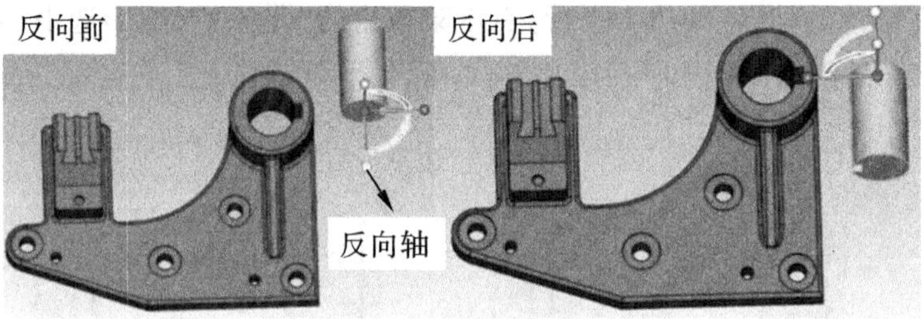

图 2-27 轴的“反向”功能

“点到点”可以将所选的三维球的操作柄指向所选对象的两点之间的中点位置,同时三维球附着的物体姿态也会跟着调整,操作方法与中心点中“点到点”方法一致,不做赘述。

“到边的中点”可以将所选的三维球的操作柄指向所选边线的中心点位置,同时三维球附着的物体姿态也会跟着调整。操作方法与中心点中“到边的中点”方法一致,不做赘述。

2.3.4.3 轴的固定(约束)

单击某个平移轴/旋转轴后,该轴变为黄色,可用来对轴线进行暂时的约束,使三维物体只能进行沿此轴线上的线性平移,或绕此轴线进行旋转。

2.3.4.4 其他功能

当选中机器人所安装的工具并在激活三维球的状态下,可以通过快捷键快速插入各种类型的 POS 点,如表 2-1 所示。

表 2-1 快捷键插入 POS 点

快捷键	功能
Ctrl+J	快速插入“Move-Joint”指令点
Ctrl+K	快速插入“Move-AbsJoint”指令点
Ctrl+L	快速插入“Move-Line”指令点

2.3.4.5 移动三维球

以上三维球中心点、平移轴和旋转轴的功能都是一个物体和另一个物体之间的相对运动。在一个物体上如果三维球的位置不在合适的位置,可以通过移动三维球的位置将三维球调整到合适的位置。操作步骤:选中三维模型→弹出三维球→按下键盘“空格键”(三维球变成白色)→选择三维球的轴右键菜单内的“到点”→三维球将移动到选中点处,如图 2-28 所示。

中心点到中心点、点到点和到边的中点功能,平行轴和旋转轴到点、到中心点、与边平行、与面垂直、与轴平行、反向、点到点、到边的中点、平移和旋转的功能与前文所述的功能一致,操作方法与“到点”方法一致,不做赘述。读者可自行尝试完成三维球变成白色后中心点、平行轴和旋转轴各功能,查看两者区别。

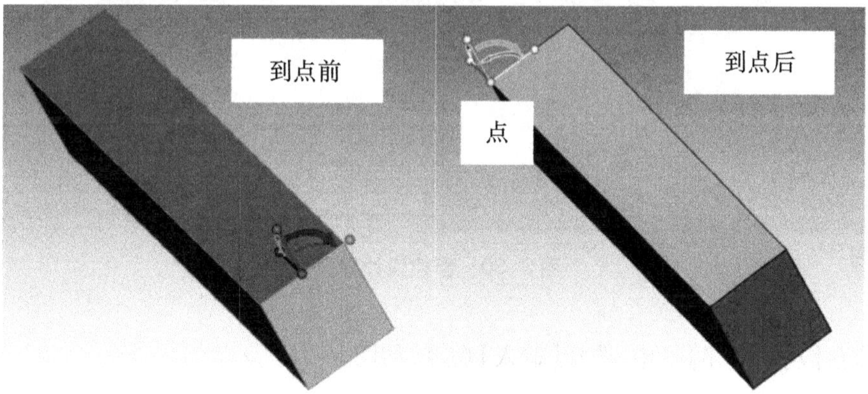

图 2-28 移动三维球

2.4 项目实施

任务 1 PQArt 软件模型导入

PQArt 软件提供了两种导入三维模型的方法:①导入自行设计的模型;②PQArt 软件中自带了一些模型,供初学者进行学习使用。

任务 1 PQArt 软件模型导入

1. 导入自行设计的模型

(1)打开软件,进入主界面,如图2-29所示。

图2-29　主界面示意图

(2)选择【新建】命令,进入新建设计界面,如图2-30所示。

图2-30　新建设计界面

(3)在【场景搭建】栏中,选择【输入】命令,如图2-31所示。

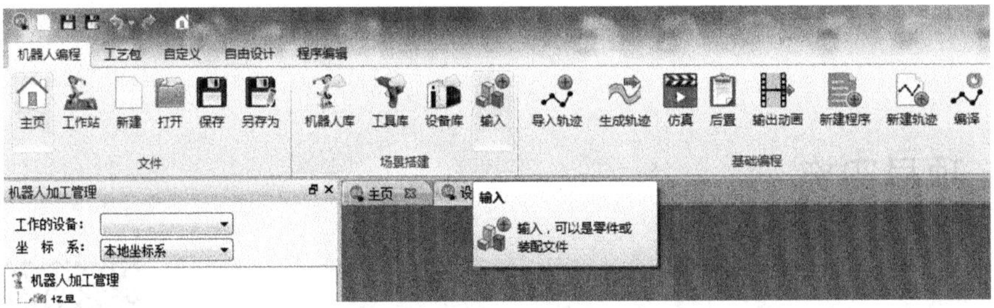

图2-31　【输入】命令示意图

(4)弹出文件选择窗口,可将软件支持的文件格式的文件导入任务中,如图 2-32 所示。

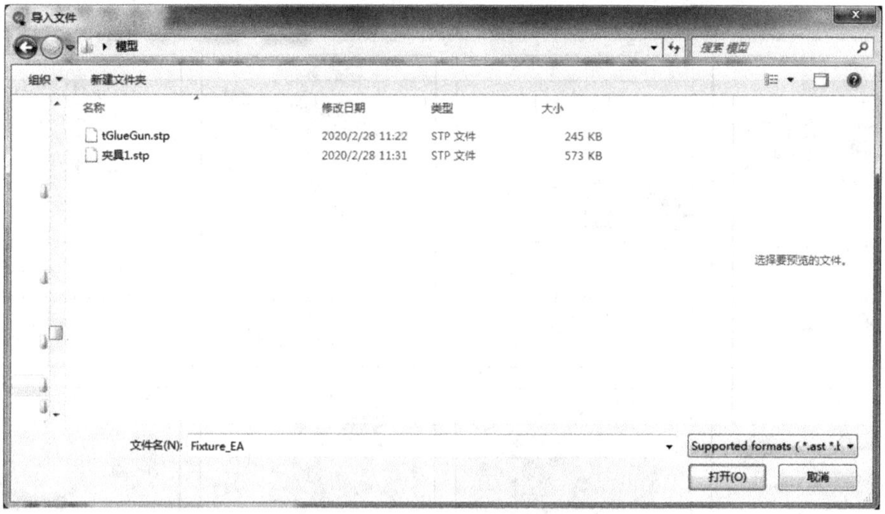

图 2-32 选择窗口

(5)打开之后,需要的三维模型就显示在主窗口区域内,如图 2-33 所示。

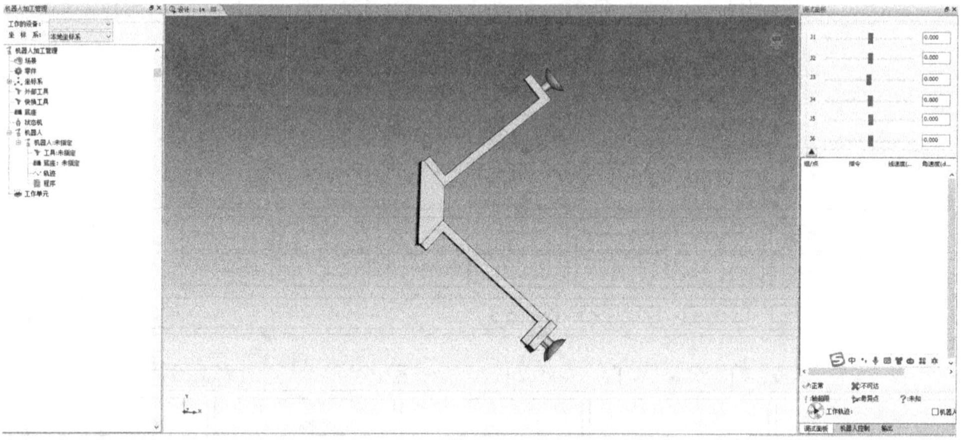

图 2-33 导入结果示意图

2. 导入软件自带模型

(1)导入工作站模型:选择文件栏中的【工作站】命令,弹出工作站模型窗口,选择"CHL-GY-11 工作站从零搭建"模型,下载后,进入工程界面,如图 2-34 所示。

(2)导入机器人模型:选择【场景搭建】栏中的【机器人库】,弹出如图 2-35 所示的机器人窗口,根据所需要的机器人品牌及其型号,选中相应的模型(本项目以固高科技使用的机器人为例进行讲解)。选中"固高科技"后,弹出其公司所有的机器人模型,选择"KAWASAKI-RA010NA(+固高控制器)",下载并导入,如图 2-36 所示。

图 2-34　导入工作站示意图

图 2-35　机器人窗口

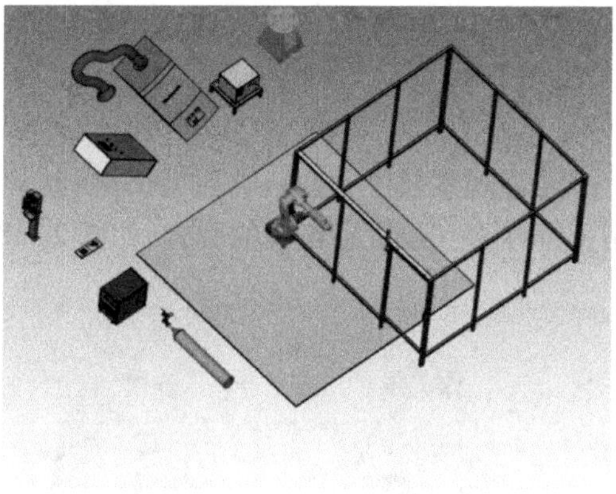

图 2-36　导入机器人模型示意图

（3）导入机器人底座：在【场景搭建】栏中的【设备库】中，选择“底座”模块，找到“底座 A”，下载并插入，如图 2-37 所示。

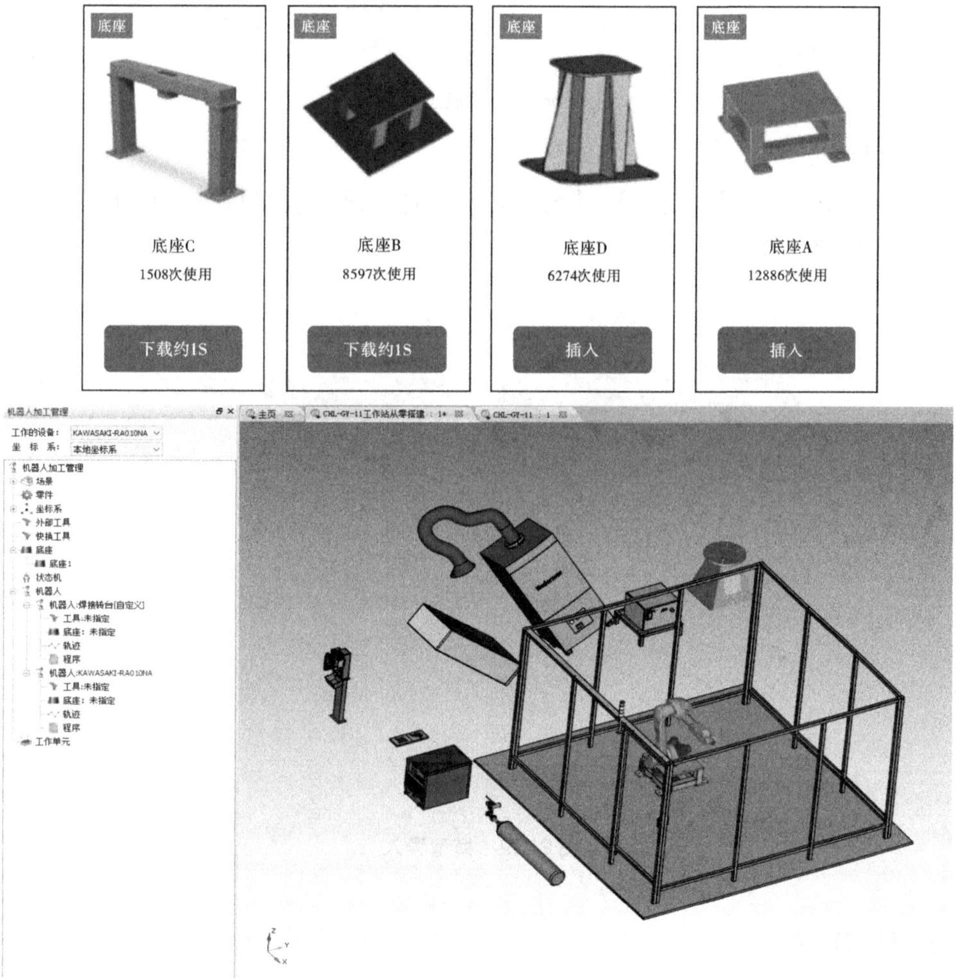

图 2-37　导入底座模型

任务 2　三维球的使用

任务 2　三维球的使用

通过观察软件中的三维模型，分析其各部分的正确位置，并使用三维球将其放置在正确的位置，如图 2–38 所示。

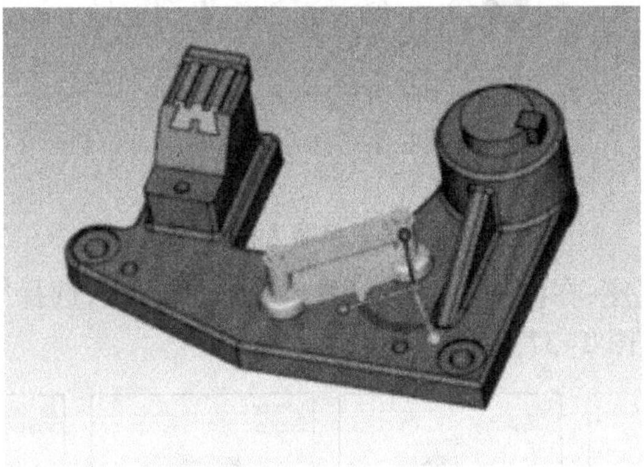

图 2–38　三维模型示意图

1. 模型导入

运用 PQArt 软件中【设备库】→【场景元素】→【三维球装配】，下载并打开三维模型文件，如图 2–39 所示。

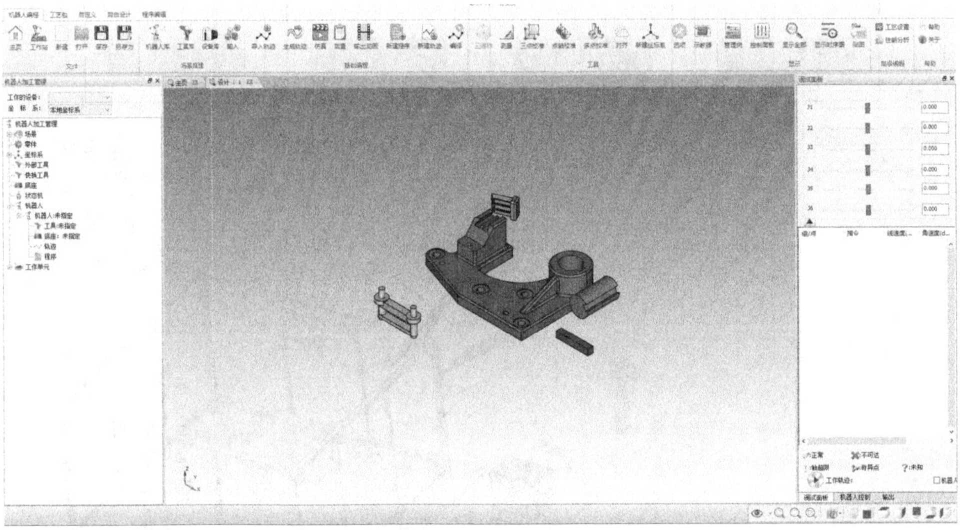

图 2–39　模型导入

2. 放置圆柱轴

在“场景”中选择“圆柱轴”，点击【三维球】。选中坐标系，按下空格后（将三维球变成白色），将鼠标放置于坐标系原点，单击鼠标右键→“到中心点”，如图 2–40、图 2–41 所示。

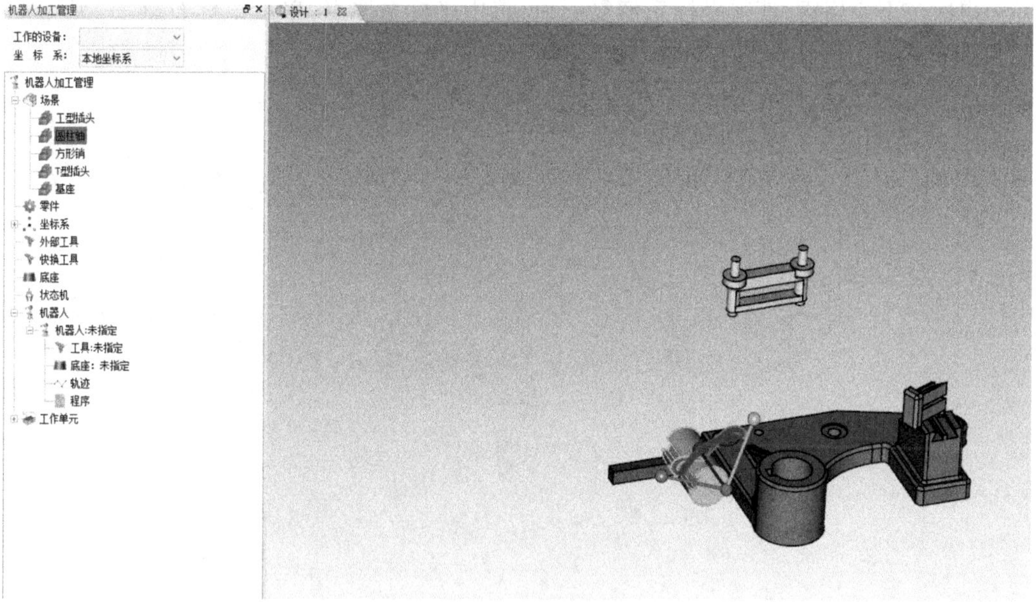

图 2-40 选中三维球

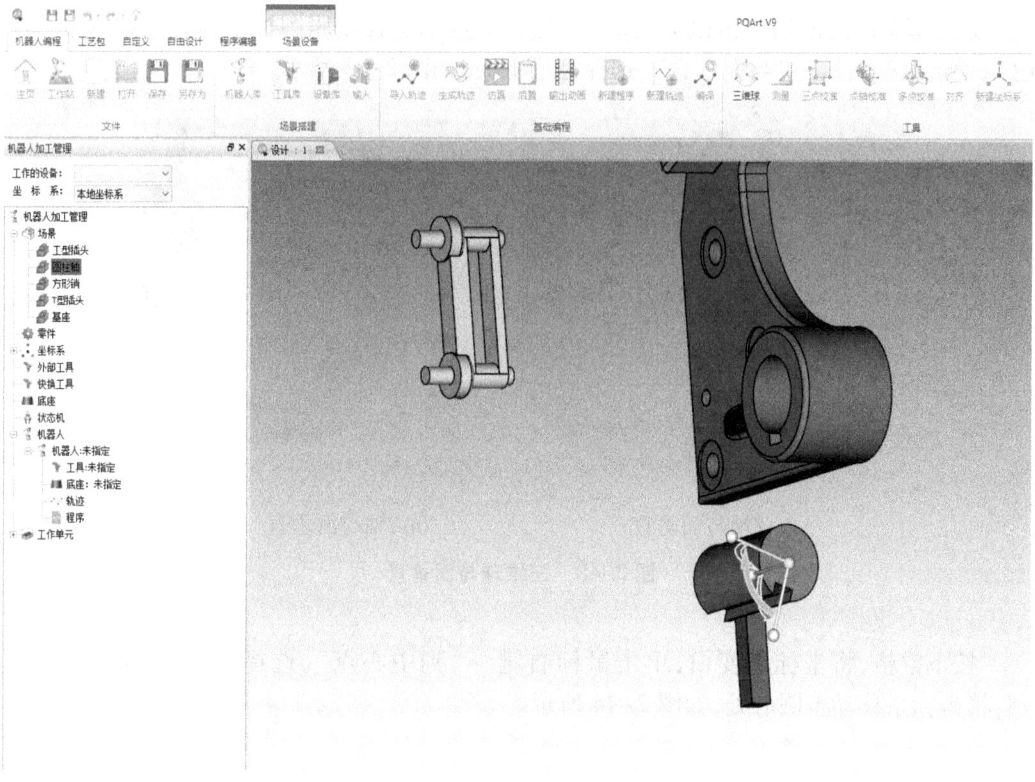

图 2-41 坐标系到中心点示意图

再次按下空格键,使得坐标系恢复彩色,选中坐标系原点,单击鼠标右键→“到中心点”,选中基座上圆柱轴插入的孔,如图 2-42 所示。

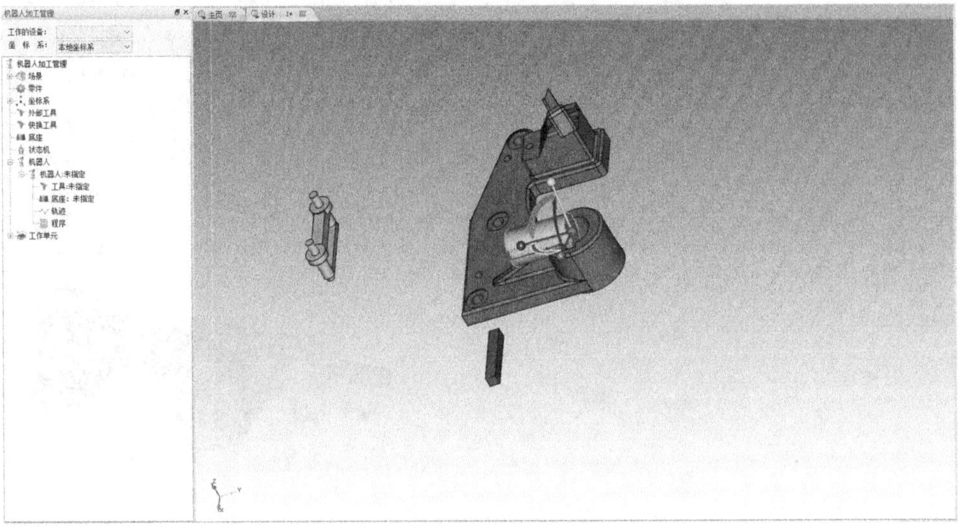

图 2-42　放入圆孔中心

选中 Z 轴(蓝色),单击鼠标右键→“与面垂直”,选择基座圆柱平面。选中 X 轴(红色),单击鼠标右键→“与面垂直”,选择键槽上面,如图 2-43 所示。

(a)Z轴与面垂直　　(b)X轴与面垂直

图 2-43　三维球与面垂直

按下空格,将坐标系变白,单击鼠标右键→“到中心点”,选择圆柱轴的另一边的圆,将坐标系移动至圆心处,如图 2-44 所示。

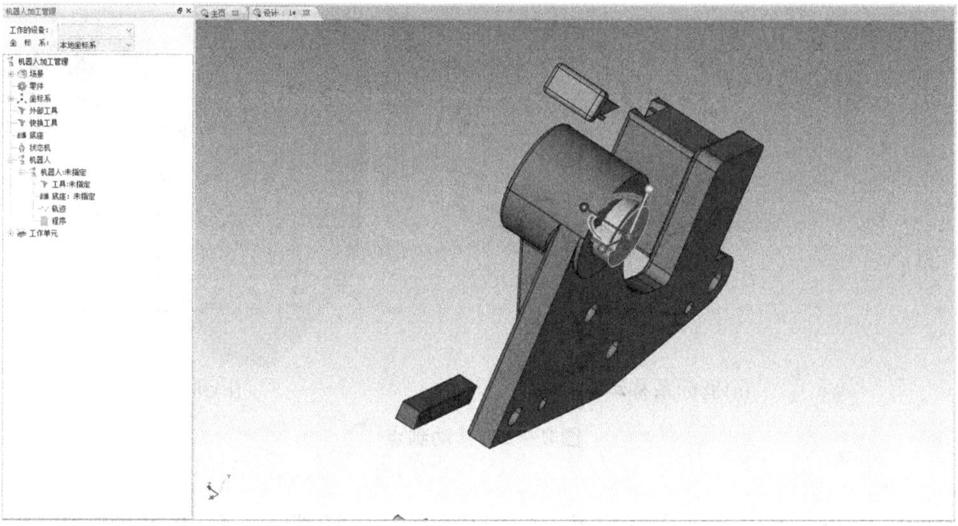

图 2-44 坐标系到中心点示意图

再次按下空格键,将坐标系变为彩色,选中坐标系→单击鼠标右键→“到中心点”,选择基座底面的圆,将圆柱轴平面与基座底面重合,如图 2-45 所示。

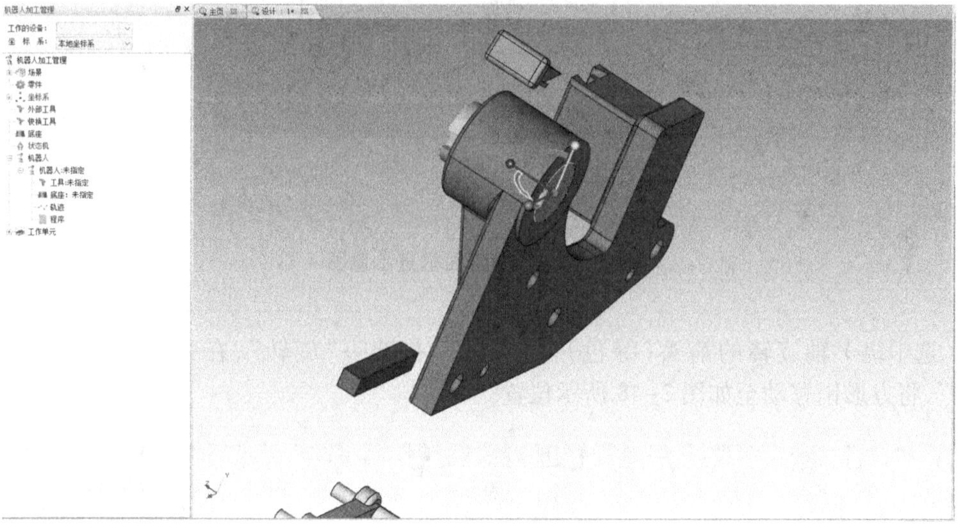

图 2-45 基地重合示意图

3. 放置方形销

在“场景”中选择“方形销”,点击【三维球】。观察坐标系位置。将鼠标放置于坐标系原点,单击鼠标右键→“到中心点”,选中基座上方形销所对应的边,如图 2-46 所示。

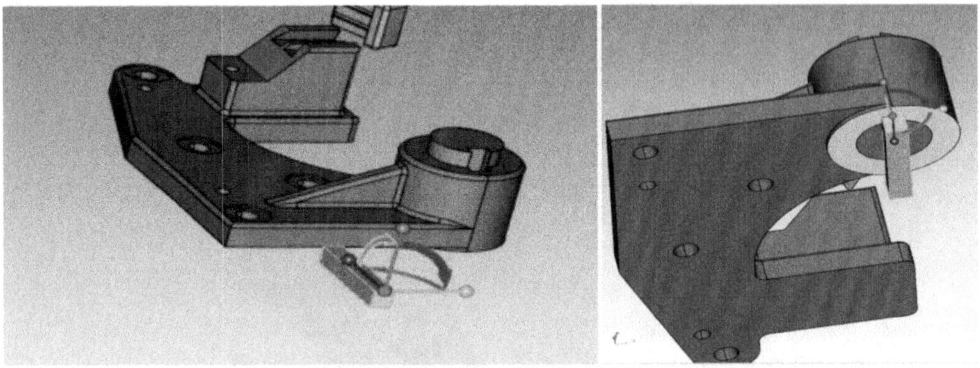

(a)坐标系移动到点　　(b)到边中点

图 2-46　移动到点

选中 X 轴(红色),单击鼠标右键→“与面垂直”,选择基座底面,将方形销移动至如图 2-47 所示位置。

图 2-47　X 轴与面垂直示意图

选中绕 Y 轴旋转的箭头(绿色),单击鼠标右键→“旋转”,在弹出对话框中输入“90”,将方形销移动至如图 2-48 所示位置。

图 2-48　方形销放置示意图

4. 放置 T 型插头

在场景中选择“T 型插头”，点击【三维球】。观察坐标系位置，如图 2-49 所示。

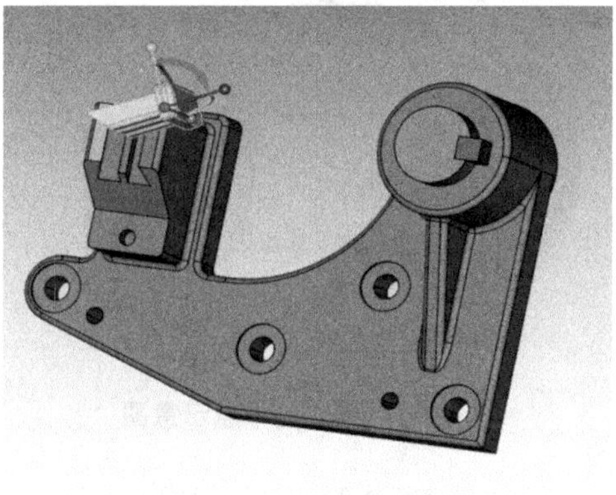

图 2-49 选中坐标系

与选中 *Y* 轴（绿色），单击鼠标右键→“与面垂直”，选择基座的上表面，然后选择 *X* 轴（红色），单击鼠标右键→“与面垂直”，选择基座的侧面，将 T 型插头移动至如图 2-50 所示位置。

图 2-50 *Y* 轴与面垂直示意图

选中坐标系，按下空格，使坐标系变白，单击鼠标右键→“到边的中点”，选中 T 型插头凹槽边的中点，如图 2-51 所示。

选中坐标系，单击鼠标右键→“到边的中点”，选中基座 T 型插头放置凸边的中点，将 T 型插头放置到正确的位置，如图 2-52 所示。

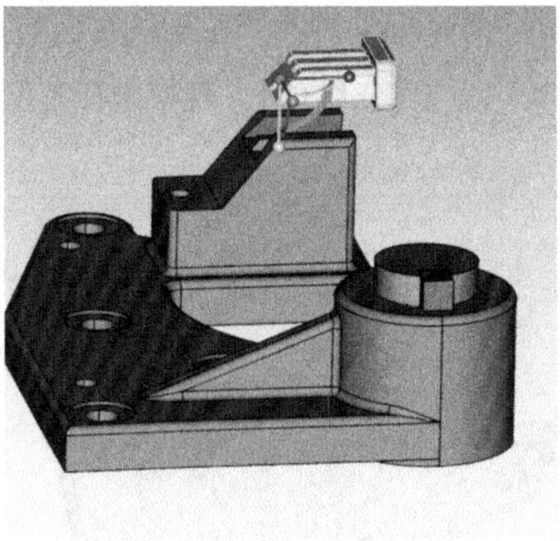

图 2-51　到边的中点示意图

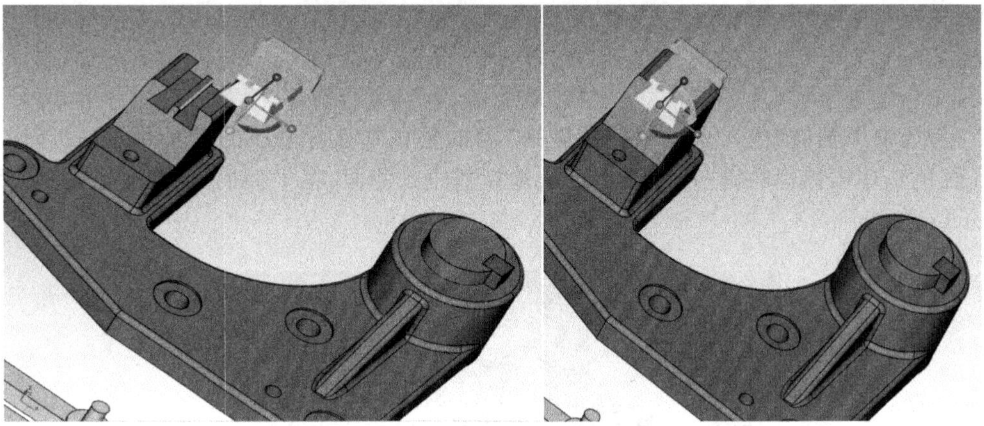

图 2-52　放置基座 T 型插头

5. 放置工型插头

在场景中选择“工型插头”,点击【三维球】。观察坐标系位置,如图 2-53 所示。

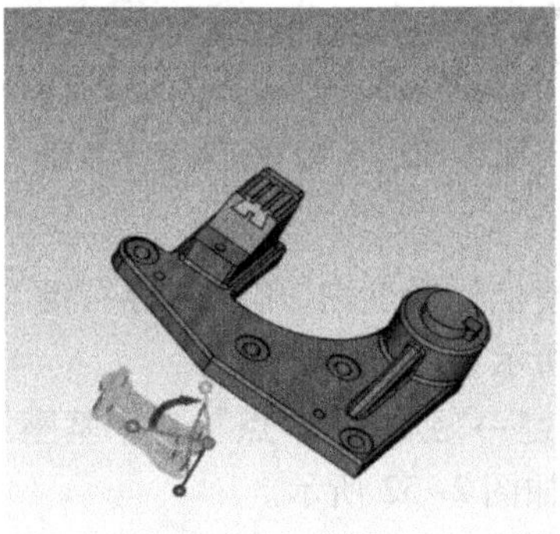

图 2-53　选中坐标系

选中坐标系，按下空格，使坐标系变白，单击鼠标右键→“到中心点”，选中工型插头底面圆的中点，将坐标系移动至圆心处，如图 2-54 所示。

图 2-54 到中心点示意图

选中 Z 轴(蓝色)，单击鼠标右键→“反向”，将工型插头调整至如图 2-55 所示放置。

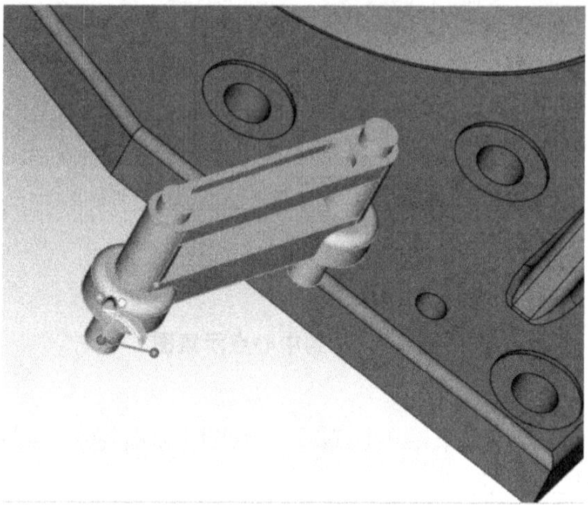

图 2-55 Z 轴反向

选中坐标系，按下空格，使坐标系变白，单击鼠标右键→“与边平行”，选中工型插头侧面的边，将坐标系调整为如图 2-56 所示。

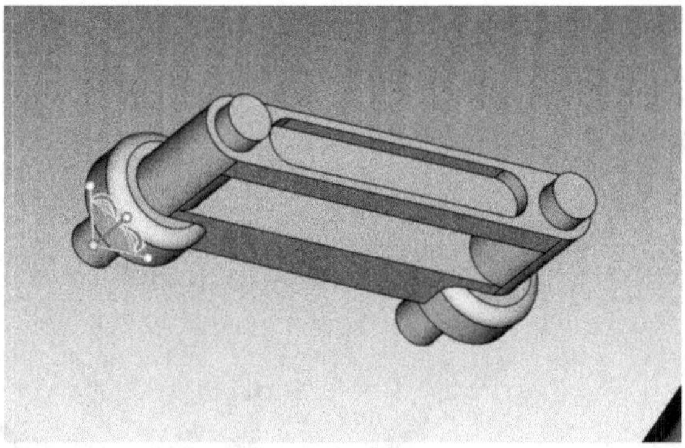

图 2-56　与边平行示意图

再次按下空格键，将坐标系变为彩色，选中坐标系→单击鼠标右键→“到中心点”，选择基座底面的一个圆，将工型插头圆柱底面与基座底面重合，如图 2-57 所示。

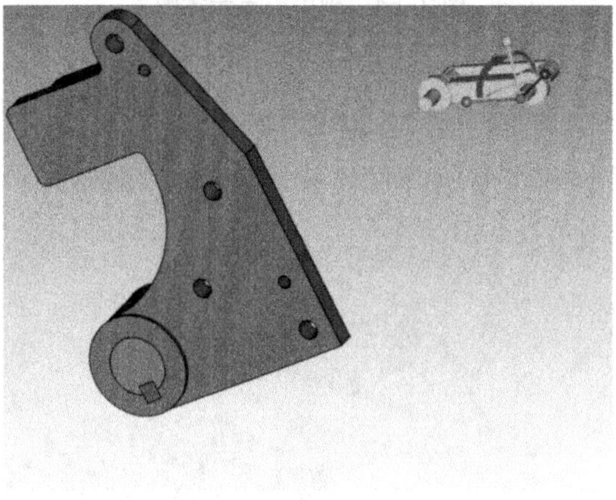

图 2-57　到中心点示意图

将鼠标放置在 X 轴（红色）末端的圆球上，单击鼠标右键→“到中心点”，选择基座底面上另一个圆孔，如图 2-58 所示。

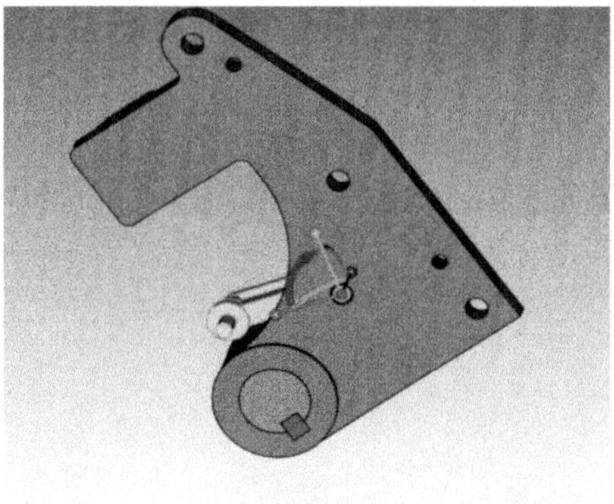

图 2-58　到中心点示意图

放置完成，如图 2-59 所示。

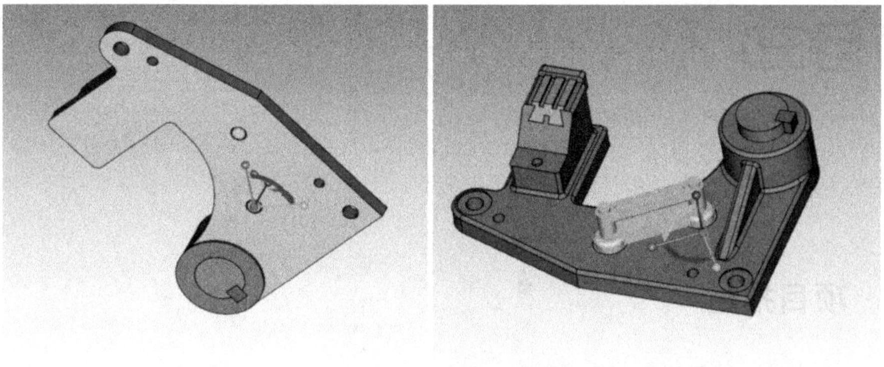

图 2-59　设置完成示意图

2.5　考核评价

任务考评				
评分项	分值	考核内容	评分标准	得分
基础知识	20 分	1. PQArt 软件的基本功能； 2. PQArt 软件支持的图形格式； 3. 工业机器人的坐标系； 4. 三维球的组成和功能	参照基础知识部分，每条 5 分	
任务实施	50 分	1. PQArt 软件基本操作方法； 2. 三维模型导入； 3. 三维球的使用方法	参考安装过程和结果，酌情打分	
任务汇报	20 分	任务分析、过程实施和结果呈现	参考汇报过程和结果，酌情打分	
其他	10 分	撰写任务实施过程和结果分析	参考评分标准，根据提交任务报告打分	
合计				

项目三 PQArt 自定义功能

3.1 项目描述

本项目的主要内容为机器人位姿描述、D-H 建模方法、PQArt 中自定义机器人、机构、零件、工具等功能的流程步骤。

3.2 学习目的

1. 了解工业机器人的基本概念；
2. 了解机器人运动学及其位姿描述的数学方法；
3. 了解 D-H 建模方法及坐标系建立步骤；
4. 认识数学在工程实际中的应用价值，提高对数字化设计技术重要性的认识；
5. 掌握 PQArt 中自定义机器人、机构、零件、工具等功能的流程步骤，在软件使用过程中能理论联系实际；
6. 结合工程实际，独立完成自定义机器人、机构、状态机、工具等项目任务，实践过程中重视知识的工程应用。

3.3 基础知识

3.3.1 工业机器人的基本概念

3.3.1.1 刚体

在任何力的作用下，体积和形状都不发生改变的物体称为刚体。在物理学上，理想的刚体是一个固体的、形状、尺寸变化可以不计的物体。不论是否受到力的作用，刚体上任意两点之间的距离不发生改变。在运动过程中，刚体上任意一条直线在各个时刻的位置都保持平行。

3.3.1.2 坐标系

空间直角坐标系又称笛卡儿坐标系。它是以空间任意一点 O 为原点，建立三条两两相互垂直的轴，即 X、Y、Z 轴。机器人系统中常用的坐标系为右手坐标系，即 3 个轴的正方向符合右手定则，如图 3-1 所示，右手大拇指指向 X 轴正方向，食指指向 Y 轴正方向，中指指向 Z 轴正方向。如果无特殊说明，本书中的机器人坐标系默认为右手坐标系。

常用的机器人运动坐标系有关节坐标系、世界坐标系、基坐标系、工具坐标系和工件坐标系。其中世界坐标系、基坐标系、工具坐标系和工件坐标系都属于空间直角坐标系，符合右手定则。

关节坐标系是设定在机器人关节中的坐标系，如图 3-2 所示。在关节坐标系下，工业机器人各轴都能实现单独正向或反向运动。对于大范围运动，且不要求工具中心点(Tool Center Point，TCP)姿态时，可选择关节坐标系。

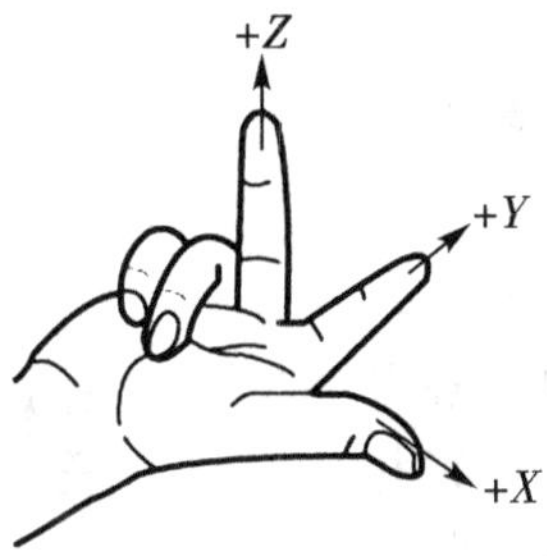

图 3-1　右手定则

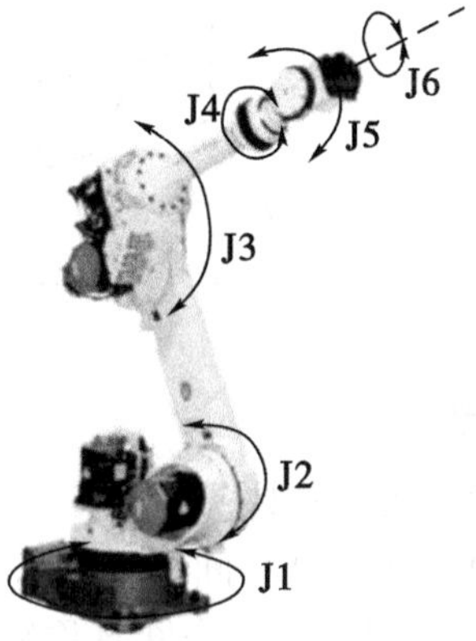

图 3-2　关节坐标系

世界坐标系是机器人系统的绝对坐标系，是建立工作单元或工作站时的固定坐标系，用于确定机器人与周边设备之间或若干个机器人之间的位置，如图 3-3(a)所示。对于单个机器人来说，世界坐标系和基坐标系是重合的。

基坐标系是机器人工具和工件坐标系的参照基础，是工业机器人示教编程时经常使用的坐标系之一，如图 3-3(b)所示。工业机器人在出厂前，各个厂家已经完成基坐标系定义，用户不能够更改。各生产厂商对机器人的基坐标系定义各不相同，使用时需要参考相关技术手册。

工具坐标系是用来定义工具中心点的位置和工具姿态的坐标系，其原点定义在 TCP 点，如图 3-3(b)所示，对于 X、Y、Z 轴的方向，不同厂商设定不同。当未定义时，工具坐标系默认在连接法兰中心处。在安装工具后，需要重新定义工具坐标系，此时工具坐标系位置发生改变。

工具坐标系的方向会随之腕部的位置改变而发生变化，与机器人位置无关。因此，当进行相对于工件不改变工具姿态的平移操作时，最好选用工具坐标系。

工件坐标系又称为用户坐标系，是用户对每个工作空间进行定义的直角坐标系，如图 3-3(c)所示。该坐标系以基坐标系为参考，通常建立在工件或者工作台上。当机器人配置多个工件或工作台时，选用工件坐标系更为方便。当工件位置不同，机器人运行相同轨迹时，只需要更新工件坐标系位置，不需要重新编程。

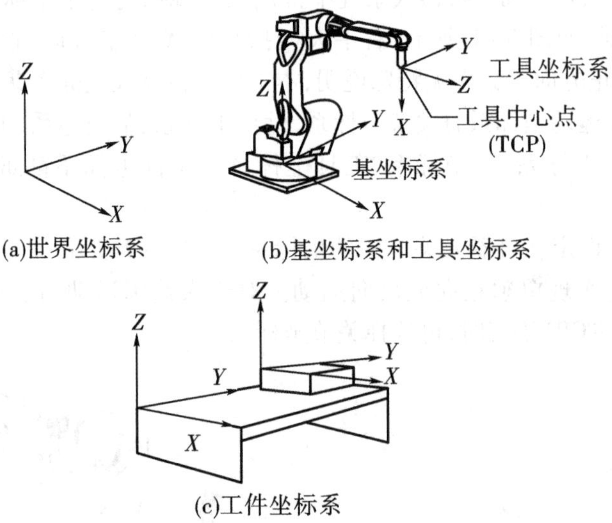

图 3-3　坐标系示意图

3.3.1.3　自由度

自由度是用来描述物体具有确定运动所需要的独立运动参数的数目。在三维空间中描述一个物体的位置和姿态需要有六个自由度，即沿空间直角坐标系 *OXYZ* 的 *X*、*Y*、*Z* 轴的平移运动，绕空间直角坐标系 *OXYZ* 的 *X*、*Y*、*Z* 轴的旋转运动，如图 3-4 所示。

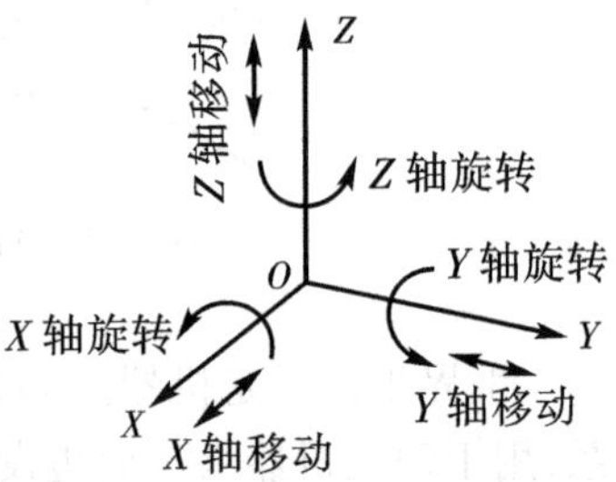

图 3-4　刚体的六个自由度

物体在空间直角坐标系中运动时，如果某个或多个运动方向受到约束，则该物体就对应失去一个或多个自由度。如果既不能沿各轴移动，也不能绕各轴转动，则自由度为 0，物体不能够运动。

3.3.1.4　关节和连杆

关节又称为运动副，是允许工业机器人本体各零件之间发生相对运动的机构，是两个构件直接接触并产生相对运动的可动连接。

连杆是工业机器人本体上连接两个关节的刚体，其两端分别连接着主动构件和从动构件，用来传递运动运动和力。

工业机器人常用的关节有转动关节和移动关节。

转动关节又称为转动副，是指连接的两个构件中一个构件相对于另一个构件能够绕固定轴转动的关节，两个连杆之间只能做相对转动。根据轴线的方向，转动关节可以分为回转关节和摆动关节。回转关节是两连杆相对运动的转动轴线与连杆的纵轴线（沿连杆长度方向设置的中轴线）共轴的关节，旋转角度可达 360°以上，如图 3-5（a）所示。摆动关节是两连杆相对运动的转动轴线与两连杆的纵轴线垂直的关节，通常受到结构的限制，转动角度较小，如图 3-5（b）所示。

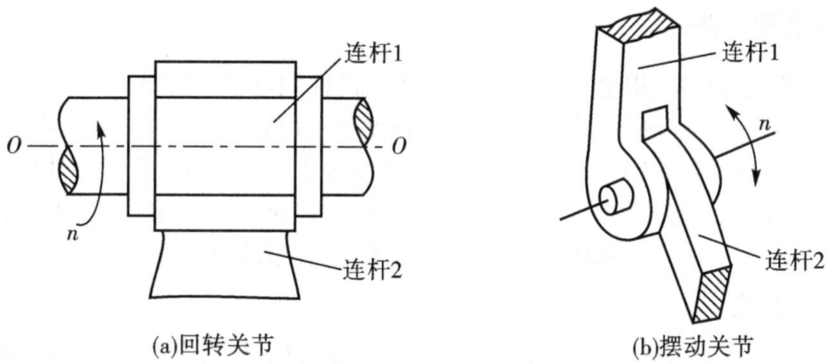

图 3-5 转动关节示意图

移动关节又称为移动副，是使两个连杆的组件中的一件相对于另一件做直线运动的关节，两个连杆之间只做相对移动，如图 3-6 所示。

3.3.1.5 运动轴

按照运动轴的功能，可以将其划分为机器人轴、基座轴和工装轴，如图 3-7 所示。机器人轴又称本体轴，是机器人本体的运动轴，属于机器人本身。例如：通用六自由度工业机器人的机器人轴数为 6。基座轴是移动机器人的轴的总称，主要是行走轴，例如移动滑台或导轨。工装轴是除了机器人轴、基座轴以外的轴的总称，能够使工装夹具、工件完成回转或翻转的轴，如回转台、翻转台等。基座轴和工装轴属于外部轴。

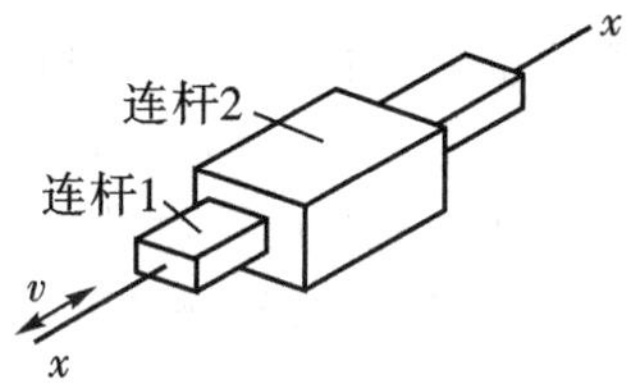

图 3-6 移动关节示意图

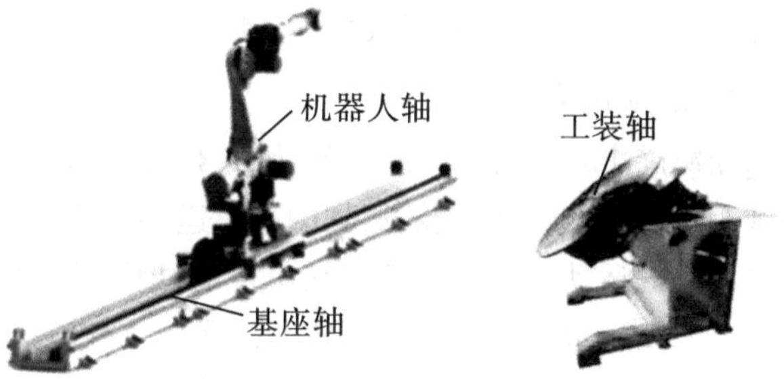

图 3-7 工业机器人运动轴

3.3.1.6 工具中心点

工具中心点(TCP)是机器人系统的控制点。出厂时默认为最后一个运动轴或者法兰的中心。安装工具后，TCP 将变为工具末端的中心，如图 3-8 所示。

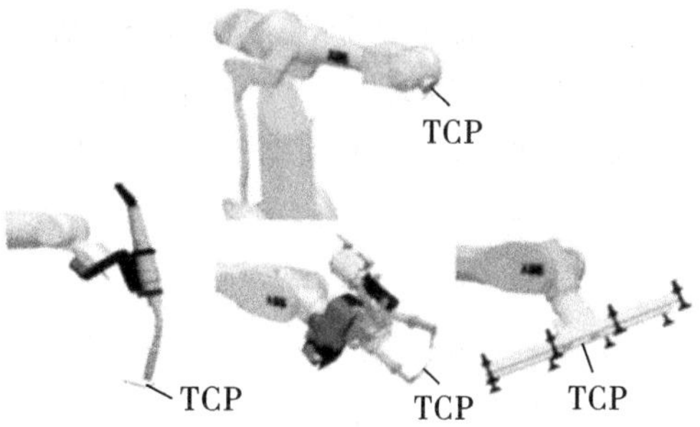

图 3-8 机器人工具中心点

3.3.2 主要技术参数

由于机器人的结构、用途和要求不同，机器人的性能也不尽相同。一般而言，机器人的主要技术参数有控制轴数（自由度）、运动速度、位置精度、工作范围（作业空间）和承载能力。除此之外，还有安装方式、防护等级、环境要求、供电要求、机器人外形尺寸与重量等与使用、安装、运输相关的其他参数。自由度、运动速度和重复定位精度不仅反映了机器人作业的灵活性、效率和动作精度，而且是衡量机器人性能与水平的重要指标。

3.3.2.1 自由度

自由度是整个机器人运动链所能产生的独立运动数，包括直线、回转、摆动运动，但是不包括执行器本身的运动。原则上机器人的每一个自由度都需要一个伺服轴进行驱动，因此，在产品说明书中通常以控制轴数表示。

如果机器人的自由度超过六个，多余的自由度称为冗余自由度，冗余自由度一般用来躲避障碍物。

机器人的自由度与作业要求有关。自由度越多，末端执行器的动作就越灵活，适应性就越强，但是结构和控制也就越复杂。因此，对于作业要求不变的批量机器人来说，运动速度、可靠性是其重要的指标，自由度可在满足作业的情况下适当减少。而对于多品种、小批量作业的机器人来说，通用性、灵活性指标更为重要，机器人就需要有较多的自由度。目前工业生产中应用的机器人通常具有四至六个自由度。

除了运动自由度外，各个自由度的运动范围也是重要的技术参数。自由度的运动范围是指为机械结构所允许的最大运动极限。对于直线运动，自由度是指最大可移动的距离；对旋转运动，自由度则是指最大转动角度。

3.3.2.2 运动速度

运动速度决定了机器人的工作效率，是反映机器人性能的重要参数。一般是指机器人空载时、稳定运动时所能够达到的最大运动速度。

机器人的运动速度用参考点在单位时间内能够移动的距离（mm/s）、转过的角度或弧度[（°）/s 或 rad/s]来表示。它按运动轴分别进行标注。当机器人进行多轴同时运动时，其空间运动速度是所有参与运动轴的速度合成。

机器人的实际运动速度与机器人的结构刚度、运动部件的质量和惯量、驱动电动机的功率、实际负载的大小等因素有关。对于多关节串联结构机器人，越靠近末端执行器的运动轴，运动部件的质量、惯量越小，因此，能够达到的运动速度和加速度也越大；而越靠近安装基座的运动轴，对结构部件的刚度要求就越高，运动部件的质量、惯量就越大，能够达到的运动速度和加速度就越小。

3.3.2.3 位置精度

工业机器人的位置精度包括定位精度和重复定位精度。定位精度是指机器人末端参考点实际到达的位置与所需到达的理想目标位置之间的距离。重复定位精度是指机器人重复到达某一目标位置的差异程度，或在相同的位置指令下，机器人连续重复若干次其位置的分散情况。它是衡量一列误差值的密集程度，即重复度。图 3-9 表示了有关定位精度和重复定位精度的三种不同情况。图 3-9(a)为重复定位精度的测定;图 3-9(b)为具有正常定位精度和较高重复定位精度的情况;图 3-9(c)为具有较高定位精度,但重复定位精度较差的情况;图 3-9(d)为具有较低的定位精度和正常的重复定位精度的情况。

目前工业机器人的重复定位精度可达(±0.01～±0.5)mm。重复定位精度一般都要高于位置定位精度。此外,无论定位精度还是重复定位精度,指的都是静态精度。

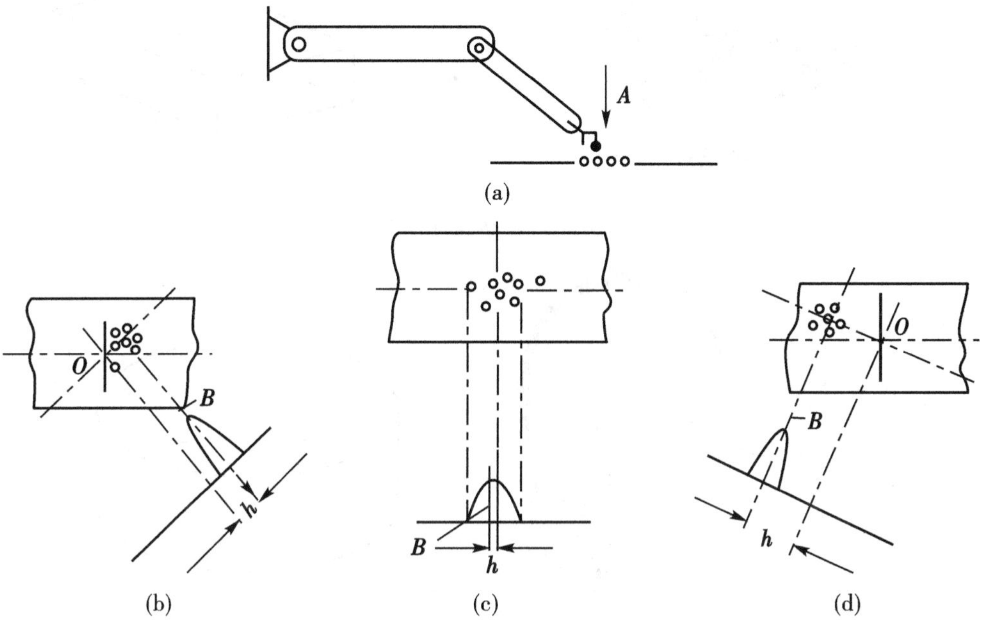

图 3-9　工业机器人定位精度和重复定位精度

3.3.2.4　工作范围

工作范围又称作业空间,是指机器人在未安装末端执行器时,其手腕参考点所能达到的空间。工作范围是衡量机器人作业能力的重要指标;工作范围越大,机器人的作业区域也越大。

机器人的工作范围决定于各关节运动的极限范围,它与机器人结构有关。工作范围应剔除机器人在运动过程中可能产生自身碰撞的干涉区;在实际使用时,还需要考虑安装末端执行器后可能产生的碰撞,因此,实际的工作范围还应该剔除执行器碰撞的干涉区。

机器人的工作范围还可能存在奇异点。所谓奇异点是由于结构的约束,导致关节失去某些特定方向自由度的点。奇异点通常存在工作范围的边缘,当机器人的臂端位于边界上时,相应的大臂和小臂处于完全伸展(即两者夹角为 180°)或完全折合(夹角为 0°)的状态,此时大臂杆的端点只可能沿切线方向运动,而不可能沿径向运动,出现了自由度退化现象。除了在工作范围的边缘,实际应用中的机器人还可能由于受到机械结构的限制,在工作空间内部也存在着臂端不能到达的区域,这部分区域被称为空洞或空腔。空腔是指工作范围内臂端不能到达的完全封闭空间；空洞则是指沿转轴周围全长小臂端不能到达的空间。因此，工作范围还需要剔除奇异点和空腔或空洞。

机器人的工作范围与机器人的结构形态有关，常见的典型结构机器人的工作范围如图 3-10 所示。

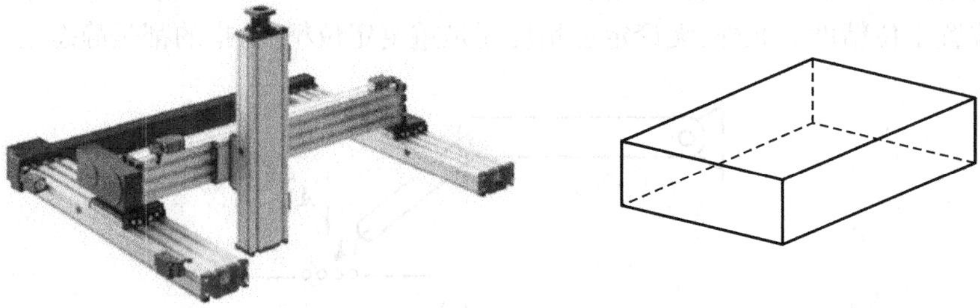

(a)直角坐标机器人

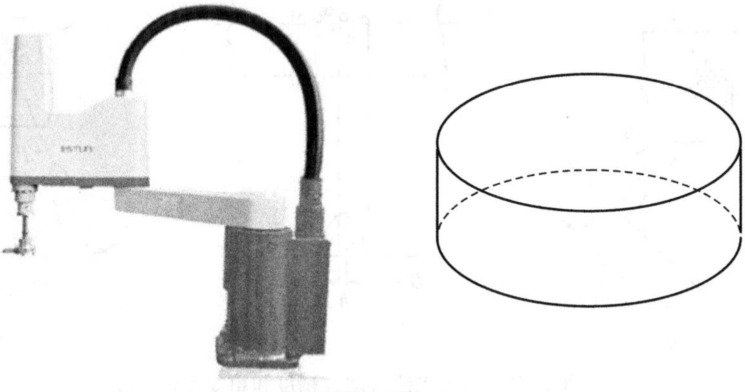

(b)水平串联机器人

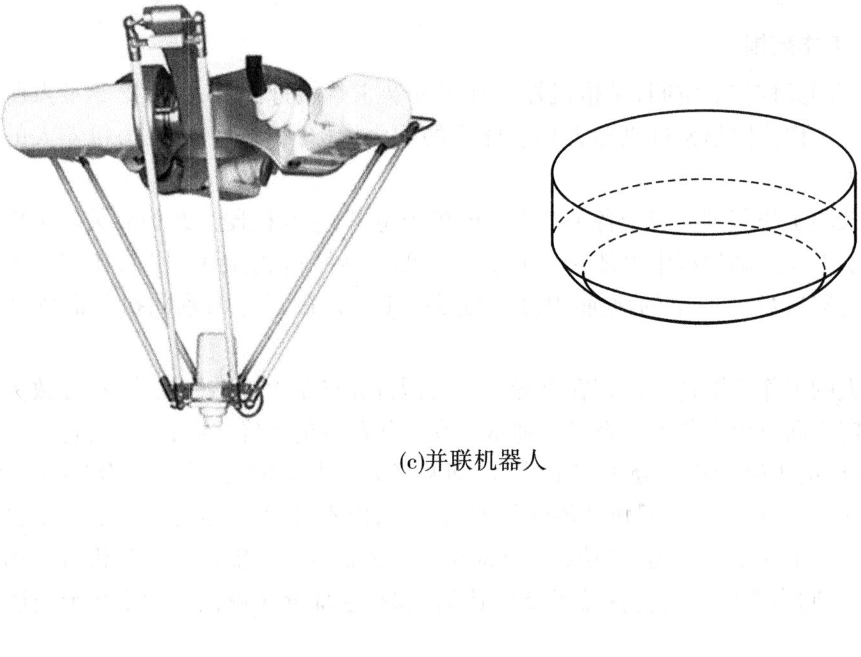

(c)并联机器人

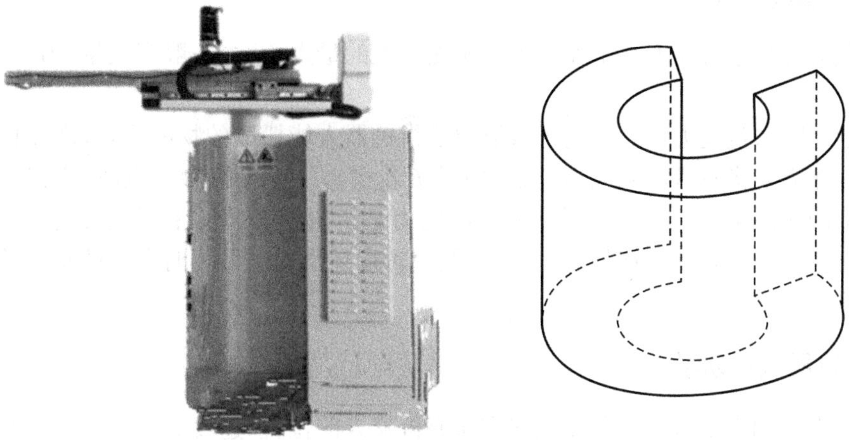

(d)圆柱坐标机器人

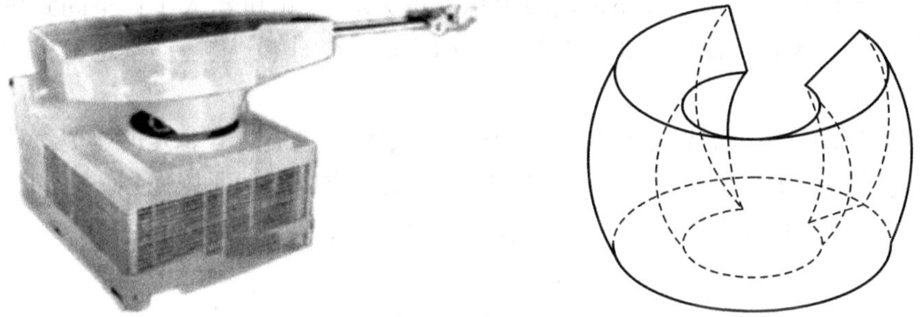

(e)球坐标机器人

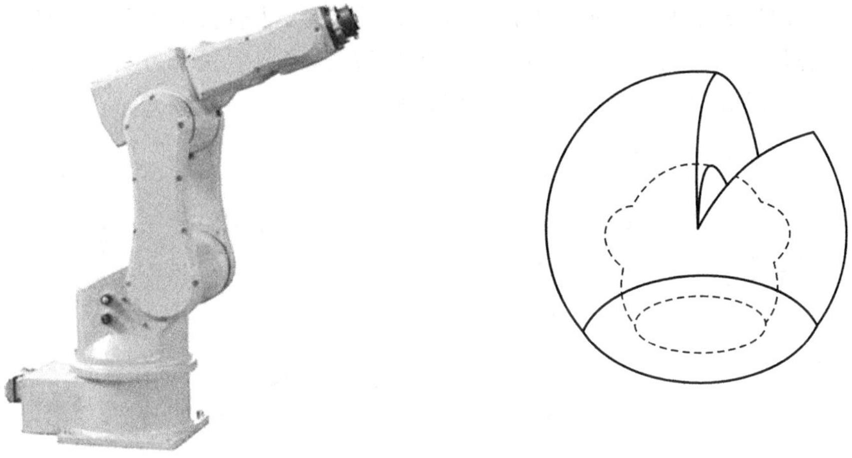

(f)垂直串联机器人

图 3-10　常见工业机器人工作范围

3.3.2.5 承载能力

承载能力是指机器人在工作范围内所能承受的最大负载，一般用质量、力、转矩等技术参数表示。

搬运、装配、包装类机器人的承载能力是指机器人能抓取的物品质量，产品样本所提供的承载能力是指不考虑末端执行器、假设负载重心位于手腕参考点时，机器人高速运动可抓取的物品重量。焊接机器人的承载能力是指所能安装的末端执行器的质量。切削加工类机器人需要承担切削力，其承载能力通常是指切削加工时所能够承受的最大切削进给力。

3.3.3 机器人运动学

机器人运动学是从几何角度描述和研究机器人的位置、速度和加速度随时间变化规律的科学，它不涉及机器人本体的物理性质和加在其上的力。机器人运动学问题主要是在机器人的工作空间与关节空间中讨论，包括正运动学和逆运动学。如图 3-11 所示，由机器人关节空间到机器人工作空间的映射称为正运动学，由机器人工作空间到机器人关节空间的映射称为逆运动学。正运动学也被称为运动学建模，逆运动学也被称为运动学求逆或求逆解。

机器人运动学建模方法主要包括几何建模法、D-H 建模法等。几何建模法适用于结构简单的机器人，尤其是平面机器人。D-H 建模法具有较强的通用性，对于串联机器人、并联机器人都适用。还有一些其他的建模法，如旋量法、四元数法等，有兴趣的读者可以自行了解。

在机器人实际应用中，通常机器人的运动轨迹是确定的、已知的，为了控制机器人实现预定的轨迹，需要从机器人的运动轨迹反解出对应的关节变量，这被称为运动学求逆或求逆解。如图 3-12 所示，工件上的焊缝位置是确定的，为了控制机器人完成焊接任务，就需要采用运动学求逆解求出对应的关节运动变量，然后将该关节运动变量输入机器人的控制器，机器人就能够带着焊枪走出期望轨迹，完成焊接任务。求逆是机器人运动规划和轨迹控制的基础，是离线编程与仿真的核心。

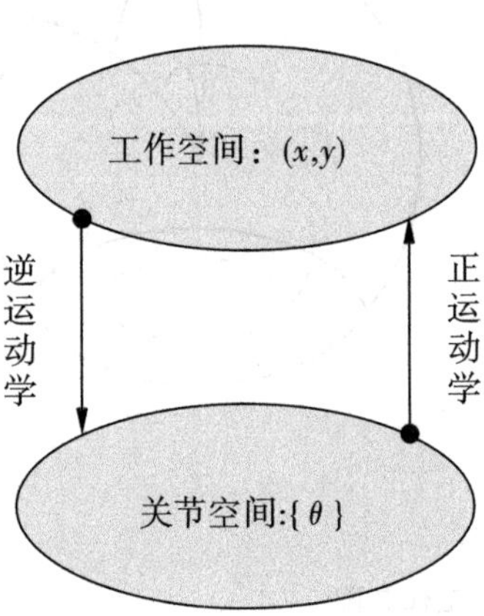

图 3-11 机器人运动学

图 3-12 机器人焊接示意图

3.3.4　D-H 建模方法

1955 年，Denavit 和 Hartenberg 提出用齐次变换矩阵描述两个相邻连杆坐标系间的空间位姿关系的方法，简称 D-H 建模方法。D-H 建模方法简单，具有通用性，因此广泛用于机器人的运动学建模，在机器人的发展历程中起到非常重要的作用。

目前，D-H 建模方法主要有两种：标准 D-H 法（Standard D-H method），改进的 D-H 法（Modified D-H method）。这两种方法的主要区别在于连杆坐标系 i 建立的位置不同，标准 D-H 法将坐标系 $\{i\}$ 建立在 $i+1$ 关节的轴线上，而改进的 D-H 法将坐标系 $\{i\}$ 建立在 i 关节轴线上。Denavit 和 Hartenberg 提出的方法被称为标准 D-H 法，主要是针对串联机构的，在处理树形结构（例如连杆末端连两个关节）和闭链结构的建模时会出现问题，而改进的 D-H 法则没有这些问题，因此改进的 D-H 法更具有通用性。

本书中仅介绍改进的 D-H 建模方法。

在改进 D-H 建模方法中需要使用 4 个参数 (a,α,d,θ)，如图 3-13 所示。

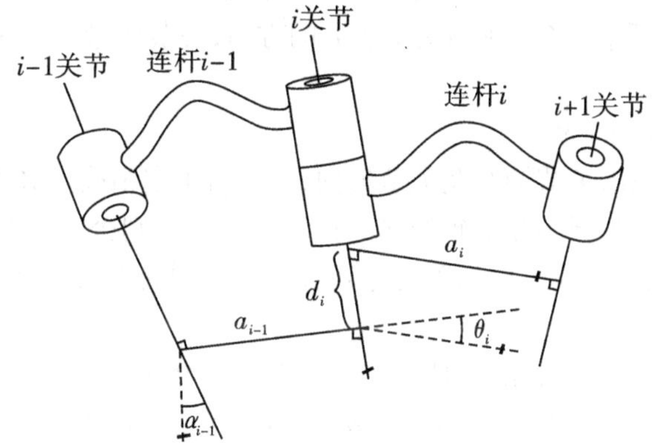

图 3-13　参数示意图

连杆 $i-1$ 的长度 a_{i-1} 是指关节轴线 $i-1$ 和关节轴线 i 的公法线长度。连杆 $i-1$ 的扭角 α_{i-1} 是指关节轴线 $i-1$ 和关节轴线 i 的夹角，指向为从轴线 $i-1$ 到轴线 i。连杆 i 相对于连杆 $i-1$ 的偏置 d_i：关节 i 上的两条公法线 a_i 与 a_{i-1} 之间的距离，沿关节轴线 i 测量，如关节是移动关节，则它是关节变量。关节角 θ 是指连杆 i 相对于连杆 $i-1$ 绕轴线 i 的旋转角度，绕关节轴线 i 测量，如关节 i 是转动关节，则它是关节变量。

为了确定各连杆之间的相对运动和位姿关系，在每个连杆上固接一个坐标系，包括基坐标系 $\{0\}$、末端坐标系 $\{n+1\}$、坐标系 $\{i\}$。原则：先建立中间坐标系 $\{i\}$，后建立两端坐标系 $\{0\}$ $\{n\}$。

中间连杆坐标系 $\{i\}$ 的规定：坐标系 $\{i\}$ 由关节 i 和 $i+1$ 及连杆 i 决定。坐标系 $\{i\}$ 的 Z 轴与关节 i 轴线共线；X 轴与关节 i 和关节 $i+1$ 的轴线公垂线重合，指向从 i 到 $i+1$；当关节 i 和关节 $i+1$ 的轴线相交时，$X_i = \pm Z_{i+1} \times Z_i$，方向任意选定，原点 O 取 XZ 的交点，如图 3-14 所示。

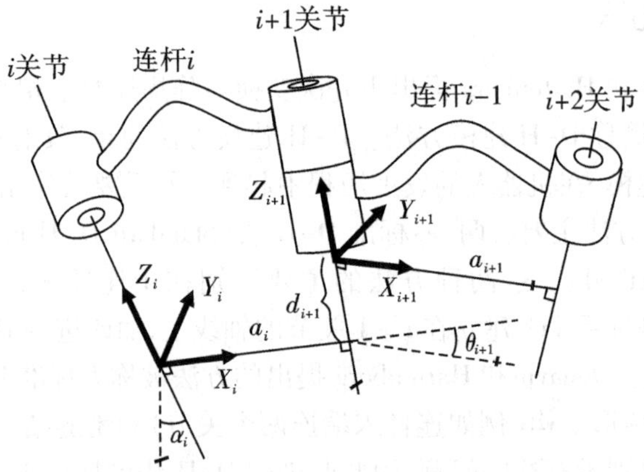

图 3-14　坐标系示意图

后两端坐标系 {0} 和 {$n+1$} 的规定: Z_0 轴沿关节轴 1 的方向,关节变量 1 为零时,坐标系{0}与{1}重合;Z_{n+1} 轴沿关节轴 n 的方向,关节变量 n 为零时,坐标系 {$n+1$} 与 {n} 重合。

D-H 坐标系建立的步骤:

(1)确定 Z_i 轴:找出关节轴线及关节转向,采用右手定则确定 Z_i 轴。

(2)确定原点 O_i:如果两相邻轴线 Z_i 与 Z_{i+1} 不相交,则公垂线与轴线 i 的交点为原点(注意:平行时原点的选择应使偏置为零);如果相交则交点为原点(注意:如果重合,则原点应使偏置为零)。

(3)确定 X_i 轴:两轴线不相交时,X_i 与公垂线重合,指向从 i 到 $i+1$;若两轴线相交,则 X_i 是两轴线所成平面的法线 $X_i = \pm Z_{i+1} \times Z_i$(注意:如果两轴线重合,则 X_i 轴与轴线垂直且使其他连杆参数为零)。

(4)按右手定则确定 Y_i。

(5)坐标系 {0} 可任意建立,一般选择坐标系 {0} 与坐标系 {1} 重合。

(6)坐标系 {n} 的 Z 轴由关节 n 的运动类型和右手定则确定,原点 O_n 与 X_n 轴可任意选择,但一般选择 X_n 轴与 {$n-1$} 的 X 轴同向,从而使尽可能多的 D-H 参数为零。

建立了机器人的 D-H 连杆坐标系后,可直接从相邻的两个连杆坐标确定 D-H 参数,如图 3-15 所示的连杆坐标系 i 和 $i-1$,其 D-H 参数可确定为: a_{i-1} 是 Z_{i-1} 到 Z_i 沿 X_{i-1} 测量的距离; α_{i-1} 是 Z_{i-1} 到 Z_i 沿 X_{i-1} 旋转的角度; d_i 是从 X_{i-1} 到 X_i 沿 Z_i 测量的距离; θ_i 从 X_{i-1} 到 X_i 沿 Z_i 旋转的角度。

经过旋转和平移后,得到坐标系 {i} 相对于坐标系 {$i-1$} 的转换矩阵:

$$
{}_{i-1}^{\;\,i}\boldsymbol{T} = \mathrm{Rot}(X,\alpha_{i-1})\mathrm{Trans}(X,a_{i-1})\mathrm{Rot}(Z,\theta_i)\mathrm{Trans}(Z,d_i)
$$

该矩阵通式被称为 D-H 矩阵,它是一个 4×4 的齐次变化矩阵,采用 4 个 D-H 参数表示相邻两连杆之间的位姿关系或者转换关系。

D-H 建模方法主要是在自定义机器人的过程中帮助读者设定 D-H 相关参数值。

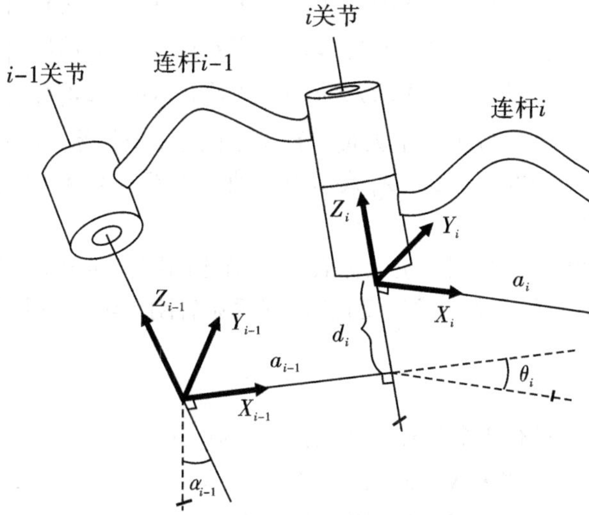

图 3-15 连杆坐标系示意图

3.3.5 机器人位姿描述

在机器人学中，机器人的位置和姿态常常被统称为位姿。位姿的数学描述是表达机器人的线速度、角速度、力和力矩的基础。位姿的概念与自由度的概念是紧密联系在一起的。在运动学中，描述三维空间中物体的运动需要 6 个变量 $(x,y,z,\alpha,\beta,\gamma)$，因此，在一个三维空间中自由运动的物体有 6 个自由度，这 6 个变量中，(x,y,z) 3 个表示位置，(α,β,γ) 3 个变量表示姿态。

为了描述机器人的位置和姿态，需要建立坐标系。在机器人学中，通常采用笛卡儿坐标系，就是常用的三轴正交坐标系。

由于通常认为机器人的连杆和关节都是刚性的，本书内容中都假设机器人为刚性物体，简称刚体。如图 3-16 所示，这里有一个物体，为了描述该刚体的位置和姿态总共需要建立两个坐标系，一个参考坐标系 $\{i\}$，它相对于被描述刚体是静止不动的，另一个是建立在被描述刚体上的坐标系 $\{j\}$，被称为刚体坐标系。这两个坐标系的建立是任意的，也就是说可以建立的参考系和刚体坐标系是无穷多的。

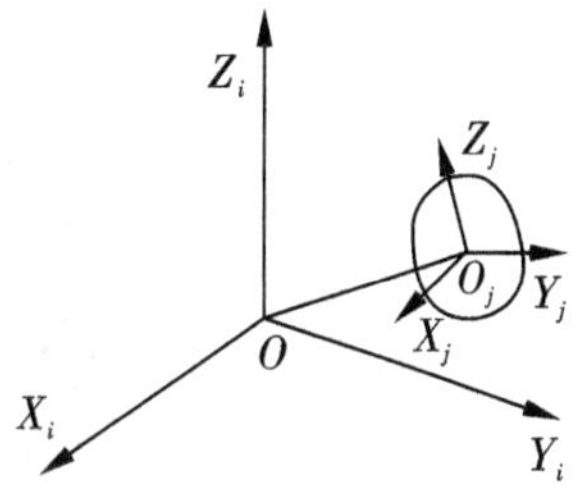

图 3-16 位姿的数学描述

在图 3-16 中，假设刚体坐标系 $\{j\}$ 的原点 O_j 在参考系中的坐标为 (x_0,y_0,z_0)，则该刚体的位置可表示为：

$$ {}_{i}^{j}\boldsymbol{P} = (x_0, y_0, z_0)^{\mathrm{T}} $$

即刚体的位置用一个 3×3 的列矢量表示。

刚体的姿态则用一个 3×3 的矩阵表示：

$$
{}_i^j\boldsymbol{R}=[{}_i^j\boldsymbol{X}{}_i^j\boldsymbol{Y}{}_i^j\boldsymbol{Z}]_{3\times3}=\begin{bmatrix}\cos(\angle X_jX_i) & \cos(\angle Y_jX_i) & \cos(\angle Z_jX_i)\\ \cos(\angle X_jY_i) & \cos(\angle Y_jY_i) & \cos(\angle Z_jY_i)\\ \cos(\angle X_jZ_i) & \cos(\angle Y_jZ_i) & \cos(\angle Z_jZ_i)\end{bmatrix}
$$

式中，${}_i^j\boldsymbol{X}$，${}_i^j\boldsymbol{Y}$，${}_i^j\boldsymbol{Z}$ 为三个单位正交主矢量，分别表示刚体坐标系 $\{j\}$ 的三个坐标轴 X_j、Y_j、Z_j 在参考系 $\{i\}$ 中的方位，$\angle X_jX_i$ 表示坐标轴 X_j 与坐标轴 X_i 之间的夹角，其他的夹角表示含义与此类似。

在刚体的位置矢量和姿态矩阵中，左上标表示被描述的刚体坐标系，左下标表示参考系。当矢量和姿态矩阵的左上下标发生变化时，则意味着刚体坐标系和参考系也发生了变化。

姿态矩阵 ${}_i^j\boldsymbol{R}$ 具有下列特点。

(1) ${}_i^j\boldsymbol{R}$ 共有 9 个元素，只有 3 个是独立的，有 6 个约束条件：

$$
{}_i^j\boldsymbol{X}\cdot{}_i^j\boldsymbol{X}={}_i^j\boldsymbol{Y}\cdot{}_i^j\boldsymbol{Y}={}_i^j\boldsymbol{Z}\cdot{}_i^j\boldsymbol{Z}=1
$$

$$
{}_i^j\boldsymbol{X}\cdot{}_i^j\boldsymbol{Y}={}_i^j\boldsymbol{Y}\cdot{}_i^j\boldsymbol{Z}={}_i^j\boldsymbol{Z}\cdot{}_i^j\boldsymbol{X}=0
$$

(2) ${}_i^j\boldsymbol{R}$ 是单位正交矩阵，具有下列特点：

$$
{}_i^j\boldsymbol{R}^{-1}={}_i^j\boldsymbol{R}^{\mathrm{T}},\ |{}_i^j\boldsymbol{R}|=1
$$

在机器人姿态表示方法中，RPY 角、欧拉角和四元数的应用最普遍。

3.3.5.1 RPY 角表示法

RPY 角是船舶在海上航行时常用的一种姿态表示方法，其笛卡儿坐标系建立方法如下：以船头前进方向为 Z 轴，以垂直于甲板平面的法线向上方向为 X 轴，Y 轴依据右手法则由 X、Z 轴确定。一般平行于甲板平面指向右舷外侧，如图 3-17 所示。定义绕 Z 轴的转动为 Roll（翻滚），转角为 α；绕 Y 轴的转动为 Pitch（俯仰），转角为 β；绕 X 轴的转动为 Yaw（偏航），转角为 γ。RPY 的名称来源于 Roll，Pitch，Yaw 三个单词的首字母。

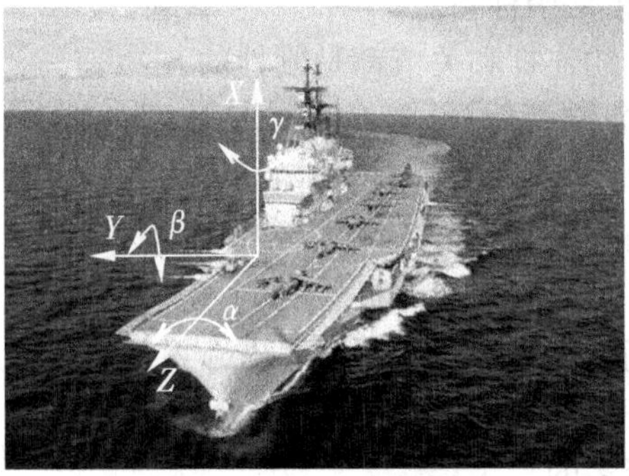

图 3-17　RPY 角示意图

为了描述船舶的姿态，需要建立两个笛卡儿坐标系，这两个坐标系共原点。其中一个坐标系为参考系 $\{i\}$，另一个是船体坐标系 $\{j\}$。这两个坐标系的区别：参考系 $\{i\}$ 与大地固连，它的姿态是固定的；而坐标系 $\{j\}$ 与船体固连，它的姿态与船体是一致的，随着船体的运动而变化。

坐标系 {j} 相对于坐标系 {i} 的姿态描述为：开始时，坐标系 {i} 和坐标系 {j} 重合，坐标系 {j} 首先绕 X_i 转 γ 角，再绕 Y_i 转 β 角，最后绕 Z_i 转 α 角，坐标系 {j} 相对于坐标系 {i} 的姿态描述矩阵为：

$$ {}_i^j\boldsymbol{R}_{(xyz)}(\alpha,\beta,\gamma)=R(Z,\alpha)R(Y,\beta)R(X,\gamma) $$

3.3.5.2 欧拉角表示法

欧拉角是瑞士数学家欧拉提出的一种采用绕运动坐标系的三个坐标轴的转角组合描述刚体姿态的方法，与 RPY 角类似，也是采用了三个角度变量。该方法被广泛用于数学、物理学、航空工程及刚体动力学。欧拉角有多种，绕不小于两个坐标轴的三个转角的组合都可表示成欧拉角，如坐标轴组合 $Z-X-Z$，$Z-Y-Z$，$Y-X-Y$，$Y-Z-Y$，$X-Y-X$，$X-Z-X$，$X-Y-Z$，所以欧拉角表示刚体姿态时需要与关联的坐标轴组合，以表明旋转的坐标轴及旋转顺序，下面介绍两种常用的欧拉角。

Z、Y、X 欧拉角描述姿态方法如下：建立两个笛卡儿坐标系 {i} 和坐标系 {j}，开始时，坐标系 {i} 和坐标系 {j} 重合，坐标系 {j} 首先绕 Z_i/Z_j 转 α 角，再绕 Y_j 转 β 角，最后绕 X_j 转 γ 角。坐标系 {j} 相对于坐标系 {i} 的姿态描述矩阵为：

$$ {}_i^j\boldsymbol{R}_{(zyx)}(\alpha,\beta,\gamma)=R(Z,\alpha)R(Y,\beta)R(X,\gamma) $$

Z、X、Z 欧拉角描述姿态方法如下：建立两个笛卡儿坐标系 {i} 和坐标系 {j}，开始时，坐标系 {i} 和坐标系 {j} 重合，坐标系 {j} 首先绕 Z_i/Z_j 转 α 角，再绕 X_j 转 β 角，最后绕 Z_j 转 γ 角。坐标系 {j} 相对于坐标系 {i} 的姿态描述矩阵为：

$$ {}_i^j\boldsymbol{R}_{(zxz)}(\alpha,\beta,\gamma)=R(Z,\alpha)R(X,\beta)R(Z,\gamma) $$

一般来讲，用欧拉角表示刚体的姿态或运动是非常简单有效的，但是在某些特殊的情况下，欧拉角会出现所谓的“万向节死锁（Gimbal Lock）”问题，即欧拉角无法描述刚体的运动。出现万向节死锁问题的原因是采用有序三个角度的欧拉角方法并不能描述所有的刚体运动。

3.3.5.3 四元数表示法

1843 年，英国数学家哈密顿在研究将复数从描述二维空间扩展到高维空间时，创造出了一个超复数：四元数（Quaternion）。四元数能表示四维空间，由一个实数单位 1 和三个虚数单位 i、j、k 组成，通常表示形式为：

$$ q=a+b\mathrm{i}+c\mathrm{j}+d\mathrm{k} $$

其中

$$ \mathrm{i}^2=\mathrm{j}^2=\mathrm{k}^2=-1 $$

$$ \mathrm{ij}=-\mathrm{ji}=\mathrm{k}\,;\mathrm{jk}=-\mathrm{kj}=\mathrm{i}\,;\mathrm{ki}=-\mathrm{ik}=\mathrm{j} $$

为了表达简便，通常将四元数写成一个实数和一个向量组合的形式：

$$ \boldsymbol{q}=(a,\boldsymbol{v})=(a,b,c,d) $$

四元数具有以下特点：①可以避免万向节死锁；②几何意义明确，只需 4 个数就可以表示绕过原点任意向量的旋转；③方便快捷，计算效率高；④比欧拉角多了一个维度，理解困难。

对于单位四元数（模为 1 的四元数）有：

$$q^{-1}=\frac{q^{*}}{q\cdot q}=\frac{q^{*}}{\|q\|^{2}}=\frac{q^{*}}{1^{2}}=q^{*}$$

一个单位四元数描述了一个转轴和绕该转轴的旋转角度，因此可以描述刚体的运动和姿态。单位四元数可表示成如下形式：

$$q=(\cos\theta,\boldsymbol{v}\sin\theta)$$

该四元数表示绕向量 $\boldsymbol{v}$ 旋转 2θ 角度的运动，角度为零表示刚体的初始姿态，不同的角代表着刚体相对于初始姿态的新姿态。这里，$\boldsymbol{v}$ 是过坐标系原点的任意单位向量。

同理，如果已知过坐标系原点的单位向量 $\boldsymbol{v}=(0,b,c,d)$（纯四元数）和绕该向量旋转的角度 θ，则表示该运动的单位四元数为：

$$q=[\cos(\theta/2),b\sin(\theta/2),c\sin(\theta/2),d\sin(\theta/2)]$$

此处，b、c、d 为向量 $\boldsymbol{v}$ 在笛卡儿坐标系的 X、Y、Z 坐标轴上的分量。

姿态描述方法主要帮助读者在自定义机器人过程中理解和选择机器人姿态方向格式，为机器人运动求解奠定基础。

3.3.6 自定义机器人

3.3.6.1 定义机器人种类

PQArt 软件能够定义的机器人种类有通用六轴机器人、非球型机器人和 SCARA 机器人三种。其中，通用六轴机器人是由六个串联轴组成的，如图 3-18 所示。所谓的串联，即一轴关联着二轴，二轴关联着三轴，它们之间是互相影响的。而“通用”则必须满足四、五、六轴的旋转中心相交于一点。与通用六轴机器人相比，非球型机器人四、五、六轴的旋转中心不交于一点，如 MOTOMAN-MA1900。SCARA 机器人是四轴机器人，包括三个旋转关节和一个平移关节。

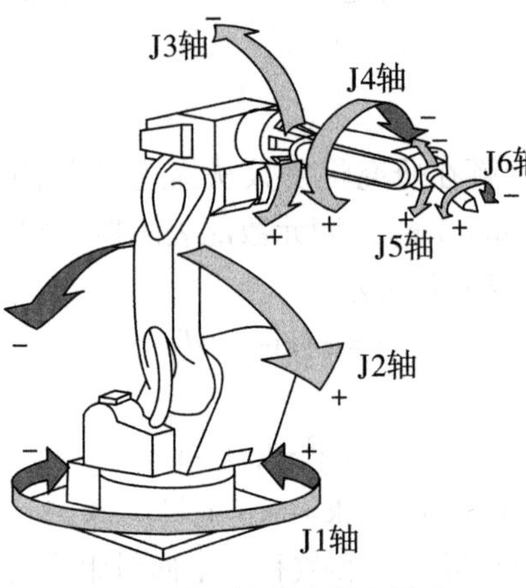

图 3-18 通用六轴机器人

3.3.6.2 基本概念

电气位置是指各关节轴电机的起始位置。软件零点是将示教器上把所有关节归零时的关节角，在该 PQArt 软件中无法更改软件零点。机械零点是机器人每个轴的机械位置和电气位置一致时机器人的位姿，即出厂时厂家设定的机器人初始姿态。

机器人产品在出厂时生产商会在说明书中给出一组机械零点的数值。客户组装完成后将机器人各轴使用示教器中零点标定功能将说明书中的机械零点与实际位姿绑定，再将各轴关节角调零即为软件零点位姿。除 KUKA 机器人外，其他机器人产品的软件零点和机械零点是一致的。

3.3.6.3　自定义机器人步骤

自定义机器人可以分为导入模型、模型预处理、定义和检测四个步骤。

（1）导入模型

机器人模型可以通过机器人官网下载。软件具体操作为：在【自定义】功能栏中选择【输入】按钮即可，如图 3-19 所示，CAD 文件支持 STEP、IGS、STL、X_T、PRT（UG）、PRT（ProE）、CATPart、SLDPart 等格式。

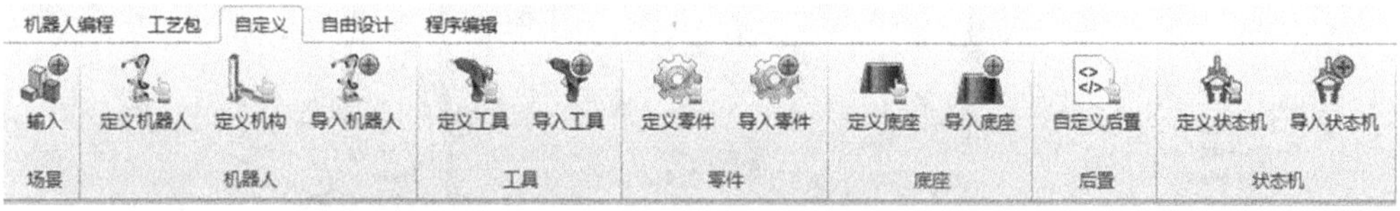

图 3-19　【输入】功能

（2）模型预处理

将模型导入后，该模型的所有组成部分会在【机器人加工管理】面板的【场景】节点下显示，如图 3-20 所示。因为在三维软件中模型定义的层次关系与 PQArt 软件中设定的层次关系存在差异，所以在定义之前需要对零件的三维模型进行预处理，使之符合软件中定义机器人要求的层次结构。

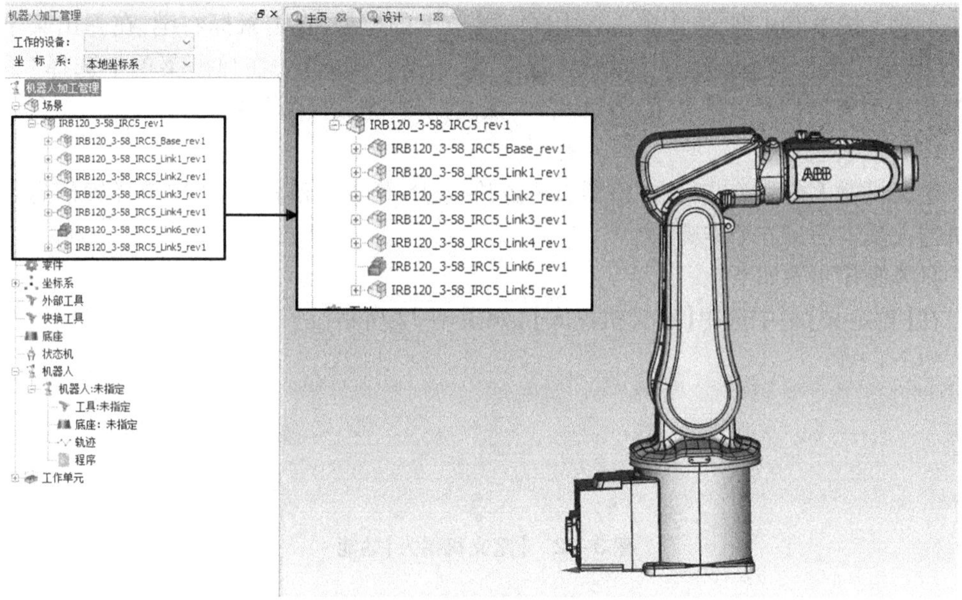

图 3-20　三维模型预处理部分

该软件层次结构的一般要求：根目录是整个零件的装配体模型，名字一般为机器人的官方名称，也可以通过重命名的方式自定义名称。根据机器人的机械结构，子节点命名依次为 BASE、J1、J2、J3、…、Jn，如图 3-21 所示。

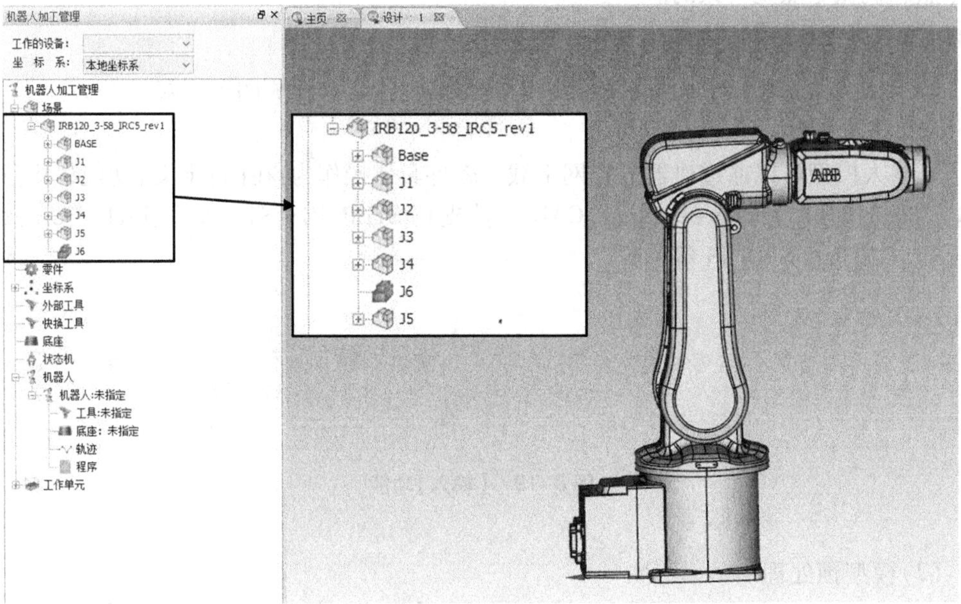

图 3-21　命名方式

模型预处理操作步骤：在【机器人加工管理】栏中选中三维模型，通过使用 ⊞ 和 ⊟，将模型的所有部件全部显示出来，根据机械结构的要求，同属于一个关节的模型定义在一起。按下 Ctrl 键，依次单击选中同一关节下的模型，单击鼠标右键，在弹出菜单中选择“装配”，装配完成后，选中装配后的模型，单击鼠标右键，在弹出菜单中选择“重命名”，将模型名称按照软件要求格式命名。依次操作，完成模型预处理。

(3)定义机器人

定义机器人分为关节检查、机器人位置检查、D-H 参数设置、输入关节详细信息和输入机器人基本信息五个步骤。

具体操作步骤如下：

在【自定义】栏中选中【定义机器人】，如图 3-22 所示。

图 3-22　【定义机器人】功能

之后，弹出如图 3-23 所示的对话框，按照指示要求进行即可。

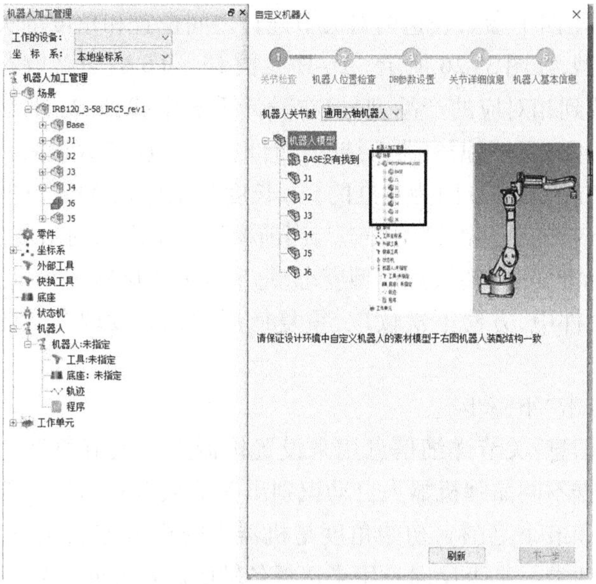

图 3-23 定义机器人

关节检查：完成模型预处理之后进行关节检查，即在“机器人关节数”中选择需要定义的机器人类型，如图 3-24 所示。如果没有出现红色叉号，即说明关节定义正确，点击“下一步”。否则，需要重进对模型进行预处理。

机器人位置检查主要是调整机器人的位置和姿态，使之与软件要求的位置和姿态一致。如图 3-25 所示。在界面中点击蓝色带下划线字体可跳转到操作方法界面。按照方法调整完毕后，勾选“我已按要求调整机器人模型位姿”前的方框，点击“下一步”。

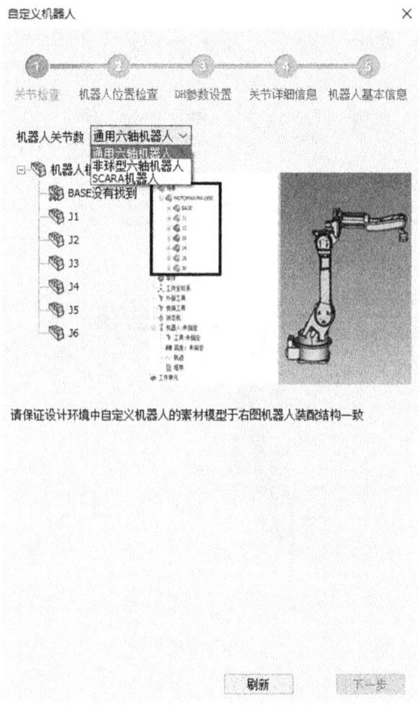

图 3-24 选择定义机器人类型

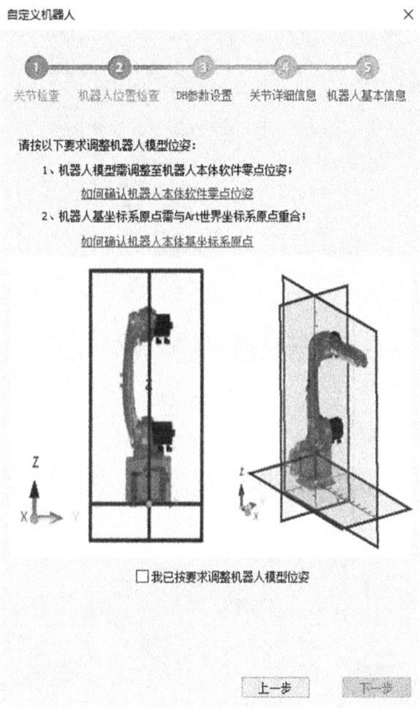

图 3-25 调整机器人位置和姿态

D-H 参数就是用四个参数表达两对关节连杆之间位置和角度的关系。通过 D-H 参数来构建机器人模型,如图 3-26 所示。D-H 参数 L1 ~ L6 数值获取有两种方法:①在机器人产品官网中,找到相对应的产品型号,在设计手册中找到 D-H 参数即可;②如果是自行设计的机器人,则需要根据机器人结构设计时的 D-H 参数设置。L1 ~ L6 数值的正负是以世界坐标系三个轴的方向为基准的。L 长度与坐标系 *XYZ* 方向相同时为正,相反时为负。Δθ1 ~ Δθ6 指的是标准模型姿态与当前模型姿态之间的角度差值,即图 3-26 所示机器人的姿态(标准姿态)转换到模型姿态,每个轴需要旋转的角度值。保存参数将当前参数保存到 txt 文件中,方便下次读取,重复使用数据。读取参数是将参数从外部 txt 文件中导入。

设置完成后,点击“下一步”。

输入关节详细信息:关节详细信息用来设置机器人的关节角度、关节类型和旋转方向。关节名称是根据不同品牌机器人自动识别出关节数量和名称。最大、最小角度是各关节可运动的最大和最小范围。初始角度是机器人的机械零点状态。关节类型包括旋转关节和平移关节两类。是否反向是用来选择各轴的旋转方向。界面图中的符号“+”代表旋转的正向,“-”代表旋转的反向,应根据实际机器人轴旋转方向来选择。实际机器人轴旋转方向获得方法:①在机器人产品官网中,找到相对应的产品型号,在设计手册中找到机器人轴的旋转方向;②如果是自行设计的机器人,则需要根据机器人运动参数获得轴的旋转方向。获得旋转方向后与软件中设定的方向进行对比,两者方向一致则为正向,反之则为负向。

设置完成,点击“下一步”,如图 3-27 所示。

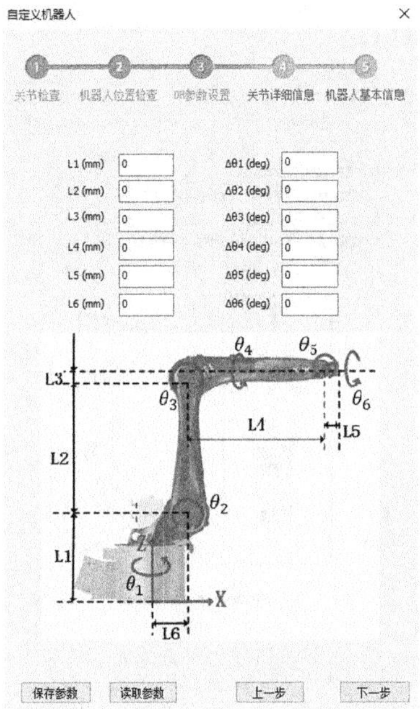

图 3-26　D-H 参数设置

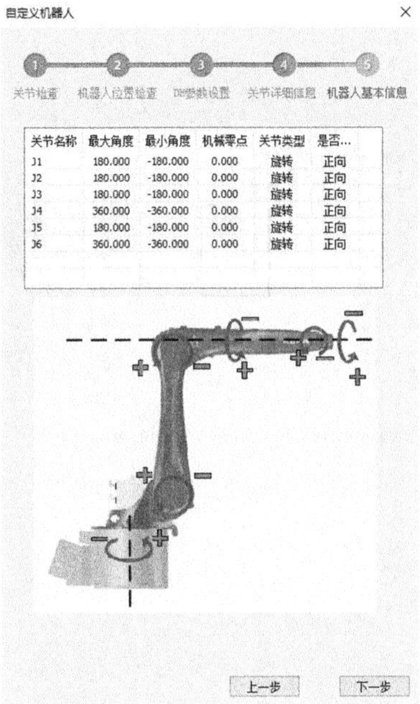

图 3-27　设置关节详细信息

输入机器人基本信息：设定机器人的一些基本信息包含姿态、基坐标系和后置类型等方面，如图3-28所示。该软件中机器人的所有信息都会进行自动智能识别。

后置类型、运动学求逆解类型要和机器人的品牌保持一致，若列表中的品牌均不匹配，则选择“自定义”。运动学求逆解类型包括PQArt内置（即软件中存在的机器人品牌已经有默认逆解类型）和自定义两种。后置类型是机器人后置的格式，包括PQArt机器人库中机器人品牌的后置和自定义的后置。自定义后置类型需导入准备好的后置文件（.ropost），通过浏览按钮导入。后置文件则通过自定义后置功能进行定义。显示D-H坐标系是在绘图区显示机器人每个轴的坐标系，通过D-H坐标系可以查看机器人各轴配置情况。更新是通过调试面板的滑动器拖动机器人各轴，查看各轴运动是否正确，若配置错误，可确定错误之处然后进行修改。

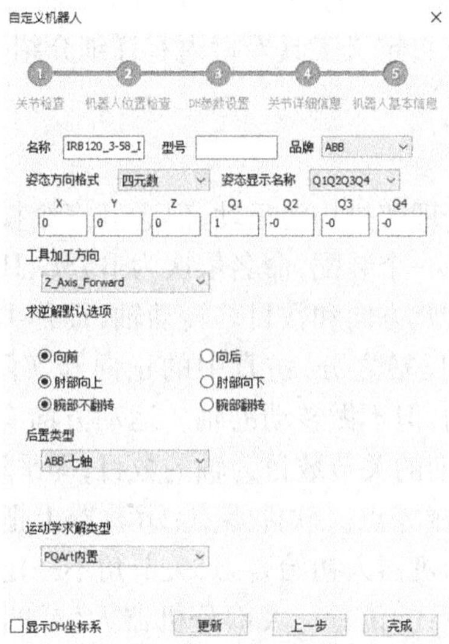

图3-28 设置机器人基本信息

确认每个轴运动情况无误后，点击“完成”，软件会提示机器人配置成功。

（4）检测

定义完成后，需要对其进行检查和调试，查看机器人运动状态、范围是否符合定义要求。

在【自定义】栏中选中【导入机器人】，如图3-29所示。

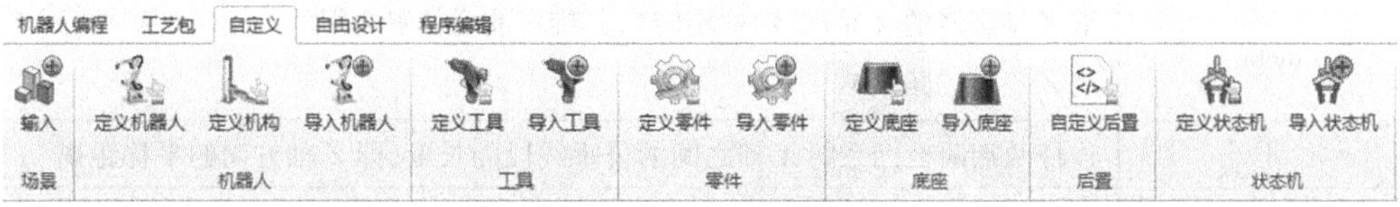

图3-29 导入机器人

将定义好的机器人导入后，拖动调试面板中的滑动器来控制机构的各轴运动，查看其运动方向是否正确、是否存在关节脱离的情况等。一般来说，确定正确的机器人，六个轴均能够正常旋转和平移。

3.3.7 自定义机构

定义机构是定义机器人功能的延伸、拓展，理论上可以定义出 1 ~ N 轴的任意运动机构。实际使用中，目前主要用来定义 10 轴以内(包含 10 轴)串联型运动机构和外部轴两大类。

串联型运动机构指的是组成机构的各部分零部件，通过移动关节(简称 P)或旋转关节(简称 R)，首尾相连，形成的一个串联型、非闭环构造形式。

外部轴是指除去机器人本体上的轴，为了工作需要再加上的轴。在 PQArt 内，一般指导轨、变位机、变位工具(在自定义工具专栏内有详细介绍)，这里主要介绍前两种。

3.3.7.1 定义机构

(1)要求

在定义机构时，需要充分理解机构的运动，熟悉其三维模型，将模型中每个连杆的部件装配起来，每个连杆对应于一个装配，命名依次为 BASE、J1、J2、J3、…、J*n* 等。

确定机构的运动关节类型、方向和数目。转动轴(简称 R)：沿着某个方向只转动，但不平动的轴。运动方向有正反转之分，仿真中的正向和实际正向要保持一致。平动轴(简称 P)：沿着某方向只平动，但不做转动的轴。运动方向有正反向之分，仿真中的正向和实际正向要保持一致。运动的关节数目为轴的数目，即平动轴和转动轴的数目总和。

正确理解软件零点和机械零点。软件零点：示教器上把所有关节归零时各种姿态。机械零点：出厂时厂家设定的机器人初始姿态，关节角不一定全为 0。

正确理解机器人基坐标系的位置。大部分机器人(或叫机构)的基坐标系都位于底座下平面的中心处。有的位于一、二轴公垂线与一轴的交点。具体机器人(或叫机构)的基坐标系位于何处，机器人说明书、铭牌上会有相关图示或说明；或者可以通过机器人示教器读出。

正确理解 D-H 参数。D-H 参数法建立机器人的运动学正解；实际定义机构时，D-H 参数涉及四个参数，它们的含义具体如表 3-1 所示。

表 3-1　D-H 参数含义

名称	含义
theta	沿 Z 轴旋转的 X 轴(X 轴被旋转)，其旋转前后位置之间的夹角。(从 X_{i-1} 到 X_i 绕 Z_i 旋转的角度)
d	连杆两端两坐标系的 X 轴之间的公垂线段的长度，即 Z 轴方向的平移距离
a	连杆两端两坐标系的 Z 轴之间的公垂线段的长度，即 X 轴方向的平移距离
alpha	指的是沿 X 轴旋转的 Z 轴(Z 轴被旋转)，其旋转前后位置之间的夹角

关节间 D-H 坐标变换时,四个参数的参考次序:要严格按照 theta->d->a->alpha 的次序进行分析,来判定连杆坐标系从一端转换到另一端时,这四个 D-H 参数是否需要进行变动(平移或旋转)。各关节的坐标系中,Z 轴要确保为平行于关节的平移(P)方向,或者作为关节的旋转轴(R)机构的初始姿态,特别是第一个运动关节(平移或者旋转),一定要和机器人的基坐标系中的 Z 轴(深蓝色箭头)平行(针对平移)或重合(针对旋转)。

(2)步骤

自定义机构一般分为导入模型、定义和调试三个步骤。

3.3.7.2 外部轴

通过给机器人增加外部轴关节,本质上是增加了机器人的可达空间,增强了加工的灵活性,从而使机器人在大小、型号不变的情况下,可以加工更复杂、更大的工件;使机器人可以胜任更复杂的、多工位、多角度的加工工况。

(1)导轨

导轨一般分三种:①作为单独的机构、借助 PLC 与机器人连接,通过信号传输来进行工作;②被同一控制柜控制,机器人通过专有的外部轴指令对其控制;③和机器人建立关联,作为机器人的额外增加关节(N+1 轴),参与机器人总体逆解运算,进行并行运动或联动。安装方式:机器人和导轨分别安装部署,机器人安装到导轨上。

(2)变位机

变位机一般分两种,一种是作为单独的机构与 PLC 通过信号传输来进行工作,PLC 再与机器人连接,通过信号传输来进行工作;更多的是被同一控制柜控制,和机器人建立关联,作为机器人的额外增加关节(N+1 轴),参与机器人总体逆解运算,进行并行运动或联动。安装方式:机器人和导轨分别安装部署。

实际常用的外部轴主要是导轨和变位机。它们的定义办法也是通过“自定义机构”的功能来实现,定义方法和定义机构类似。

3.3.8 自定义零件

工件是指正在加工还没有成为成品的零件。零件是指机械中不可分拆的单个制件,是机器的基本组成要素,也是机械制造过程中合格的、具有一定功能的物件。通过零件的组合能构成部件,部件组合能构成为产品。在 PQArt 中,零件可分为场景零件和加工零件两种,场景零件用于搭建工作环境,而加工零件则是机器人加工制造的对象。部件是机械的一部分,由若干装配在一起的零件组成。

PQArt 支持自定义零件,零件的模型有零件、工具、机器人底座等多种选择。可将工具、零件和底座等都看作零件进行自定义,基本可以满足市场上存在多种零件的需求。

自定义零件的流程:导入模型、定义零件和检测。

3.3.8.1 导入模型

机器人模型可以通过机器人官网下载。软件具体操作:在【自定义】功能栏中选择【输入】按钮即可,如图 3-30 所示,CAD 文件支持 STEP、IGS、STL、X_T、PRT(UG)、PRT(ProE)、CATPart、SLDPart 等格式。

图 3-30 模型导入

3.3.8.2 定义零件

自定义零件分为两种情况:场景中只有零件、场景中存在机器人和工具的情况。

(1)场景中只有零件

在这种情况下,可以直接进行定义。场景中存在两个及以上模型,则需要在“选择模型”对话框中选中“零件”,然后在“名字”右侧的下拉菜单中选择需要定义的模型名称,如图 3-31 所示。

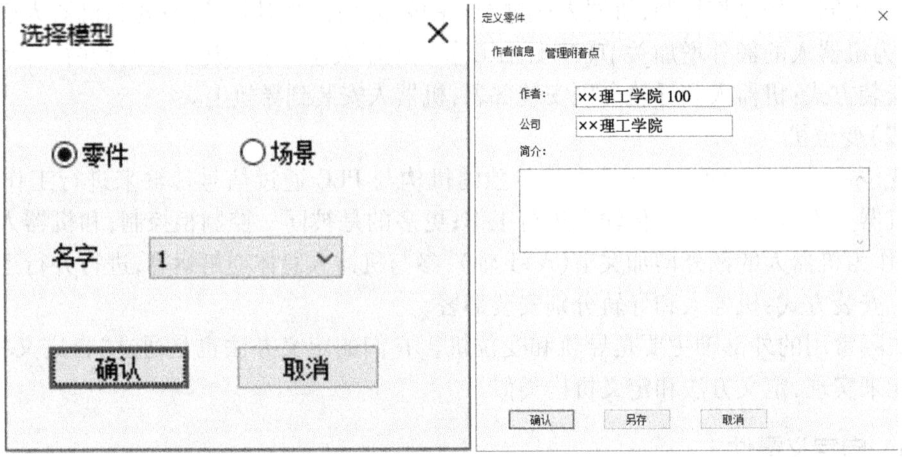

图 3-31 定义模型名称

在“定义零件”对话框中,可选择性地填入作者信息,之后点击“另存”,将定义好的零件保存在指定位置。“确认”即确定当前对零件的定义操作。确认后可直接在该场景中定义零件。“取消”是取消对零件的定义操作。

(2)场景中存在机器人和工具

场景中存在机器人和工具的情况下,对零件的抓取有两种方法:第一种,利用三维球调整机器人和工具的位姿,使其处于抓取零件时的位姿;第二种,定义零件,给零件添加附着点,即抓取点 CP 和放开点 RP。

①添加抓取点 CP。该软件提供了三种附着点的姿态,用来设置抓取工件时机器人的抓取姿态。一般情况下,工具 TCP 坐标系的 Z 轴与 CP 点坐标系的 Z 轴相对,两坐标系的 X 轴同向,Y 轴反向,如图 3-32 所示。

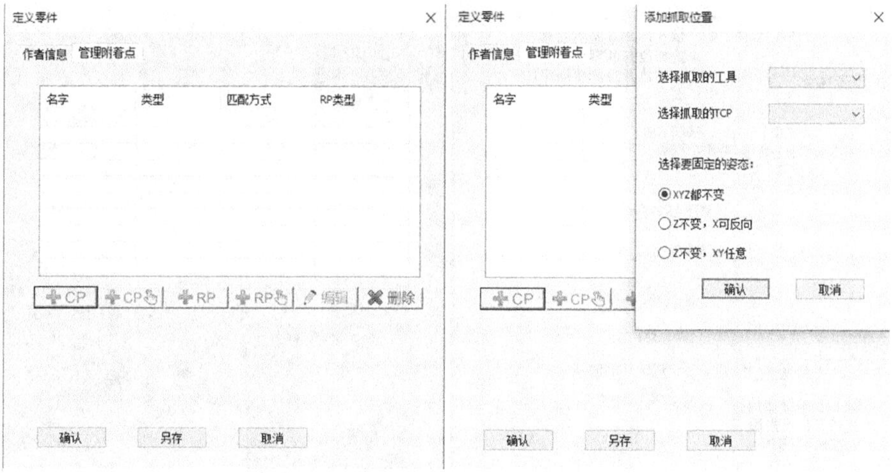

图 3-32　添加抓取点 CP

XYZ 都不变：机器人抓取时按照一般情况下的抓取规则抓取。

Z 不变，*X* 可反向：抓取时如遇到不可达或者其他障碍情况，机器人可打破一般抓取规则，抓取方向为 CP 点 *X* 轴旋转 180°的方向。

Z 不变，*XY* 任意：此种设定让机器人的抓取姿态更为灵活。根据零件的位置，机器人可不受限制地选择抓取的方向。

添加完 CP 点如图 3-33 所示。

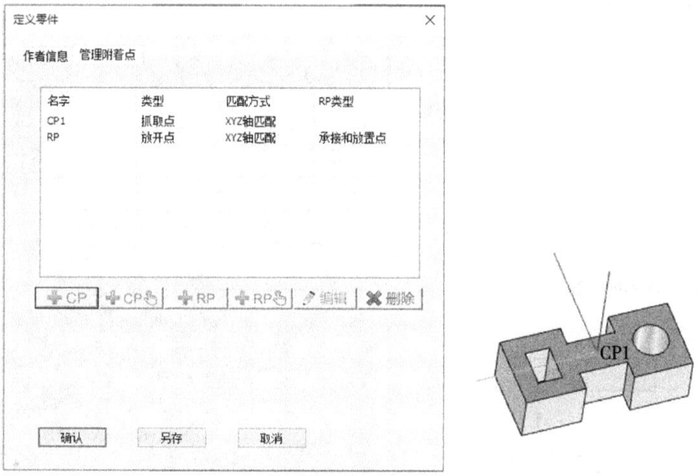

图 3-33　添加抓取点 CP 结果示意图

②添加放开点 RP。在为零件添加放开点之前，必须确保放置零件的工作台上需要有放开点 RP。添加 RP 点的方式有两种：自动和手动。自动添加放开点 RP 按钮 RP，通过“添加放开位置”对话框，选定零件放开点的位置和姿态，如图 3-34 所示。

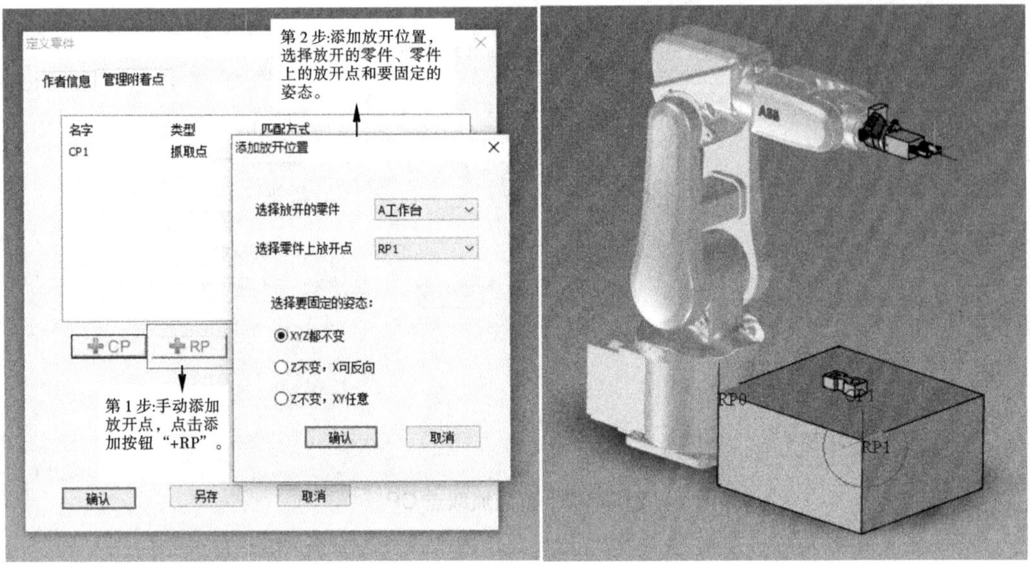

图 3-34 添加放开点 RP

图中“选择放开的零件”为防止定义零件的工作台或工件;“选择零件上放开点”为工作台或工件的放开点 RP。

手动添加放开点 RP 按钮 +RP ,利用直接弹出的三维球对放开点 RP 进行编辑,如图 3-35(a)所示。根据需求,利用三维球调整放开点 RP 的位置和姿态,本例中调整好的放开点如图 3-35(b)所示。

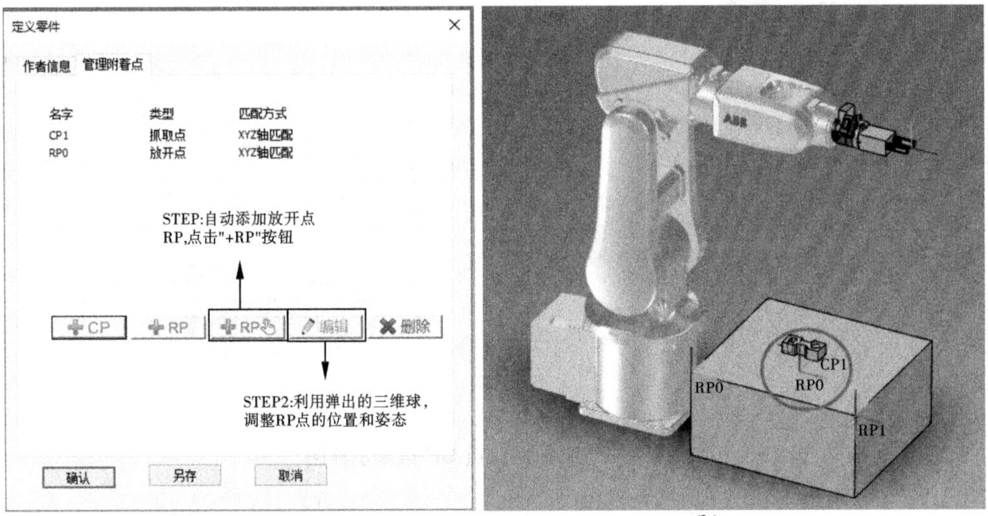

(a) (b)

图 3-35 添加放开点 RP 步骤及结果示意图

3.3.9 自定义工具

工具是指机器人工作时所使用的机械性或智能性器具，可以应用于打磨、去毛刺、焊接、涂胶等工艺中。PQArt 支持的工具格式为.robt。在 PQArt 中，与工具相关的元素包括工具中心点(TCP)、工具坐标系等。

在学习过程中，需要掌握以下定义：FL 是法兰工具与机器人法兰盘的相接点，也可理解为法兰工具的安装点。CP 是工具侧用的一端需要与机器人侧用相接，相接处即为 CP，也可理解为安装点、抓取点。

3.3.9.1 工具分类

工具可分为三类：法兰工具、快换工具和外部工具，如图 3-36 所示。

法兰工具：安装在机器人法兰盘上的工具。法兰盘通常是指在一个类似盘状的金属体的周边开上几个固定用的孔，用于和机器人六轴末端的法兰进行装配。法兰工具从【工具库】中导入，导入后即直接安装在机器人的法兰盘上。

快换工具：机器人能够在制造和装备过程中交换使用不同的末端执行工具，它与机器人法兰工具对接，由机器人侧用和工具侧用组成。机器人侧用指的是与机器人法兰盘连接的工具，工具侧用指的是与法兰工具连接的工具。当机器人需要完成两种及以上的任务时，通过快换工具可以快速更换工具，而不用从法兰盘上拆下工具，省时省力。工具侧用从【工具库】中导入，导入后需要执行安装操作(通过工具右键菜单的【安装】指令)，才能安装到机器人侧用工具上。

外部工具：独立于机器人之外的工具，如打磨机、砂轮等。有时机器人需要手持工件配合使用外部工具。外部工具从【工具库】中导入，导入后即可独立于机器人之外，配合机器人进行零件的加工。

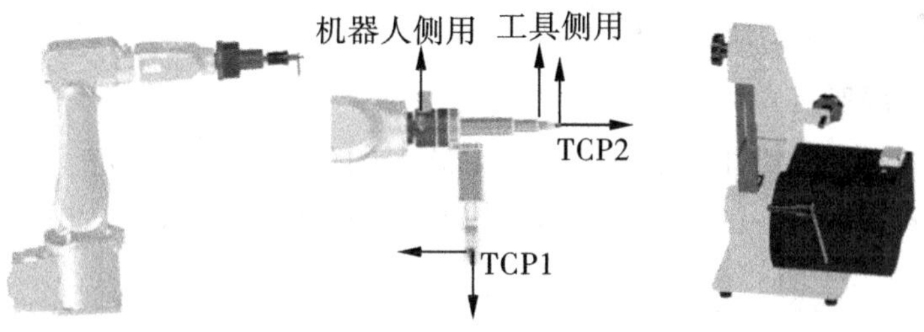

(a)法兰工具　(b)快换工具　(c)外部工具

图 3-36 自定义工具类型

3.3.9.2 自定义工具步骤

自定义工具分为三个步骤：导入模型、添加并编辑附着点和检测。

(1)导入模型

通过【自定义】→【场景】→【输入】导入模型，如图 3-37 所示。PQARrt 支持目前市面上绝大多数主流的 CAD 模型的导入。

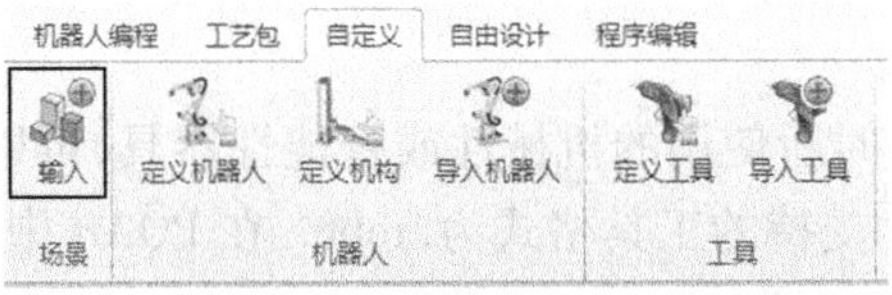

图 3-37　自定义工具功能

(2)添加并编辑附着点

工具安装到机器人上需要有安装点(FL/CP),加工工件需要有加工点(TCP),因此定义工具时需添加并编辑附着点。一个工具只能添加一个 FL 和 CP,但可添加多个 TCP。

(3)检测

工具是否自定义正确还需要进行检测,标准是点 FL、CP 和 TCP 的位置和姿态正确。

FL、CP、法兰工具与快换工具的 TCP 分别位于工具两端的中心处,外部工具的 TCP 则根据需要设定。因为 TCP 的 Z 轴会与轨迹的 Z 轴相对,一般为了方便使用会让 TCP 的 Z 轴朝外。

若工具定义错误,则右击【工具】,选择【编辑工具】,利用三维球重新调整 FL、CP 和 TCP 的位置和姿态。

3.3.10　自定义底座

PQArt 支持定义机器人的底座,定义底座时安装点自动生成,且可用三维球调整,操作简便化。关键点:附着点 Z 轴方向为机器人安装到底座上的安装方向。

自定义底座的步骤:导入模型、定义底座和检测。

3.3.10.1　导入模型

通过【自定义】→【场景】→【输入】导入模型。

3.3.10.2　定义底座

定义底座时需要先添加一个安装点。安装点的位置和姿态决定了底座附着在机器人上的位置及安装方向。【定义底座】位于【自定义】下的【底座】中,如图 3-38 所示。

图 3-38　定义底座

弹出“定义底座”对话框,同时底座模型上自动生成一个安装点,如图 3-39 所示。

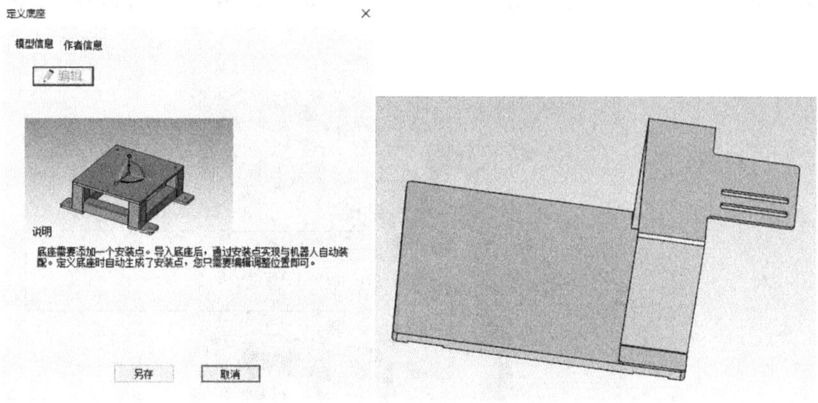

图 3-39　定义底座界面

点击【编辑】按钮后，模型上自动弹出三维球，如图 3-40 所示，可利用三维球根据需求来调整机器人安装位置。安装点的 Z 轴为机器人安装到底座上的安装方向，一般来说，Z 轴轴向朝上。

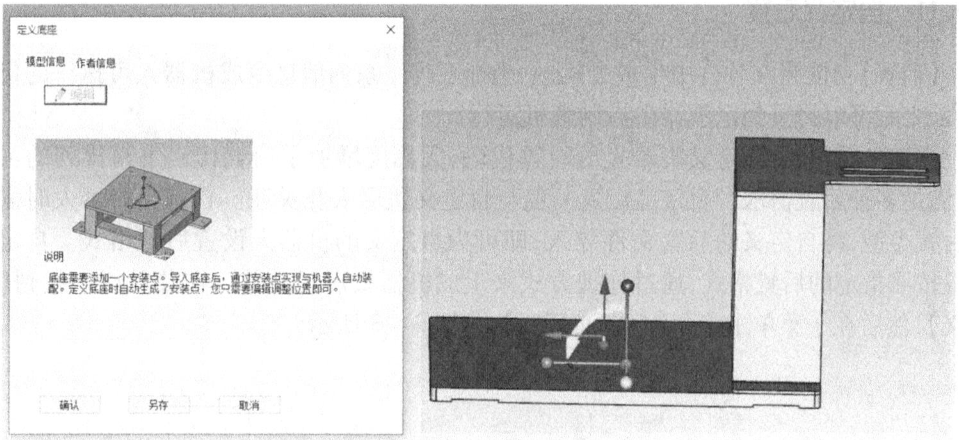

图 3-40　定义底座编辑

确认安装点位置后，将定义好的底座保存到指定位置，格式为.robs。

3.3.10.3　检测

先导入一个机器人，再通过【导入底座】将定义好的底座导入进来。如图 3-41 所示。

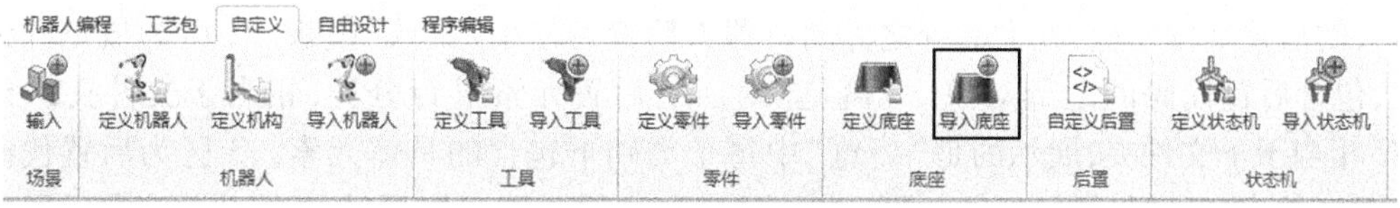

图 3-41　导入底座

底座导入进来后，机器人会自动安装到底座上，如图 3-42 所示，说明底座的定义是正确的。

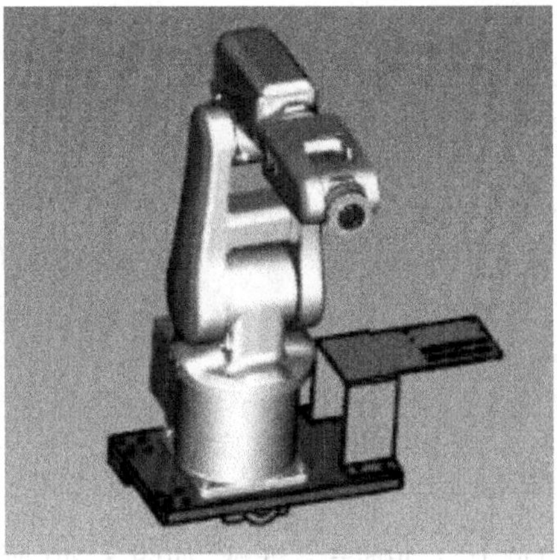

图 3-42　检测自定义底座

3.3.11　自定义后置

【后置】功能将在软件中生成的轨迹、坐标系等一系列信息生成机器人可执行的代码语言，之后可以拷贝到示教器中控制真机运行。

自定义后置，即自定义机器人的后置代码，大幅度增加了后置代码书写排列的灵活性，满足多种后置需求。自定义后置一般与自定义机器人相关联。自定义机器人时需选择后置类型，将自定义的后置文件导入，即可为自定义的机器人设置后置格式。自定义后置按照指定的后置格式，通过拖拽方式来生成机器人后置文件。在菜单栏中找到【自定义】，然后在子菜单中找到【自定义后置】，如图 3-43 所示。

图 3-43　自定义后置

3.3.11.1　界面介绍

自定义后置界面如图 3-44 所示。1 区为后置模板，包括 ABB、KUKA 等九个品牌机器人的后置文件模板，九大品牌之外的机器人后置可使用“默认”模板。2 区为概览和细节，包含后置代码的全部对象。“概览”对所有后置元素进行分类，相当于文件夹；“细节”相当于子文件夹，展示的是“概览”中每个类别下包含的具体元素。3 区为后置代码编辑区域，该区域包括树形结构图、当前预览和全局预览。树形结构图用于确定后置代码的格式，PQArt 支持多个不同格式的文件撰写。结构图分为三个部分：文件头、数据部分（一般是被轨迹组的迭代器包括，或与轨迹组的迭代器平级）、文件尾。应根据实际要求来设定后置格式，文件头与文件尾为非必要结构。当前预览：预览选中的对象。全局预览：预览到后置代码最终的形式。

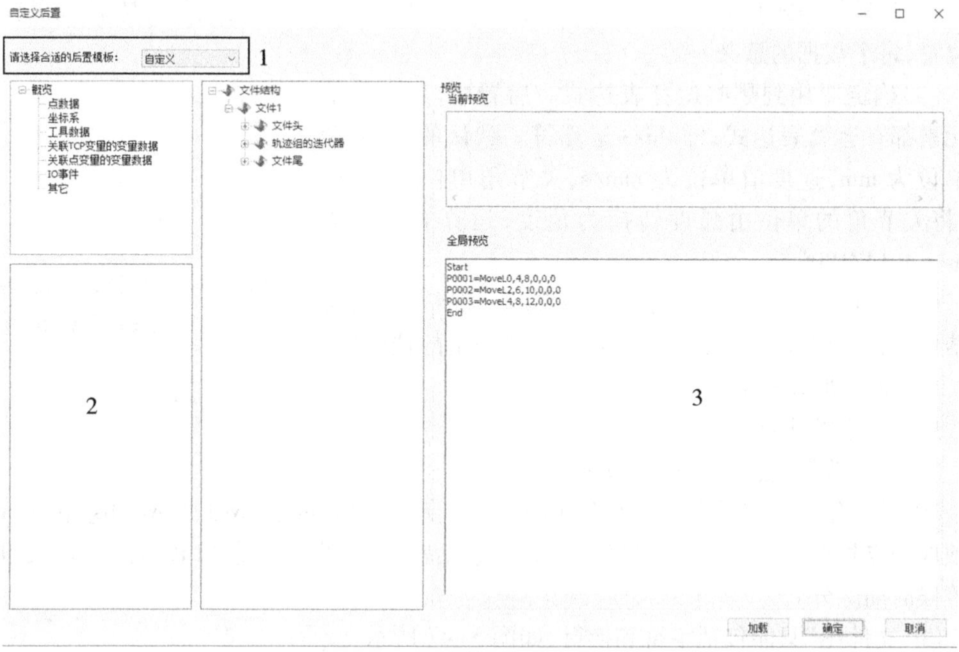

图 3-44　自定义后置界面示意图

后置代码编辑区域可以删除操作和编辑各个元素的属性。“属性”包括选中对象的精度（数值保留的小数点）、表达式以及是否选择为关键字。关键字：指所有无法更改数据的元素，包括轨迹组的迭代器、轨迹的迭代器数据已固定的元素。如换行（可插入字符）、字符等可更改数据内容的元素不是关键字。是否选择为关键字：是否在后置代码中亮显所选的元素。如图 3-45 所示。

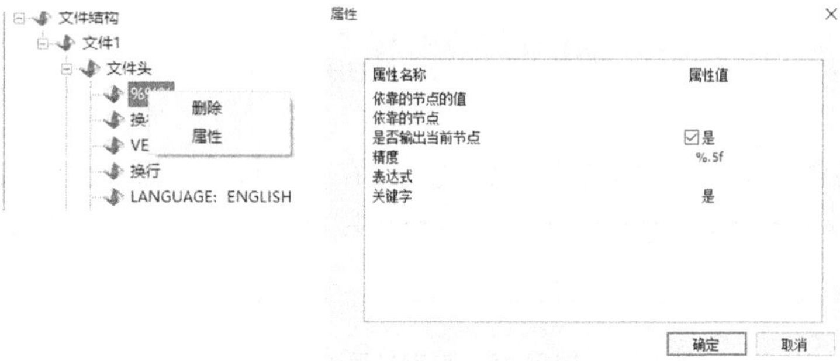

图 3-45　后置代码编辑区域操作举例

3.3.11.2 自定义后置准备工作

(1)自定义后置前需要找到目标机器人准确的后置代码文件。

(2)确定后置代码的表示含义和格式。代码总体分为两类:默认固定字符,无须改动;需对其进行格式归纳的代码。确定后置代码的格式:各元素之间的分隔符以及换行的位置,每个数据的意义。

(3)确定要用到哪些运算表达式。后置中,所有数值类元素都有运算表达式,即 this+运算符。默认的位移/距离单位为 mm,速度值单位为 mm/s,关节角单位为弧度。如:将关节角的单位由弧度转换为角度,运算表达式为“this * 3.14/180”。

(4)确定每个节点之间的层级关系。一般情况下,文件结构的正常层级关系为:“文件头”→“轨迹组的迭代器”→“文件尾”,如图 3-46 所示。

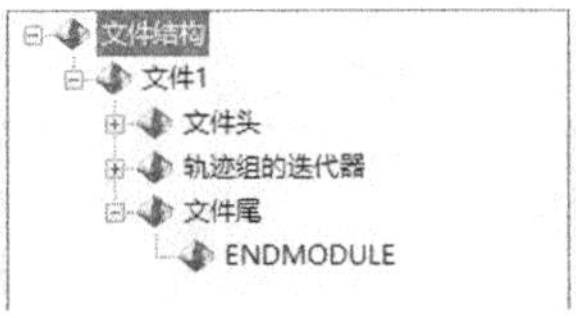

图 3-46 文件结构的正常层级关系示意图

层级关系的注意事项:

①“文件头”只能包括 Start 和换行。

②“轨迹组的迭代器”层次关系如图 3-47 所示。MoveL、MoveJ、MoveAbsj 和 MoveC 必须放到点指令下。“点的 IO 事件”下必须包括默认 IO 事件信息和 IO 值(自定义事件和等候时间除外)。

③“文件尾”只能包括字符和换行,如图 3-47 所示。

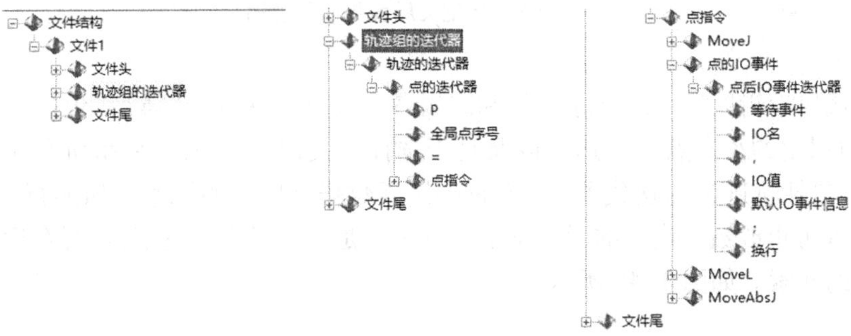

图 3-47 层级关系的注意事项

自定义后置完成后,需要对后置文件进行保存,如图 3-48 所示。确定:将代码保存到指定位置,文件格式为 ropost。加载:导入格式为 ropost 的后置文件,实现再次编辑。

图 3-48 自定义后置保存

注意:在后置设计过程中,任何字符都是英文字符,如果文件中有中文字符则不能加载进来。

3.4 项目实施

任务 1 自定义机器人

任务 1 自定义机器人

通过观察机器人的结构模型，确定其拥有自由度的个数，使用自定义机器人功能完成对机器人关节运动的定义。

1. 导入模型

选择【输入】，导入机器人（ABB-IRB120）模型，此时在调试面板中关节角度全部为 0°，如图 3-49 所示。

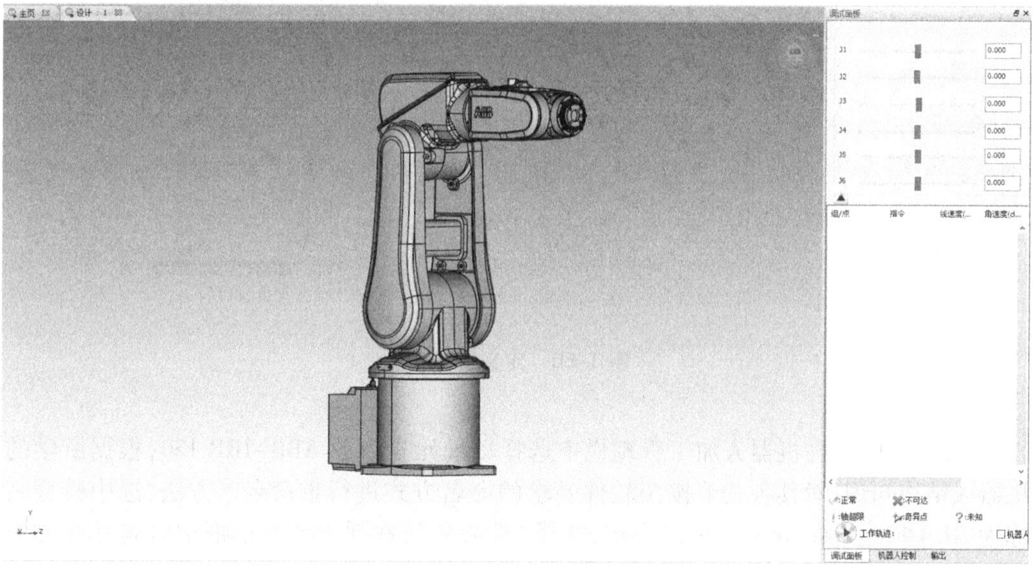

图 3-49 导入机器人模型

通过观察、判断，该种机器人为六自由度机器人。

2. 自定义机器人

选择【自定义】→【定义机器人】，在输出对话框中的“机器人关节数”中选择“通用六轴机器人”，如图 3-50 所示。

此时，发现“下一步”按钮是灰色的，说明该步骤没有设置完成。为什么呢？此时对话框中的 BASE、J1 等前面均有叉号，说明模型并没有按照软件属性要求进行名称设置。

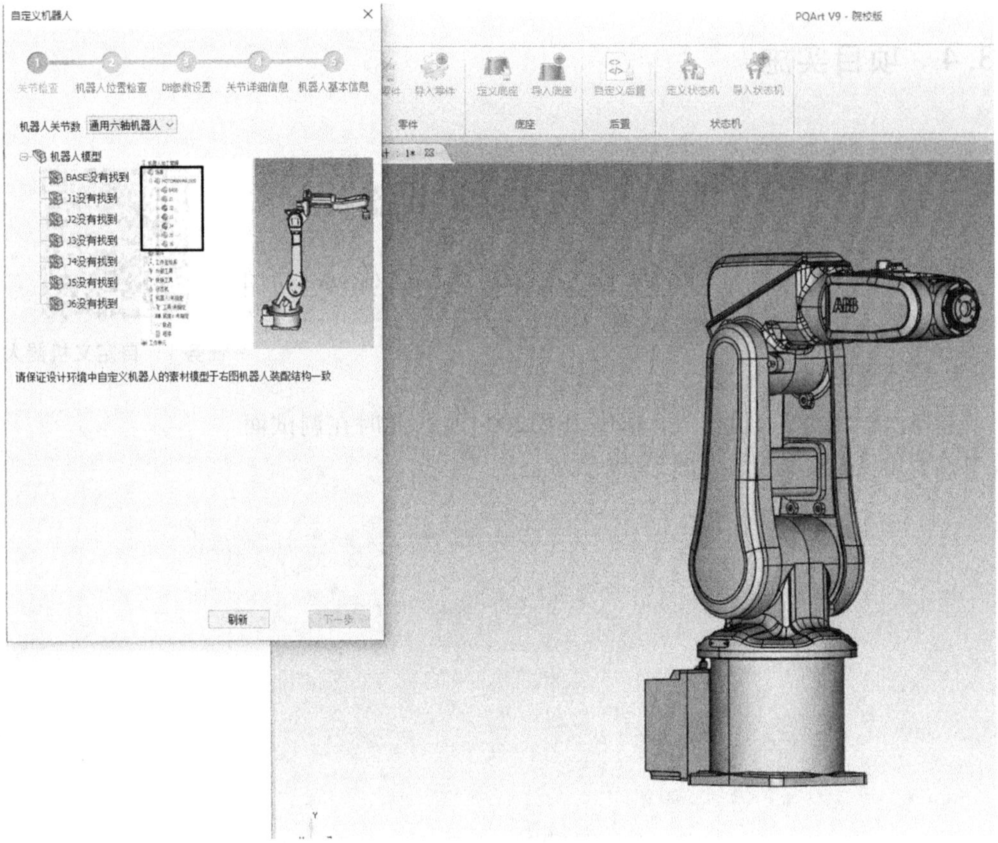

图 3-50　定义机器人

关闭对话框，在机器人加工管理栏中选择场景元素中的 ABB-IRB 120，根据所学的机器人结构知识，对其各关节按照软件要求的命名方式进行重命名。方法：选中模型名称为"IRB 120_Base_rev0"，单击右键，选择"重命名"，在弹出的对话框中将名称修改为"BASE"，依次选择模型名称为"IRB 120_Link1_rev0""IRB 120_Link2_rev0""IRB 120_Link3_rev0""IRB 120_Link4_rev0""IRB 120_Link5_rev0""IRB 120_Link6_rev0"，将其分别重命名为"J1""J2""J3""J4""J5""J6"。切记：关节定义的顺序与软件中要求的顺序及名称一致，如图 3-51 所示。

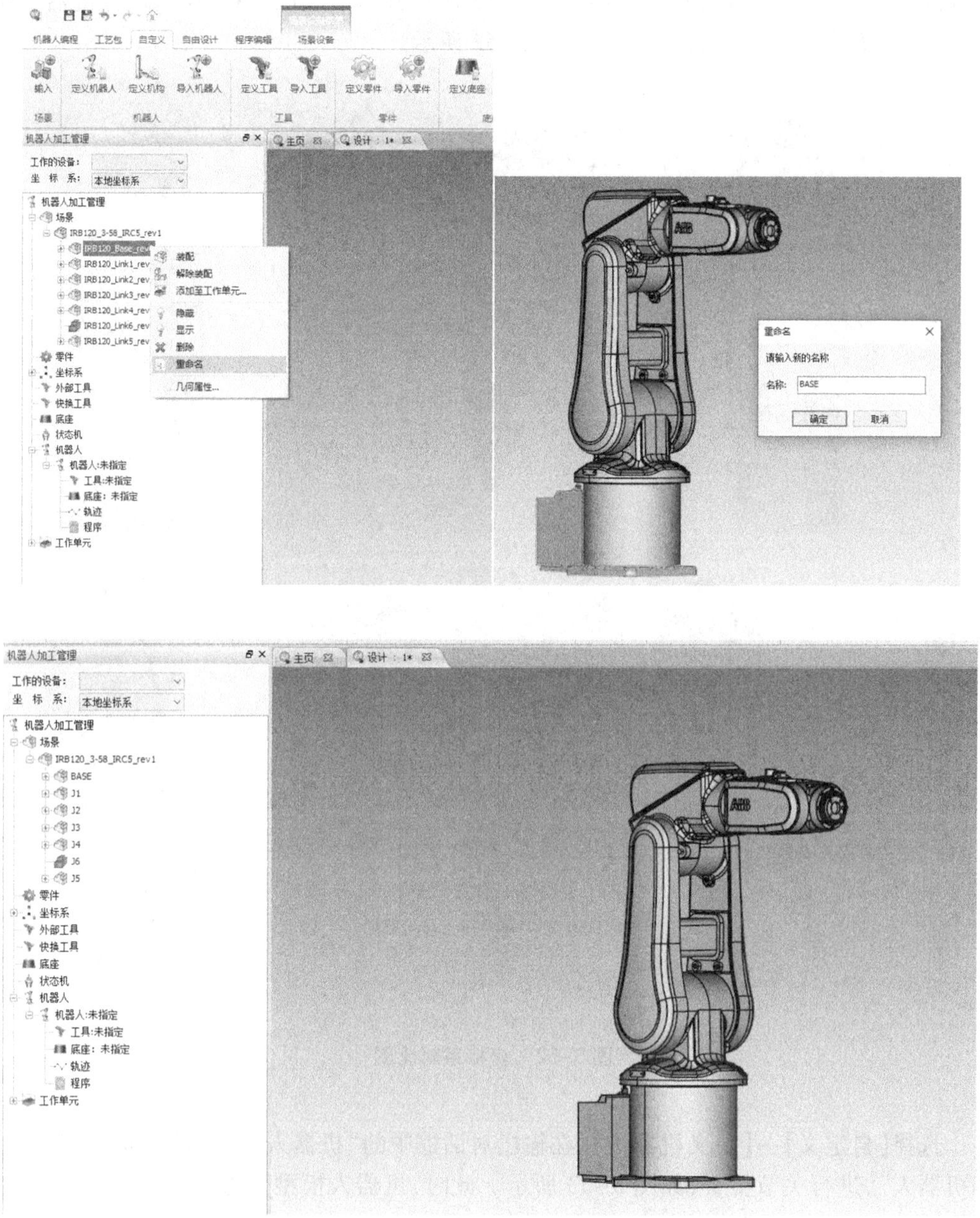

图 3-51 定义模型名称

选中机器人模型，点击【三维球】，观察机器人的基坐标系是否与 D-H 模型坐标系（对应机器人资料中提供）一致，且与软件中的世界坐标系一致，如果一致不需要更改；如果不一致，则需要使用三维球功能，将机器人模型的基坐标系调整为与资料中 D-H 模型坐标系和软件中的世界坐标系一致。具体步骤：①选中机器人模型，使用三维球功能将 Z 轴旋转“-90°”调整至竖直向上，X 轴反向向前，Y 轴向右，坐标系符合“右手定则”。此时，机器人坐标系与 D-H 模型坐标系一致。②Z 轴旋转“-90°”，X 轴反向，将机器人坐标系调整与软件中世界坐标系一致，如图 3-52 所示。

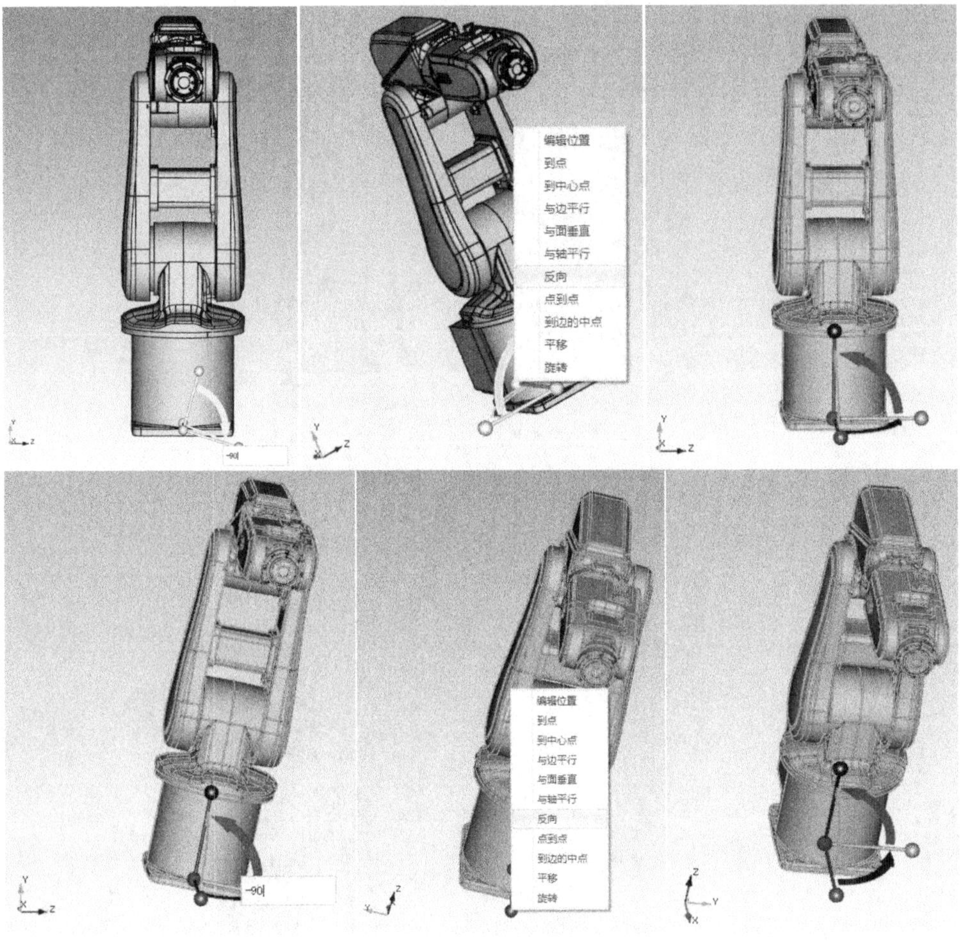

图 3-52　坐标系对比图

选择【自定义】→【定义机器人】，在输出对话框中的“机器人关节数”中选择“通用六轴机器人”，进行关节检查，如图 3-53 所示。此时，机器人模型下方未出现叉号，说明定义正确，点击“下一步”，如图 3-53 所示。如果机器人模型仍显示为叉号，重复上步操作，直至不出现叉号。

将机器人模型的姿势调整至软件中要求的机器人本体零点位姿，并确定机器人基坐标系原点与软件世界坐标系原点重合。具体调整方式可根据软件的链接内容进行操作。本例中模型已按照要求调整完毕。确定完成后，在“我已按要求调整机器人模型位姿”前的方框画“√”，点击“下一步”，如图 3-54 所示。

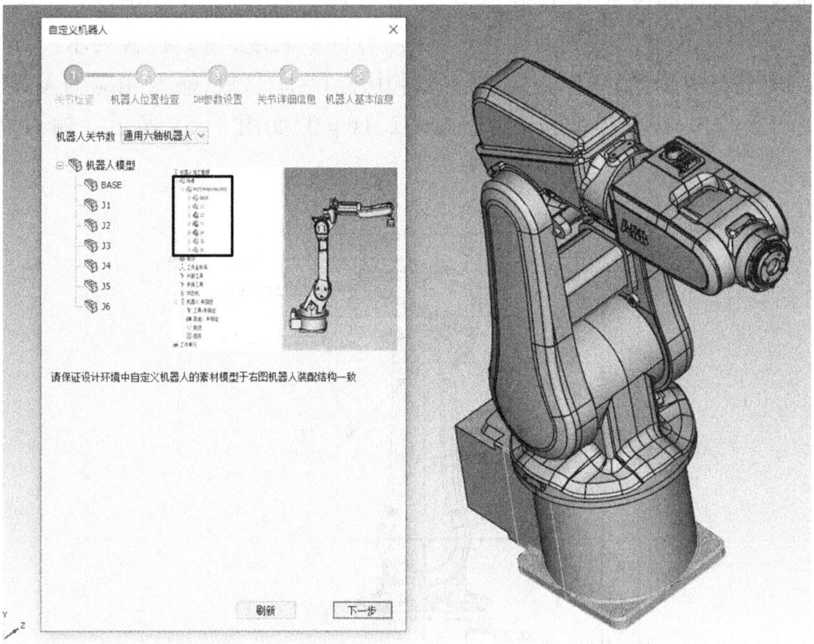

图 3-53　关节检查

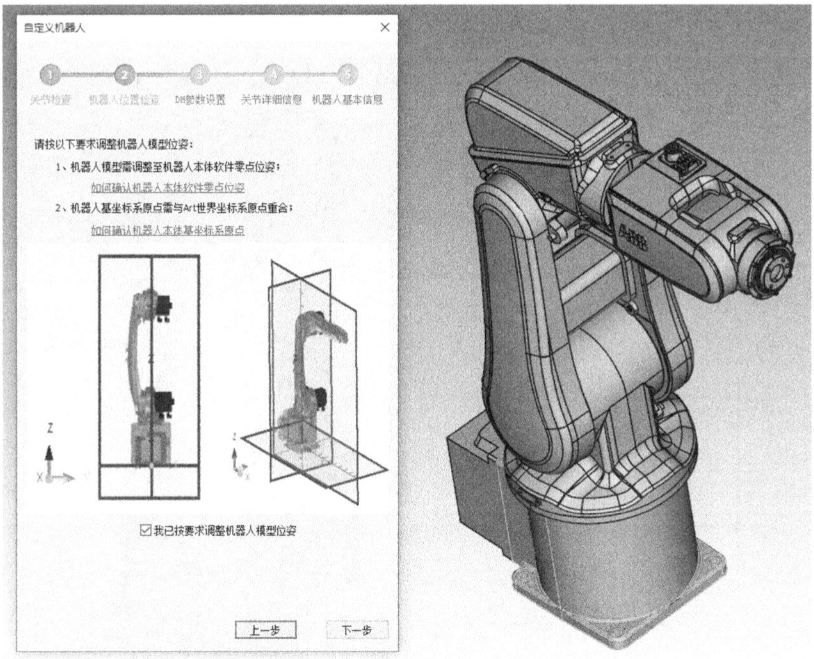

图 3-54　机器人位置检查

根据前文所讲述的改进 D-H 建模方法，在官网上找到 ABB-IRB120 机器人的 D-H 参数，通过与软件中模型参数的对比，输入相应杆件的长度，使其符合要求。如果机器人使用其他品牌或自主设计，同样需要按照软件中的 D-H 参数，输入相应的参数值。本例中，L1＝290，L2＝270，L3＝70，L4＝302，L5＝72，L6＝0，如图 3-55 所示。输入完成，点击“下一步”。

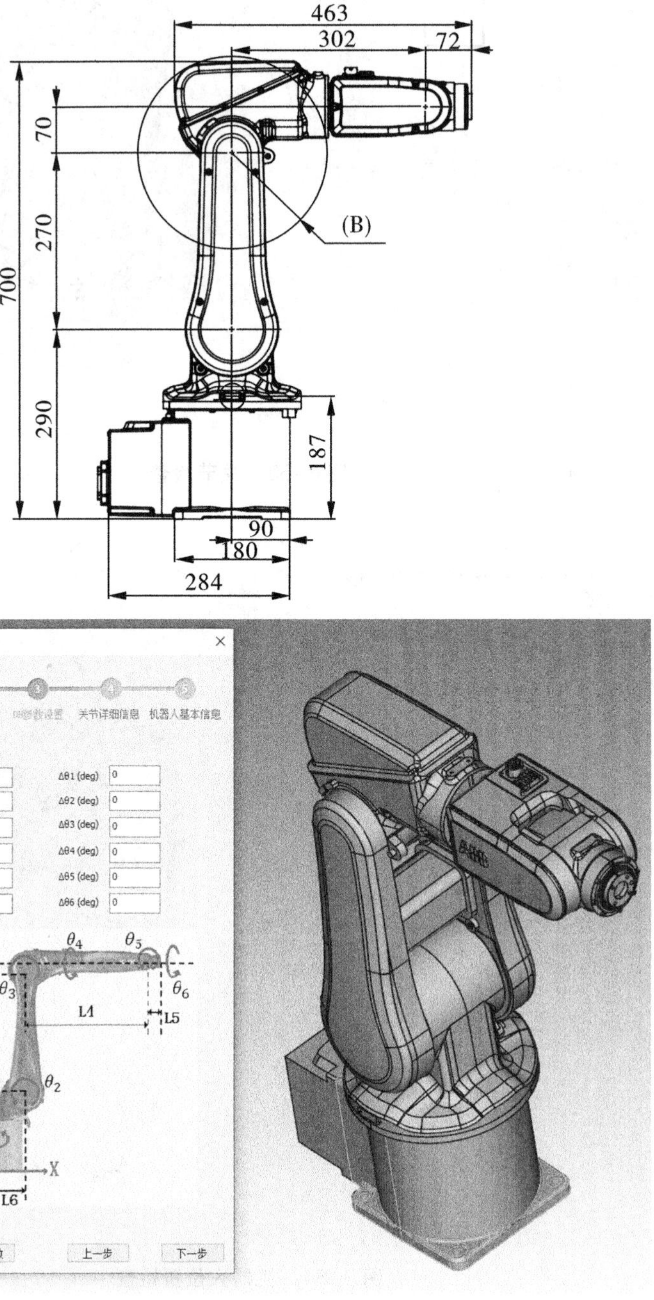

图 3-55　设置 D-H 参数值

设置机器人关节旋转角度和正方向。在 ABB-IRB120 产品手册中找到各关节的运动范围图和运动方向图，如图 3-56 所示。

运动轴	运动类型	运动范围
轴 1	旋转运动	+165° ~ -165°
轴 2	手臂运动	+110° ~ -110°
轴 3	手臂运动	+70° ~ -110°
轴 4	手腕运动	+160° ~ -160°
轴 5	弯曲运动	+120° ~ -120°
轴 6	翻转运动	+400° ~ -400°

(a)运动范围图

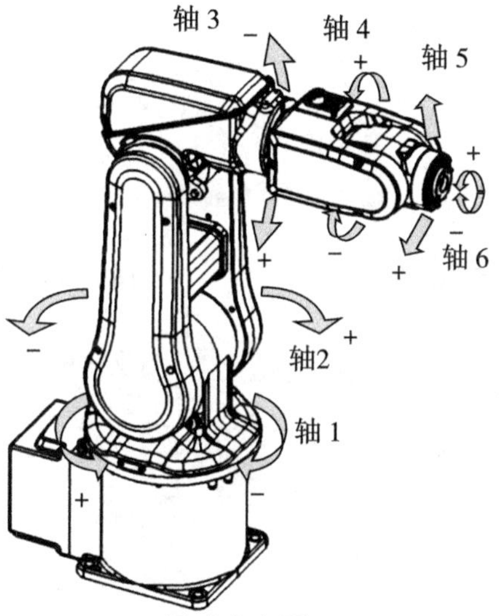

(b)运动方向图

图 3-56 ABB-IRB120 运动范围图和运动方向图

按照产品要求，将每个关节的最大角度和最小角度输入至软件相应的表格中。对比运动方向图和软件中参考的关节旋转方向，设置机器人关节旋转方向，本例中，J1、J4、J6 为正向，J2、J3、J5 为反向。如果是其他品牌或自行设计的机器人，需要按照相应参数对照填写即可。点击“下一步”，如图 3-57 所示。

机器人基本信息中参数选择默认即可，点击“完成”，并保存，如图 3-58 所示。

3. 机器人运动

在【调试面板】中，依次调整各关节的角度，机器人模型能够实现正确的运动，如图 3-59 所示，说明机器人定义成功。如果不能，则需要重新按照以上步骤进行操作。

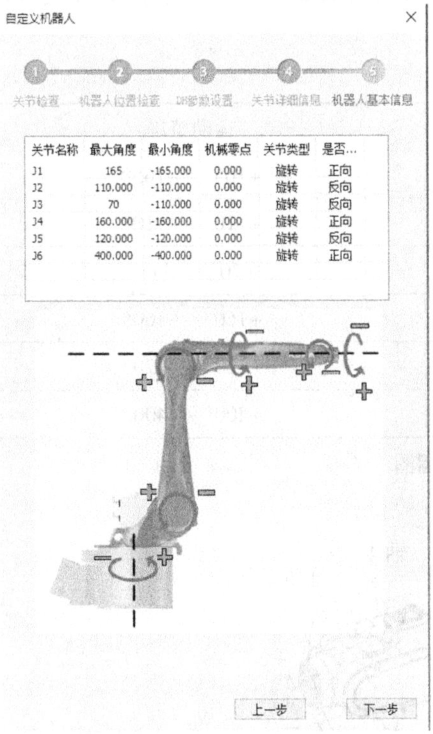

图 3-57　设置关节参数值

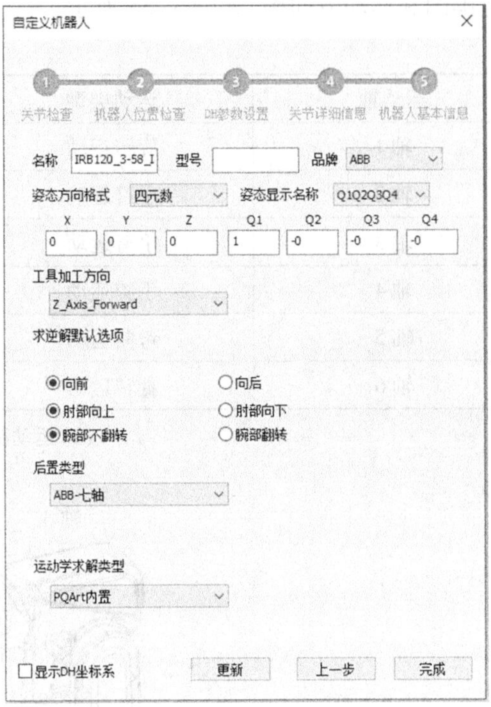

图 3-58　机器人基本信息

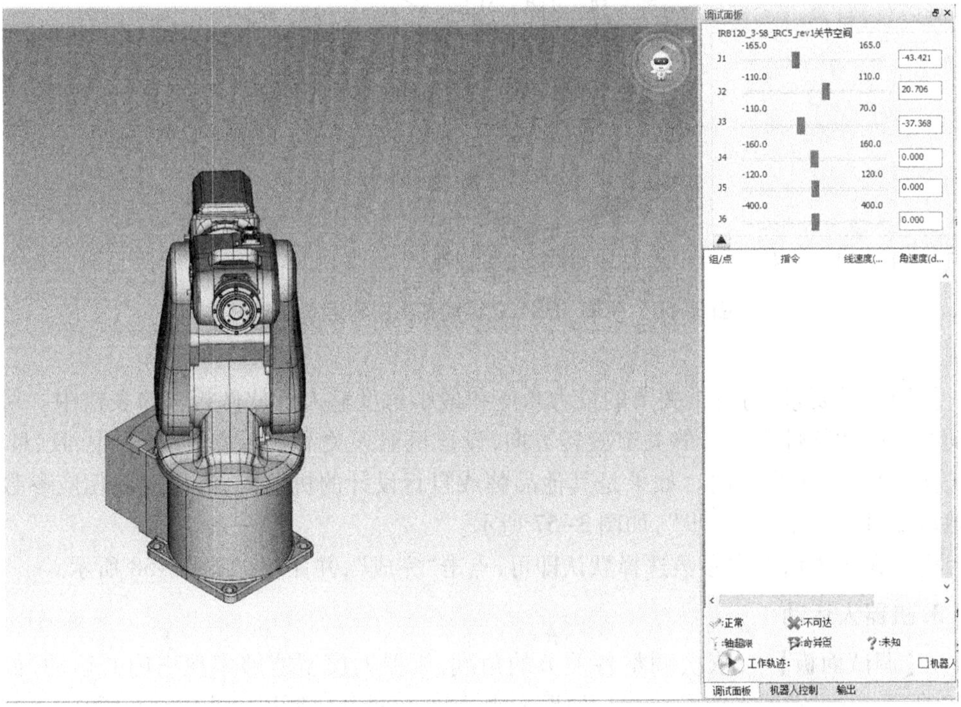

图 3-59　机器人运动

4. 导入机器人模型

选择【自定义】→【导入机器人】,选择自定义的机器人即可。

任务 2 自定义机构

任务 2 自定义机构

通过导轨的模型,自定义机构,完成导轨直线移动。

1. 导入模型

在【设备库】中选择场景元素,选中导轨 A,下载并插入,如图 3-60 所示。

在【机器人加工管理】的【场景】中,选中“CHL-DS11-2-AZ03”,将其删除。同时,依次选中如图 3-61 所示的模块,单击鼠标右键,在弹出列表中,选中“装配”,将其装配为一个整体。同样,依次选中如图所示的模块,单击鼠标右键,在弹出列表中,选中“装配”,将其装配为一个整体。将导轨分为基座和滑动两个部分,如图 3-61 所示。

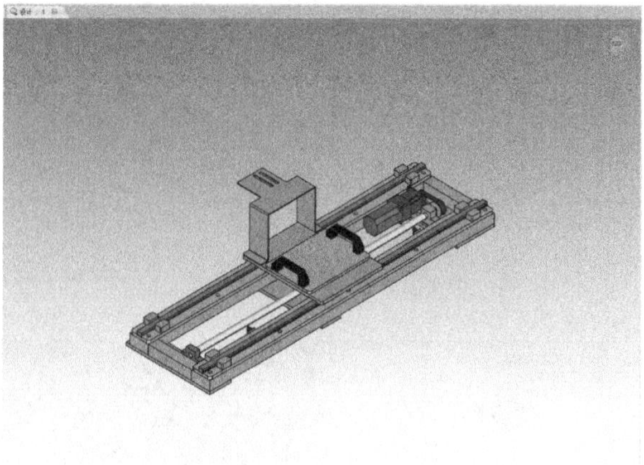

图 3-60 导入导轨模型

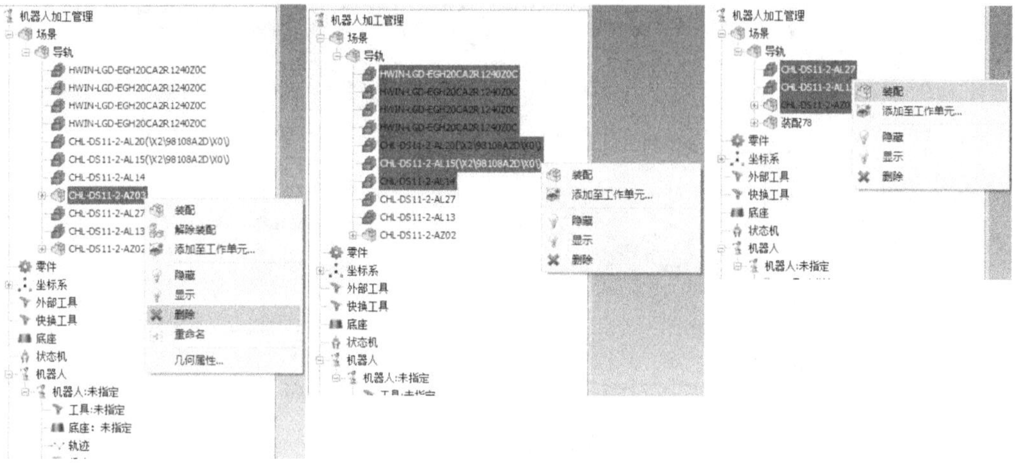

图 3-61 定义装配体

将基座部分重命名为“BASE”，滑动部分重命名为“J1”，如图 3-62 所示。

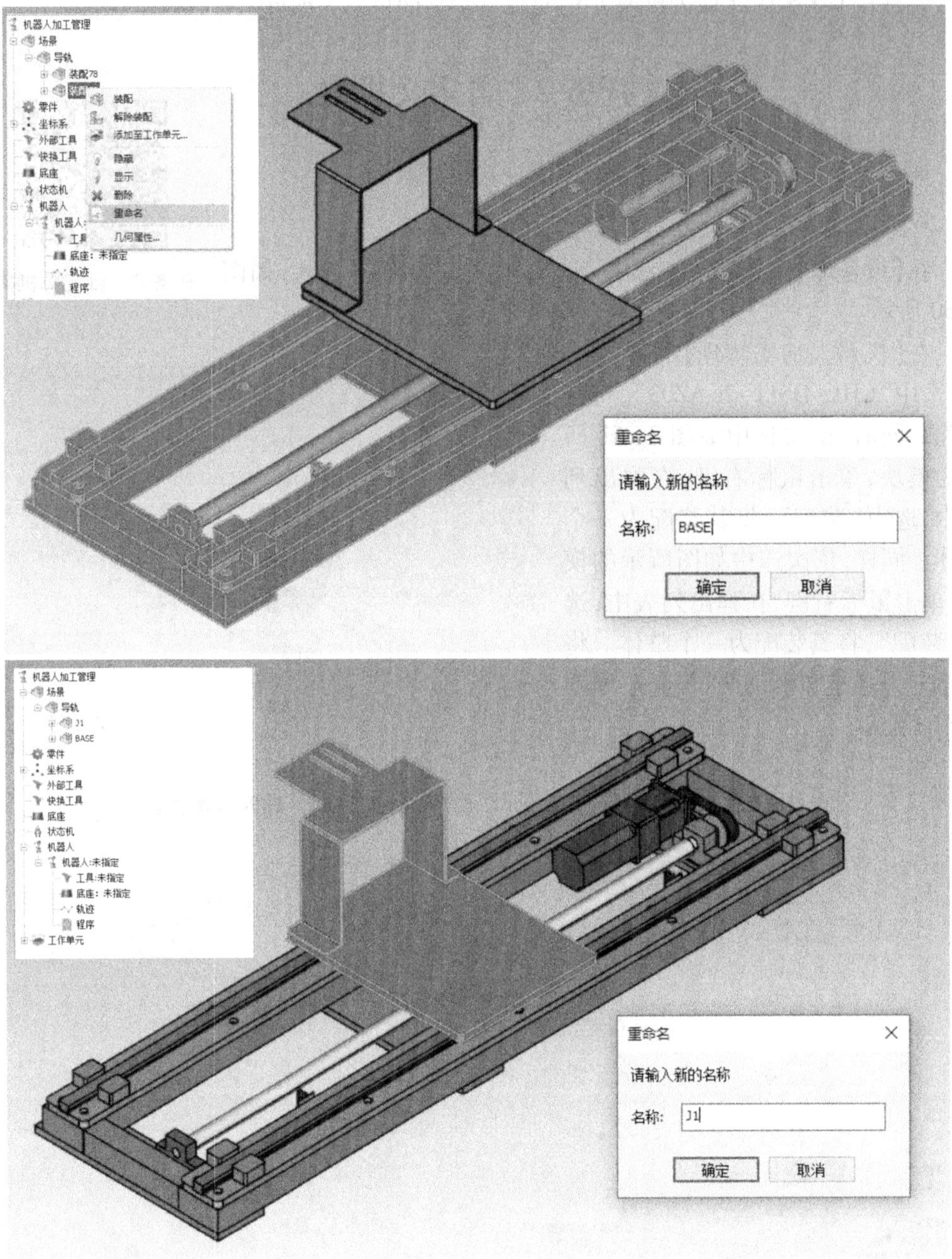

图 3-62　定义导轨

通过【三维球】功能，将坐标系原点的坐标值修改为(0,0,0)。具体方法：在“场景”中选中“导轨”，点击“三维球”，按下空格，将其移动至滑动部分上表面的中心。按下空格，单击鼠标右键，在弹出框中选中编辑位置，将 X、Y、Z 的值都修改为 0，如图 3-63 所示。

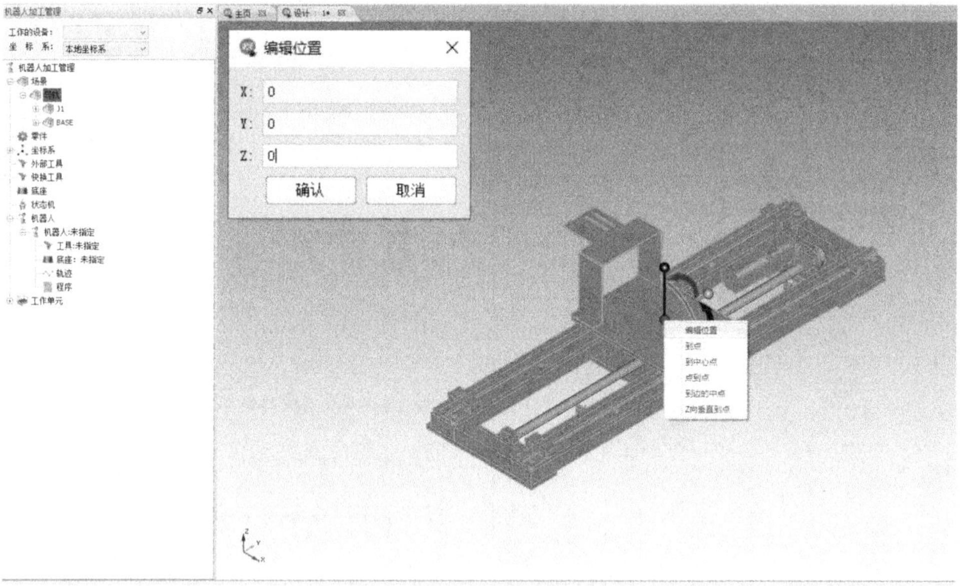
编辑位置
X: 0
Y: 0
Z: 0
确认
取消
机器人加工管理
工作的设备:
坐标系: 本地坐标系
场景
J1
BASE
零件
坐标系
外部工具
快换工具
底座
状态机
机器人
机器人:未指定
工具:未指定
底座:未指定
轨迹
程序
工作单元
编辑位置
到点
到中心点
点到点
到边的中点
Z向垂直到点

图 3-63　定义坐标系原点

2. 自定义机构

在【自定义】栏中选择【定义机构】，仔细阅读弹出框中的内容，并勾选“我已熟知上述内容”的方框，单击“下一步”，坐标系选择为“世界坐标系”，单击“下一步”。选择自由度数为“1”，单击“下一步”，如图 3-64 所示。

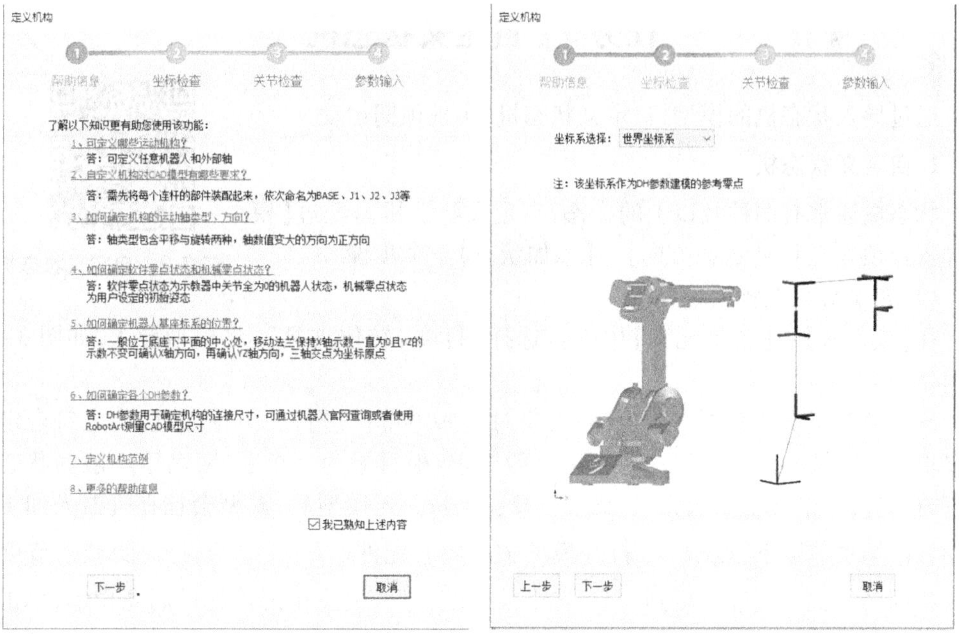
定义机构
帮助信息
坐标检查
关节检查
参数输入
了解以下知识更有助您使用该功能:
1、可定义哪些运动机构?
答：可定义任意机器人和外部轴
2、自定义机构对CAD模型有哪些要求?
答：需先将每个连杆的部件装配起来，依次命名为BASE、J1、J2、J3等
3、如何确定机构的运动轴类型、方向?
答：轴类型包含平移与旋转两种，轴数值变大的方向为正方向
4、如何确定软件零点状态和机械零点状态?
答：软件零点状态为示教器中关节全为0的机器人状态，机械零点状态为用户设定的初始姿态
5、如何确定机器人基座标系的位置?
6、如何确定各个DH参数?
答：DH参数用于确定机构的连接尺寸，可通过机器人官网查询或者使用RobotArt测量CAD模型尺寸
7、定义机构范例
8、更多的帮助信息
我已熟知上述内容
下一步
取消
定义机构
帮助信息
坐标检查
关节检查
参数输入
坐标系选择: 世界坐标系
注：该坐标系作为DH参数建模的参考零点
上一步
下一步
取消

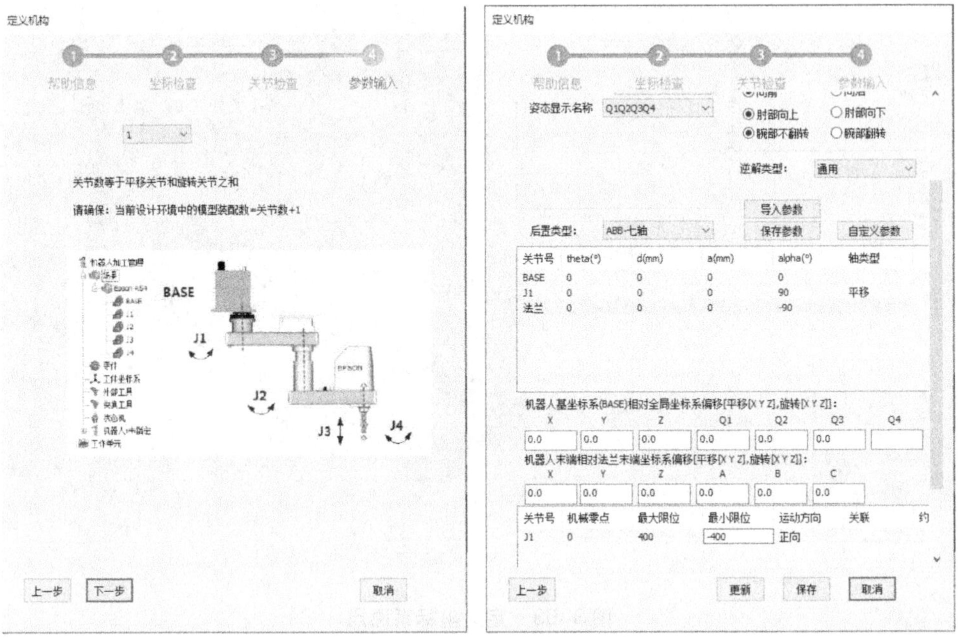

图 3-64　定义机构

将 J1 中的轴类型参数改为“平移”，alpha（°）改为“90”。法兰的 alpha（°）改为“-90”。关节号 J1 对应的最大限位和最小限位分别设定为“400”“-400”。单击“保存”，将自定义机构保存。

任务 3　自定义状态机

通过导入状态机的模型，自定义状态机，实现预期运动。

任务 3　自定义状态机

1. 自定义状态机

状态机通常有两种及以上的姿态，自定义状态机需经过【模型导入及预处理】→【选择方向】→【添加状态】三个步骤。

（1）模型导入及预处理

在【设备库】→【场景元素】中进行选择“打磨-转位夹具”，将模型导入，如图 3-65 所示。

导入模型层次关系不一，定义前需要对这些零部件进行一下预处理，使之符合定义所要求的层次结构。零部件的树结构一般要求：根目录为一个总装，名字一般为状态机的官方名称，子节点下依次为 BASE、J1、J2、…、Jn。入模型后，模型会挂在机器人加工管理面板的场景节点下，点击 ⊞ 打开模型中的所有配件（⊞/⊟ 为打开/隐藏子节点）。需要将同属一轴的配件装配到一起，选中某个配件后，模型中的该配件高亮显示，单击鼠标右键，在菜单中选择【装配】，并按照软件要求将其重命名为 BASE、J1，如图 3-66 所示。

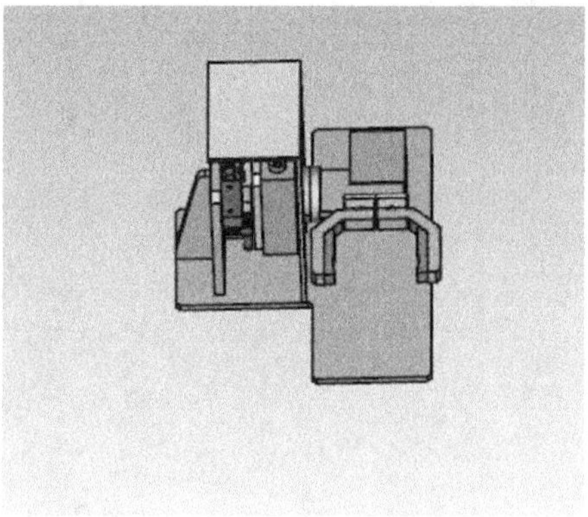

图 3-65　导入模型

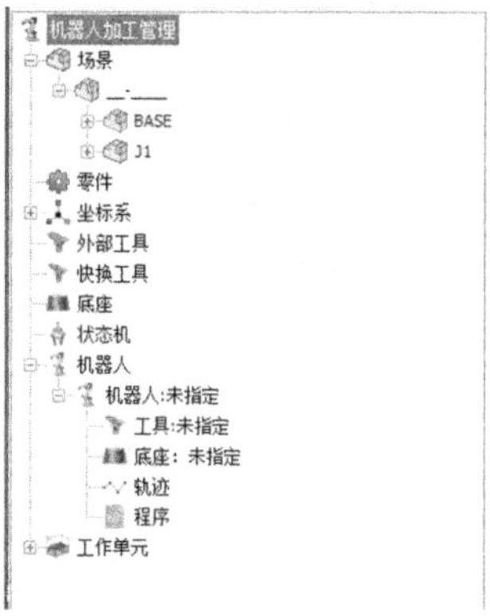

图 3-66　零部件树结构

（2）选择方向

选择方向是定义状态机平移轴/旋转轴的轴心。进行模型预处理后，点击【自定义】下的【定义状态机】按钮，打开定义状态机功能界面，如图 3-67 所示。

选择关节是选择当前需要定义的关节。运动方式是选择当前所选关节是平移轴还是旋转轴。

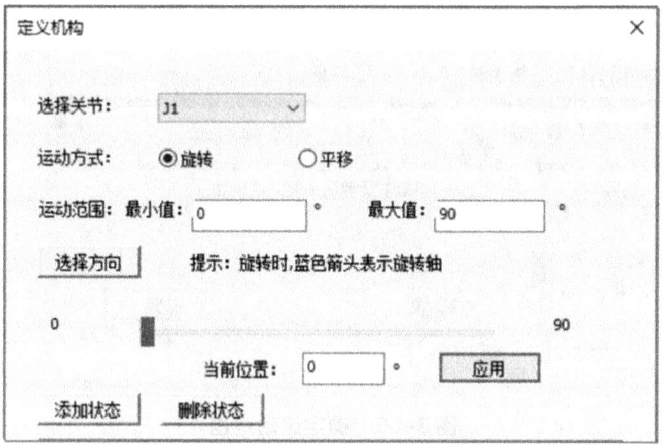

图 3-67　自定义状态机界面

点击“选择方向”，弹出蓝色箭头，该箭头表示的是 1 轴的旋转轴，需要对其定义，利用三维球将其移动到 1 轴中心位置，如图 3-68 所示。

（3）添加状态

状态机有多个不同的状态，添加步骤如下：

①确定状态机的运动范围，填入旋转角度值或平移距离值，如图 3-69 所示。

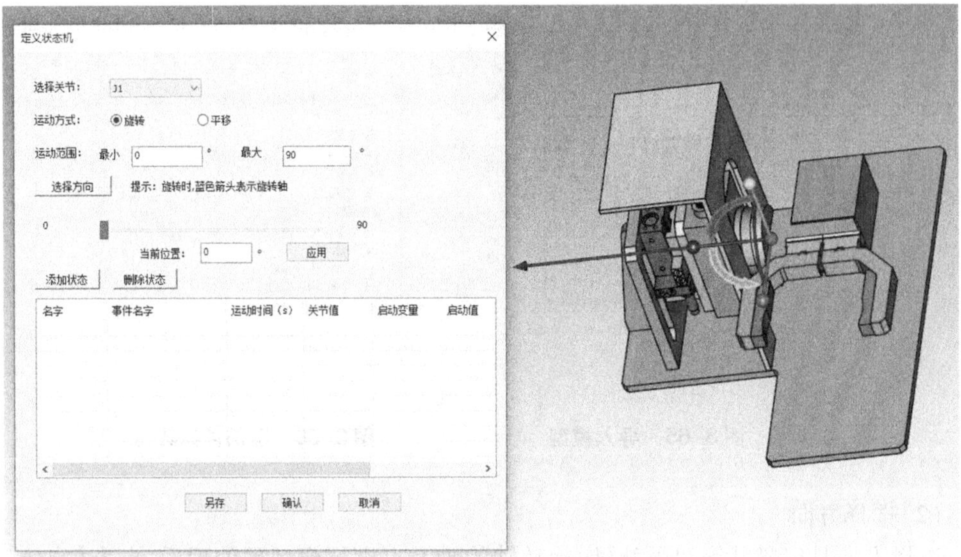

图 3-68　定义旋转方向

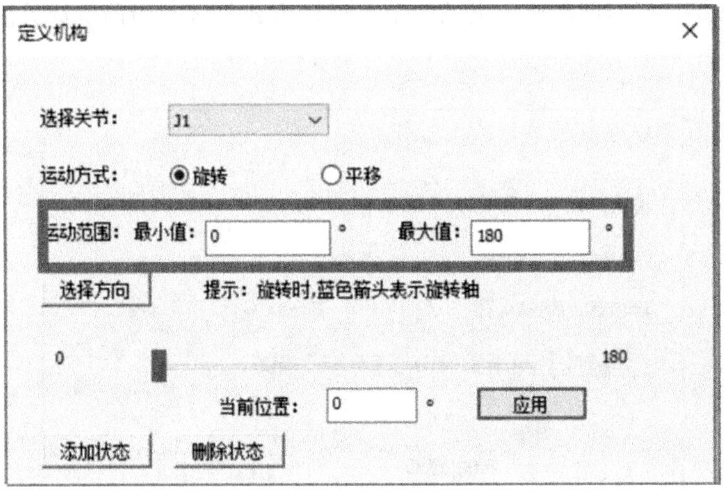

图 3-69　确定运动范围

②点击“应用”按钮,确认当前操作;

③点击“添加状态”,默认工具当前的状态为状态 1,选中后双击,填入事件名称“零位”;

④将页面中的蓝色滑动器拖到右侧最大值 180°,绘图区的状态机 1 轴即旋转了 180°。

点击“添加状态”,选中后双击,填入事件名称“180°位”,状态 2 的关节值为 3.14,如图 3-70 所示。

⑤将状态 1 和状态 2 运动时间设定为 2 s;运动时间是指从一个状态运动到另一个状态所用的时长,默认一个状态为 0。如果选择默认为 0,则实际场景中,调用这些状态时,状态机会做瞬移,没有中间运动轨迹,从而使仿真失真。

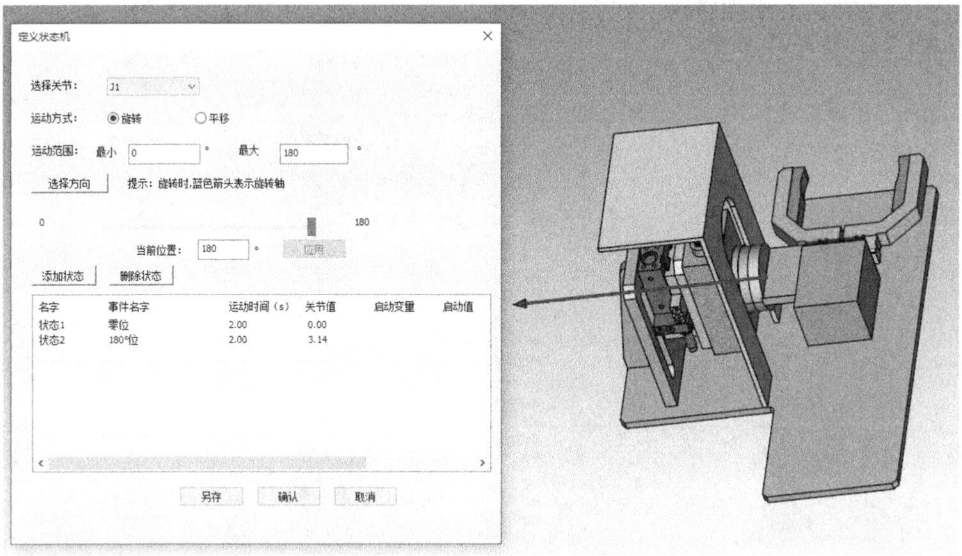

图 3-70　添加状态参数

添加完状态之后，点击定义界面的“另存”按钮，将定义好的状态机另存为.robm 格式的文件。

2. 状态机应用

通过与机器人进行信号交互，检测自定义状态机的正确性。步骤如下：

（1）导入机器人，可以使用【机器人库】中的机器人，也可以使用【自定义的机器人】，选择自行定义好的机器人，此处选择“ABB-IRB120”；从【工具库】调入机器人工具（数控加工工具-2200W）。

（2）从【自定义】中导入已定义好的状态机，如图 3-71 所示。

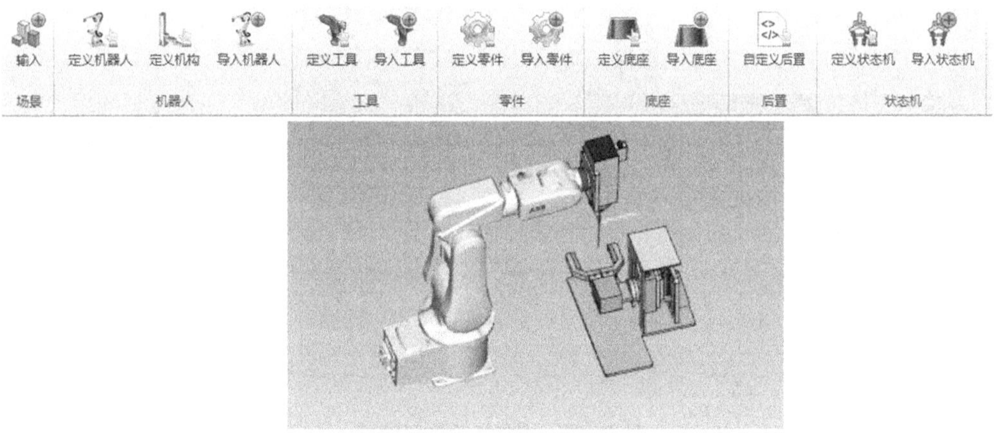

图 3-71　导入状态机

(3) 添加一个起始点。选中工具,单击鼠标右键,选择“插入 POS 点:Move - AbsJoint”,如图 3-72 所示。

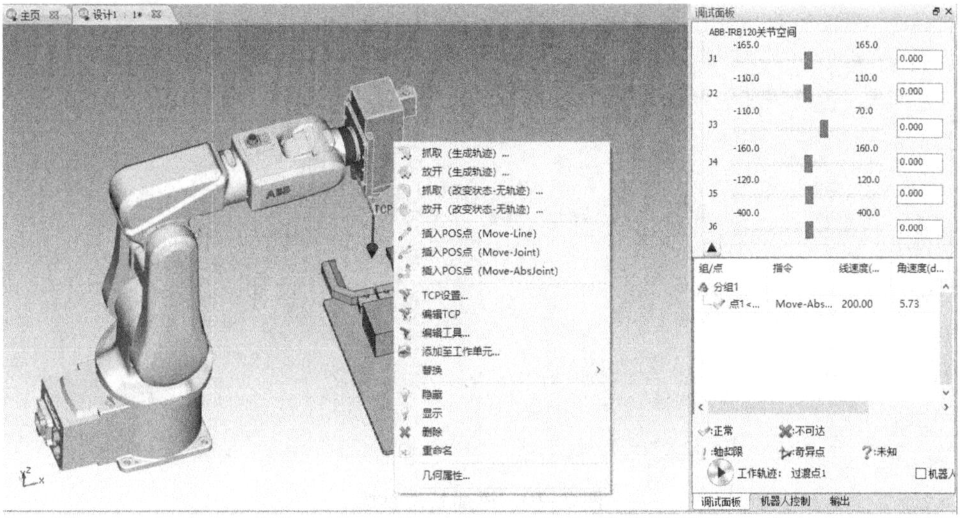

图 3-72　插入 POS 点

在【调试面板】中选中已添加点,单击鼠标右键,在菜单栏中选择添加【仿真事件】;添加完成之后,双击事件“零位”和事件“180°位”,状态机按照自定义的运动,如图 3-73 所示。

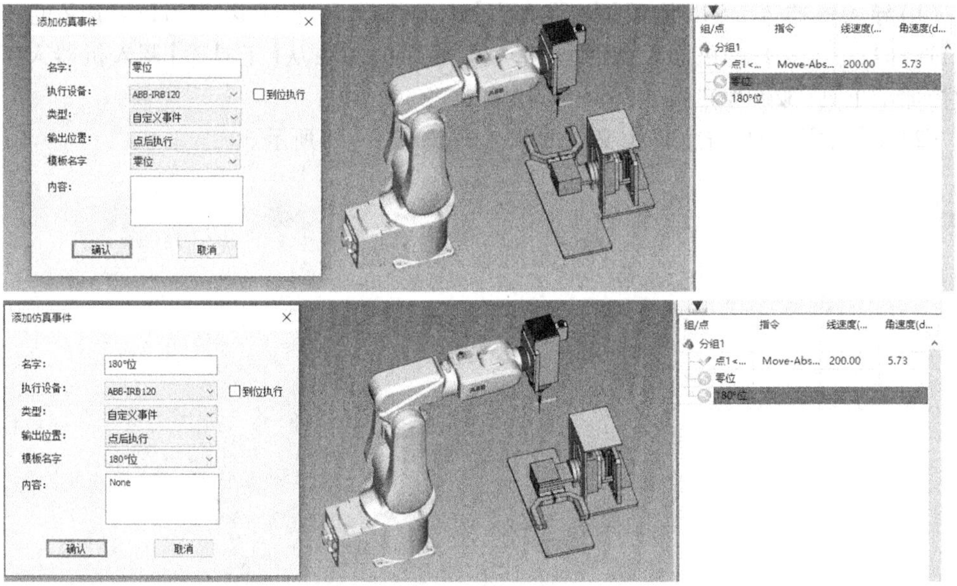

图 3-73　状态机动作示意图

任务 4　自定义工具

通过导入法兰工具的模型，自定义法兰工具、快换工具，并将其安装至机器人末端。

任务 4　自定义工具

1. 自定义法兰工具

该类工具一端需要安装到法兰盘上，需添加一个 FL 点；另一端加工工件，需添加至少一个 TCP 点。

（1）自定义法兰工具命令

在【设备库】→【场景元素】中进行选择定义，此处选择【机器人侧用工具】，随后点击【自定义工具】，出现如图 3-74 所示对话框，选择定义为“法兰工具”。

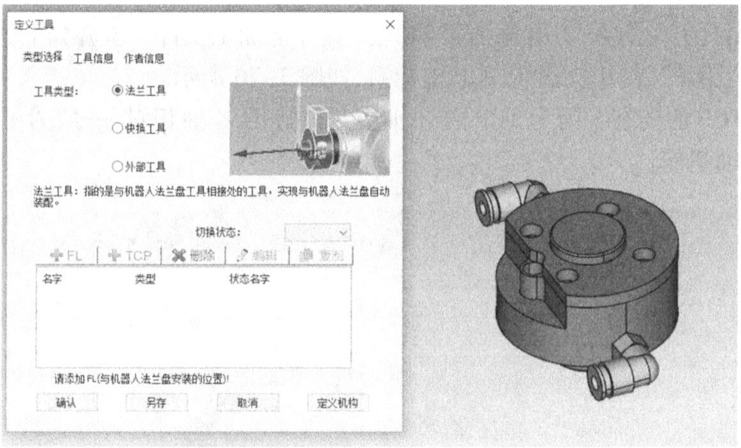

图 3-74　定义法兰工具

（2）参数设置

1）添加 FL

FL 是和机器人法兰盘相连接的点，所以需要把点 FL 调移至工具与机器人法兰盘连接处。步骤如下。

①点击“+FL”，图中会出现 FL 坐标系，如图 3-75 所示。

②修改 FL 坐标系时，可以使用“三维球”功能，这里的三维球只会改变 FL 点的位置，不与工件关联（即不用变成灰色）。“三维球”在彩色状态下，操作三维球时只有 FL 点会移动，工具不会动。

③在调整时，要注意 FL 点的姿态。调整时，要使得 FL 的 Z 轴与机器人法兰盘坐标的 Z 轴相对，X 轴相同，Y 轴相反。

④FANUC 机器人法兰盘坐标系是 Z 轴朝里的，其他机器人的法兰坐标是 Z 轴朝外的。

使用 FANUC 机器人时，所以要调整 FL 的 Z 轴朝外，X 轴和 Y 轴的方向根据实际要求而定。

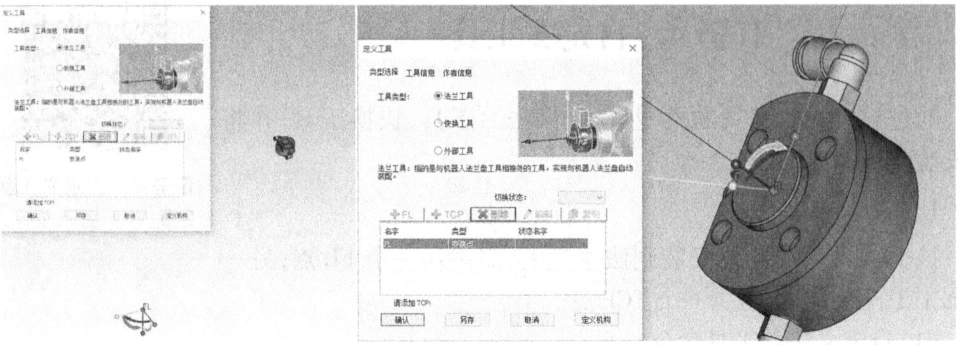

图 3-75　添加 FL

2）添加 TCP

TCP 是工具工作的点，只有添加了 TCP，工具才能加工工件。步骤如下：

①点击“+TCP”，图中会出现 TCP 坐标系，如图 3-76 所示。

②调整 TCP 的姿态。因为 TCP 的 Z 轴会与轨迹的 Z 轴相对，一般为了方便使用会让 TCP 的 Z 轴朝外。

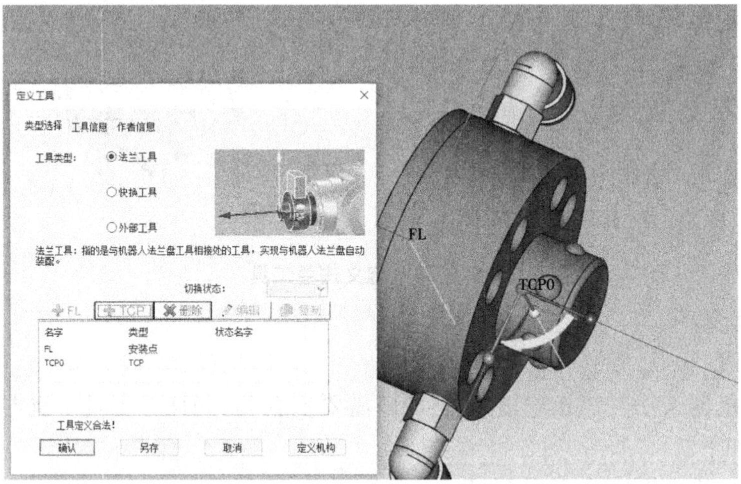

图 3-76　添加 TCP

3）保存

点击“另存”，按要求保存即可。

4）检测

通过自定义法兰工具能否准确安装在机器人末端来检测自定义法兰工具的正确性。步骤如下：

①导入机器人，可以使用【机器人库】中的机器人，也可以使用【自定义的机器人】，选择使用的机器人，此处选择“ABB-IRB120”。

②选择【自定义】中的【导入工具】，将自定义好的法兰工具导入；如果自定义法兰工具能够准确安装在机器人末端，说明 FL 定义正确，如图 3-77(a)所示。如果不能正确安装，则需重新定义法兰工具。

③选择【工具库】中导入一个【快换工具】，此处选择如图 3-77(b)所示的工具。选中导入的【快换工具】，选择【安装(改变状态-无轨迹)】，如果快换工具被自动安装在设定的法兰工具上，说明 TCP 定义正确，如图 3-77(c)所示。如果不能正确安装，则需要重新定义法兰工具。

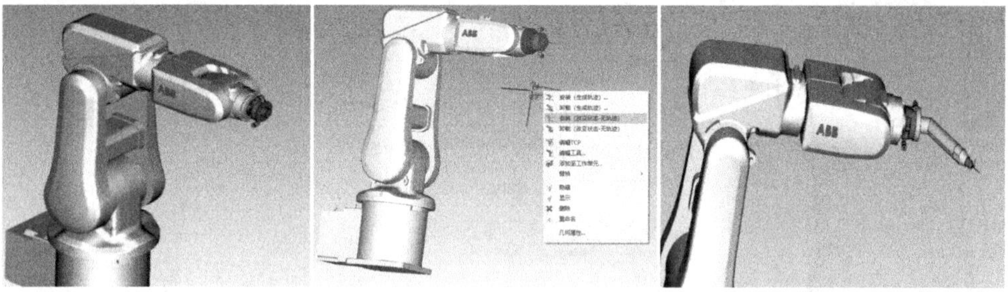

(a) (b) (c)

图 3-77 检测自定义法兰工具

2. 自定义快换工具

快换工具由机器人侧用和工具侧用两部分构成。自定义机器人侧用与自定义法兰工具一样。工具侧用的一端需安装到机器人侧用上，要添加一个 CP；另一端连接加工工件，需添加至少一个 TCP。

(1)导入模型

在【设备库】→【场景元素】中选择需要定义的快换工具，或者通过【输入】导入符合软件要求的三维模型文件，此处选择“打磨工具 B”。

(2)自定义

选择【自定义】→【自定义工具】，并选择“快换工具”，如图 3-78 所示。

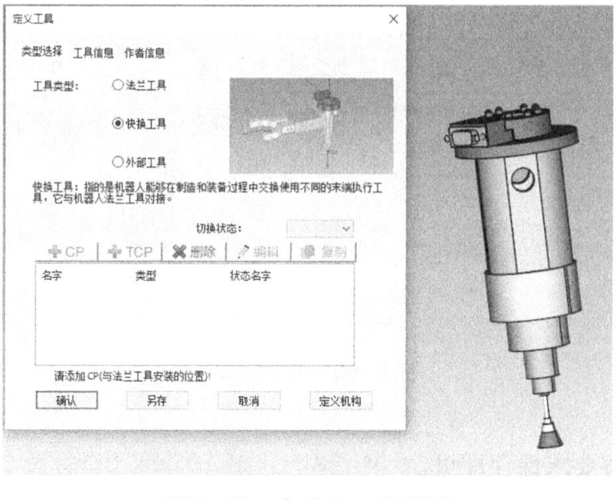

图 3-78 自定义工具界面

1)添加 CP

CP 是法兰工具与快换工具的相接点，只有添加了点 CP，工具侧用才能安装到机器人侧用上，位置为如图 3-79 所示高亮圆的中心点。

利用【三维球】将 CP 点移动到工具侧用的安装点上。在建立该工具的 CP 点时，要考虑机器人侧用的 TCP 坐标系。机器人侧用的坐标 Z 轴与工具侧用的相对。(装配时 Y 轴相反，X 轴相同)

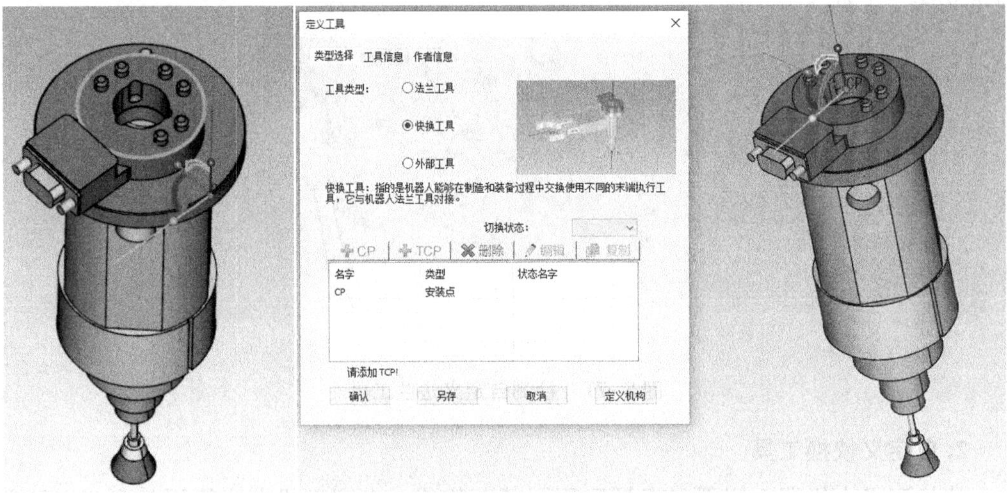

图 3-79　添加 CP

2)添加 TCP

TCP 是工具中心点即工具工作的点，只有添加了 TCP，工具才能明确此点是工作的点。工具上有多少个地方可以加工工件，就要添加多少个 TCP。本示例中的工具侧用上一个吸盘末端，所以需要添加一个 TCP。TCP 的 Z 轴方向为工具加工方向，会与轨迹的 Z 轴相对，一般为了方便使用会让 TCP 的 Z 轴朝外，如图 3-80 所示。

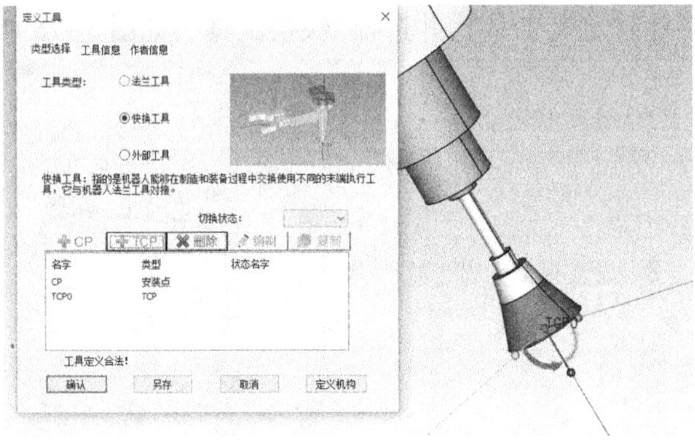

图 3-80　添加 TCP

3)保存

点击“另存”，按要求保存即可。

4）检测

通过自定义法兰工具能否准确安装在机器人末端来检测自定义法兰工具的正确性。步骤如下：

①导入机器人，可以使用【机器人库】中的机器人，也可以使用【自定义的机器人】，选择使用的机器人，此处选择 ABB-IRB1410。

②选择【工具库】→【快换工具】→【机器人侧用工具】，选择【机器人侧用工具】，如图 3-81 所示。

图 3-81 安装机器人侧用工具

③选择【自定义】中的【导入工具】，将自定义好的快换工具导入，如图 3-82(a)所示。

④选中导入的“快换工具”，选择【安装(改变状态-无轨迹)】，如果快换工具被自动安装在设定的法兰工具上，说明定义正确，如图 3-82(b)所示；如果不能正确安装，则需要重新定义快换工具。

3. 自定义外部工具

外部工具在机器人外部，无须安装到任何设备上，只需添加加工工件的 TCP 点即可。

(1)导入模型

在【设备库】→【场景元素】中选择需要定义的快换工具，或者通过【输入】导入符合软件要求的三维模型文件，此处选择“砂轮机”，如图 3-83 所示。

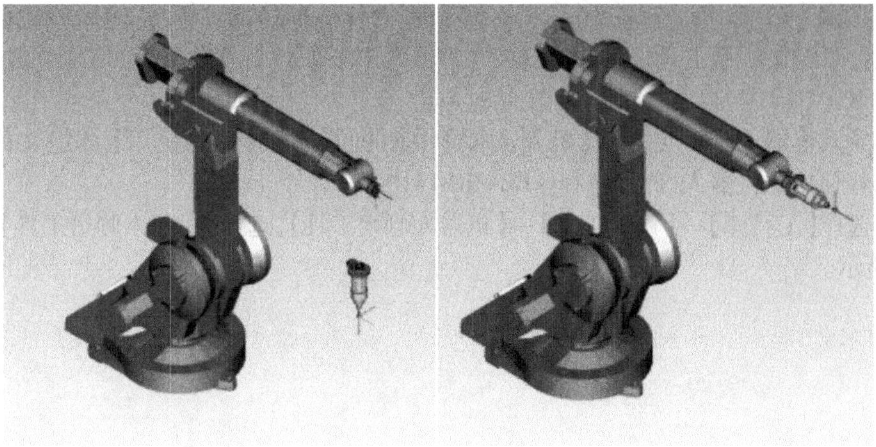

(a)　　　　　　　　(b)

图 3-82　安装自定义工具

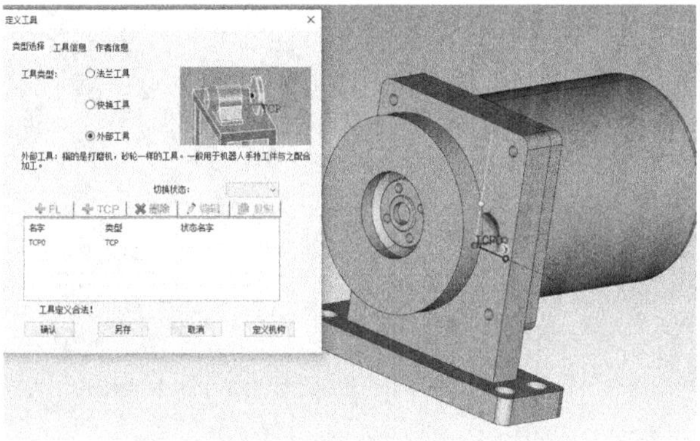

图 3-83　定义外部工具

(2)定义外部工具

选择【自定义】→【自定义工具】,并选择“快换工具”,如图 3-83 所示。TCP 是工具中心点,只有添加了 TCP,工具才能明确此点是工作的点。外部工具的 TCP 可以在工具上的任意位置,根据需要选定位置。此处选择定义在砂轮外边缘处。因为 TCP 的 Z 轴会与轨迹的 Z 轴相对,一般为了方便使用会让 TCP 的 Z 轴朝外。

(3)保存

选择【另存】,按要求保存即可。

任务 5　自定义零件

任务 5　自定义零件

如图 3-84 所示,机器人上安装有一个法兰工具和快换工具夹爪,实现夹爪抓取并放开“工”字形零件。

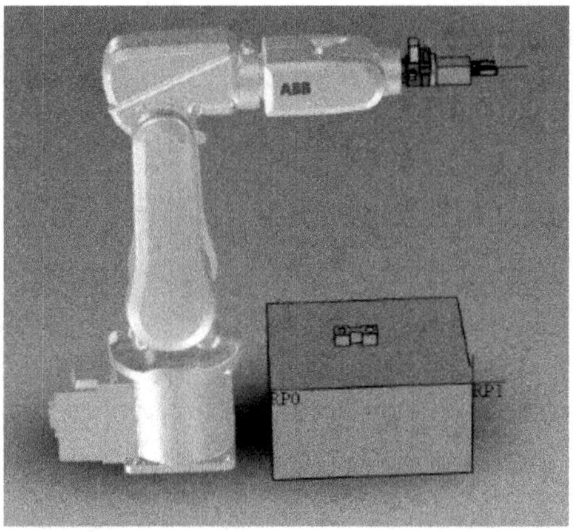

图 3-84 自定义零件任务示意图

1. 导入模型

在【机器人库】中下载并插入 ABB-IRB120 机器人，在【工具库】中选择“快换工具”的“机器人侧用快换接口”，下载并插入，其会自动安装在机器人法兰上，如图 3-85 所示。

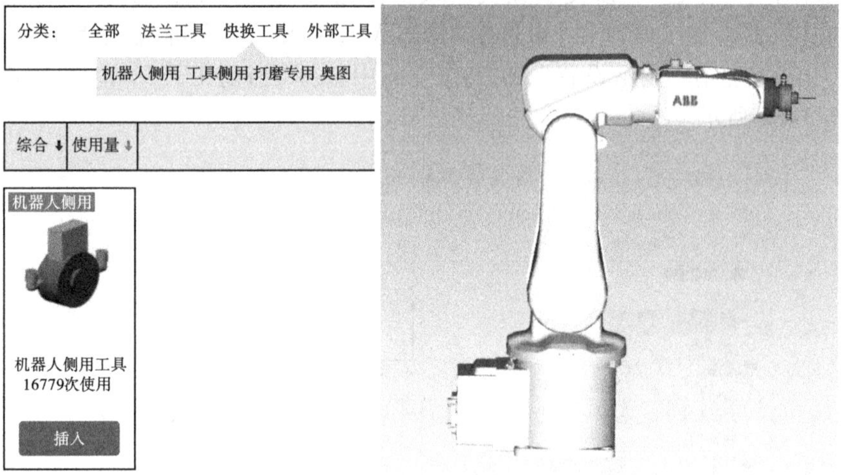

图 3-85 导入机器人和快换工具模型

在【工具库】中选择“快换工具”内的“夹爪 A”，下载并插入，其不会直接安装在快换接口上；需要选中该模型，单击鼠标右键，在菜单列表中选择“安装(改变状态-无轨迹)”，夹爪 A 就安装在了快换接口上，如图 3-86 所示。

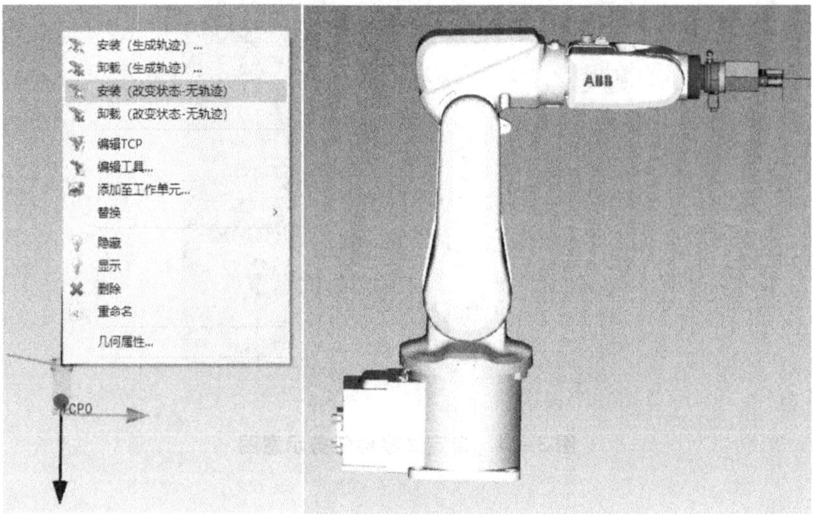

图 3-86　安装夹爪 A

选择【输入】，导入零件、工作台模型，并将其分别重命名为“零件”和“工作台”，如图 3-87 所示；调整工作台位置，使其在机器人工作范围之内。显示机器人工作空间的方法：选中在【机器人加工管理栏】中选中“机器人”，单击鼠标右键，在菜单栏中选择“属性”，在弹出框中选在“显示设置”，在工作空间中选择“当前工具”，单击“应用”→“确定”，如图 3-88 所示。

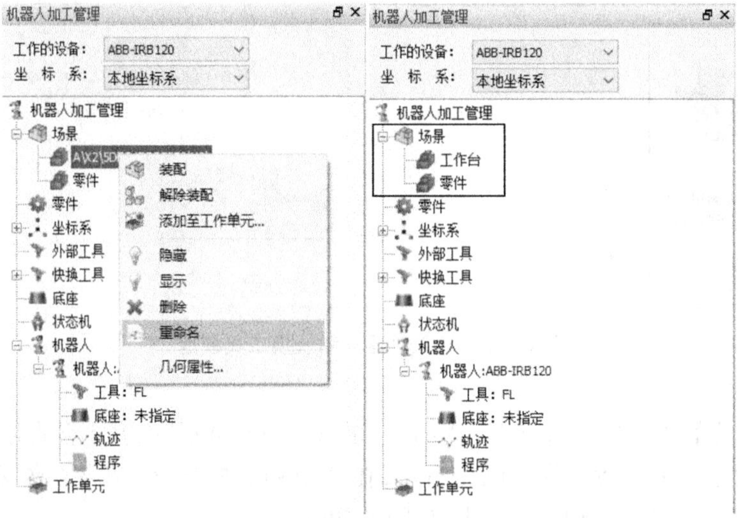

图 3-87　导入零件、工作台模型

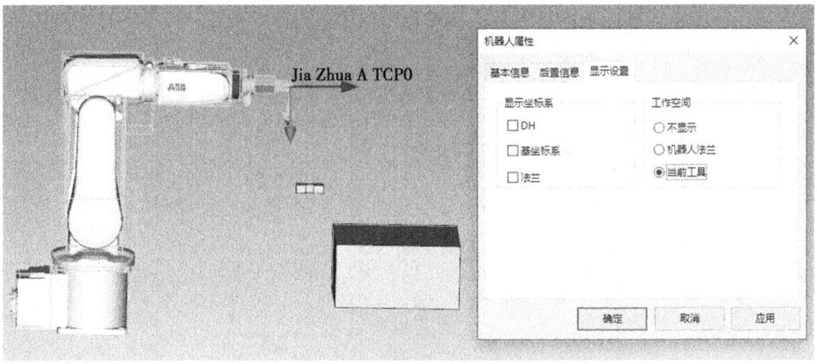

图 3-88　查看机器人工作空间

观察工作台在机器人工作空间内后，按照上面操作将工作空间显示取消。使用三维【三维球】功能将零件放置在工作台的左上角，如图 3-89 所示。

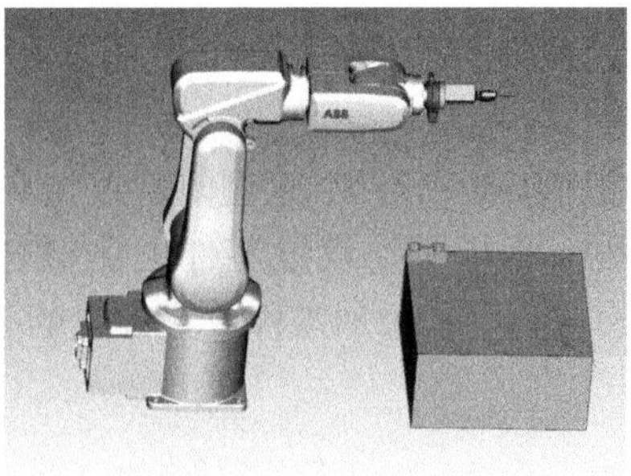

图 3-89　放置工件

2. 自定义零件

(1) 自定义零件

为了方便自定义工具，将工作台隐藏：在【机器人加工管理栏】→【场景元素】中选中【工作台】，单击鼠标右键，在菜单栏中选择"隐藏"，如图 3-90 所示。

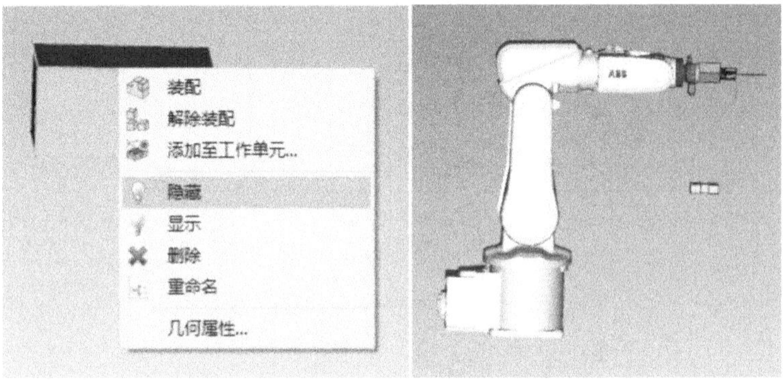

图 3-90　隐藏工作台

选择【自定义】→【定义零件】，在弹出窗口中选择"场景"，在名字下拉菜单中选择需要定义的零件"零件"，点击"确认"，如图 3-91 所示。

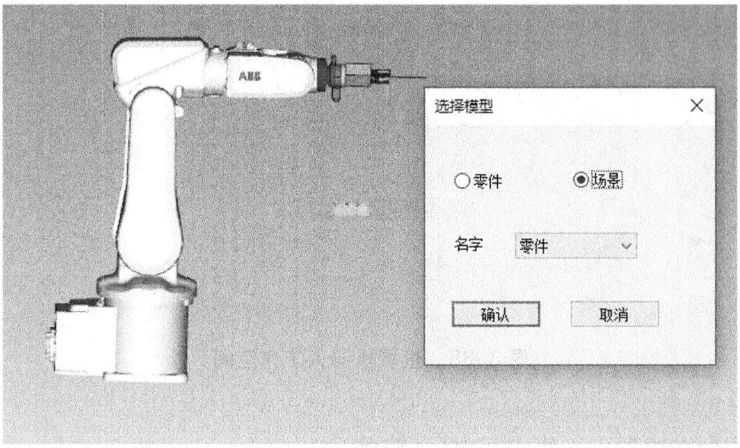

图 3-91　定义零件

在弹出框中选择“管理附着点”，在该框中有 CP、RP 等属性按钮，如图 3-92 所示，其中 +CP 是指手动设置零件上的被抓取点，+CP 是指自动设置零件上的被抓取点，+RP 是指手动添加零件放置位置的放置点，+RP 是指自动添加零件位置的放置点。

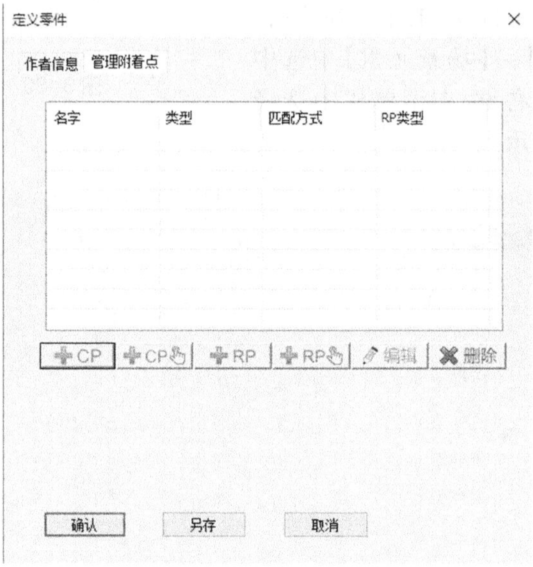

图 3-92　定义零件界面

添加 CP：选择 +CP，在弹出框中设定“选择抓取的工具”为“FL”，是指机器人末端执行器（夹爪 A）；“选择抓取的 TCP”为“JiaZhua_A_Tcp0”，是指使用机器人末端执行器的 TCP 去抓取零件；“选择要固定的姿态”为“XYZ 都不变”，点击“确认”。如果选择 +CP，则会弹出三维球，通过调整三维球的位置，完成抓取点设置，如图 3-93 所示。

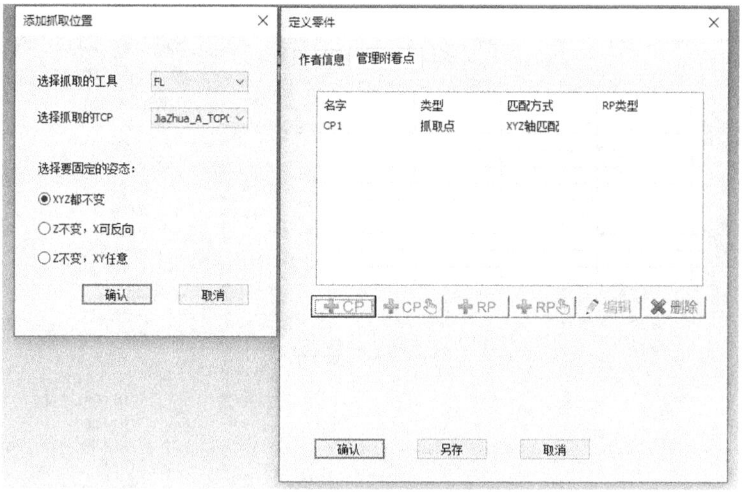

图 3-93 添加 CP

编辑 CP：选中 CP1，点击 编辑，通过【三维球】功能，将三维球移动至零件的中心。并调整三维球个坐标轴的方向，使得 *Z* 轴与 JiaZhua_A_Tcp0 的 *Z* 轴正向相对，*X* 轴正向相同，*Y* 轴正向相反，如图 3-94 所示。

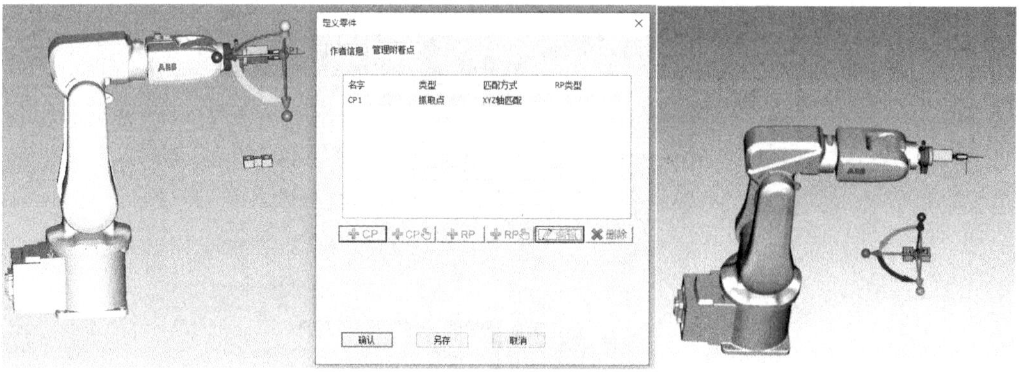

图 3-94 编辑抓取点

添加 RP：点击 RP，选中 RP0，单击 编辑，通过【三维球】功能，将三维球移动至零件底面的左下角，并调整三维球各坐标轴的方向与 CP1 相同，如图 3-95 所示。

单击“确认”，此时在机器人加工管理栏的【场景】中就没有了零件模型，而在【零件】中增加了零件，如图 3-96 所示。选中“零件”（刚定义的），单击鼠标右键，在弹出菜单列表中选择“另存为”，可将零件保存，方便下次使用。

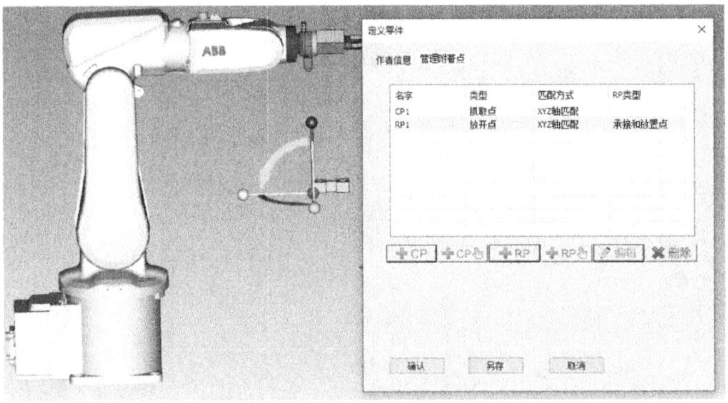

图 3-95 添加 RP

图 3-96 定义零件结果

(2)自定义工作台

为了方便设置,将“零件”隐藏,“工作台”显示。

选择【自定义】→【定义零件】,在弹出窗口中选择“场景”,在名字下拉菜单中选择需要定义的零件“工作台”,点击“确认”,如图 3-97 所示。

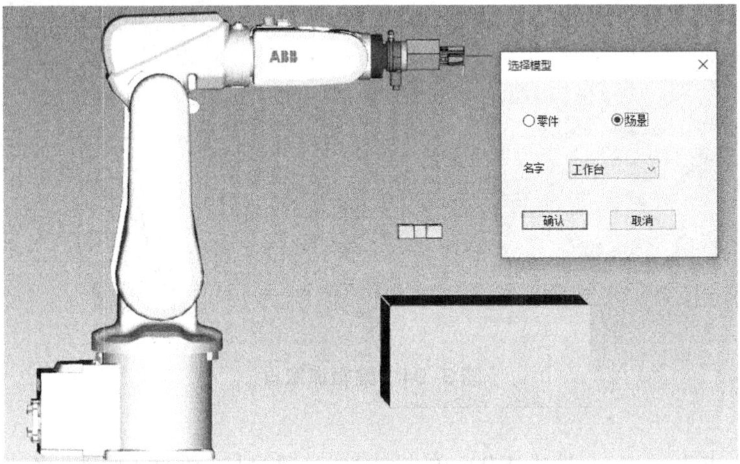

图 3-97 定义工作台

添加 RP:点击 RP,选中 RP0,单击 编辑,通过【三维球】功能,将三维球移动至零件底面的左下角,并调整三维球各坐标轴的方向,使得 Z 轴与 CP1 的 Z 轴正向相对,X 轴正向相同,Y 轴正向相反,如图 3-98 所示。

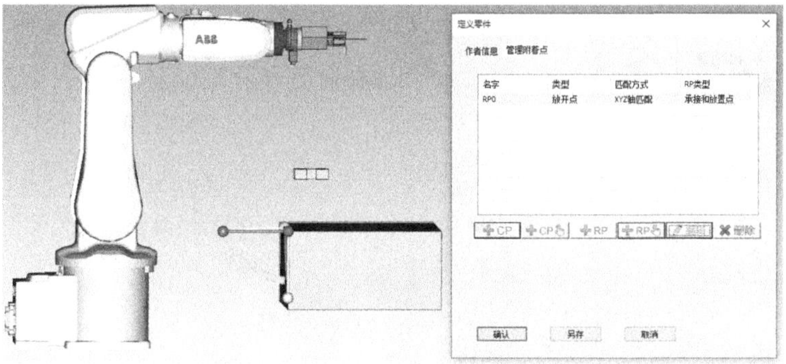

图 3-98 添加 RP

单击“确认”，此时在机器人加工管理栏的【场景】中就没有了工作台模型，而在【零件】中增加了工作台。选中“工作台”（刚定义的），单击鼠标右键，在弹出菜单列表中选择“另存为”，可将零件保存，方便下次使用。

3. 机器人动作

(1)机器人抓取零件

选中在【机器人加工管理栏】中的机器人 ABB-IRB120，单击鼠标右键，在菜单栏中选择“抓取(生成轨迹)”。在弹出框的未选择物体栏中选中“零件”，点击“增加”→“确定”，如图 3-99 所示。

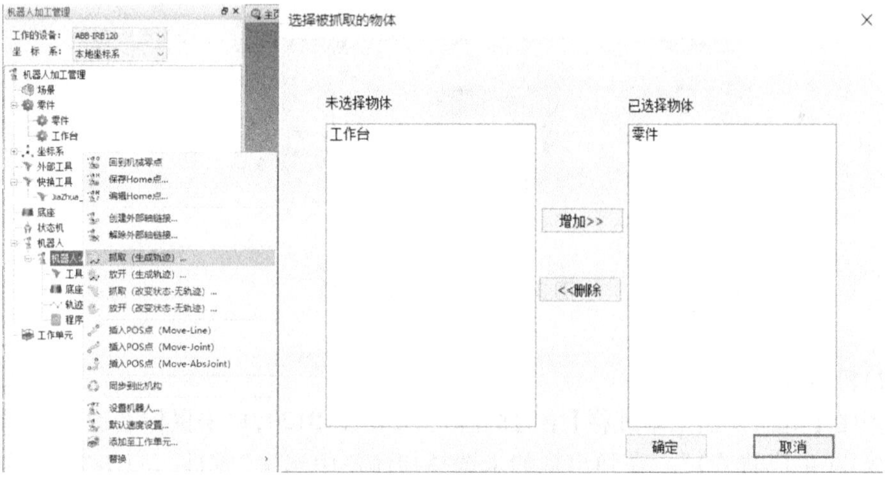

图 3-99 抓取零件

在“选择抓取位置”对话框中的“可选择的位置”中选中“CP1”，点击“增加”→“确定”，如图 3-100 所示。

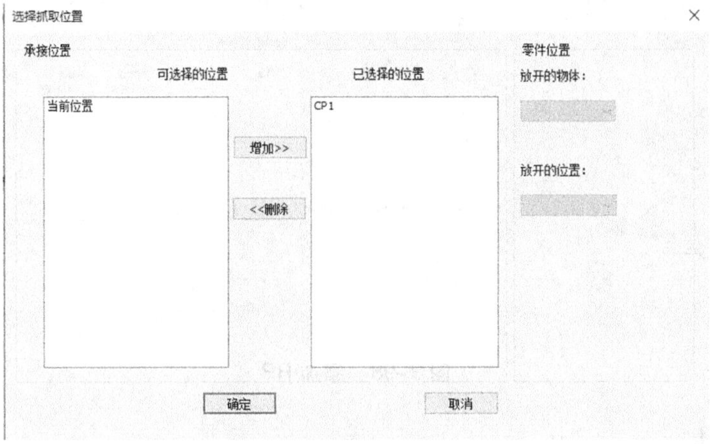

图 3-100　选择抓取位置

在弹出“偏移”对话框中，设置“入刀偏移量”和“出刀偏移量”均为“50”，点击“确定”，如图 3-101 所示。

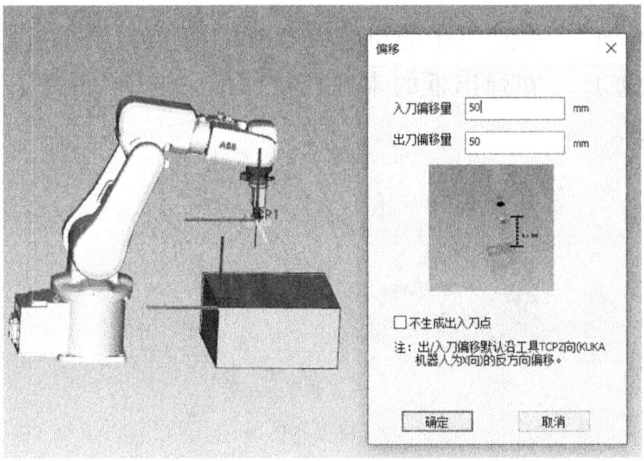

图 3-101　设置出入刀量

(2)机器人放置零件

选中在【机器人加工管理栏】中的机器人 ABB-IRB120，单击鼠标右键，在菜单栏中选择“放开(生成轨迹)”。在弹出框的未选择物体栏中选中“零件”，点击“增加”→“确定”，如图 3-102 所示。

在“选择放开位置”对话框中的“可选择的位置”中选中“RP0”，点击“增加”→“确定”，如图 3-103 所示。

在弹出“偏移”对话框中，设置“入刀偏移量”和“出刀偏移量”均为“50”，点击“确定”。

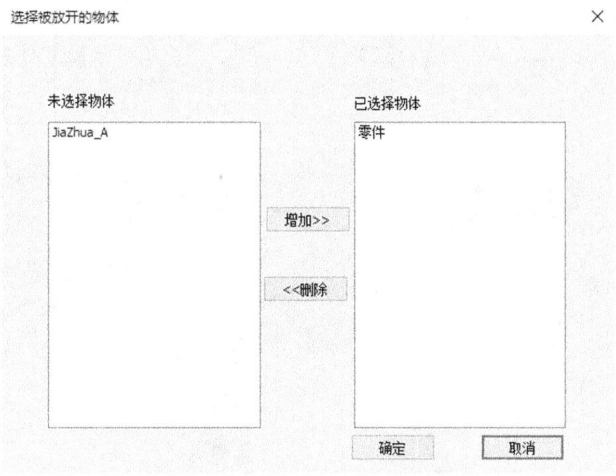

图 3-102　放开零件

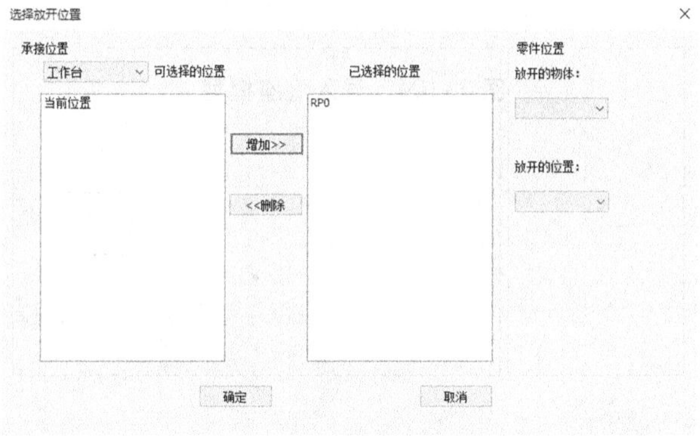

图 3-103　选择放开位置

任务 6　自定义底座

通过自定义底座，使机器人能够正确装配到底座上。

1. 模型导入

通过【机器人编程】→【场景搭建】→【输入】，导入底座模型，如图 3-104 所示。

2. 编辑

定义底座需要添加一个安装点，通过安装点实现与机器人自动装配。定义底座时自动生成了安装点，只需要编辑调整位置即可。

【自定义】中选择【定义底座】，在弹出对话框中选择【编辑】，通过【三维球】功能将安装点设置在底座安装机器人的位置，如图 3-105 所示。

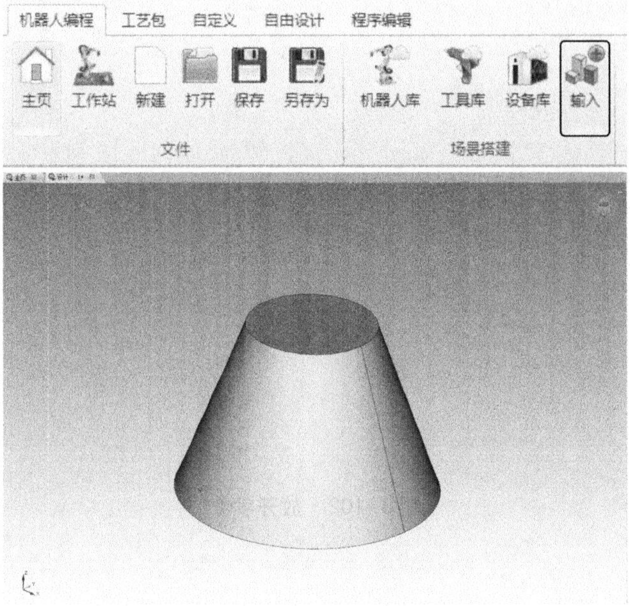

图 3-104　导入底座模型

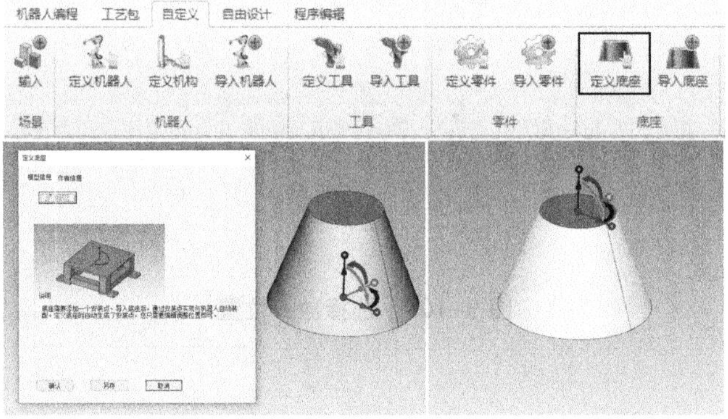

图 3-105　添加安装点

编辑完成后,点击定义界面的“另存”按钮,将定义好的状态机另存为.robs 格式的文件。

3. 检测

通过【自定义】→【导入底座】,导入已定义底座,在左侧列表【底座】中出现导入的底座,如图 3-106 所示。

通过【机器人库】,选择机器人模型,此处选择 ABB-IRB120。在【机器人加工管理栏】中选择已定义底座,单击鼠标右键,在菜单栏中选择“安装”,机器人就安装在底座上,如图 3-107 所示。在机器人安装底座角度下拉菜单中选择不同的角度值,调整机器人安装方向。

如果机器人能够正确安装在已定义底座上,说明底座定义正确,否则需要重新定义底座。

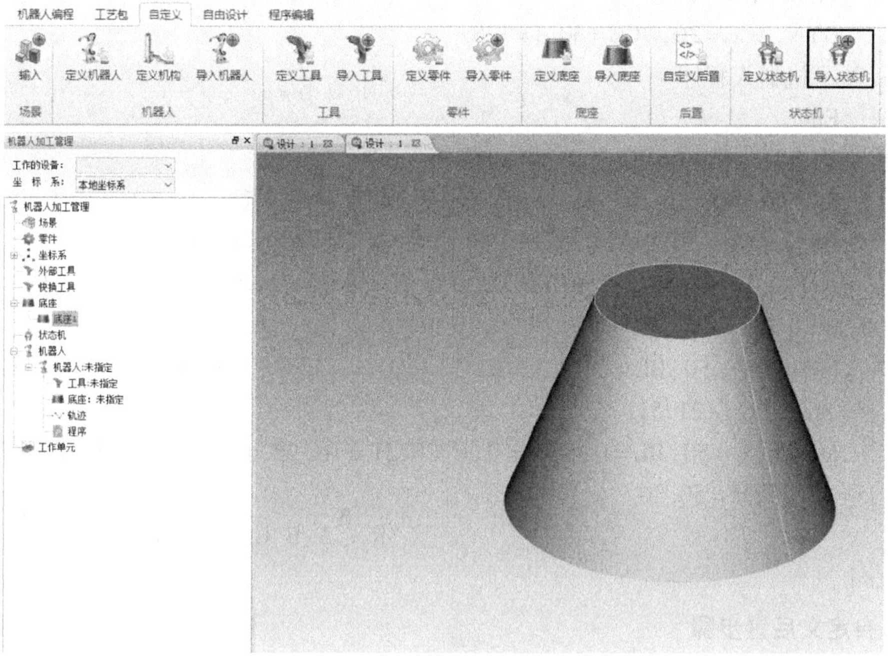

图 3–106　导入定义底座

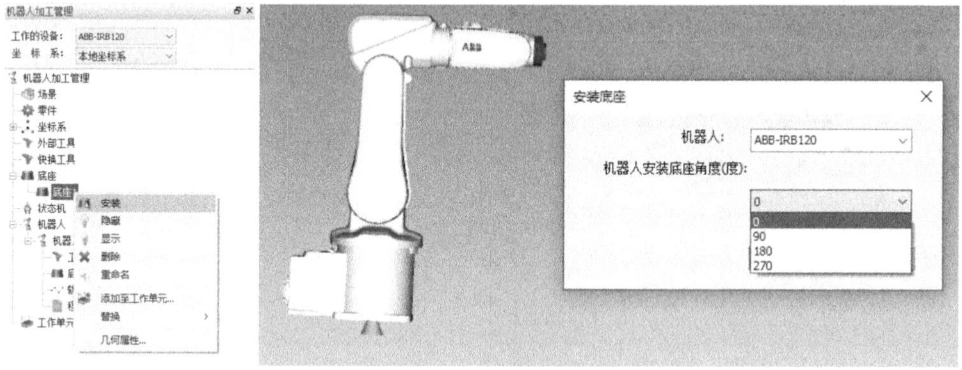

图 3–107　安装底座

任务 7　自定义后置

通过理解固高工业机器人运动指令的格式，利用自定义后置功能完成离线程序指令设定。

1. 后置文件格式

固高机器人的后置文件有固定的格式，下面是其文件头和文件尾的固定格式。

```
,SPEED,SP=20
,DYN,ACC=30,DCC=30,J=128
(＊机器人程序＊)
,End
```

例:机器人从 A 点经过渡点 B 到 C 点。

```
,SPEED,SP=20                    //声明全局速度
,DYN,ACC=30,DCC=30,J=128        //定义加速度和减速度
,MOVL,V=50,BL=0,VBL=0,C=0,J1=0.00,J2=0.00,J3=0.00,J4=0.00,J5=0.00,J6=0.00
,MOVL,V=50,BL=0,VBL=0,C=0,J1=-3.09,J2=13.55,J3=14.47,J4=42.01,J5=86.5,J6=-21.51
,MOVL,V=50,BL=0,VBL=0,C=0,J1=10.26,J2=50.32,J3=25.63,J4=60.45,J5=48.25,J6=50.36
                                //定义 A、B、C 三个位置点
,End
```

2. 自定义后置步骤

(1)【新建】→【自定义】→【自定义后置】,自定义后置界面如图 3-108 所示。

(2)确定文件结构:先后将各个元素按照顺序拖入结构图中即可。

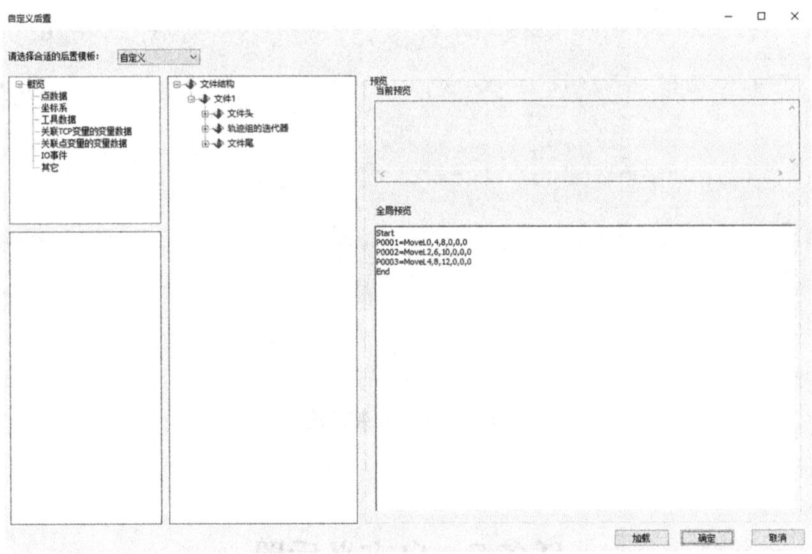

图 3-108　自定义后置界面

(3)在【后置模板】中选择固高,用拖拽的形式进行后置的定义。

(4)将代码保存的指定位置,文件格式为.ropost。保存后,可以利用加载导入格式为.ropost 的后置文件,实现再次编辑。

3.5 考核评价

任务考评				
评分项	分值	考核内容	评分标准	得分
基础知识	10 分	1. 机器人运动学； 2. 机器人位姿描述； 3. D-H 建模方法； 4. 自定义功能	参照基础知识部分，每条 5 分	
任务实施	70 分	1. 自定义四轴机器人，如图 3-109 所示； 2. 自定义状态机，如图 3-110 所示，使其能够实现行程 1 ~ 10 mm 装夹； 3. 自定义零件，如图 3-111 所示，完成将零件从 A 工作台移动至 B 工作台的任务； 4. 自定义底座	参考任务实施过程和结果，酌情打分	
任务汇报	10 分	任务分析、过程实施和结果呈现	参考汇报过程和结果，酌情打分	
其他	10 分	撰写任务实施过程和结果分析	参考评分标准，根据提交任务报告打分	
合计				

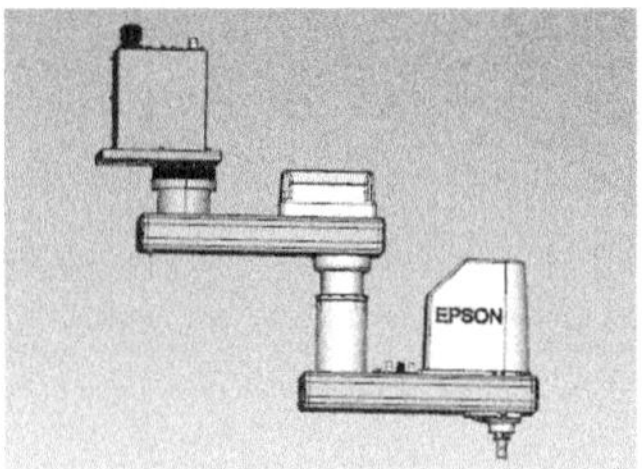

图 3-109 四轴机器人示意图

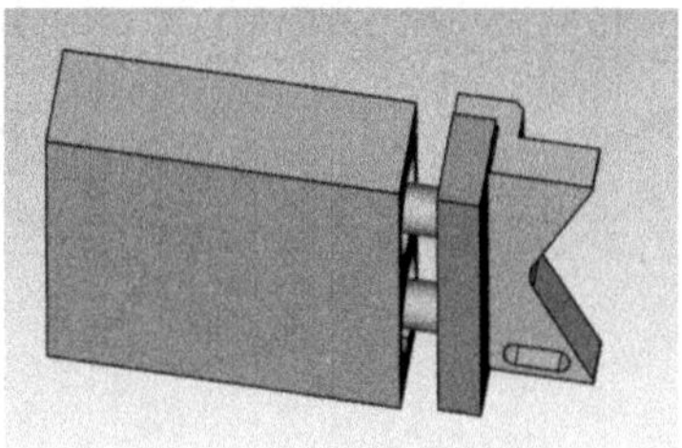
图 3-110 机构示意图

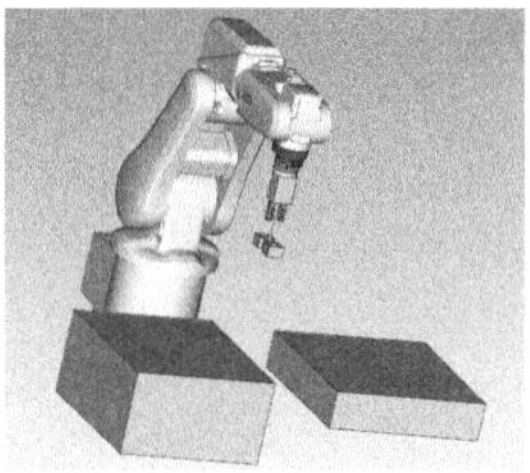
图 3-111 自定义零件示意图

项目四 机器人离线编程与仿真初级项目

4.1 项目描述

本项目的主要内容：

1. 通过 PQArt 软件的离线轨迹编程，使系统对待加工工件需要加工的轨迹产生一条完整的路径，机器人通过路径可对待加工工件进行加工。

2. 利用 PQArt 软件搭建如图 4-1 所示的工业机器人焊接实训工作站，并完成“梦”“国”两个字的离线轨迹编程。

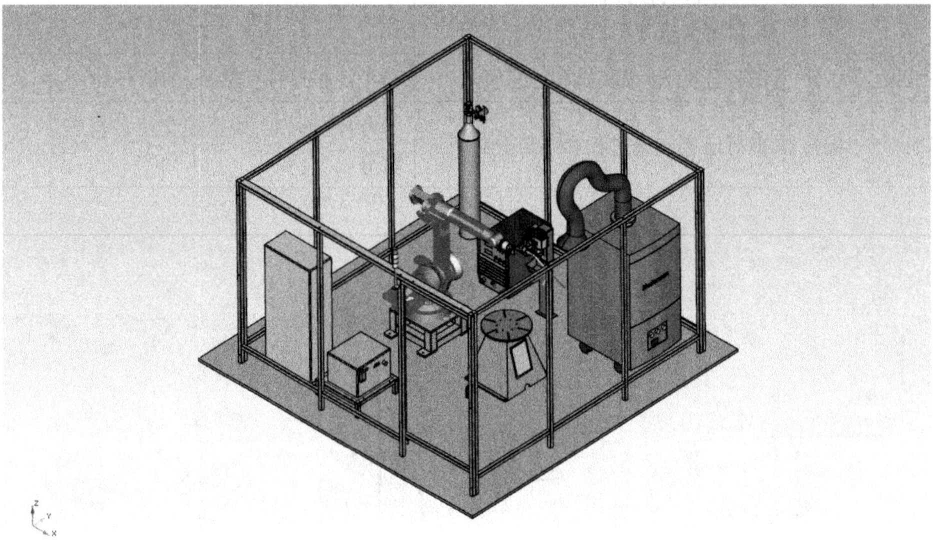

图 4-1　工业机器人焊接实训工作站

3. 通过 PQArt 软件中画图功能完成机器人运行轨迹，并使用【后置】功能生成机器人运动的离线程序，将离线程序导入机器人控制柜中实现机器人真机运行，完成机器人离线编程。

4.2　学习目的

1. 了解机器人离线编程的应用行业;
2. 掌握 PQArt 离线轨迹编程的关键知识点,并学会利用离线编程对模型进行加工;
3. 熟练掌握机器人工作站搭建的方法、仿真运行、录制视频等;
4. 掌握 PQArt 软件【后置】功能;
5. 掌握离线程序转到真机运行的方法;
6. 引导学生建立事事都应该先有规划的理念,做好人生职业规划,早日成才。

4.3　基础知识

PQArt 生成工艺的流程包括四个步骤:场景搭建、轨迹设计、仿真和后置,如图 4-2 所示。

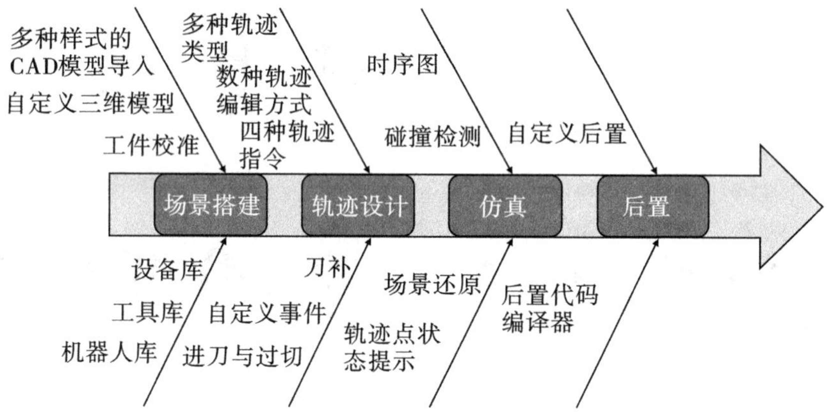

图 4-2　流程图

4.3.1　场景搭建

完成一个完整的加工工艺需要机器人、工具、零件和工作台。在正式规划机器人运动路径之前需要先进行场景搭建。

4.3.1.1　导入模型

【机器人库】和【工具库】分别用来导入机器人和工具;【设备库】用来导入零件、底座和状态机等,如图 4-3 所示。

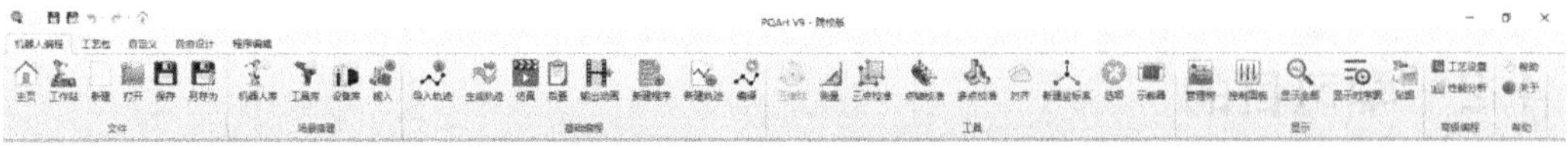

图 4-3　机器人编程栏

【机器人库】、【工具库】和【设备库】均为云端在线资源，如图 4-4 所示，包含了市场上主流品牌的机器人、工具和设备。【机器人库】用于导入官方提供的机器人。该界面采用网页模式，可以按照机器人品牌、型号等条件进行筛选。可以通过单击机器人图片，查看机器人的轴数、负载、工作区域等具体参数，同时也可以查看推荐的相似参数的机器人型号。【工具库】用于导入官方提供的工具。导入之前，必须先导入机器人，否则会弹出警告。也支持筛选、搜索和排序。【设备库】用于导入官方提供的零件、底座和状态机等。其中，零件包括场景零件和加工零件。场景零件用来搭建工作环境，加工零件是机器人加工的对象。支持筛选、搜索和排序。

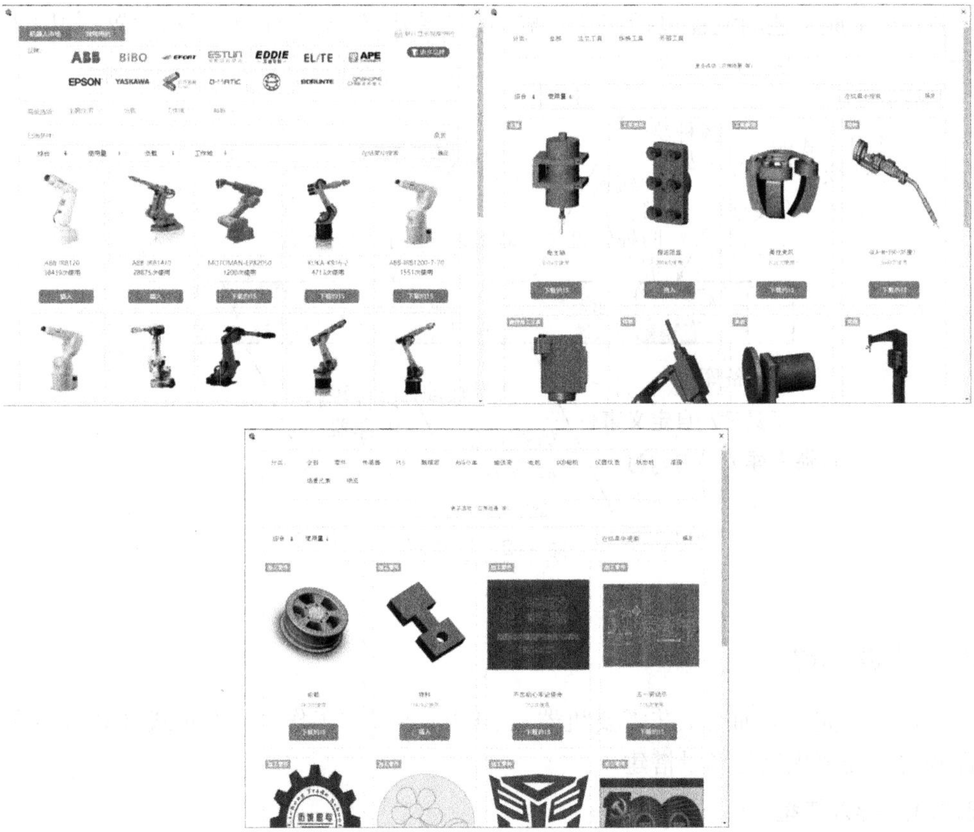

图 4-4　云端在线资源

【输入】功能支持多种格式的文件导入软件环境中。通过【输入】导入的模型需要使用自定义功能定义后才能在 PQArt 中使用，具体方法可参照项目二。

4.3.1.2　场景搭建

通过上述方式导入所需要的模型后，根据项目设计或实际案例中各个模型的位置，通过三维球功能将其放置在合适的位置，完成场景搭建。

4.3.2　轨迹设计

轨迹是符合一定条件的动点所形成的图形。在 PQArt 中，轨迹指的是机器人的运动路径，由若干个点组成，这些点被称为轨迹点。轨迹的运行会根据点的顺序来执行操作，从点 1、点 2 开始，一直运行到最后一个点。

轨迹的位置和姿态决定了机器人运动的路径、方向、状态等。轨迹设计完成后，通过仿真、后置等功能实现真机运行。

完成轨迹设计的基本流程:【生成轨迹】→【编辑轨迹】→【仿真轨迹】→【后置】。

4.3.2.1　生成轨迹

功能按钮位于【机器人编程】下的【基础编程】中，如图 4-5 所示。

图 4-5　基础编程功能

选择【生成轨迹】后，可在绘图区左侧看到属性面板，如图 4-6 所示。

一般来说，生成轨迹的步骤如下：

①打开轨迹属性面板；

②选择轨迹类型；

③拾取零件上的元素(线/边/面)；

④选择搜索的终止条件；

⑤对轨迹进行基本的设置；

⑥点击完成按钮，从而完成轨迹的生成步骤；

其中，步骤④和⑤是否执行视情况而定。

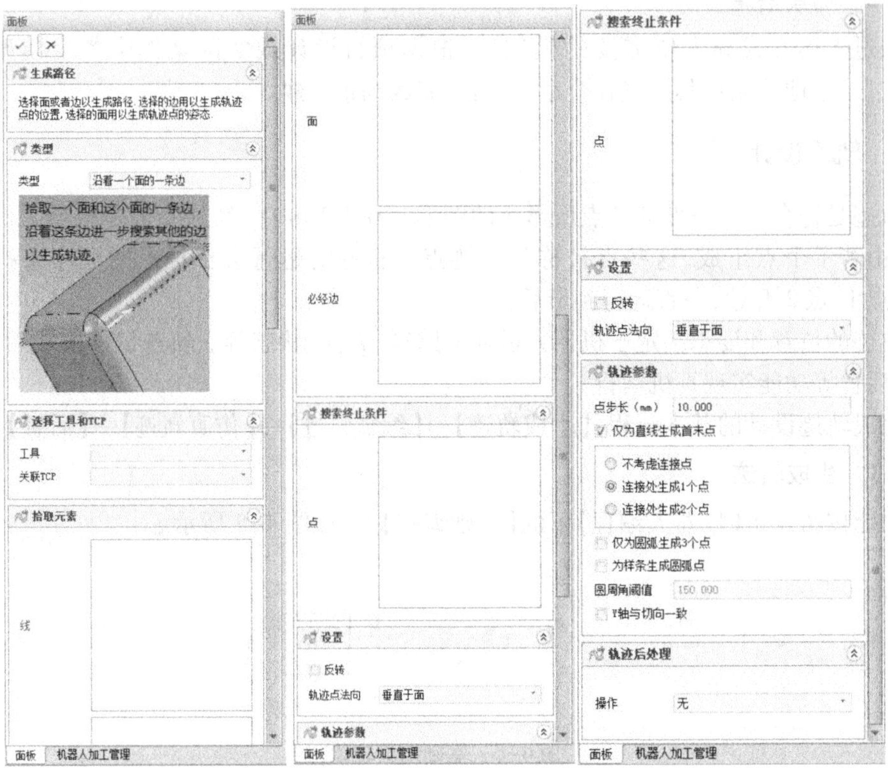

图 4-6　生成轨迹界面

(1)轨迹

轨迹类型有六种,包括沿着一个面的一条边、面的外环、一个面的一个环、边、曲线特征、点云打孔,它们分别根据边、线、面等来生成轨迹,应根据具体情况选择轨迹生成类型,如图 4-7 所示。

沿着一个面的一条边:通过一条边,加上其轨迹方向(箭头),再加上轨迹 Z 轴指向的平面来确定轨迹。即拾取一条边和这条边相邻的面,沿着这条边进一步搜索其他的边来生成轨迹。

面的外环:该类型选择面作为轨迹的法向,生成三维模型某个面的边的轨迹路径。当所需要生成的轨迹为简单单个平面的外环时,可以通过这种类型来确定轨迹。

一个面的一个环:这个类型与一个面的外环类型相似,但是多了一个功能,即可以选择简单平面的内环。

边:是一条单独的边,同时支持拾取多条边。它通过选择单条线段,加上一个轨迹 Z 轴指向的面作为轨迹法向,实现轨迹设计。拾取元素线可以不在面上,即面与边不必相邻,可灵活地拾取元素面,不受零件模型的限制。

曲线特征:由曲线加面生成轨迹,轨迹 Z 轴指向的面作为轨迹法向。

打孔:应用于在零件上打孔时。它针对的是打孔工艺,规划轨迹时需要拾取孔位点。

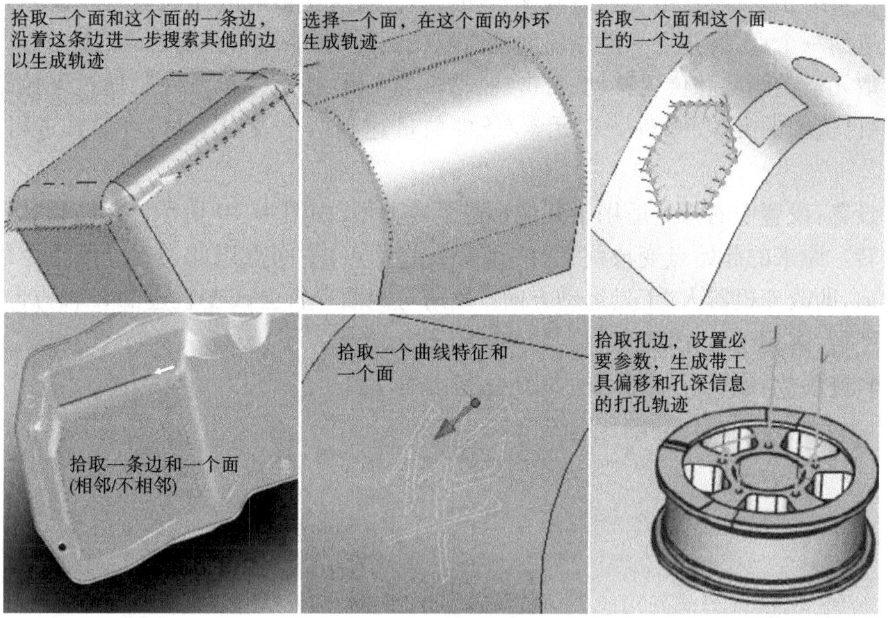
拾取一个面和这个面的一条边，
沿着这条边进一步搜索其他的边
以生成轨迹
选择一个面，在这个面的外环
生成轨迹
拾取一个面和这个面
上的一个边
拾取一条边和一个面
(相邻/不相邻)
拾取一个曲线特征和
一个面
拾取孔边，设置必
要参数，生成带工
具偏移和孔深信息
的打孔轨迹

图 4-7　轨迹类型

参数设置步骤如下：

①选择工具和 TCP：选择轨迹关联的工具和 TCP，如图 4-8 所示。

选择工具和TCP
工具
关联TCP

图 4-8　选择工具和 TCP

②拾取元素，如图 4-9 所示。

拾取线：点击零件上的一条边（该边在想要加工的面上），黄色箭头代表轨迹方向，单击黄色箭头可改变箭头方向，使其反转。

拾取面：选择和所选边相邻的一个面。

拾取必经边：确定唯一的一条轨迹路径。当想要生成的轨迹方向上有许多路径时，需要指定一个轨迹的必经边。这样一来，轨迹路径就确定了。

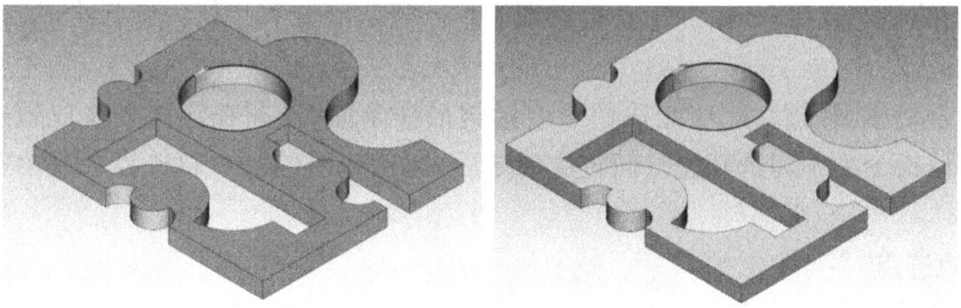

图 4-9　拾取功能

③搜索终止条件:若希望轨迹在某一处结束,则需要拾取终止点以终止搜索。拾取终止轨迹的一个点,终止点只能在前面已拾取的面上,不能在所选面之外的地方。

拾取元素的删除和位置移动:右击“拾取元素”和“搜索终止条件”,通过下拉菜单删除/清除已选中的元素/条件。在元素/条件数量达到两个及以上时,可对其进行上移/下移。

④设置:设置中的指令适用于其他轨迹生成类型,如图 4-10 所示。反转是指轨迹的序号反转。原来的起始点变成终点,终点变成起始点,中间点以此类推。该指令可改变轨迹方向,即改变机器人/工具运动方向。Z 向与侧面平行会改变轨迹的 Z 轴方向,使其与侧面平行,多用于激光切割。

⑤轨迹参数:参数设置对话框如图 4-11 所示。

图 4-10　设置功能

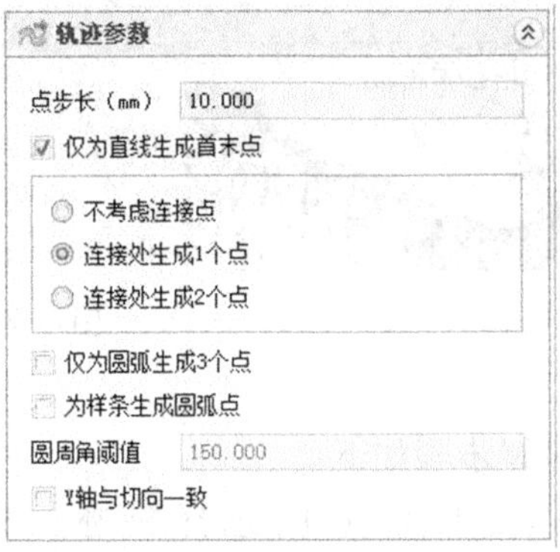

图 4-11　轨迹参数

点步长指的是两个轨迹点之间的直线距离。修改点步长会改变轨迹点的密集程度,可根据实际需要来修改点步长。点步长可自由定义,单位为 mm。

仅为直线生成首末点:此功能适用于直线上的轨迹,即轨迹上只会生成起始点和终点两个点,一般应用于粗加工时。若要精细加工工件,如打磨,则需要取消该指令的勾选。默认下该指令为勾选状态。

仅为圆弧生成三个点:此功能适用于圆弧,即圆弧上的轨迹只有三个点。一般来说,圆弧上的轨迹点更多时,加工会更精细一些。默认情况下,“仅为圆弧生成三个点”为不勾选状态。

为样条生成圆弧点:此功能适用于连接两根样条曲线,即在连接处生成轨迹点。默认情况下该指令为不勾选状态。轨迹生成之后,所选轨迹的每个轨迹点会显示在调试面板上。

(2)轨迹点

轨迹点是机器人运动路径的基本单元,若干个轨迹点组成了轨迹。点击【机器人加工管理】面板中的单条轨迹后,该条轨迹的所有轨迹点都会显示在调试面板上。一般情况下,主要通过调试面板来编辑轨迹点。

轨迹点的位姿是指位置和姿态。位置是以某个坐标系为参照,该点在坐标系中的坐标,一般用 X、Y、Z 表示。姿态是指 X、Y、Z 三个轴的朝向,一般用 A、B、C 表示。

PQArt 软件中五种不同颜色的轨迹点,这五种不同颜色表示的含义如表 4-1 所示。

表 4-1 轨迹点颜色含义表

序号	符号	颜色	含义
1		绿色	轨迹点完全正常
2		红色	表示轴超限,机器人某个关节超过了它的运动范围
3		黄色	表示不可达点,机器人距离零件太远,此时需要调整机器人与零件之间的距离
4		紫色	表示奇异点
5		灰色	轨迹点的当前状态未知

机器人有诸多的运动方式,如直线运动、关节角运动等。轨迹(点)作为机器人的运动路径,自然也有不同的运动指令类型,主要有 MoveL、MoveJ、MoveAbsj 和 MoveC 这 4 种,如表 4-2 所示。

表 4-2 运动指令类型

序号	运动指令	功能
1	MoveL (Move-Line)	机器人以线性移动方式运动至目标点,当前点与目标点成为一条直线,机器人运动状态可控,运动路径保持唯一
2	MoveJ (Move-Joint)	机器人以最快捷的方式运动至目标点,机器人运动状态不完全可控,但运动路径保持唯一,常用于机器人在空间大范围移动
3	MoveAbsj (Move-Absjoint)	绝对运动指令,机器人按照角度指令来移动。机器人运动状态完全不可控
4	MoveC (Move-Circle)	圆弧运动指令,机器人通过中间点以圆弧移动方式运动至目标点,当前点、中间点与目标点三点决定一段圆弧,机器人运动状态可控,运动路径保持唯一

在 PQArt 中,可对轨迹点执行的操作包括调整位姿、复制、移动、编辑、删除、插入 POS 点、分割、添加与删除仿真事件等。具体可在“调试面板”上选中待操作轨迹点,单击右键,在弹出菜单中选择,如图 4-12 所示。

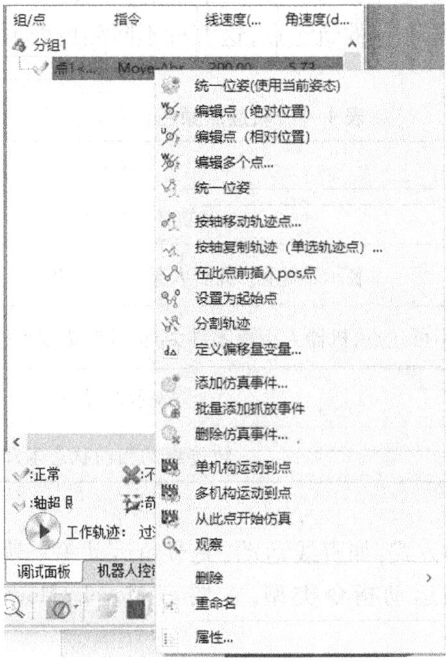

图 4-12　轨迹点操作

4.3.2.2　编辑轨迹

编辑轨迹的目的是优化机器人运动的路径和姿态，最终实现工艺效果。轨迹生成后可能因为机器人的位置和关节运动范围等条件限制，出现不可达、轴超限、奇异点等问题，这时就需要编辑轨迹。

PQArt 软件中常用的轨迹编辑方式有轨迹优化、轨迹旋转、轨迹平移、轨迹反向、Z 轴固定、X 轴反向、复制轨迹和生成出入刀点，如图 4-13 所示。

轨迹优化可以对所选轨迹的整体调整，界面如图 4-14 所示。一方面解决轨迹中轴超限、奇异点等问题，另一方面可优化轨迹点的姿态。软件中默认地固定了此条轨迹所有点的 Z 轴，优化时是绕 Z 轴旋转一定的角度，角度的大小根据实际情况而定。

轨迹优化界面提供了轨迹点个数、点的序号以及点绕 Z 轴旋转的角度。蓝线表示所有轨迹点的集合，鼠标在蓝色的水平线上移动时，轨迹点的序号也在改变。上下移动时，改变的是点的姿态，即绕 Z 轴旋转角度。“开始计算”是指计算出轨迹中轴超限、不可达的点和奇异点，并以不同颜色的点显示在界面中。一次轨迹优化后，轨迹点姿态数据信息已保存，在此基础上可再次点击“开始计算”进行第二次优化。“取消计算”用来终止计算，一般适用于轨迹点较多的轨迹。“确认调整”确认并保存当前对轨迹点姿态的调整。“关闭窗口”关闭优化窗口，直接关闭不会保存所做的任何调整。

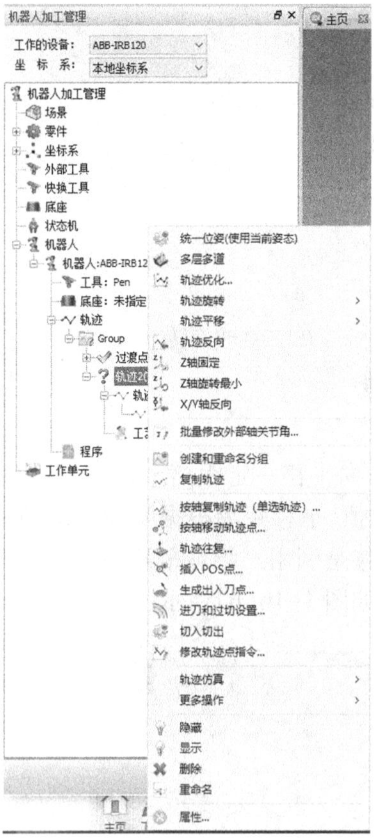

图 4-13 编辑轨迹

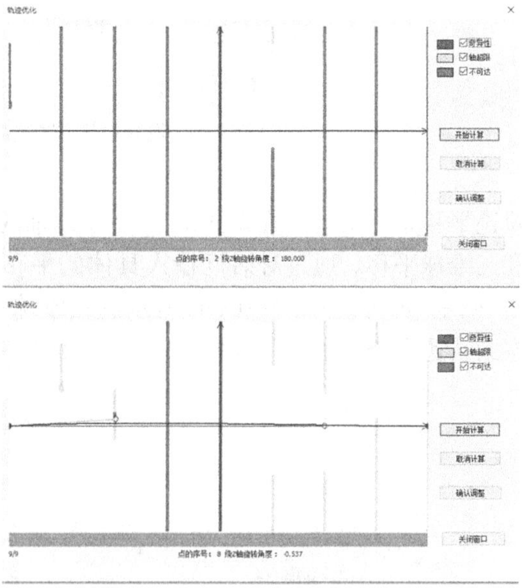

图 4-14 轨迹优化界面

优化方法和步骤如下：

①打开“轨迹优化”，点击“开始计算”，界面出现红色区域，表示机器人在这些区域出现了不可达问题。（也可能出现黄色、紫色，分别表示机器人在这些区域内出现轴超限、奇异点问题）

②通过调整蓝色线条上点的位置调整轨迹点的姿态。通过鼠标右键可增加或减少点的个数。

③调整完成后，点击“开始计算”，确认无误后，点击“确认调整”；轨迹优化后，所有的轨迹点都将变为绿色。

轨迹旋转是让轨迹上的所有点旋转指定的角度，用于调整轴超限的点，或者用于改变轨迹姿态以满足其他要求，可选择性决定让轨迹绕 X、Y、Z 三个坐标轴的方向旋转。轨迹旋转有标准旋转和三维球旋转，标准旋转通过对话框输入具体的旋转角度，旋转角度根据实际情况填写，然后点击“确定”即可，如图 4-15(a)所示。三维球旋转是利用三维球旋转整条轨迹，可实现观察到轨迹点姿态和对其调整的效果，更加直观，如图 4-15(b)所示。

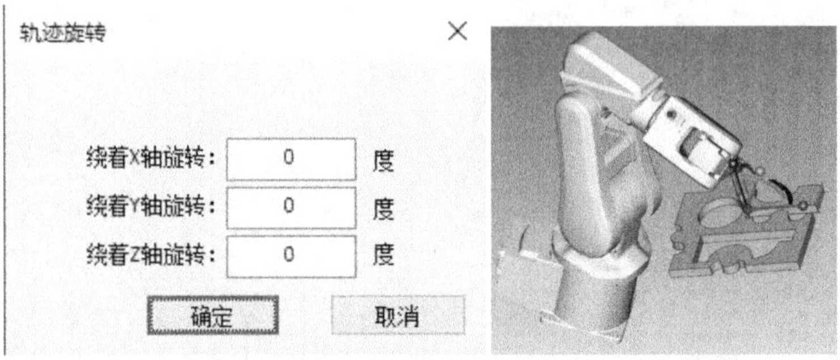

(a)标准旋转　　(b)三维球旋转

图 4-15　轨迹旋转

轨迹平移是将轨迹沿着 *X*、*Y*、*Z* 三个坐标轴的方向平移一定距离。轨迹平移有标准平移和三维球平移。通过对话框输入具体的平移数值，平移距离根据实际情况填写，然后点击“确定”即可，如图 4-16(a)所示。三维球平移是利用三维球平移整条轨迹，可实时观察到轨迹点姿态和对其调整的效果，更加直观，如图 4-16(b)所示。

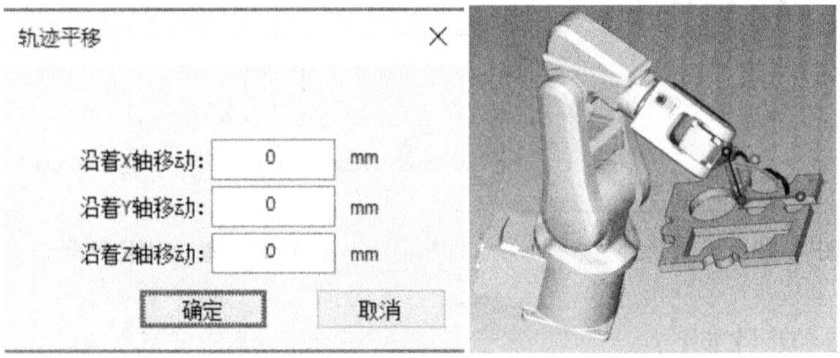

(a)标准平移　　(b)三维球平移

图 4-16　轨迹平移

轨迹反向是指轨迹的起始点和终点互换，使机器人运动路径反向。

Z 轴固定是指轨迹中所有点的三个坐标轴与第一个点的相应的三个坐标轴平行。*Z* 轴固定可使工具转动幅度变小，从而不容易发生碰撞，同时适用于调整轴超限的轨迹点。

X/*Y* 轴反向是以 *Z* 轴为中心，*X* 轴旋转 180°，*Y* 轴旋转 180°。

复制轨迹是对选中的单条/多条轨迹进行复制，用于执行相同/相近的轨迹操作，可避免二次生成相同轨迹的烦琐。复制的轨迹与原轨迹在位置和姿态上完全一致。

生成出入刀点是在轨迹的起始点和终点分别生成一个点作为工具的入刀点和出刀点，符合实际工艺需求，可使机器人尽量避免发生碰撞，如图 4-17 所示。出入刀偏移量：工具出刀点和入刀点分别距离第一个轨迹点和最后一个轨迹点的距离，单位是 mm。

插入 POS 点，会在工具 TCP 位置插入一个点。指令包括 Move-Line(线性运动)和 Move-Joint(关节运动)两种。还可以选择 POS 点的位置是在轨迹首还是在轨迹尾，如图

4-18 所示。轨迹首是指只在轨迹第一个点前生成入刀点，轨迹尾是指只在轨迹最后一个点后生成出刀点。

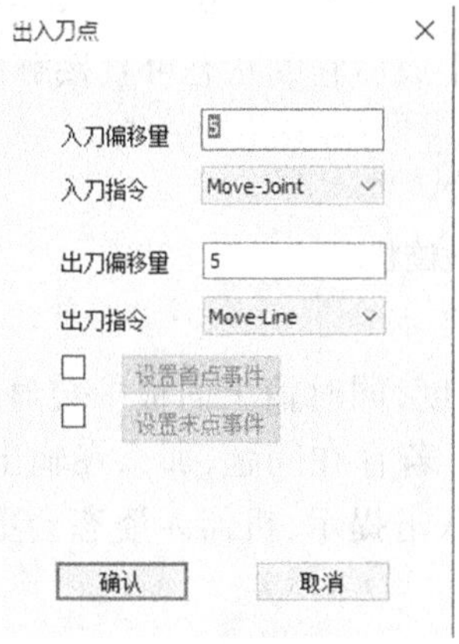

图 4-17　生成出入刀点

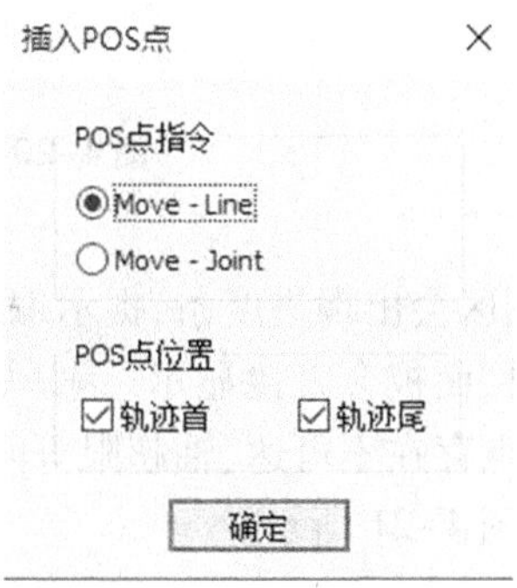

图 4-18　插图 POS 点

统一位姿是轨迹编辑方式之一，会使得所有轨迹点的姿态与被编辑点的姿态相同。所有轨迹点的姿态与被编辑点的姿态相同，可以用来调整轴超限的点，优化轨迹姿态，减小了工具工作时扭动的幅度，尽量避免机器人和工具发生碰撞。一般在平面上使用这个功能的情况比较多。如果在曲面上使用，其他轨迹点的姿态与所选择的轨迹点姿态一致，会导致加工方向（*Z* 轴）不垂直于加工面。

4.3.2.3　仿真轨迹

PQArt 可实现对单条/多条轨迹的仿真，在虚拟环境中模拟真实环境机器人的运动路径和状态，从而尽量减少工作上的误差，力求工艺的完美。

4.3.2.4　后置

轨迹设计好并进行仿真后，通过后置，将轨迹信息输出为机器人可执行的代码语言，导入到示教器中，完成真机运行。

4.3.3　仿真

4.3.3.1　编译

编译功能用来解析轨迹点状态。功能按钮位于【机器人编程】下的【基础编程】中，如图 4-19 所示。

图 4-19　编译功能

生成轨迹后，除了 Move-AbsJoint 点、抓取轨迹和放开轨迹外，其他轨迹点外均为灰色 ?（未知状态）。只有【编译】、【仿真】、【单机构/多机构运动到点】三个指令可解析轨迹点状态，轨迹点由灰色更改为其他颜色，如图 4-20 所示。因为 Move-AbsJoint 点是一个确定的点，确定了机器人的关节角度值，所以生成后它的状态可直接解析出来。

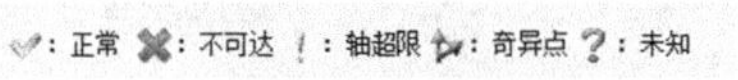

图 4-20　生成轨迹状态

编译时绘图区会出现进度条，提示编译的进度，同时输出面板中会显示出编译情况。各条轨迹正常时，面板会直接显示“编译完成”。若存在问题，那么在输出面板中会有提示，即某个轨迹点存在不可达、轴超限等问题。双击提示，机器人姿态会更改到事件被执行时的状态，如图 4-21 所示。

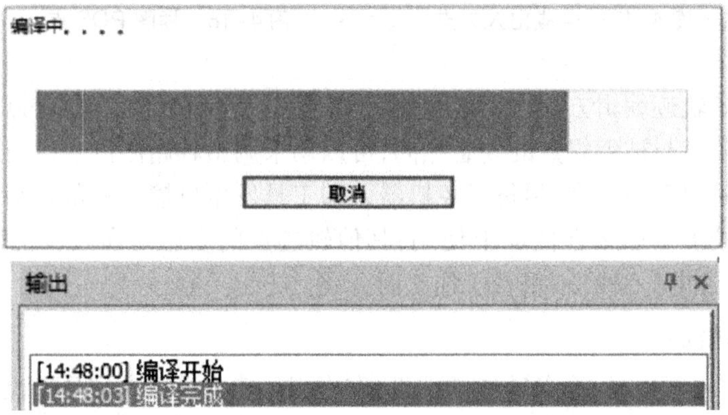

图 4-21　编译过程

4.3.3.2　仿真

仿真即形象逼真地模拟机器人在真实环境中的运动路径和状态，查看机器人是否以正确的姿态工作。功能按钮位于【机器人编程】下的【基础编程】中，如图 4-22 所示。

碰撞检测：对装配体各零部件、各相对运动部分进行实际仿真，并在发生碰撞时发出警示声，碰撞部分以暗红色高亮显示，可以检查机构在运动状态系下是否存在碰撞。

场景还原：结束仿真后，机器人会回到（第一条轨迹的）起始点位置。

仿真轨迹情况：所有相关运动机构均通过动态的时间轴依次罗列、形象直观地显示出来，方便用户查看机器人、工件等轨迹的运行时间和进度。轨迹仿真还可以在机器人加工管理面板中选中待仿真轨迹后，单击鼠标右键，在下拉菜单中选择“轨迹仿真”，如图 4-23 所示。“仿真此轨迹”是对当前选中的单条轨迹进行仿真（只仿真这一条轨迹）。“从此轨迹开始仿真”是指对当前选中的单条轨迹及其以后的轨迹进行仿真。“多机构运动到首点”是指当该轨迹点对应的机器人、机构运行到该点的时间段内，场景中其余的所有机器人、机构会做同步运动。“单机构运动到点”是指该轨迹点对应的机器人、机构单独运行到该点，其他机器人、机构静止不动。

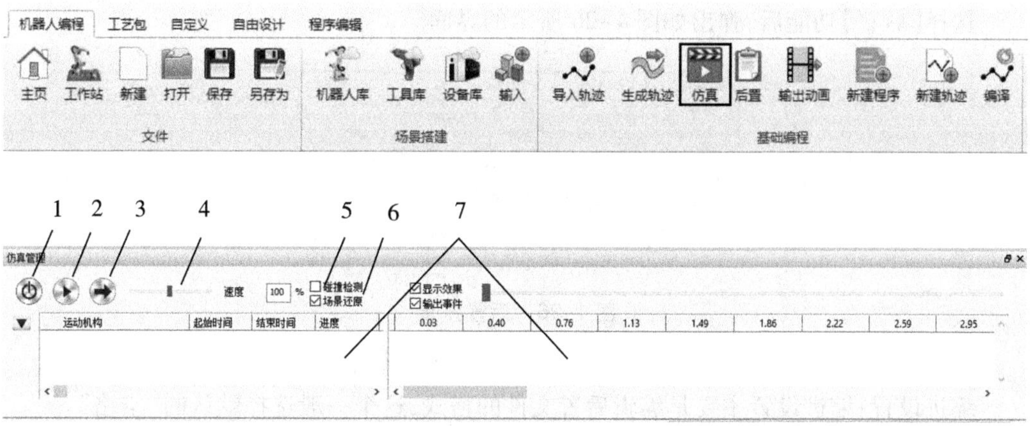

1-关闭;2-开始/暂停仿真;3-循环仿真;4-仿真速度控制;5-碰撞检测;6-场景还原;7-仿真轨迹情况。

图 4-22　仿真及其界面

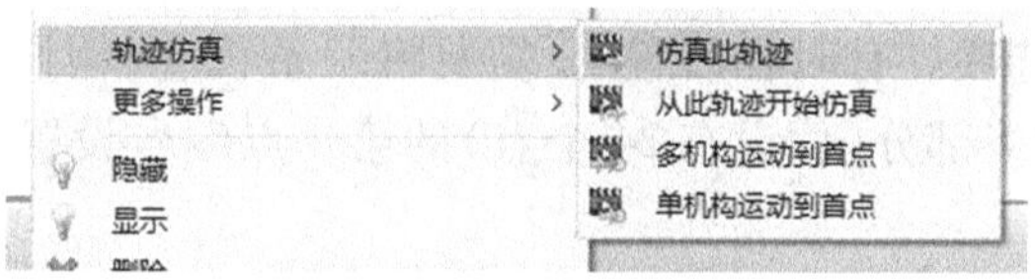

图 4-23　轨迹仿真

4.3.3.3　输出动画

输出动画可实现将轨迹仿真的动画过程上传到云端,同时生成二维码链接,后续可用手机扫码后缩放、平移查看该动画。功能按钮位于【机器人编程】下的【基础编程】中,如图 4-24 所示。

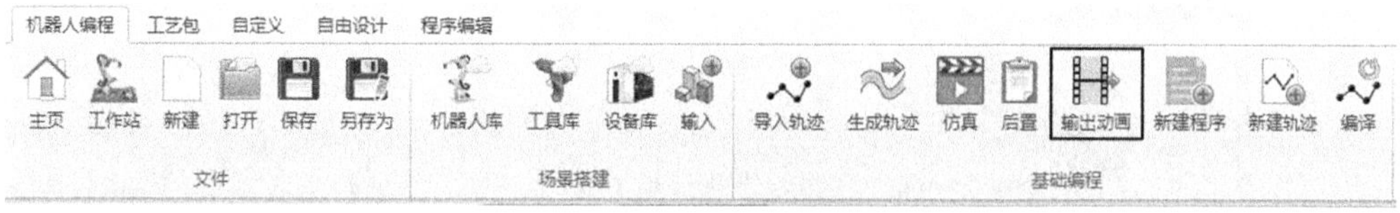

图 4-24　输出动画

4.3.4　后置

【后置】可以将在软件中生成的轨迹、坐标系等一系列信息生成机器人可执行的代码,可以拷贝到示教器控制真机运行。功能按钮位于【机器人编程】下的【基础编程】中,如图 4-25 所示。

图 4-25　后置

选择【后置】功能后，弹出如图 4-26 所示的界面。

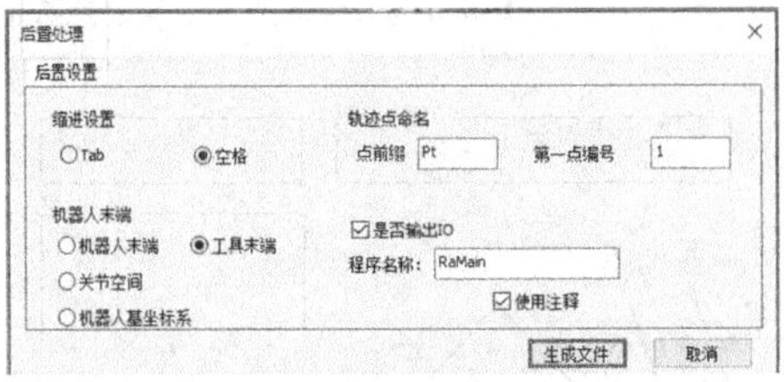

图 4-26　后置界面

缩进设置：缩进设置主要是编辑后置文件的格式，这个一般选择默认的“空格”。

机器人末端和工具末端：这两个是选择输出的代码以机器人末端坐标（法兰坐标系）为准还是以工具末端坐标为准。

轨迹点命名：轨迹点命名由前缀和编号组成，这个根据个人喜好进行设置，一般这个界面也会选择默认的选项。有时在后置时，需要将一条轨迹（假设有 50 个点）拆开导出或保存，可以将轨迹前半部分（假设有 24 个点）的第一点编号设置为 1，后半部分的第一点编号可以设置为 25。

程序名称：程序的名称可自行输入和修改。一般来说，该名称为示教器所识别的模块名称。

使用注释：在程序中是否出现注释。注释是指解释代码的文字。是否使用注释根据实际需要而定。

参数设置完成后，点击“生成文件”，弹出“后置代码编辑器”，如图 4-27 所示。

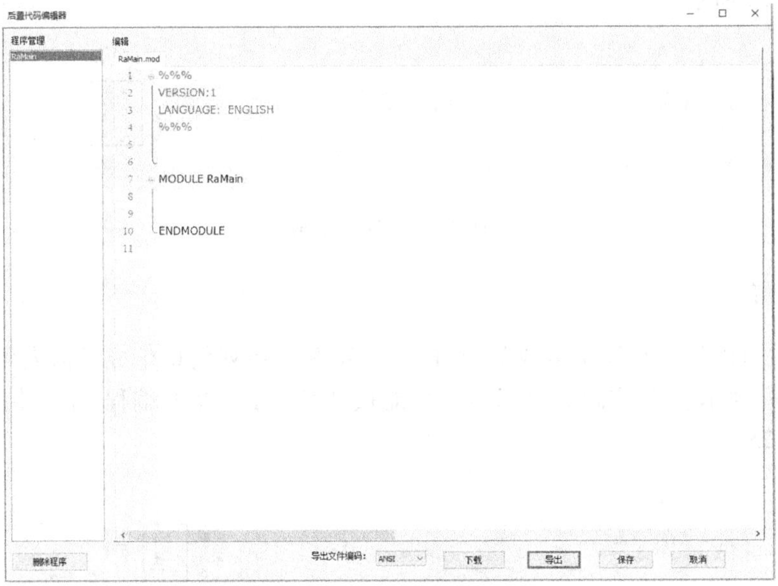

图 4-27　后置代码编辑器界面

不同的机器人后置会生成不同的文件格式。KUKA 机器人会后置出 DAT/SRC 两个文件,其他机器人会后置出一个后缀为.mod 的文件。

导出文件编码:包括 ANSI 和 UTF-8 两种编码。ANSI 编码不支持代码程序中包含中文字符,UTF-8 则允许包含中文字符,从而根据特定品牌的机器的后置需求来选择这两种编码。

导出:将后置出的文件直接拷贝到真实示教器,从而完成真机的运行。

保存:后置代码会保存在编辑器中。

4.3.5 校准

【校准】是确保机器人、工件和外部工具等在设计环境中的相对位置与真实环境中两者的相对位置保持一致。该功能按钮位于【机器人编程】下的【工具】栏中,分为三点校准、点轴校准和多点校准,如图 4-28 所示。

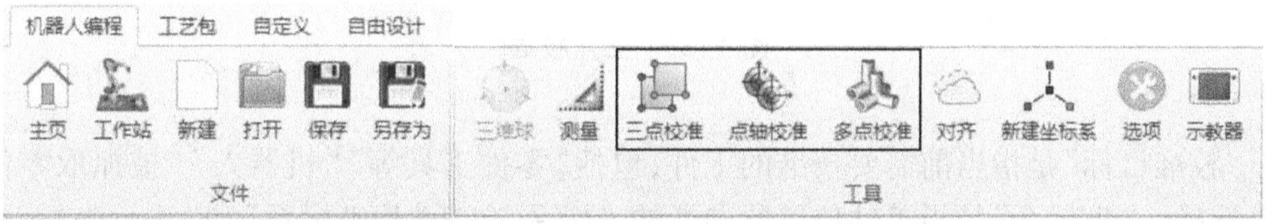

图 4-28 校准功能

根据是否与机器人接触,校准可以分为两种情况:与机器人无接触,例如工件在机器人外部,应选择基坐标系;与机器人接触,例如机器人手持工件配合外部工具,应选择法兰坐标系。两种情况的校准原理、校准步骤完全相同,只是选择的坐标系不同,如图 4-29 所示。

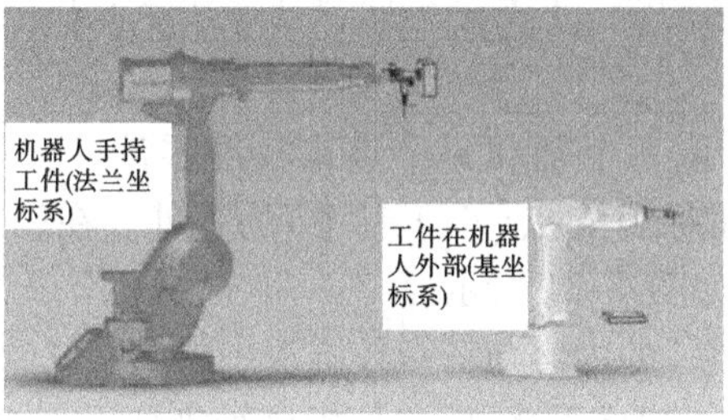

图 4-29 校准的两种情况

4.3.5.1 三点校准法

三点校准法是通过拾取三个尖点来校准零件/外部工具相对于机器人的位置。三个尖点不共线,并且仿真环境中指定三个尖点需要和真实环境中测量的三个尖点的位置保持一一对应。在【机器人编程】→【工具】栏中选择【三点校准】,界面如图 4-30 所示。

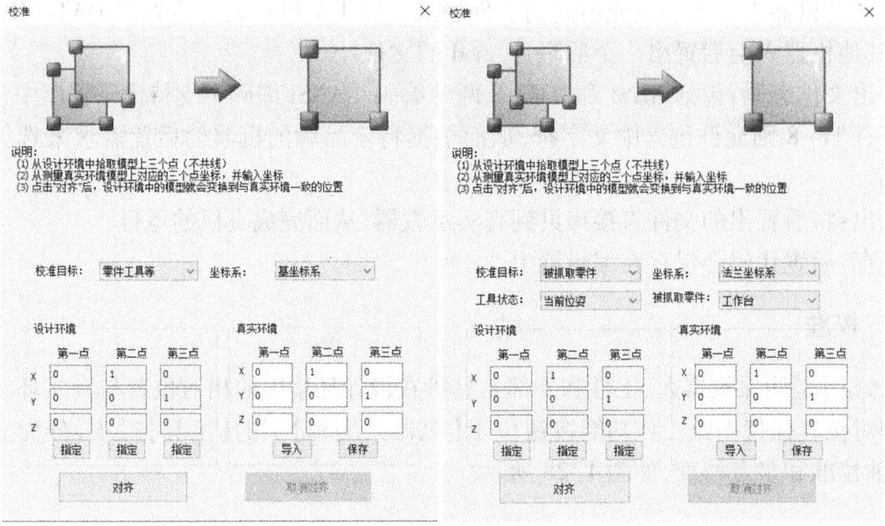

图 4-30　三点校准

“校准目标”是指当前需要校准的工件,包括“零件工具等”“机器人”“被抓取零件”三个选择。“坐标系”是指工件位置所参考的坐标系,包括“基坐标系”和“法兰坐标系”。“基坐标系”固定在机器人的基座内,用来说明机器人在世界坐标系中的位置。“法兰坐标系”固定于机器人的法兰盘上,是工具的原点。一般常见的法兰坐标系都是 Z 轴朝外,X 轴朝下。“设计环境”是指软件中的绘图区。“指定”用来选择尖点的位置。“真实环境”是指现实环境。真实环境中为三个尖点位置可以手动输入,也可以通过“导入”输入。“导入”是将真实环境中的三个尖点坐标值以.txt 格式输入软件内。“保存”可以把通过手动输入真实环境中的三个尖点的数据,保存到.txt 格式的文件中,方便需要时使用。“对齐”是将设计环境中的三个尖点坐标与真实环境中的三点坐标一一对应。

4.3.5.2　点轴校准法

点轴校准法是通过拾取一个轴和一个点来校准零件/外部工具相对于机器人的位置,一般用来校准没有足够数目尖点(小于三个)的零件。在【机器人编程】→【工具】栏中选择【点轴校准】,界面如图 4-31 所示。

“校准目标”和“坐标系”的内容与三点校准法中的内容一致,不做赘述。

“设计环境”框中,“指定轴”下 X、Y、Z 是指该轴坐标系三个方向上的向量。在零件上指定时应选择与轴垂直的一个圆环或者曲面,此时确定的是轴的位置,不包括方向。“校准点”可选择零件上的任意一点。“指定”用来选择尖点的位置。

“真实环境”框中,“导入点数据”“导入轴数据”是将实际环境中测得的点、轴数据文件(.txt)导入,不支持手动输入。“空”表示没有数据,需要导入,“有效”表示已有正确数据,“无效”表示数据异常不正确。“轴反转”可以改变轴的方向。“对齐”是将设计环境中的点轴数据与真实环境中的点轴数据进行对应。

真实环境内采集的用来确定轴的点(至少三个),必须在与轴线共轴的圆柱端面边线或圆孔边线上采集。设计环境内拾取的校准点不要和轴线相交。

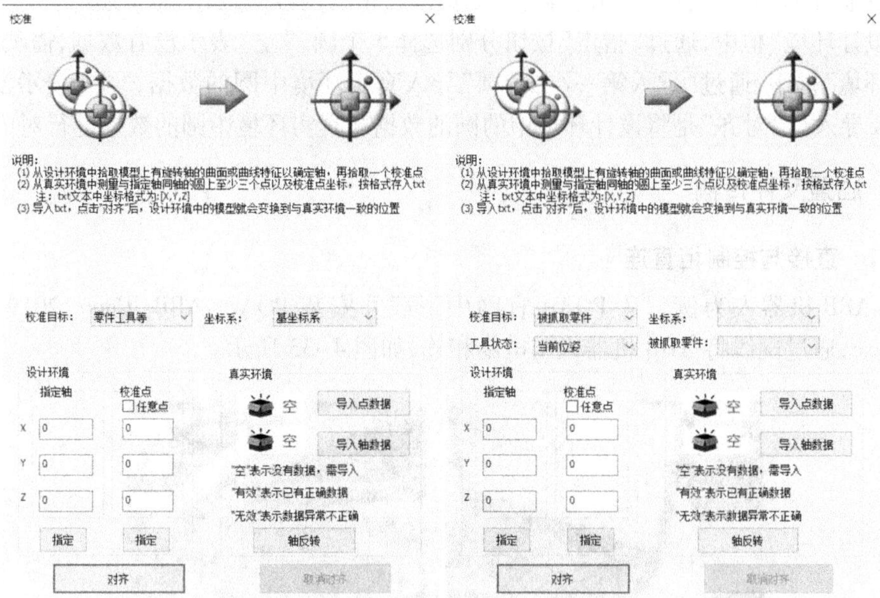

图 4–31　点轴校准

4.3.5.3　多点校准法

多点校准法是通过拾取圆心坐标来校准零件/外部工具相对于机器人的位置。在【机器人编程】→【工具】栏中选择【多点校准】，界面如图 4–32 所示。

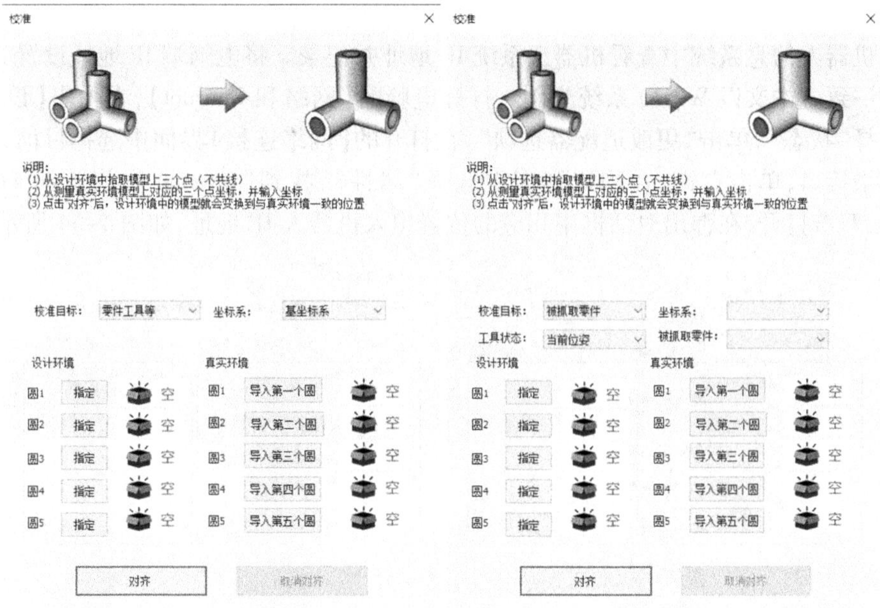

图 4–32　多点校准

“校准目标”和“坐标系”的内容与三点标准法中的内容一致，不做赘述。

“设计环境”框中，通过“指定”按钮分别选择5个圆，“空”表示没有数据，需要指定。“真实环境”框中，通过“导入第一/二个圆”导入真实环境中圆的数据，“空”表示没有数据，需要导入。“对齐”是将设计环境中的圆的数据与真实环境中圆的数据进行对应。

4.3.6 后置文件传输

4.3.6.1 直接与控制柜直连

以ABB机器人为例。从PQArt官网中下载并安装PQArt_ABB_Conn_2019_x86_Setup.exe，通过网线将ABB机器人与电脑相连，如图4-33所示。

图4-33 机器人与电脑连接

在机器人信息系统中查看机器人系统IP地址并记录。将电脑端IP地址设置为与机器人端一致。本文以Win10系统为例。打开电脑的【网络和Internet】，在弹出【设置】界面中选择“状态”，单击“更改适配器选项”，在打开的【网络连接】界面中选择目前正在使用的网络接口，单击右键，在弹出列表中选择“属性”，找到“Internet协议版本4(TCP/IPv4)”，双击打开，在弹出对话框中相应的位置填入机器人IP地址，如图4-34所示。

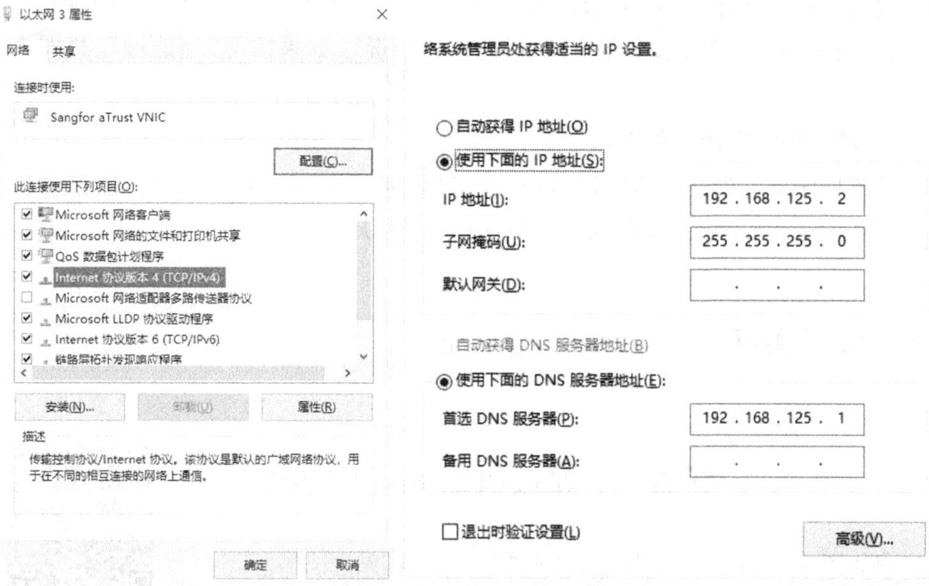

图 4-34　设置电脑端 IP 地址

在【程序编辑】中选择【编辑】,调出机器人离线程序,检查后,选择【程序输出】中的【传送至控制器】,如图 4-35 所示。

图 4-35　直接传送至控制器

注意:在电脑端不能同时打开 RobotStudio(ABB 专用离线编程和仿真软件),RobotStudio 会占用网络接口,使程序无法下载或传输至机器人端。

如果下载的程序名称与机器人中原有的程序名称一致,可以选择重新命名下载程序的名称或机器人系统中原有的程序名称,或者选择将原有程序覆盖。

程序首次下载到机器人系统,在机器人示教器中会弹出"请求写入权限"对话框,单击"确定",程序文件会下载到机器人控制器中。

打开示教器中【程序编辑】模块,查找下载程序文件,发现后置文件已经传送至机器人系统中。直接打开程序,单击"PP 移至 Main",将程序加载,使用示教器"使能键"和"运行"按钮,进行"单步运行"或"连续运行"机器人轨迹。

"单步运行"或"连续运行"运行过程中,如果不满足使用要求可以通过示教器直接采用现场调试,也可在仿真软件中调整后重新生成后置文件,重新加载后再运行,调试。如果程序满足使用要求,可将控制柜上的"切换锁"旋转至"自动运行"模式,屏幕上会弹出"已选择自动模式""速度变为 100%"的警告,单击"确定"即可。

示教器界面切换到"Main 主程序"界面,单击"PP 移至 Main",弹出"确定将 PP 移至

Main?”警告，单击“确定”。按下示教器上的“运行”按钮，机器人自动运行后置程序。此时，只需要按下“运行”按钮，不需要按示教器“使能键”，如果按下“使能键”，机器人会直接报错。

4.3.6.2 通过移动传输设备导入

将后置程序拷贝到移动传输设备（U 盘、移动硬盘等）中，通过移动传输设备将程序复制到机器人运动控制器中，在机器人中打开后置程序，进行调试即可。

4.4 项目实施

任务1 焊接机器人工作站搭建

任务1 焊接机器人工作站搭建

搭建如图 4-1 所示的工业机器人焊接实训工作站。

1. 模型导入

打开软件，进入主界面，选择“新建”命令，进入新建设计界面，如图 4-36 所示。

在【场景搭建】栏中，选择【输入】命令，弹出“导入文件”窗口，可将软件支持的文件格式的文件导入任务中，打开之后，需要的三维模型就显示在主窗口区域内，如图 4-37 所示。

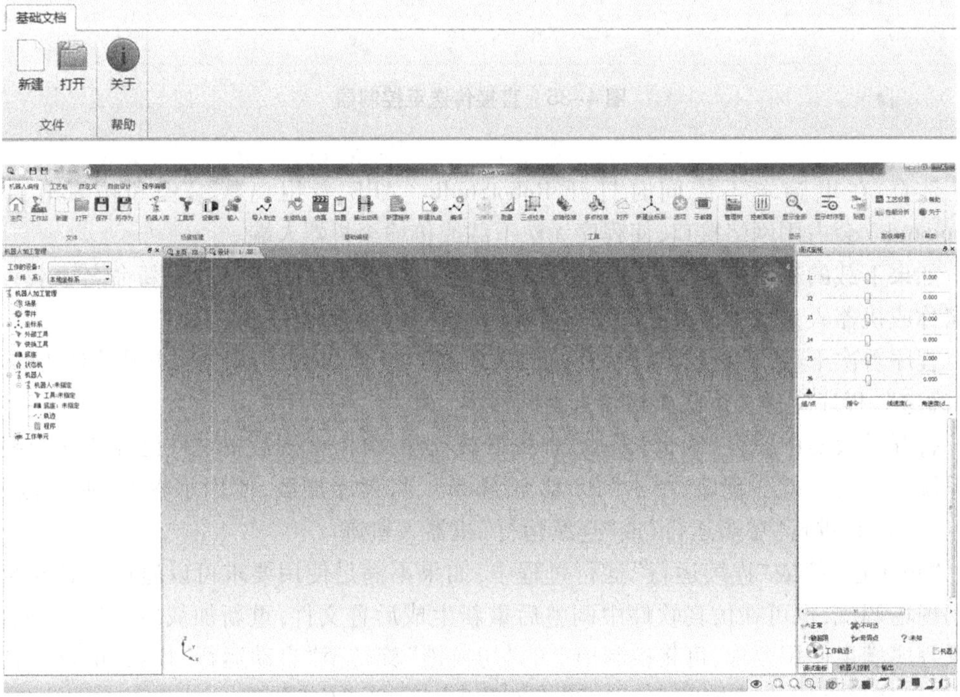

图 4-36 新建工程

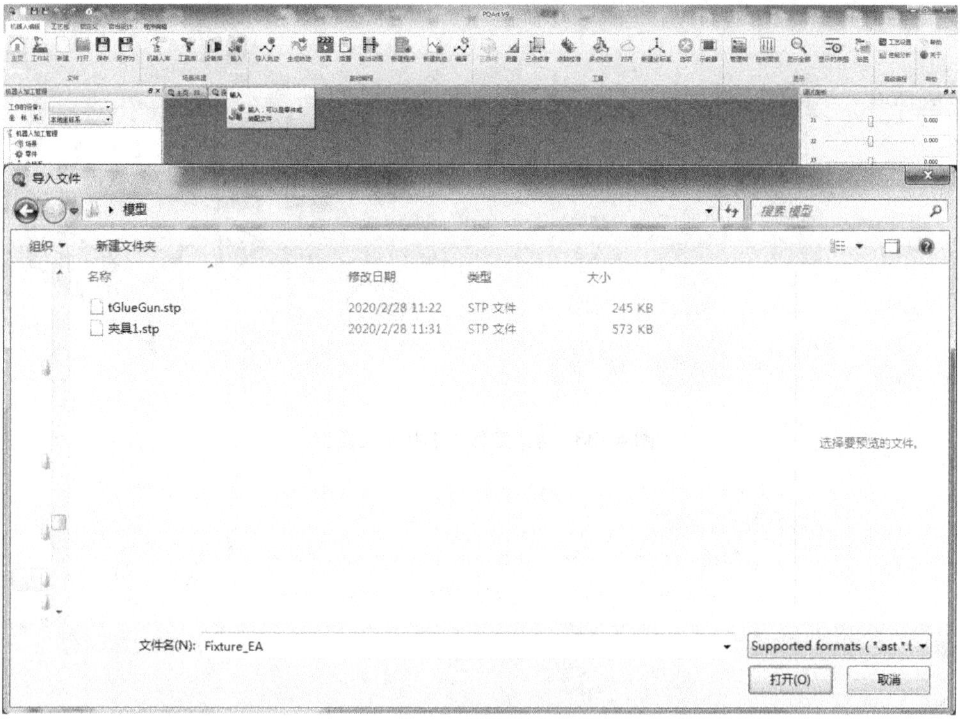

图 4-37　导入模型

2. 工作站搭建

(1)创建新的工程文件

如前文所述,创建一个新工程。

(2)导入模型

有两种导入三维模型的方法:创建一个新工程,根据前文所述的三维模型导入的方法,导入所需模型;PQArt 软件中自带了一些模型,供初学者进行学习使用。本节选取第二种方法进行讲解。

在【机器人编程】→【文件】栏中选择【工作站】,弹出工作站模型窗口,选择"CHL-GY-11 工作站从零搭建"模型,下载后,进入工程界面,如图 4-38 所示。

(3)导入机器人模型

在【机器人编程】→【场景搭建】栏中选择【机器人库】,弹出如图 4-39 所示的机器人窗口,根据所需要的机器人品牌及其型号,选中相应的模型。本项目以固高科技使用的机器人为例进行讲解。

选中"固高科技"后,弹出其公司所有的机器人模型,选择"KAWASAKI-RA010NA(+固高控制器)",下载并导入,并利用三维球功能将机器人调整到地面合适的位置,如图 4-40 所示。

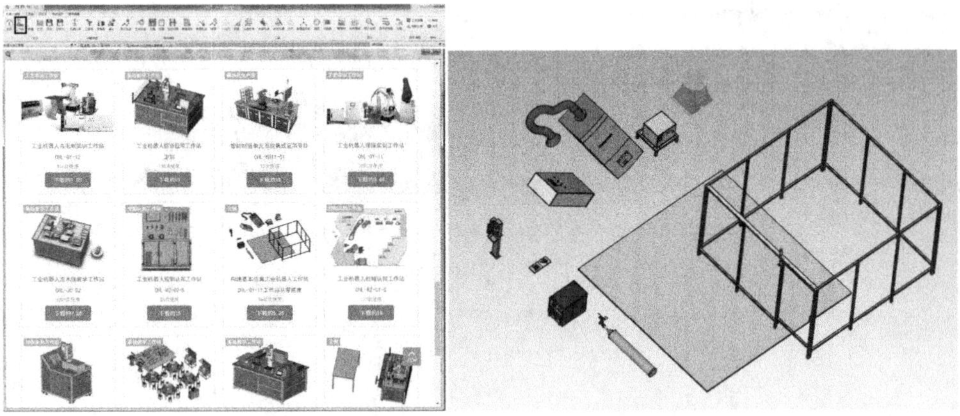

图 4-38　从【工作站】中导入模型

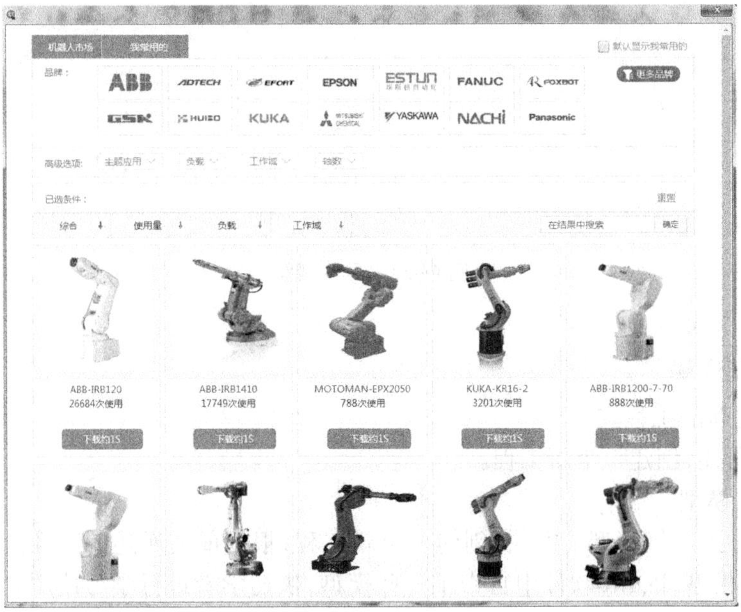

图 4-39　机器人库

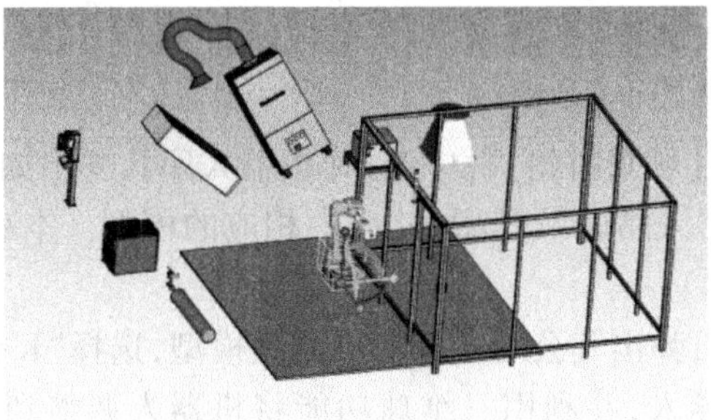

图 4-40　导入机器人模型

(4)导入、安装机器人底座

在【机器人编程】→【场景搭建】栏中选择【设备库】,选择“底座”,找到“底座 A”,下载并插入,如图 4-41 所示。

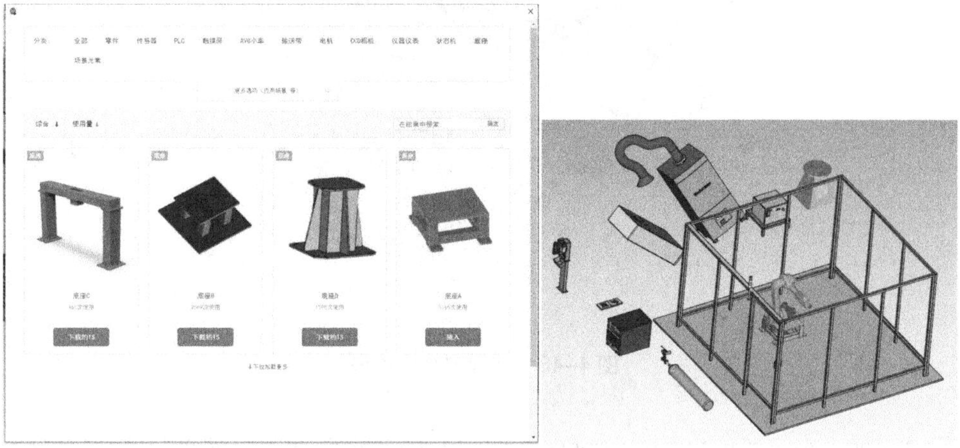

图 4-41　导入底座模型

在【机器人加工管理】栏中选择“底座”,选中“底座 1”,单击右键,弹出选项菜单,选择“安装”,设置安装参数,本文中“机器人安装底座角度”为 0 度,如图 4-42 所示。

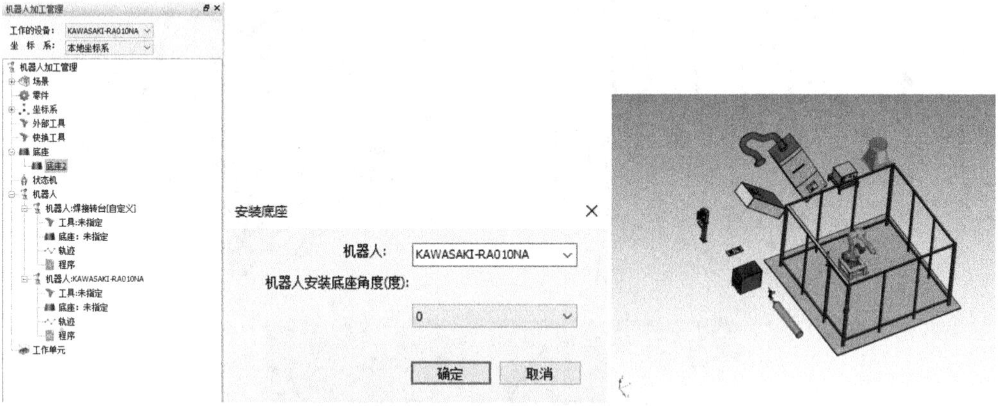

图 4-42　安装机器人底座

(5)摆放模型

使用【三维球】功能,将安全防护房调整到合适的位置,如图 4-43 所示。

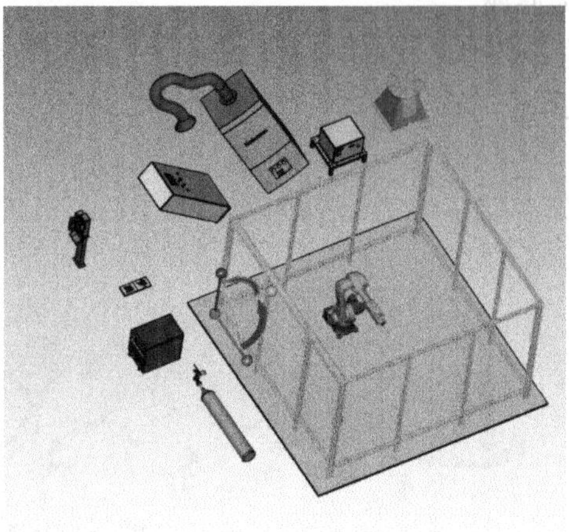

图 4-43　摆放安全防护房

在【机器人加工管理】栏中选择“场景”，选中“IRCSC”，调出三维球，并将三维球移动到“IRCSC”模型上，使用三维球“到点”命令，将模型移动至正确位置，如图 4-44 所示。

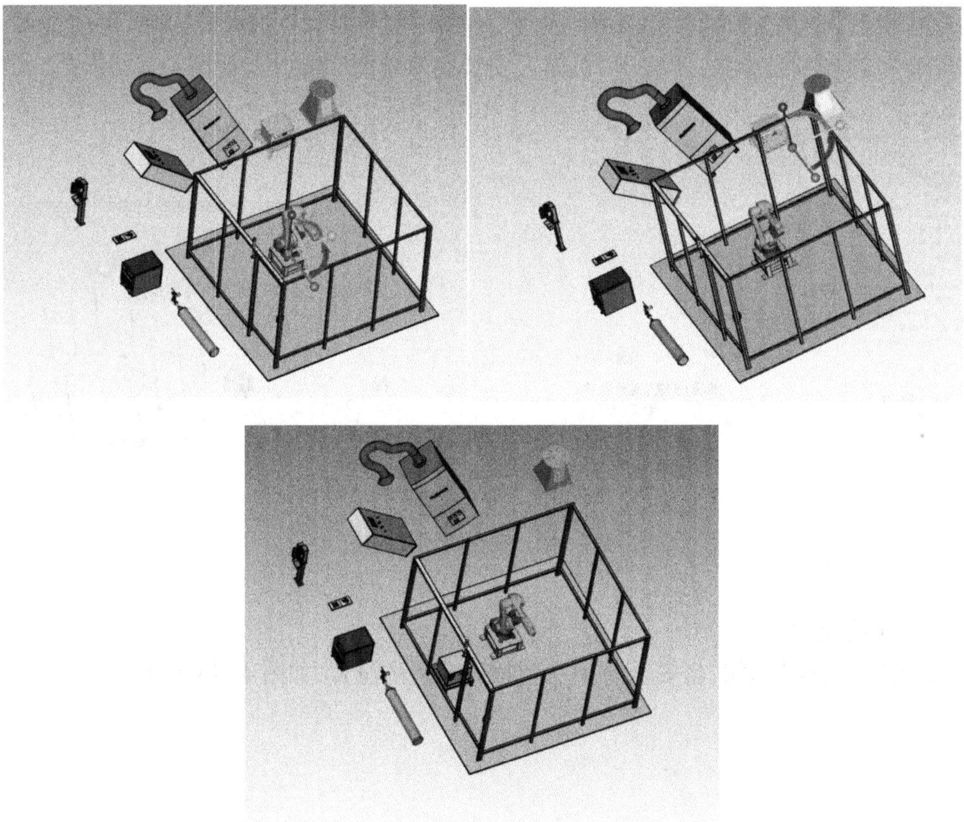

图 4-44　摆放“IRCSC”

选中“电控柜-1200H”，调出三维球，并将三维球移动到“电控柜-1200H”模型上，选中坐标系 Z 轴，右键弹出选项栏，选择“与面垂直”，使得三维球 Z 轴与电控柜地面垂直；再次选中坐标系 Z 轴，右键弹出选项栏，选择“与面垂直”，将模型调整到垂直于地面的方向。使用三维球“到点”命令，将模型移动至正确位置，如图 4-45 所示。

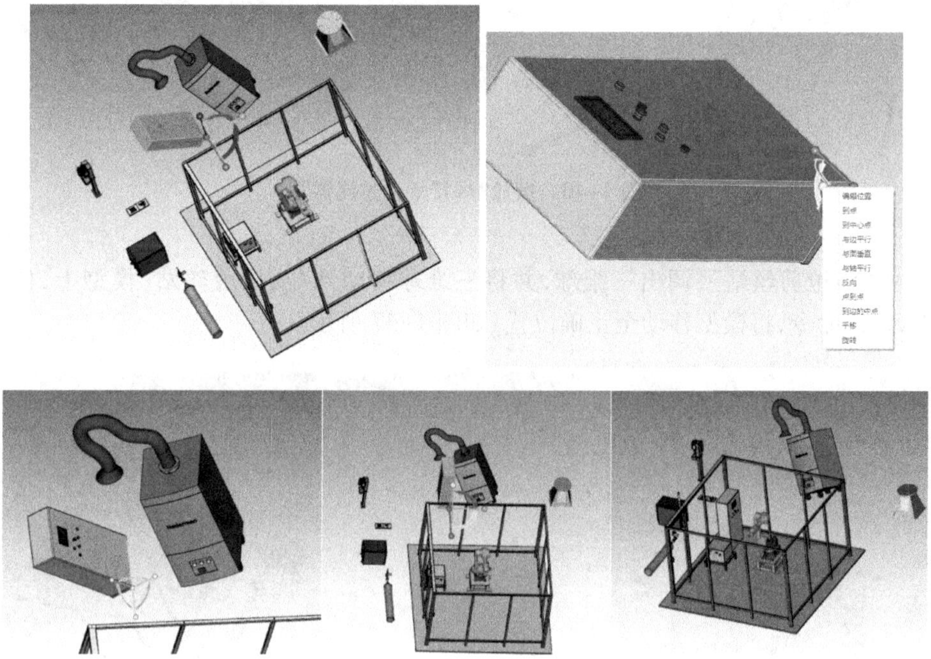

图 4-45 摆放“电控柜-1200H”

选中“焊接烟尘过滤器”，调出三维球，并将三维球移动到“焊接烟尘过滤器”模型上，使用三维球“到中心点”命令，将三维球移动至模型上；选中三维球中的 Z 轴，右键弹出选项栏，选择“与面垂直”，选中地面，调整三维球 Z 轴方向；选中三维球，利用与面垂直、与边平行功能，将模型调整到与地面垂直的位置，利用“到点”将模型移动至地面上，并拖动三维球，使其放置到合适的位置，如图 4-46 所示。

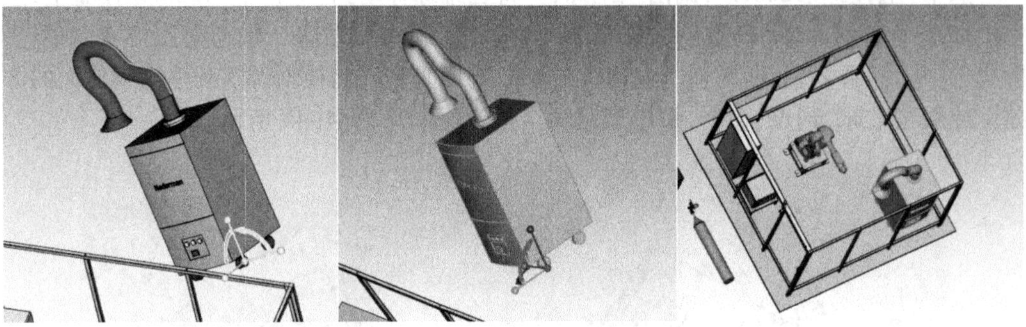

图 4-46　摆放“焊接烟尘过滤器”

选中“清枪剪丝站”，调出三维球，并将三维球移动到“清枪剪丝站”模型上，使用三维球“到点”命令，将模型移动至正确位置，如图 4-47 所示。

图 4-47　摆放“清枪剪丝站”

选中“焊接电源”，调出三维球，并将三维球移动到“焊接电源”模型上，使用三维球“到点”命令，将模型移动至正确位置，如图 4-48 所示。

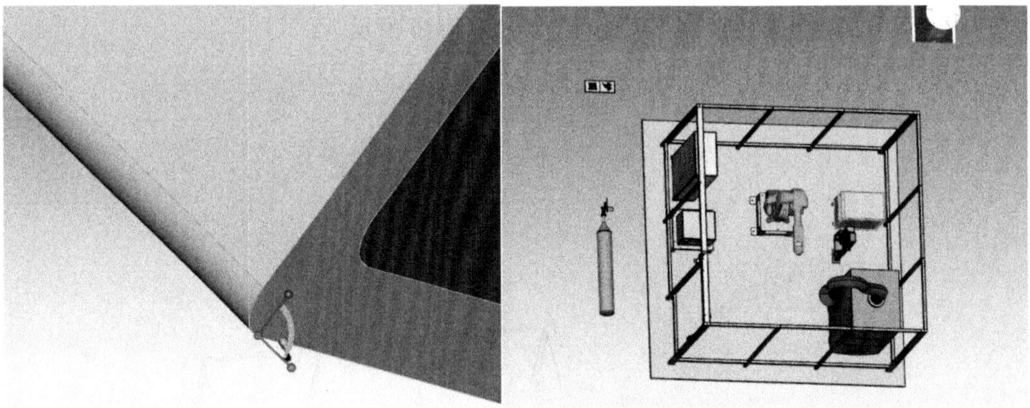

图 4-48　摆放“焊接电源”

选中“气瓶”，调出三维球，并将三维球移动到“气瓶”模型上，使用三维球“到中心点”命令，将三维球移动到“气瓶”上，并选中三维球，锁定 Z 轴，右键弹出选项栏，选择与面垂直，选中气瓶底面，调整三维球 Z 轴的方向，如图 4-49 所示。

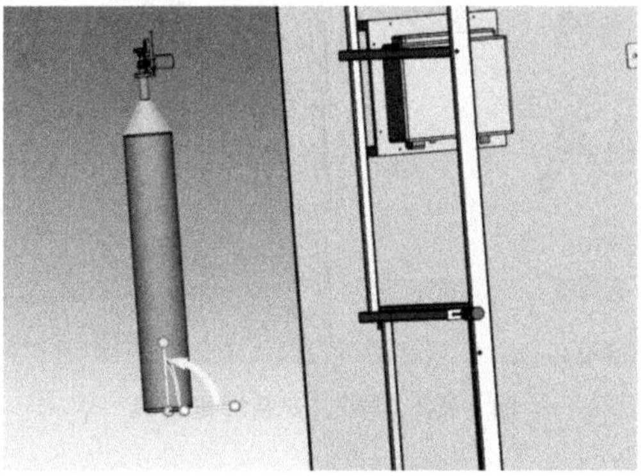

图 4-49 摆放“气瓶”(1)

选中三维球中的 Z 轴，右键弹出选项栏，选择“与面垂直”，选中地面，调整气瓶方向，使其与地面垂直，如图 4-50 所示。

选中三维球，使用三维球“到点”命令，将模型移动至正确位置，如图 4-51 所示。

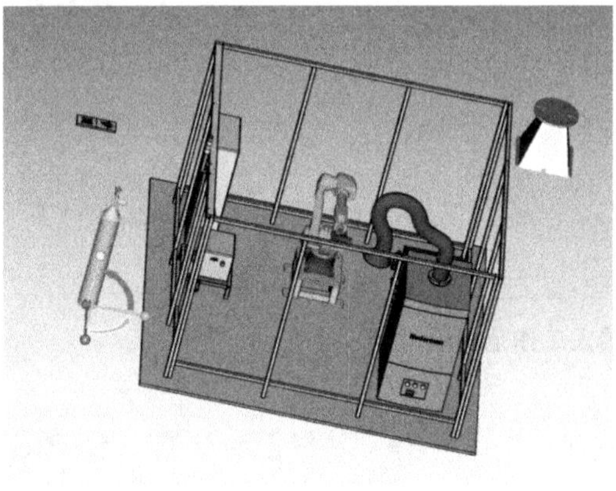

图 4-50 摆放“气瓶”(2)

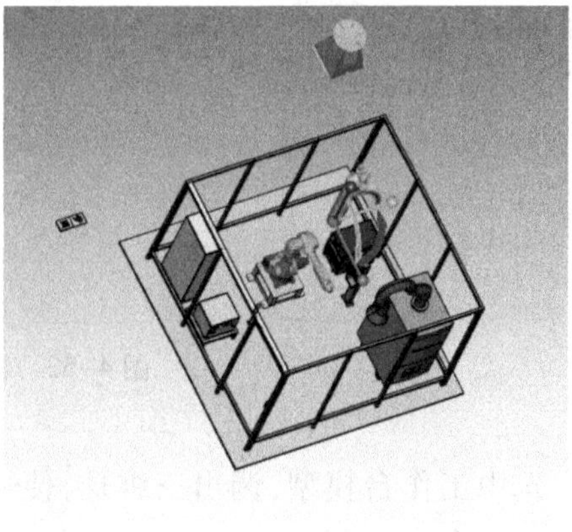

图 4-51 摆放“气瓶”(3)

(6) 导入、安装焊枪工具

在【机器人编程】→【场景搭建】栏中选择【工具库】，选择“法兰工具”，找到“焊枪-带防碰撞传感器”，下载并插入，如图 4-52 所示。此时，焊枪工具会自动安装在机器人末端。注意：从库中导入的工具模型已经进行了自定义，能够满足自动安装于机器人末端。如果是导入的三维模型，需要先通过自定义工具的方法，定义为工具，方可使用。自定义工具方法参见项目二。

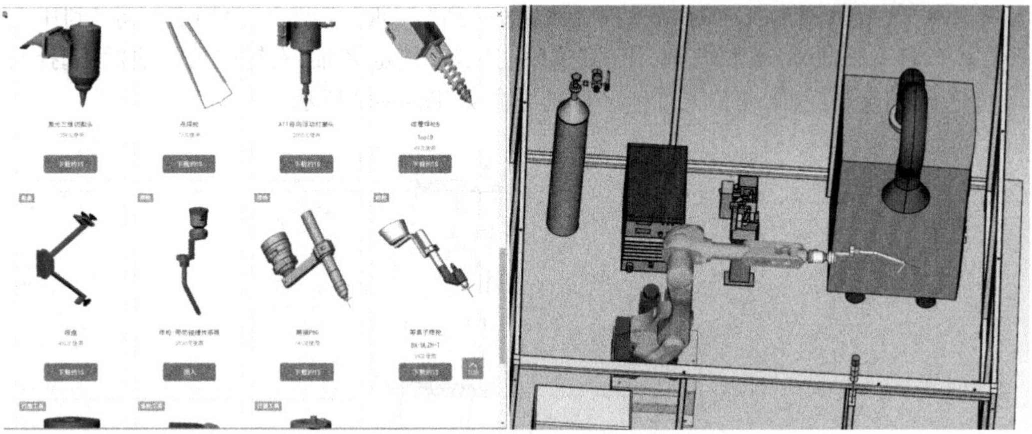

图 4-52　导入、安装焊枪工具

(7)放置工件台

选中“机器人”,单击右键,弹出选择栏,选择属性。在属性对话框中,选择“显示设置”,“工作空间”选择“当前工具”,点击“确定”,如图 4-53 所示。

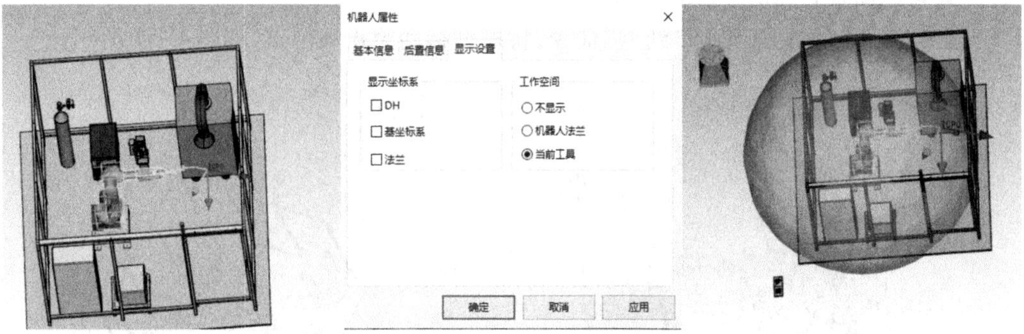

图 4-53　机器人工作范围展示

选中工作台模型,调出三维球,使用三维球“到点”命令,将模型移动至正确位置,确保工作台在机器人工作空间内,如图 4-54 所示。

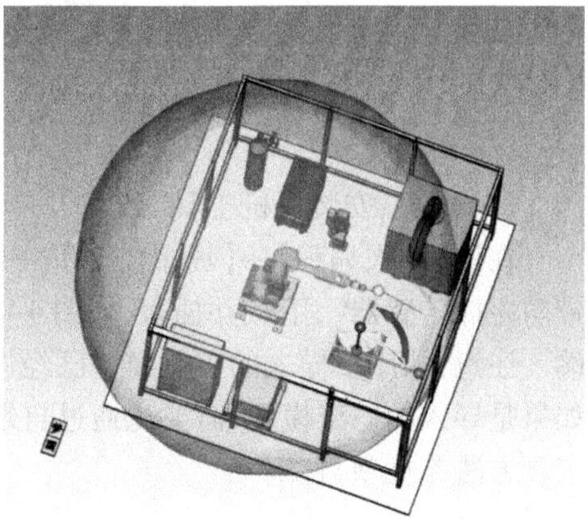

图 4-54　放置“工作台”

(8)摆放工件

在【机器人加工管理】栏中选择【场景】,按住 Shift 键,同时选中“国”和“梦”,调出三维球,并将三维球移动到“国”“梦”模型上,使用三维球“到点”命令,将模型移动至工作台,使用三维球旋转功能,使工件绕 Z 轴旋转-90°,并移动三维球,使工件模型摆放到待加工位置,如图 4-55 所示。

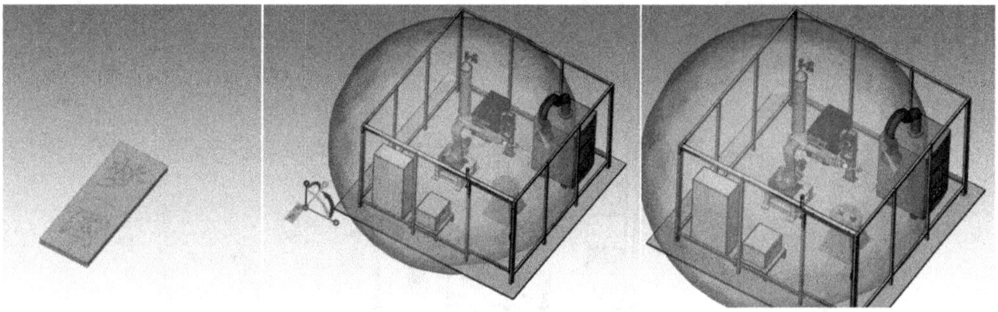

图 4-55　摆放工件

在【机器人加工管理】栏中选择机器人，选中“机器人”，单击右键，弹出选择栏，选择属性。在属性对话框中，选择“显示设置”，“工作空间”选择“不显示”，点击“确定”，工作空间范围消失，工作站搭建完成，如图 4-56 所示。

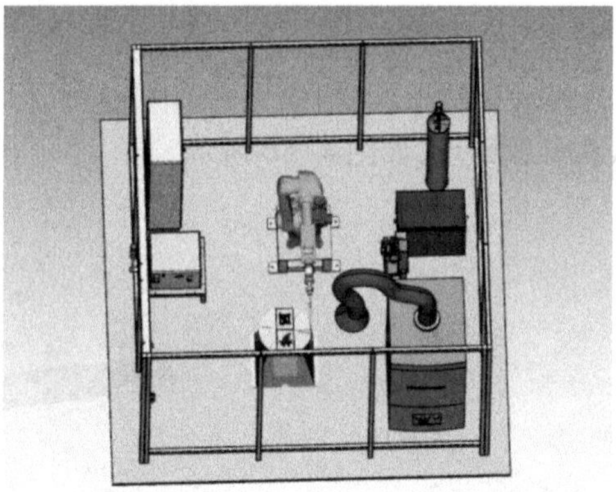

图 4-56　取消机器人工作空间展示

任务 2　机器人轨迹

完成如图 4-1 所示的工业机器人焊接实训工作站中“梦”“国”两个字的离线轨迹编程。

任务 2　机器人轨迹

1. 生成轨迹

在【基础编程】栏中选中【生成轨迹】，弹出生成轨迹面板，如图 4-57 所示。

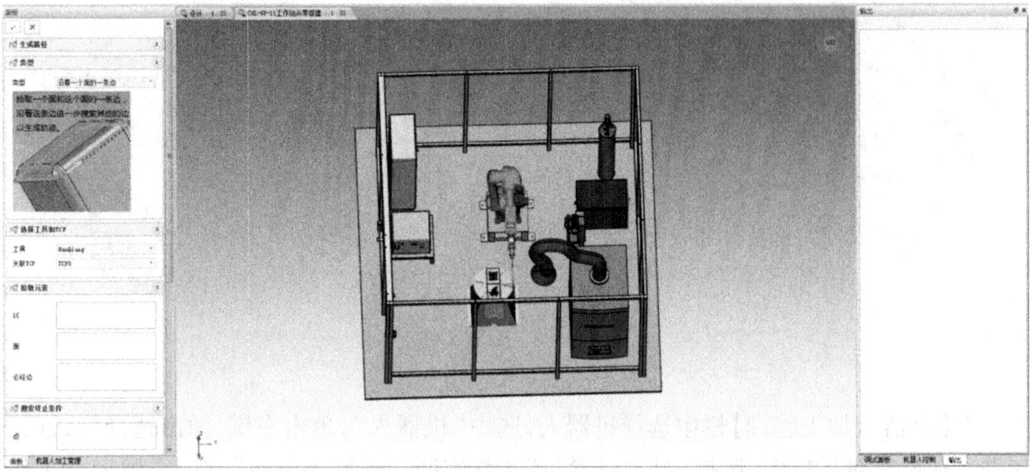

图 4-57 生成轨迹

在生成轨迹面板中的“类型”选项中，选择“一个面的一个环”，“选择工具和 TCP”栏中“工具”和“关联 TCP”选择默认状态。“拾取元素”中使用鼠标在模型中拾取需要绘制的轨迹，其余选项选择默认参数即可，如图 4-58 所示。

图 4-58 设置生成轨迹参数

在【机器人加工管理】栏中机器人菜单中选择轨迹，并在【基础编程】栏中选中【编译】，弹出生成轨迹面板，如图 4-59 所示。

图 4-59　生成轨迹面板

在“输出”面板中会显示编译信息，根据编译的反馈信息，查看是否出现错误，本处出现“不可达”错误，在【机器人加工管理】栏中选中“轨迹 1”，并在“调试面板”中选择不可达点的上一个可以到达的点（即点 8），单击右键，选择“统一位姿（使用当前位姿）”，再次编译，显示编译成功，如图 4-60 所示。

注意：由于个人选择点或机器人位姿等原因，可能会出现不同的问题，请大家参照项目二中轨迹调整方法耐心调试。

图 4-60　编译过程展示

选中“轨迹 1”，选择“点 1”，单击右键，弹出菜单栏，选择“统一位姿”，选中三维球 Z

轴，单击右键，弹出菜单栏，选择“与面垂直”，选择“梦”字平面，将焊枪调整为与平面垂直，如图 4-61 所示。

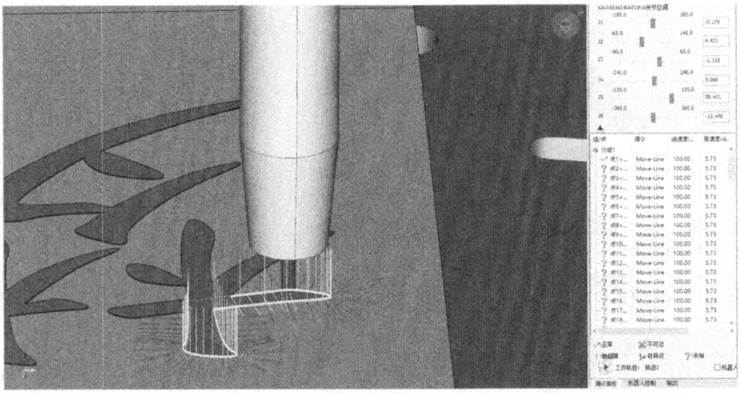

图 4-61　轨迹调整

再次编译，编译成功，如图 4-62 所示。

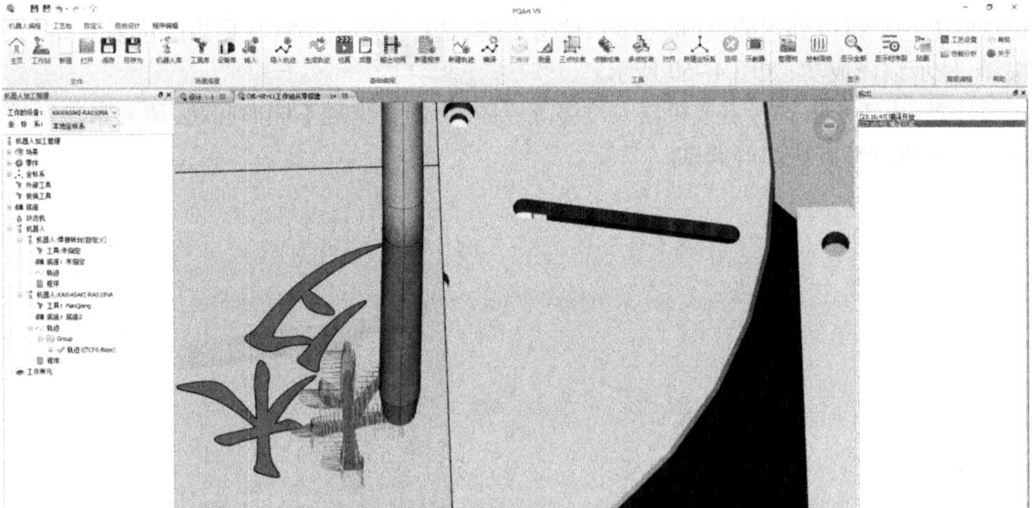

图 4-62　编译结果

选择“轨迹 1”，单击右键，在弹出菜单栏中选择“生成出入刀点”，设置“入刀偏移量”为“100”，“入刀指令”为“Move-Joint”，“出刀偏移量”为“100”，“出刀指令”为“Move-Joint”，如图 4-63 所示。再次编译，编译成功。

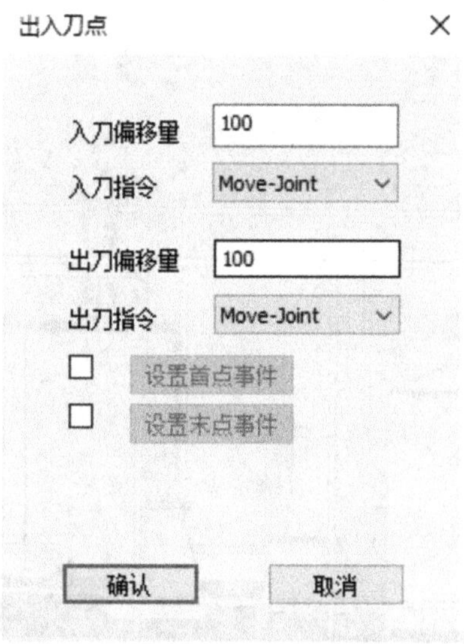

图 4-63　设置“生成出入刀点”参数

重复以上步骤,完成“梦”字其余部分和“国”字,如图 4-64 所示。

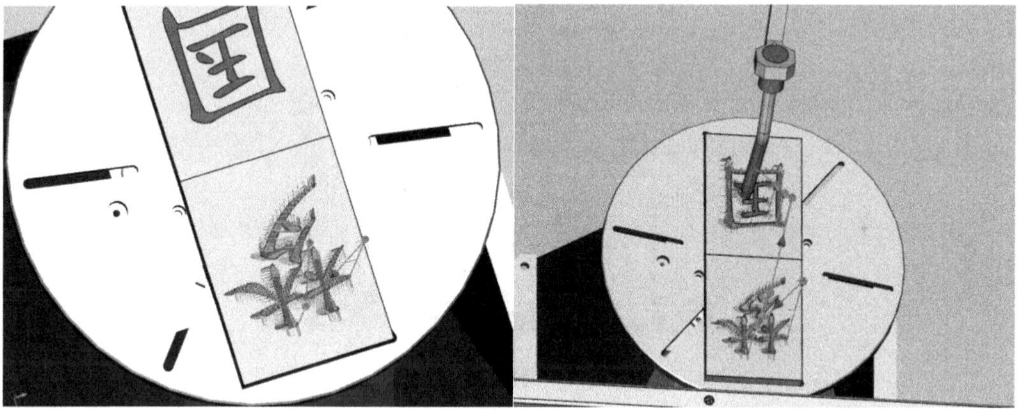

图 4-64　生成、调试轨迹

在【机器人加工管理】栏中选择“机器人”,单击鼠标右键,选择“回到机械零点”,如图 4-65 所示。

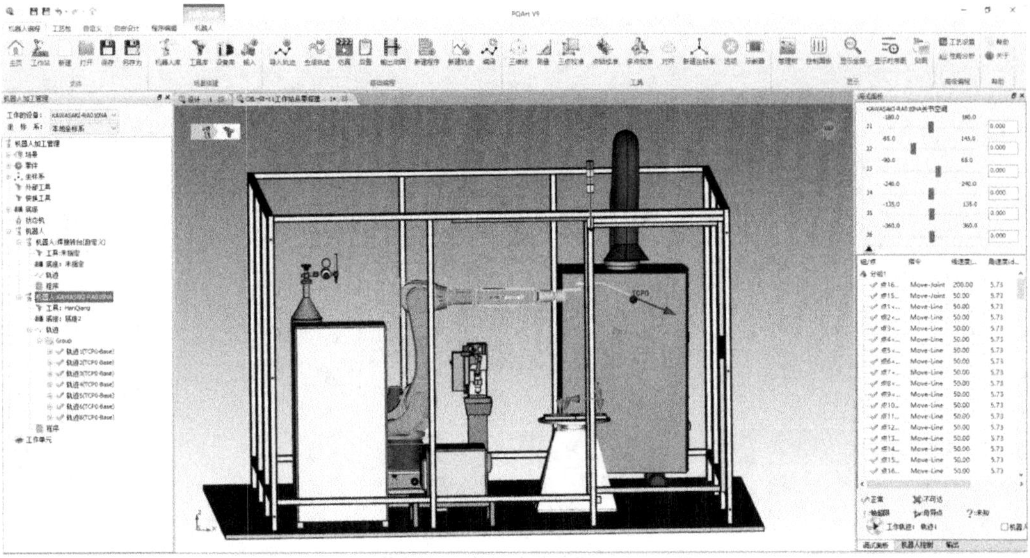

图 4-65　回“机械零点”

在“调试面板”中，调整 J5 为 45°，使得机器人移动至合适的位置，如图 4-66 所示。

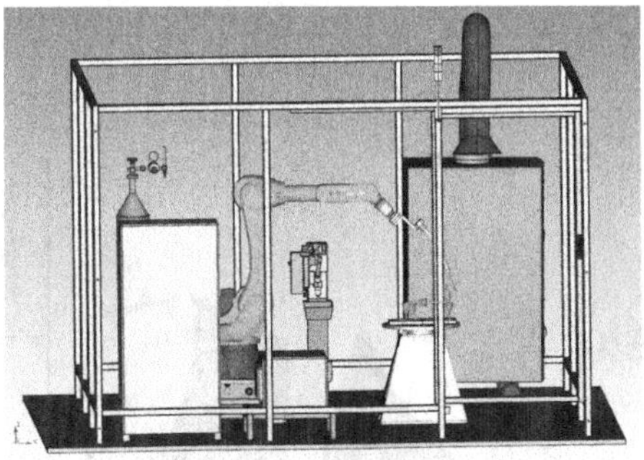

图 4-66　调整机器人姿势

选中“轨迹 1”，单击右键，在弹出菜单栏中选择“插入 POS 点”，在弹出对话框中，“POS 点指令”选择“Move-Joint”，“POS 点位置”选择“轨迹首”，如图 4-67 所示。

选中“轨迹 7”，单击右键，在弹出菜单栏中选择“插入 POS 点”，在弹出对话框中，“POS 点指令”选择“Move-Joint”，“POS 点位置”选择“轨迹尾”，如图 4-68 所示。

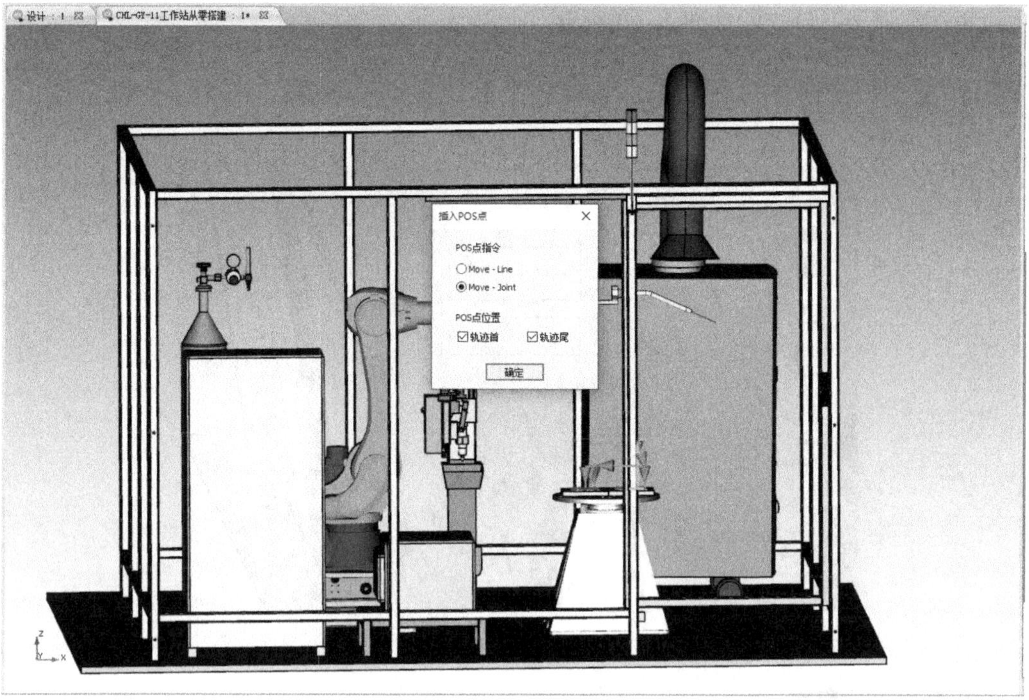

图 4-67　插入起始点

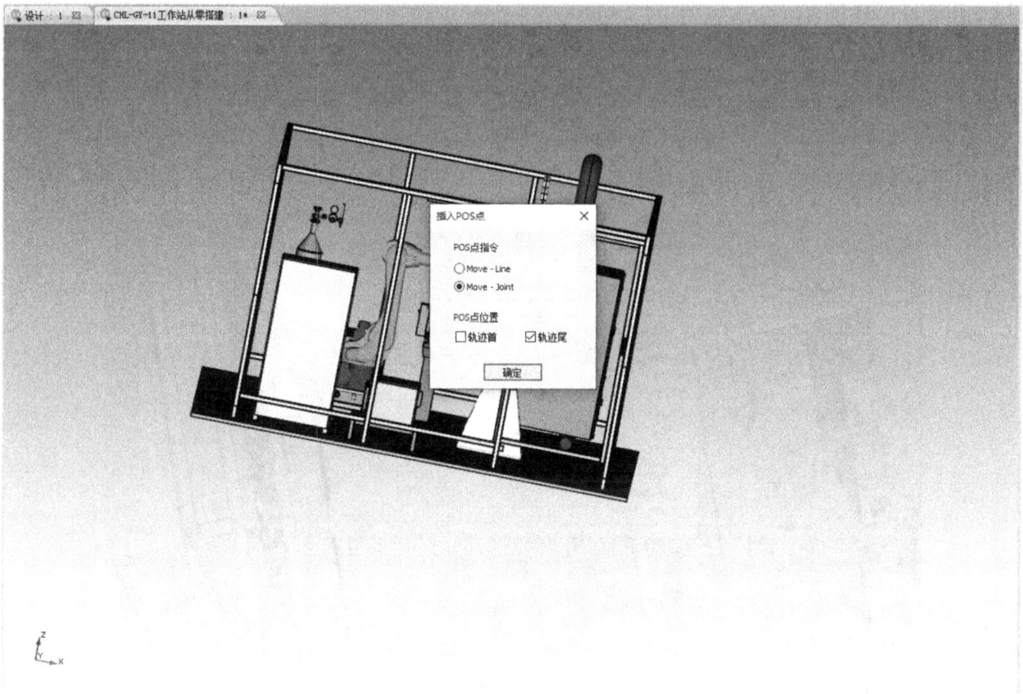

图 4-68　插入过渡点

再次编译，编译成功，如图 4-69 所示。

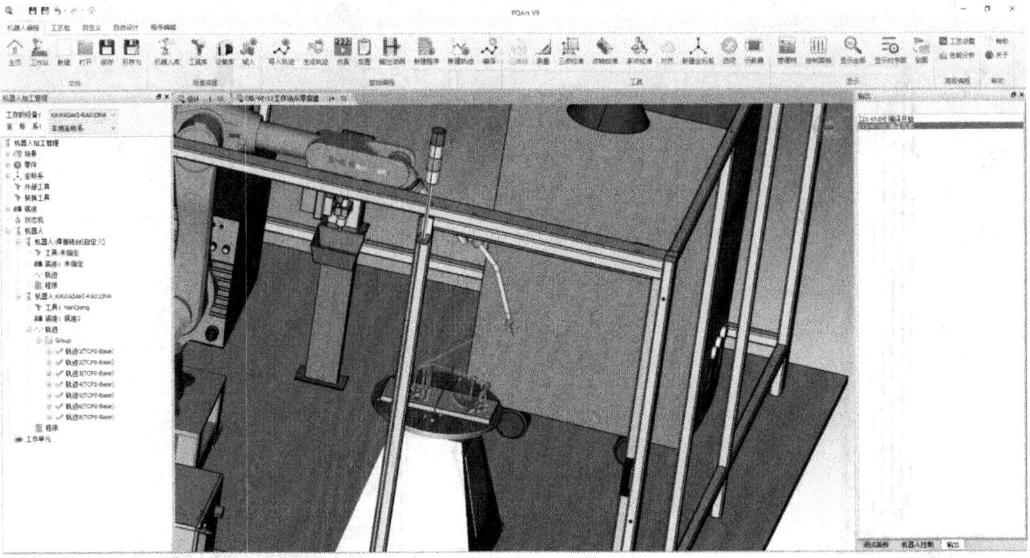

图 4-69　编译结果

2. 导出轨迹程序

在【基础编程】栏中选择【后置】指令，弹出对话框所有参数选择默认，点击“生成文件”，如图 4-70 所示。

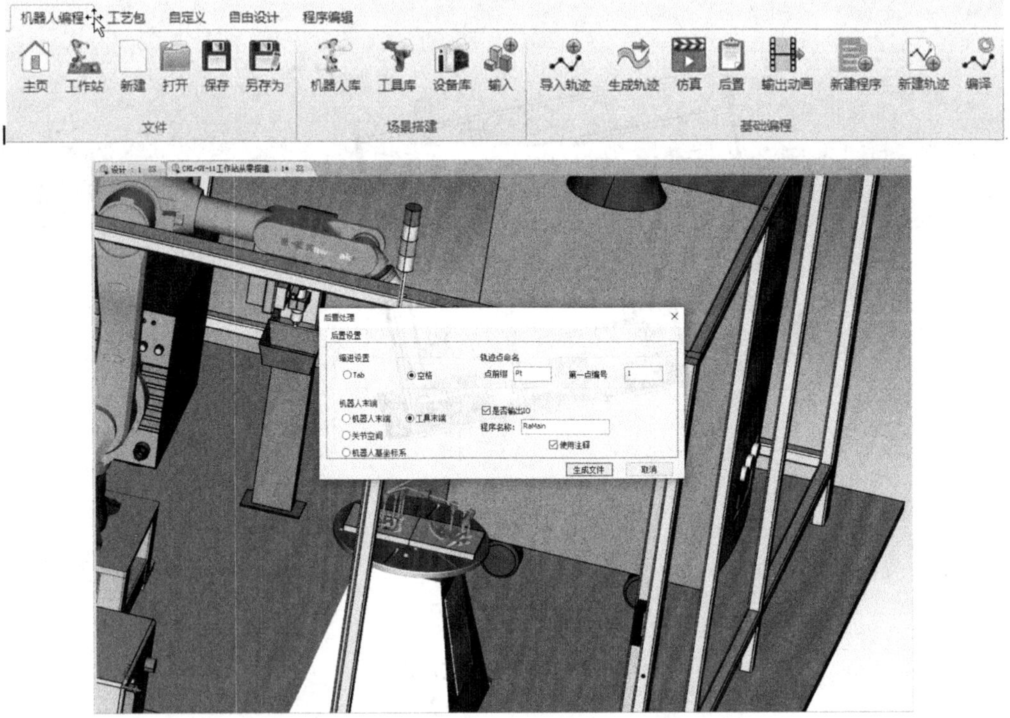

图 4-70　后置

弹出仿真轨迹的程序，选择“导出”，选择导出的位置，点击“确定”，如图 4-71 所示。

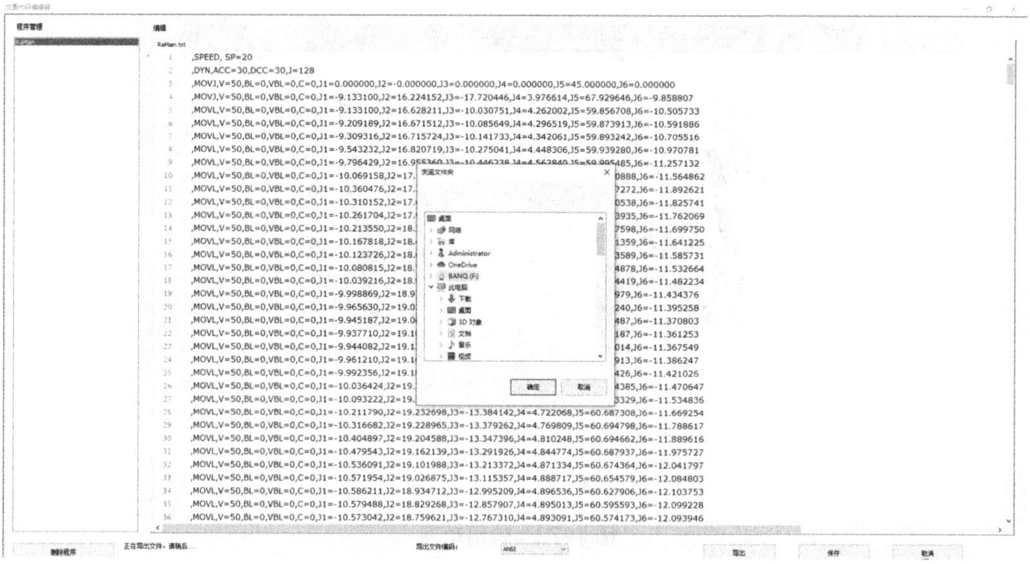

图 4-71　导出程序

3. 输出动画

在【基础编程】栏中选择【输出动画】指令，点击“开始”，选择“仅个人可见”，通过复制链接，将其发送至需要的人，完成视频分享，如图 4-72 所示。

注：大家可根据实际情况填写项目名称、项目描述等信息，根据需要选择展示的方式。

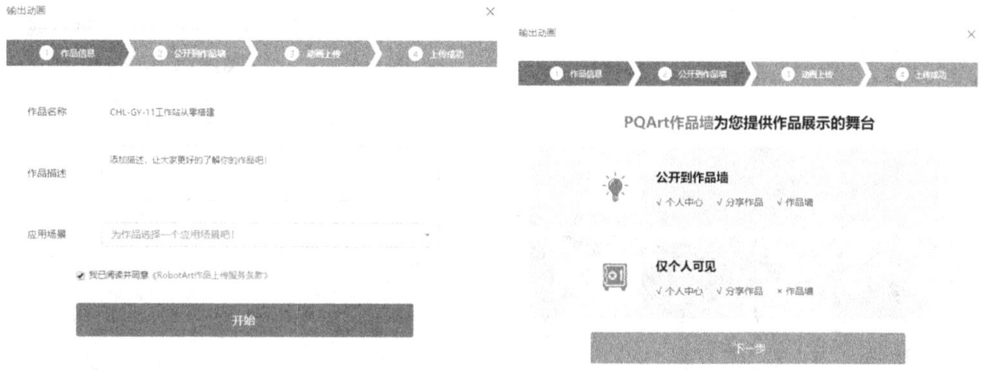

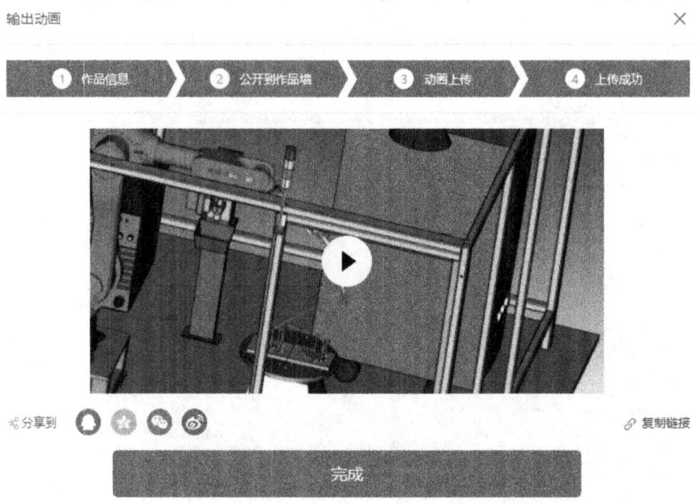

图 4-72　输出动画

任务 3　利用外部工具画线离线编程与仿真

如图 4-73 所示,机器人夹持工件,将工件从 A 处搬运至 B 处,利用外部工具在工件上画出如图 4-74 所示 C 处线路,再将工件放回 A 处。

任务 3　利用外部工具画线离线编程与仿真

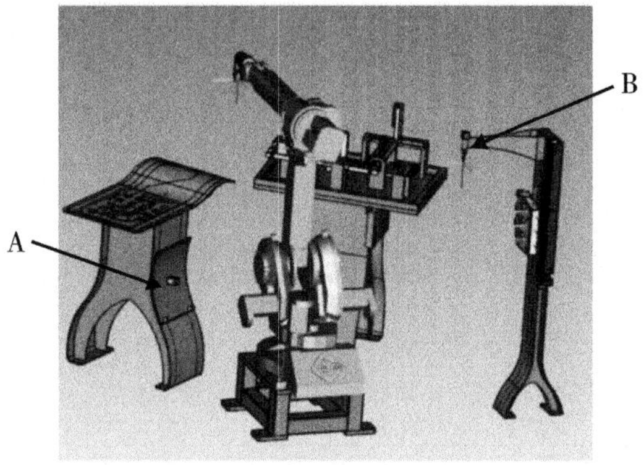

图4-73　搬运任务示意图

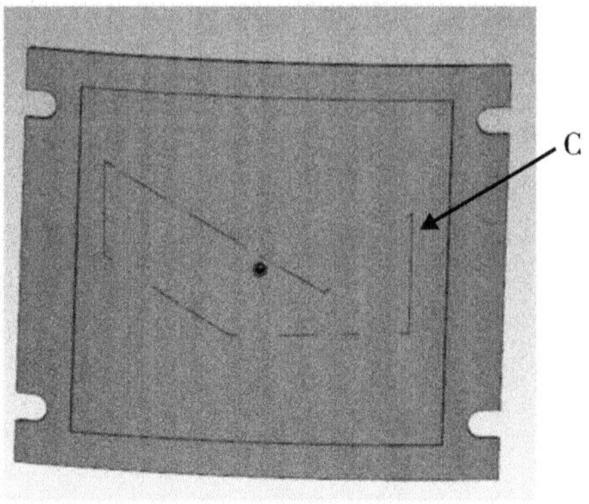

图4-74　画线任务示意图

1. 导入工作站

在 PQArt 软件中新建项目后，在【机器人编程】中选择【工作站】，应用场景选择“工业机器人实训工作台”，下载并插入“工业机器人基础教学工作站-站位型”，如图 4-75 所示。

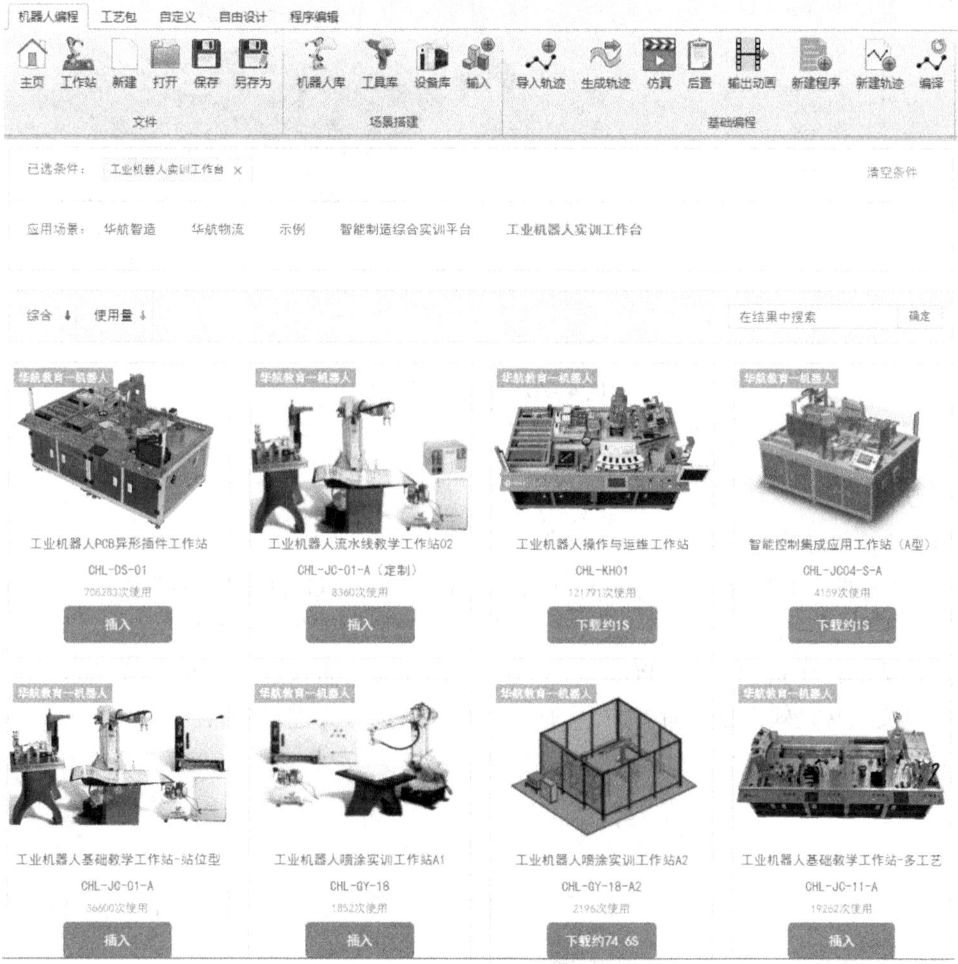

图 4-75 下载并插入工作站

经过观察，为了方便进行任务，可将与任务内容无关的场景元素进行隐藏。在【机器人加工管理】框中“零件”模块内“场景”，单击鼠标右键，在菜单栏中选择“隐藏”即可，如图 4-76 所示。

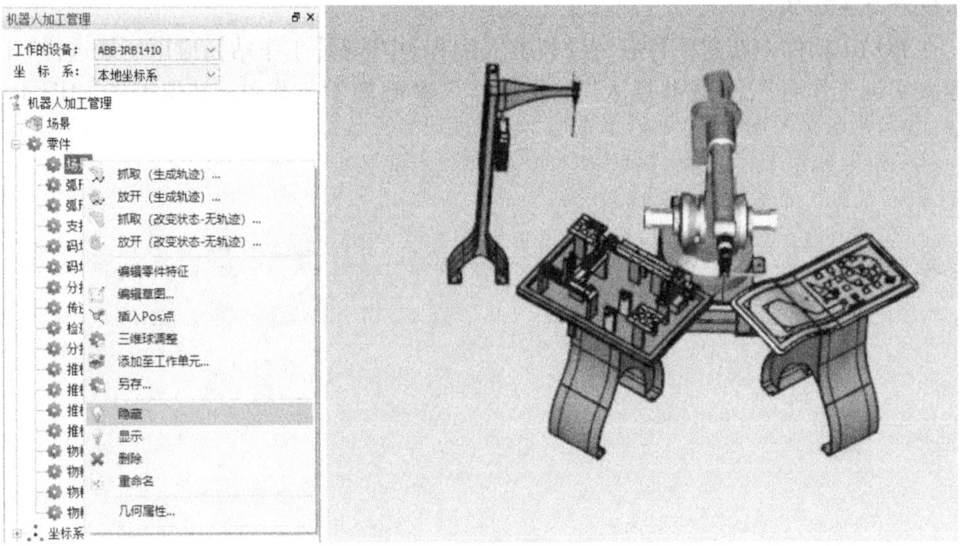

图 4-76　隐藏场景元素

2. 规划路径

(1)抓取"弧形板"

调整机器人位置,在"调试面板"中将机器人 J2、J3、J5 的值分别设定为-30、30 和 90,选中机器人模型或在【机器人加工管理】中【机器人】模块中选中"机器人",单击鼠标右键,在菜单栏中选中"插入 POS 点(Move-AbsJoint)",插入过渡点 9,如图 4-77 所示。注意:过渡点 9 是软件自行命名的,可通过"重命名"的方式进行修改。

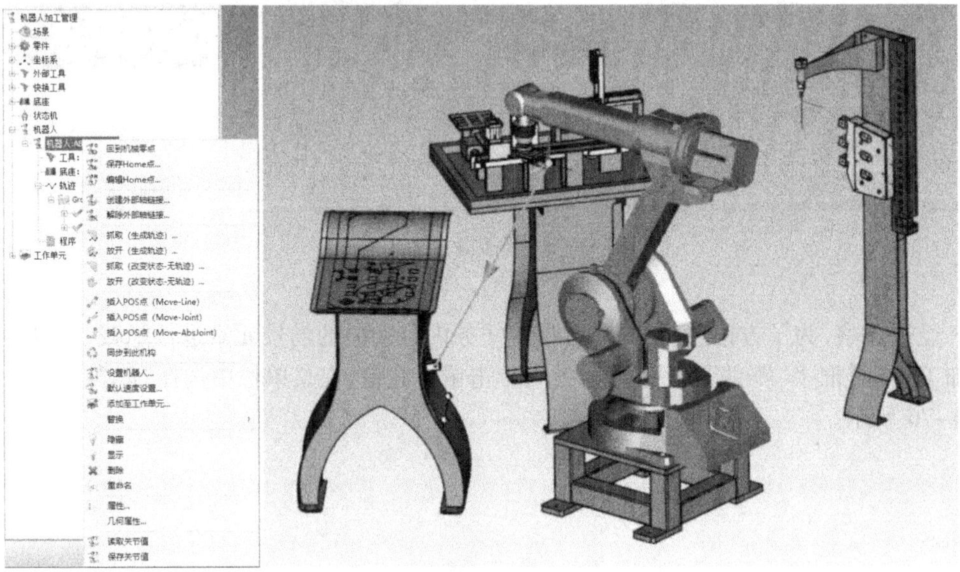

图 4-77　插入过渡点 9

选中机器人末端执行工具,单击鼠标右键,在弹出菜单中选择"抓取(生成轨迹)",然后在弹出"选择被抓取的物体"对话框中"未选择物体"栏选择"弧形板",点击"增加","已选择物体"框中出现"弧形板",点击"确定",在弹出"选择抓取位置"对话框中"可选择位置"栏选择"CP",点击"增加","已选择位置"框中出现"CP",点击"确定",在弹出"偏移"对话框中"不生成出入刀点"前勾选"√",点击"确定",如图 4-78 所示。

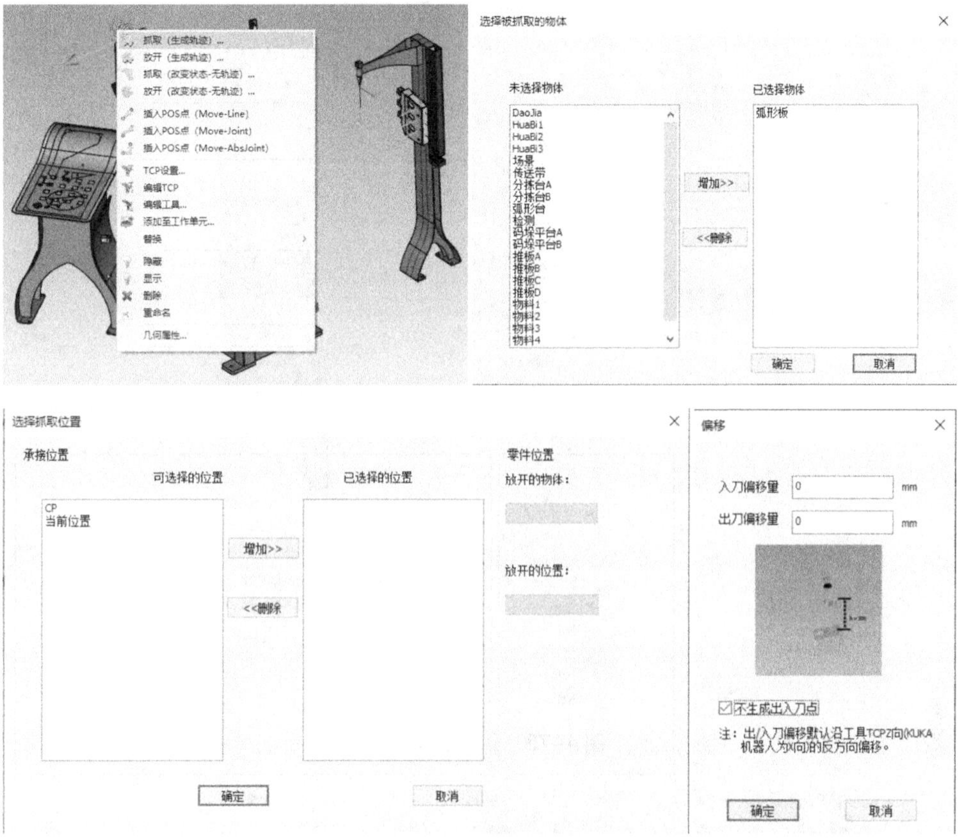

图 4-78　抓取工件

在【机器人加工管理】栏【机器人】中【轨迹】的子菜单中找到"过渡点 9",单击鼠标左键,弹出菜单,选择"仿真轨迹"→"从此轨迹开始仿真",或者通过【机器人编程】→【基础编程】→【仿真】完成轨迹仿真,观察仿真过程是否符合预期,如图 4-79 所示。

仿真结束后,双击"抓取_弧形板",将机器人末端工具调整至抓取位置。选中末端执行工具,点击【三维球】,将末端执行工具沿 X 轴移动 100 mm,并插入该点作为过渡点 11,如图 4-80 所示。

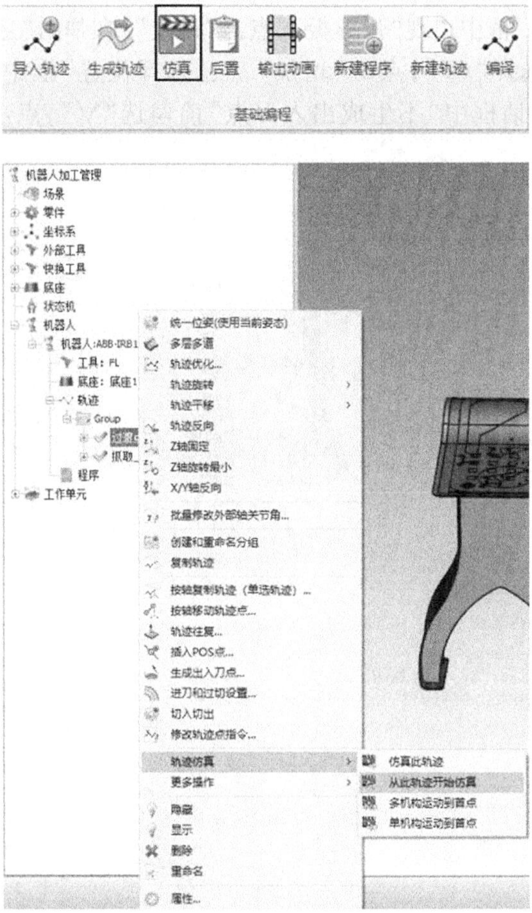

图 4–79　仿真抓取路径

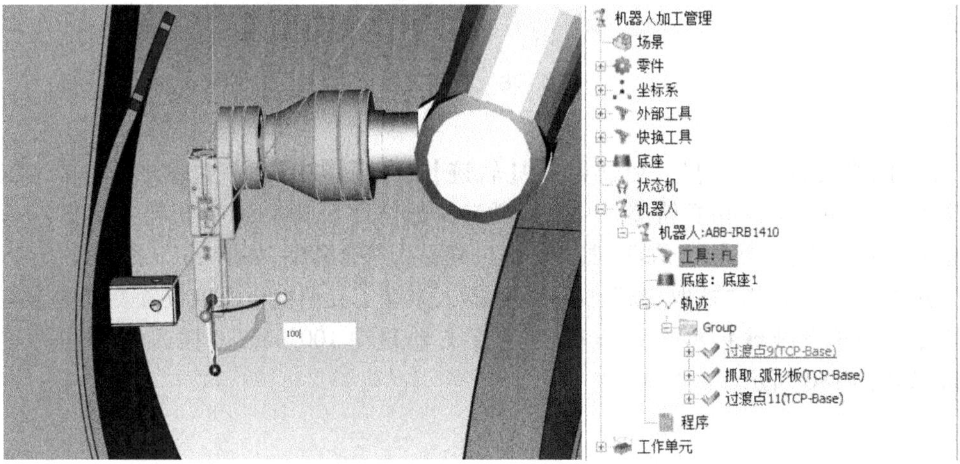

图 4–80　插入过渡点 11

根据路径规划要求，在抓取过程中不能与弧形板发生碰撞，因此，在抓取前应该设置过渡点。选中“过渡点 11”，单击鼠标右键，在菜单列表中选择“复制轨迹”，并将复制点拖拽至“抓取_弧形板”之前，如图 4-81 所示。

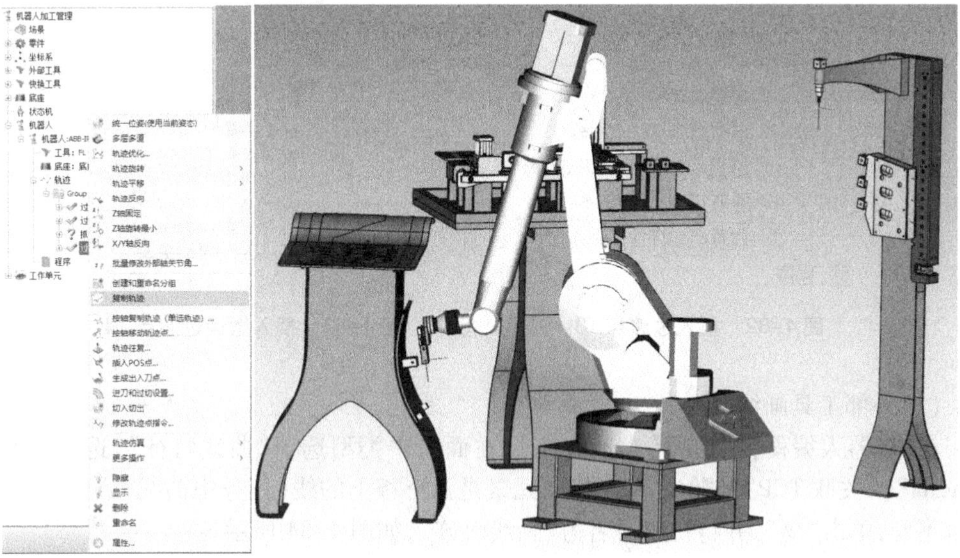

图 4-81　插入抓取前过渡点

在【机器人加工管理】→【机器人】→【轨迹】的子菜单中找到“过渡点 9”，单击鼠标左键，弹出菜单，选择“仿真轨迹”→“从此轨迹开始仿真”，或者通过【机器人编程】中【基础编程】的【仿真】完成轨迹仿真，观察仿真过程是否符合预期。经过观察，抓取过程中会与“弧形台”发生碰撞，因此，需要在此过程中增加过渡点，避免与“弧形台”发生碰撞。

通过【三维球】，将机器人移动至合适的位置（J1:40、J2:-30、J3:65、J4:5、J5:0、J6:0），选中机器人模型或在【机器人加工管理】→【机器人】模块中选中“机器人”，单击鼠标右键，在菜单栏中选中“插入 POS 点（Move-AbsJoint）”，插入过渡点 13，并将其拖拽至过渡点 9 之后，如图 4-82 所示。

再次进行【仿真】，观察机器人抓取运动轨迹，未与“弧形台”发生碰撞，符合要求。

通过【三维球】，将机器人移动至合适的位置（J1:40、J2:-30、J3:65、J4:5、J5:0、J6:0）、（J1:95、J2:20、J3:45、J4:65、J5:-70、J6:-20）、（J1:90、J2:0、J3:25、J4:30、J5:-95、J6:-130），选中机器人模型或在【机器人加工管理】中【机器人】模块中选中“机器人”，单击鼠标右键，在菜单栏中选中“插入 POS 点（Move-AbsJoint）”，插入过渡点 14、过渡点 15、过渡点 16，如图 4-83 所示。

再次进行【仿真】，观察机器人搬运运动轨迹，未与“弧形台”等发生碰撞，符合要求。

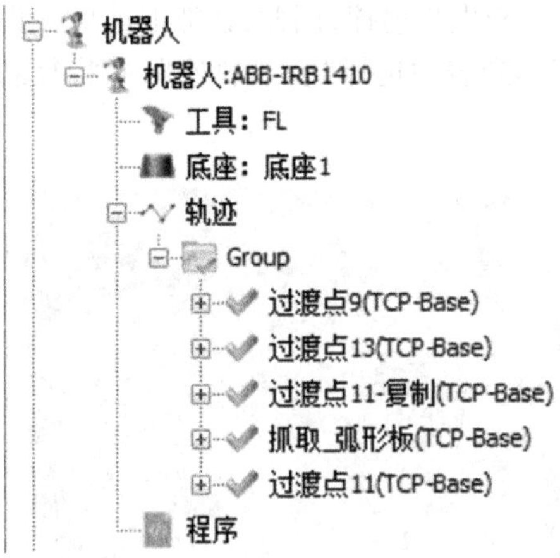

图 4-82　插入过渡点 13

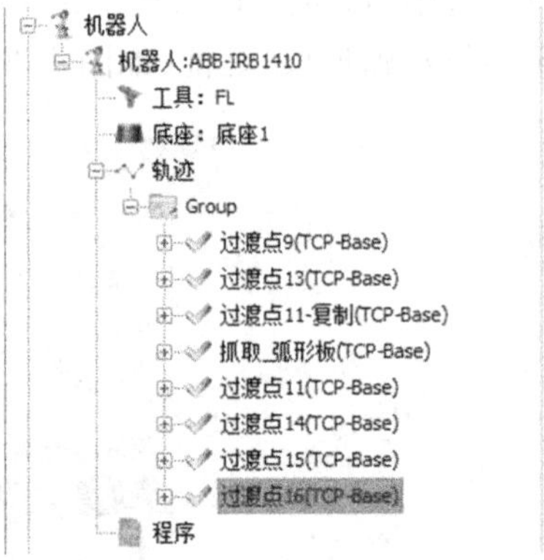

图 4-83　插入搬运过渡点 14、15、16

(2)外部工具画线

在【机器人编程】中选择【生成轨迹】，在面板中类型选择“曲线特征”，选择工具为“DaoJia”，“关联 TCP”是默认 TCP，拾取元素是弧形板上的线(任务中曲线 C)，其余参数设置不变，单击“√”，并将轨迹命名为“画线轨迹”，如图 4-84 所示。

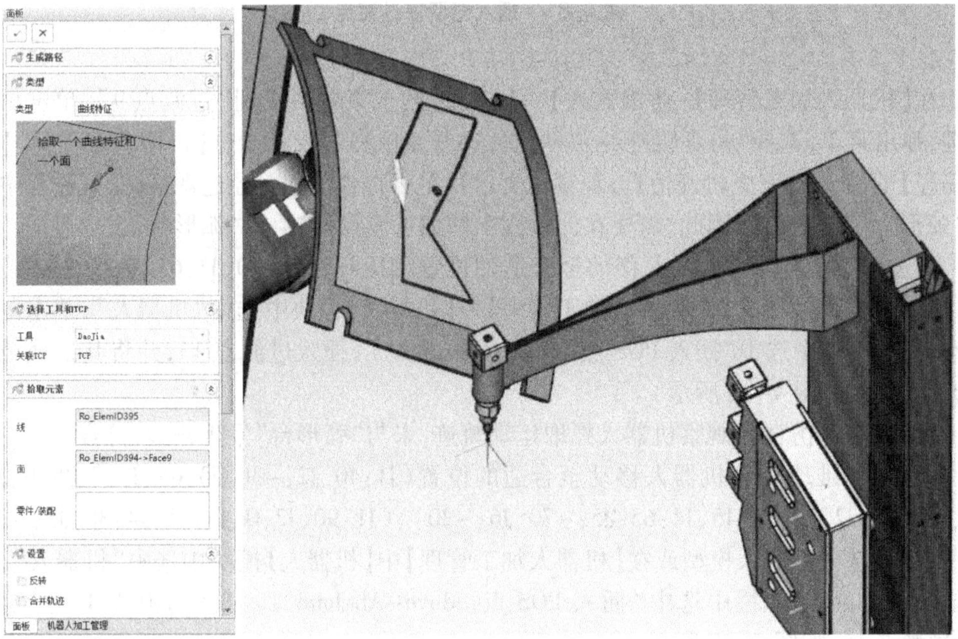

图 4-84　生成画线轨迹

在【机器人加工管理】→【机器人】→【轨迹】的子菜单中找到当前生成的“画线轨迹”，单击鼠标左键，弹出菜单，选择“轨迹仿真”→“仿真此轨迹”，在“调试面板”和“输出”中观察轨迹仿真运行信息，在点前和轨迹前均出现“轴超限”，则需要进行轨迹修正，如图 4-85 所示。

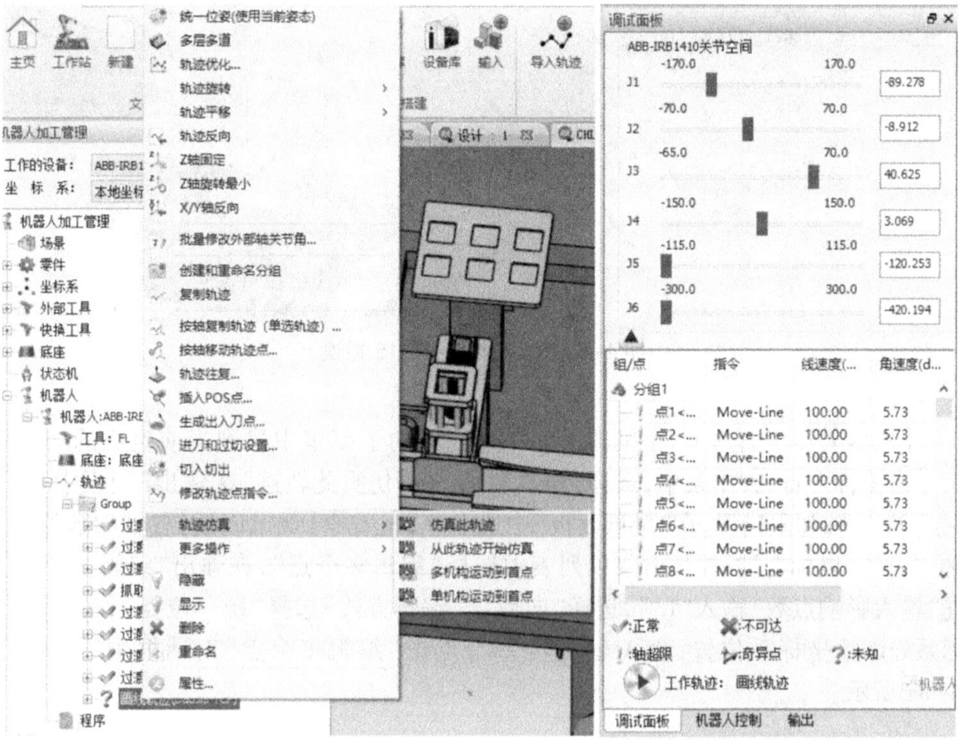

图 4-85　仿真“画线轨迹”

“输出”面板中显示点 1 ~ 点 15 为轴超限错误，在“调试面板”中选中点 1，观察“调试面板”各轴的数值，发现 J5 超限，点击鼠标右键，在弹出菜单列表中选择“编辑多个点”，在弹出“编辑多个点”对话框“输入影响点数”输入“15”，选择“向后”，“编辑方式”选择“统一位姿”，在外部工具坐标系处调整坐标系位置：绕 X 轴旋转 10°，点击“编辑多个点”对话框中“确定”，如图 4-86 所示。

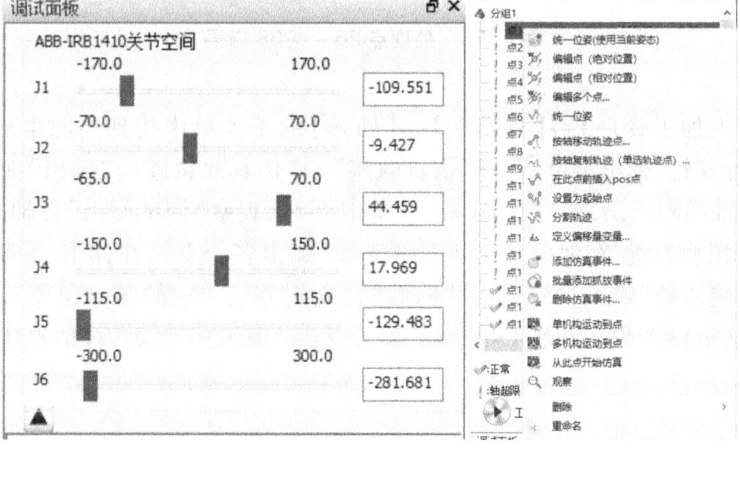

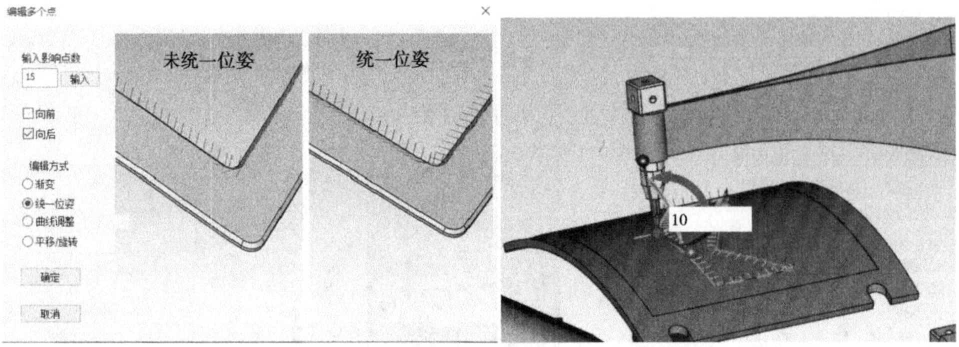

图 4-86　处理点 1 ~ 点 15 错误

在【机器人加工管理】→【机器人】→【轨迹】的子菜单中找到当前生成的“画线轨迹”,单击鼠标左键,弹出菜单,选择“仿真轨迹”→“仿真此轨迹”,“输出”面板中显示点 26 ~ 点 38 为轴超限错误,在“调试面板”中选中点 26,观察【调试面板】各轴的数值,发现 J5 超限,点击鼠标右键,在弹出菜单列表中选择“编辑多个点”,在弹出“编辑多个点”对话框“输入影响点数”输入“13”,选择“向后”,“编辑方式”选择“统一位姿”,在外部工具坐标系处调整坐标系位置:绕 X 轴旋转 20°,点击“编辑多个点”对话框中“确定”,如图 4-87 所示。

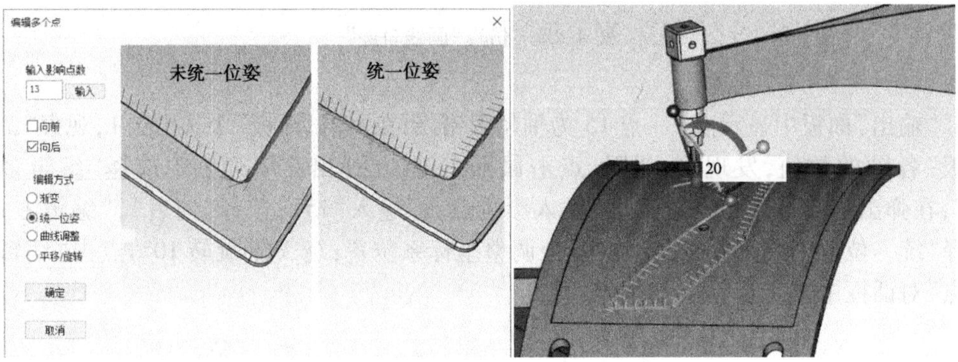

图 4-87　处理点 26 ~ 点 38 错误

在【机器人加工管理】→【机器人】→【轨迹】的子菜单中找到当前生成的“画线轨迹”,单击鼠标左键,弹出菜单,选择“仿真轨迹”→“仿真此轨迹”,“输出”面板中显示点 39 ~ 点 51 为轴超限错误,在“调试面板”中选中点 39,观察“调试面板”各轴的数值,发现 J5 超限,点击鼠标右键,在弹出菜单列表中选择“编辑多个点”,在弹出“编辑多个点”对话框“输入影响点数”输入“13”,选择“向后”,“编辑方式”选择“统一位姿”,在外部工具坐标系处调整坐标系位置:绕 X 轴旋转 20°,点击“编辑多个点”对话框中“确定”,如图 4-88 所示。

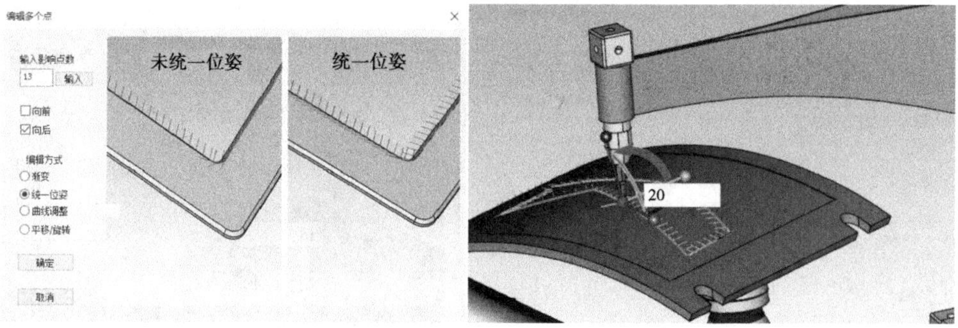

图 4-88 处理点 39 ~ 点 51 错误

在【机器人加工管理】→【机器人】→【轨迹】的子菜单中找到当前生成的“画线轨迹”，单击鼠标左键，弹出菜单，选择“仿真轨迹”→“仿真此轨迹”，“输出”面板中显示点 52 ~ 点 65 为轴超限错误，在“调试面板”中选中点 52，观察“调试面板”各轴的数值，发现 J6 超限，点击鼠标右键，在弹出菜单列表中选择“编辑多个点”，在弹出“编辑多个点”对话框“输入影响点数”输入“14”，选择“向后”，“编辑方式”选择“统一位姿”，在外部工具坐标系处调整坐标系位置：绕 Z 轴旋转 90°，点击“编辑多个点”对话框中“确定”，如图 4-89 所示。

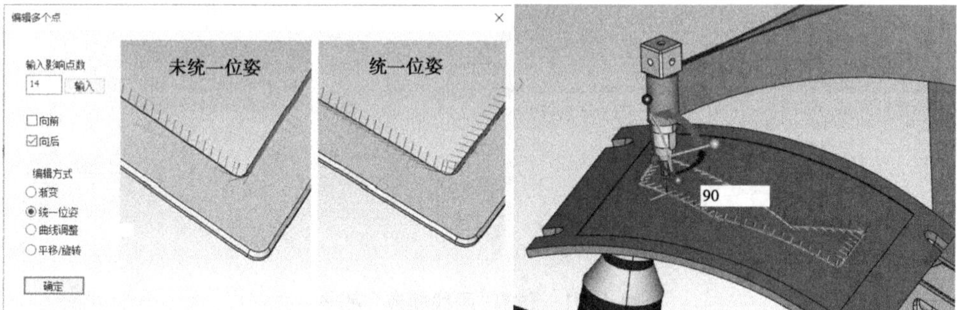

图 4-89 处理点 52 ~ 点 65 的 J6 错误

在【机器人加工管理】→【机器人】中【轨迹】的子菜单中找到当前生成的“画线轨迹”，单击鼠标左键，弹出菜单，选择“仿真轨迹”→“仿真此轨迹”，“输出”面板中显示点 52 ~ 点 71 为轴超限错误，在“调试面板”中选中点 52，观察“调试面板”各轴的数值，发现 J5 超限，点击鼠标右键，在弹出菜单列表中选择“编辑多个点”，在弹出“编辑多个点”对话框“输入影响点数”输入“20”，选择“向后”，“编辑方式”选择“统一位姿”，在外部工具坐标系处调整坐标系位置：绕 X 轴旋转 15°，点击“编辑多个点”对话框中“确定”，如图 4-90 所示。

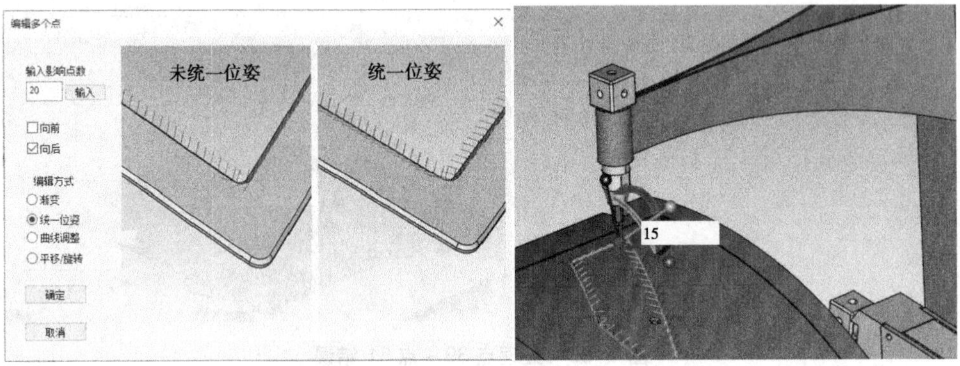

图 4-90　处理点 52 ~ 点 65 的 J5 错误

在【机器人加工管理】→【机器人】→【轨迹】的子菜单中找到当前生成的“画线轨迹”，单击鼠标左键，弹出菜单，选择“仿真轨迹”→“仿真此轨迹”，“输出”面板中无错误信息，【机器人加工管理】中“画线轨迹”前面出现绿色“√”，“调试面板”中所有点前均出现绿色“√”，则说明该轨迹仿真成功，如图 4-91 所示。

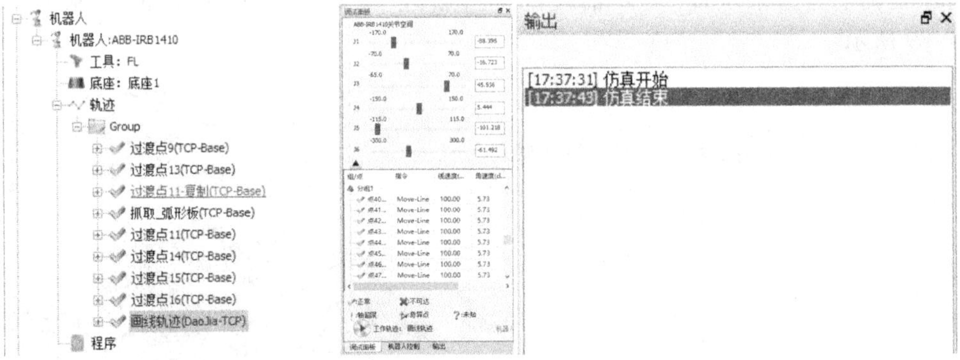

图 4-91　仿真“画线轨迹”完成

根据机器人编程的要求，在进入/离开加工点之前/后需要增加点进行减速/加速，便于减小机器人的惯性冲击/调高加工效率，PQArt 中设置了“生成出入刀点”功能。选中“画线轨迹”，单击鼠标右键，在菜单栏中选中“生成出入刀点”，在弹出“出入刀点”功能框中进行参数设置，根据实际需要设定“入刀偏移量”“入刀指令”“出刀偏移量”“出刀指令”，此处设定如图 4-92 所示。

再次进行仿真，“调试面板”中轨迹开始点前和结束点后新增两个点。

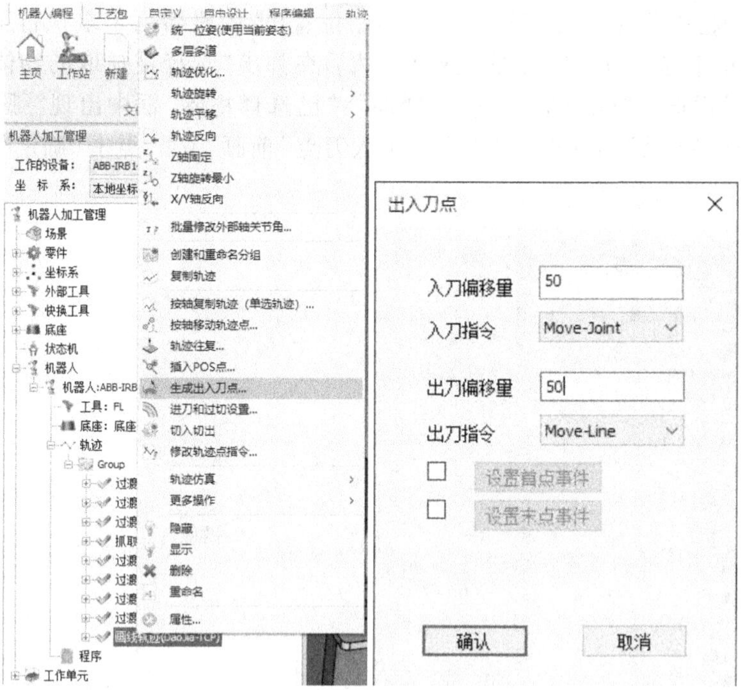

图 4-92　插入出入刀点

(3)放置“弧形板”

放置“弧形板”的路径(B-A)与抓取“弧形板”的路径(A-B)相反,因此过渡点完全相同,依次选中过渡点 14、过渡点 15、过渡点 16 和过渡点 11,单击鼠标右键,在菜单列表中选择“复制轨迹”,如图 4-93 所示。

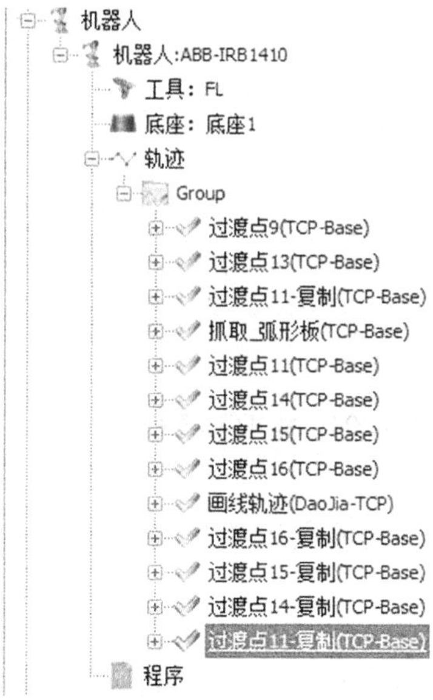

图 4-93　设置放置“弧形板”路径过渡点

双击“抓取_弧形板”，“弧形板”回到初始位置，选中机器人末端执行工具，单击右键，在弹出菜单中选择“放开(生成轨迹)”，然后在弹出“选择被抓取的物体”对话框中“未选择物体”栏选择“弧形板”，点击“增加”，“已选择物体”框中出现“弧形板”，点击“确定”，在弹出“偏移”对话框中“不生成出入刀点”前画“√”，点击“确定”，如图 4-94 所示。

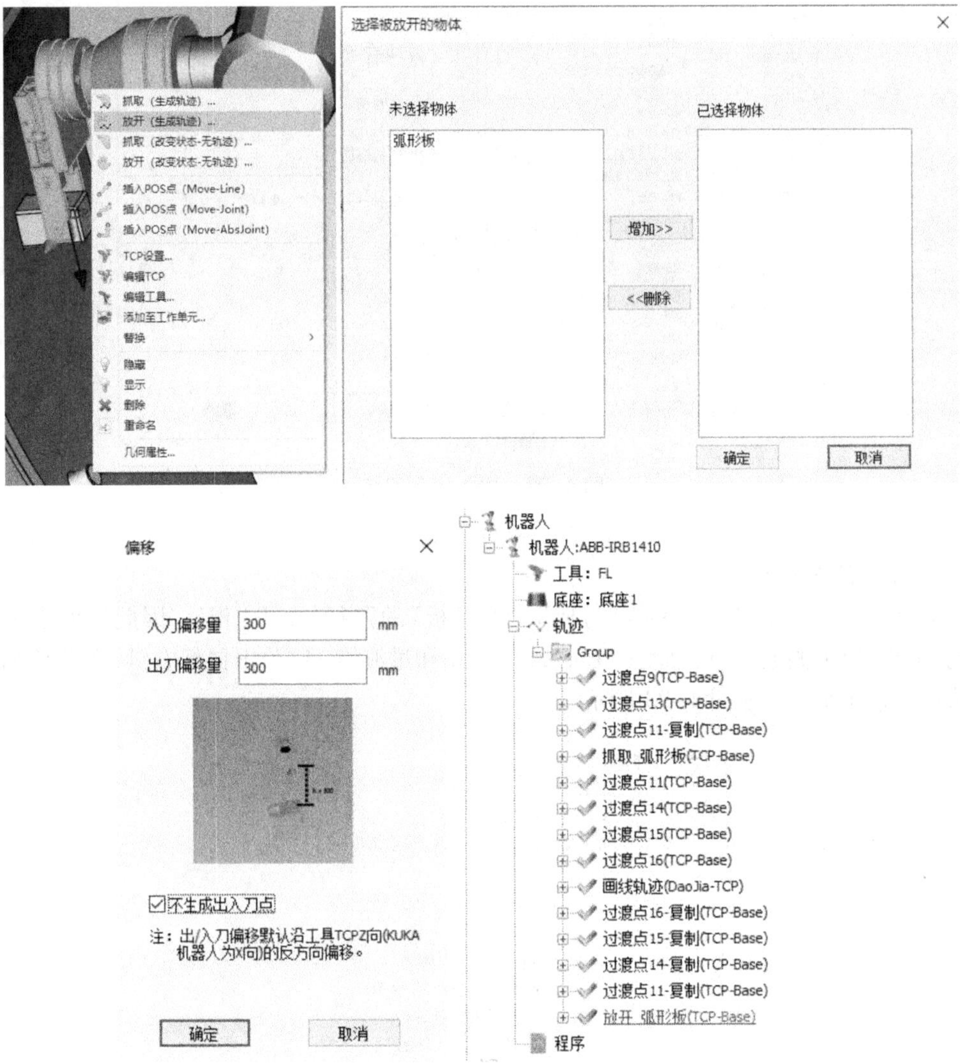

图 4-94　放开“弧形板”

依次选中过渡点 11、过渡点 13、过渡点 9，单击鼠标右键，在菜单列表中选择“复制轨迹”，如图 4-95 所示。

轨迹仿真完成后，机器人回到原始位置，为进行下一个任务作准备。选中机器人模型或在【机器人加工管理】→【机器人】模块中选中“机器人”，单击鼠标右键，在菜单栏中选中“回到机械零点”，使机器人回到初始位置。选中机器人模型或在【机器人加工管理】→【机器人】模块中选中“机器人”，单击鼠标右键，在菜单栏中选中“插入 POS 点（Move-AbsJoint）”，插入初始位置点（机械零点），如图 4-96 所示。

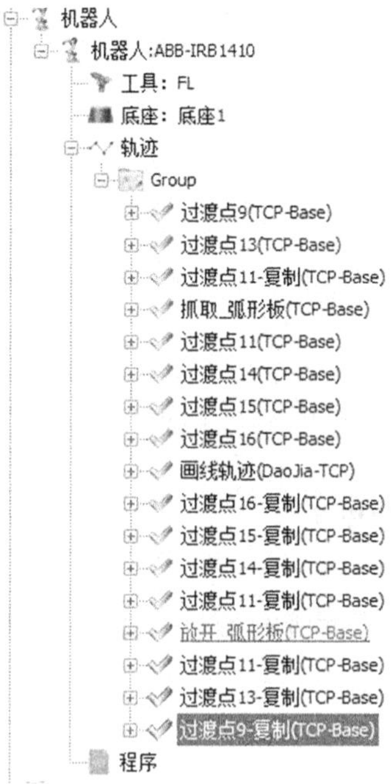

图 4-95　插入过渡点

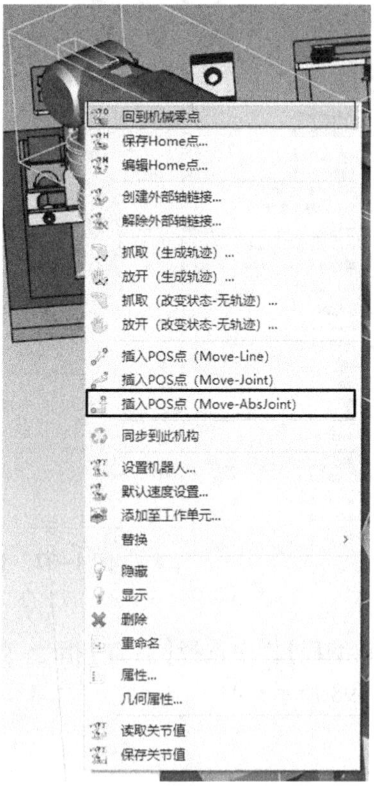

图 4-96　插入机械零点

3. 仿真调试

任务中要求的边的轨迹全部编译完成后，进行整体仿真，观察仿真过程是否达到任务要求，如果满足任务要求，则导出离线程序和过程视频。如果未达到要求，针对未满足要求部分进行修改，直至满足任务要求。

在【基础编程】栏中，单击【编译】，在右侧输出面板中显示编译信息，显示“编译完成”，则设置的过渡点、轨迹等都可以实现；如果出现不可达，奇异点等信息，可参照前文修改轨迹，直至“编译完成”。

在【基础编程】栏中，单击【仿真】，在仿真管理栏中选择“ ”，观看仿真动画。

4. 导出程序

确定机器人的运动轨迹无误后，就可以生成相应的机器人代码。选中机器人“属性”，根据使用机器人品牌选择后置模板，如图 4-97 所示。

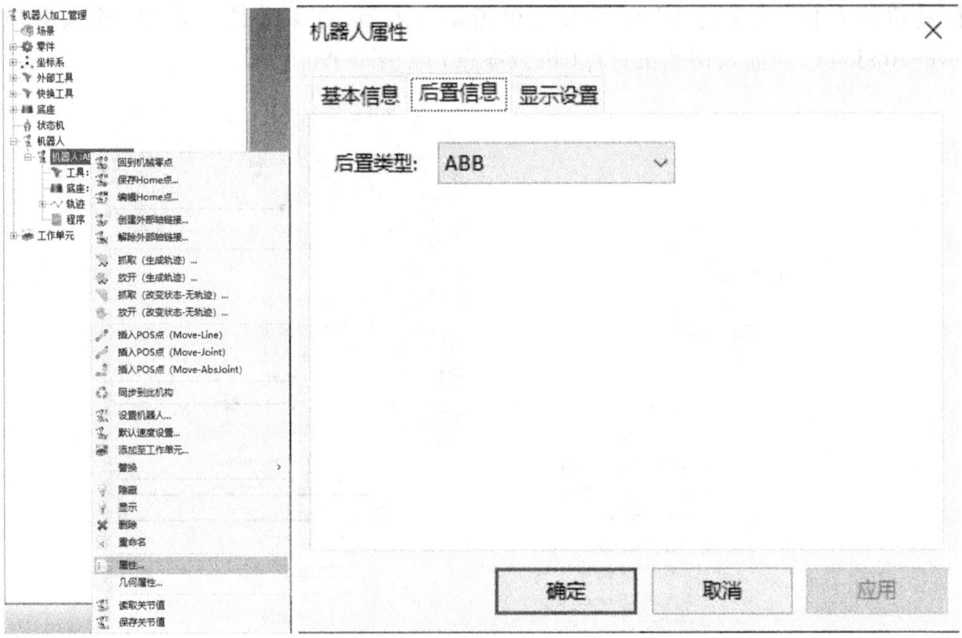

图 4-97　设置后置模板

在【基础编程】栏中选择【后置】指令，弹出对话框所有参数选择默认，点击“生成文件”，如图 4-98 所示。

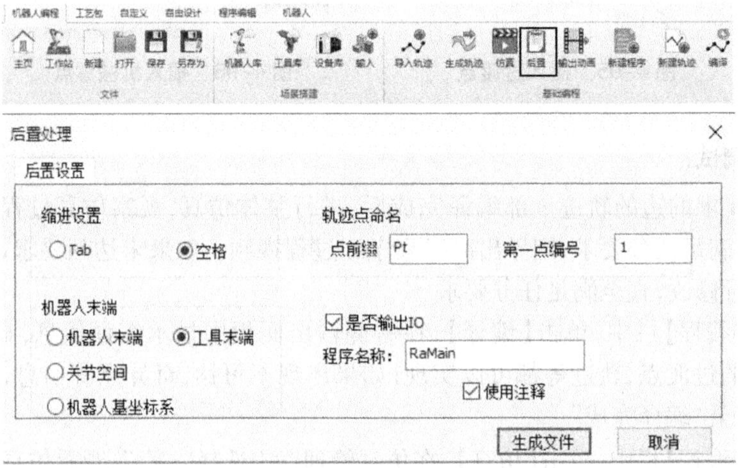

图 4-98　生成后置

5. 输出动画

在【基础编程】栏中选择【输出动画】指令，点击“开始”，选择“仅个人可见”，通过复制链接将其发送至需要的人，完成视频分享，如图 4-99 所示。

注：大家可根据实际情况填写项目名称、项目描述等信息，根据需要选择展示的方式。

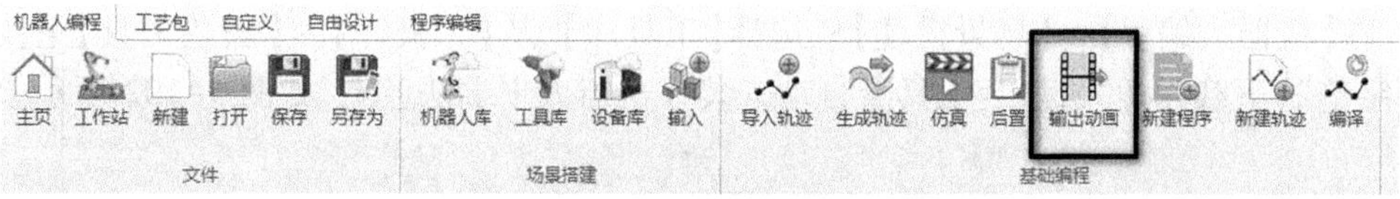

图 4-99　输出动画

6. 保存工程

在【基础编程】栏中选择【保存】或【另存为】指令，根据实际需要将工程保存即可，如图 4-100 所示。

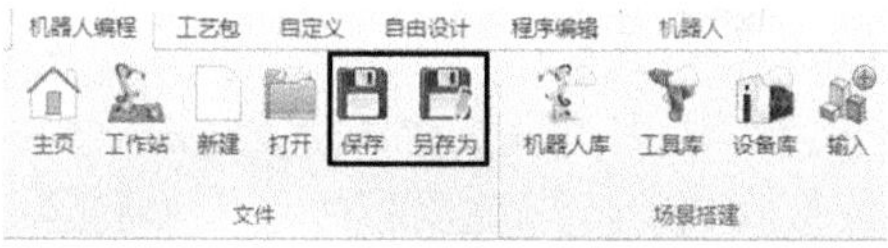

图 4-100　保存工程

任务 4　机器人离线程序运行

使用 PQArt 软件生成“洛理”轨迹，导出后置文件，在真机上调试、轨迹。

1. 模型导入

在【机器人编程】→【场景搭建】栏选择【机器人库】，从【机器人库】找到固高科技下“KAWASAKI-RA010NA”，下载并插入，如图 4-101 所示。

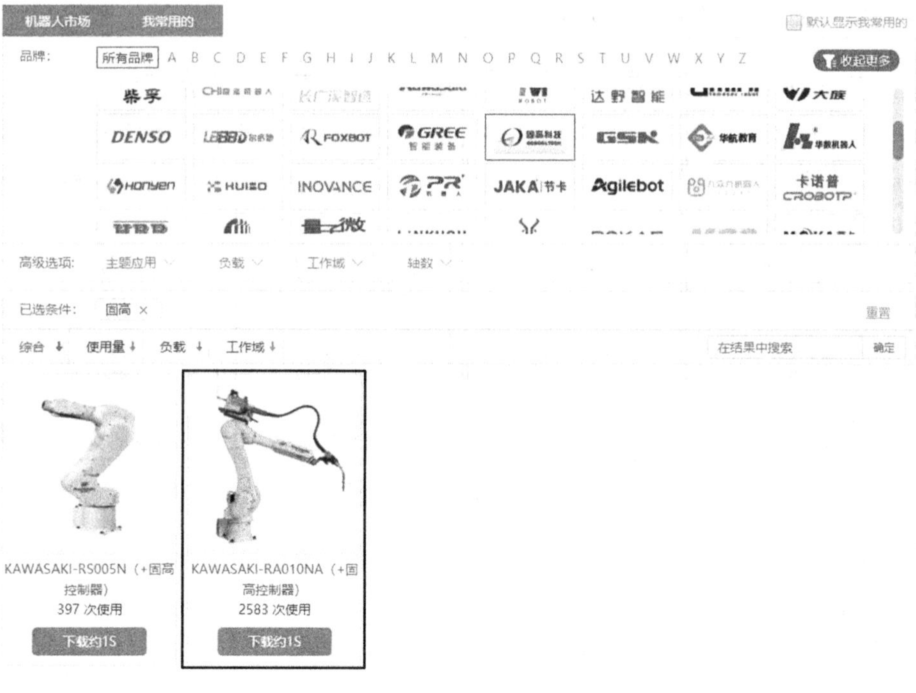

图 4-101　导入机器人模型

在【机器人编程】→【场景搭建】栏选择【工具库】，从【工具库】→【法兰工具】下找到“写字笔”，下载并插入，法兰工具会自动安装在机器人末端法兰上，如图 4-102 所示。

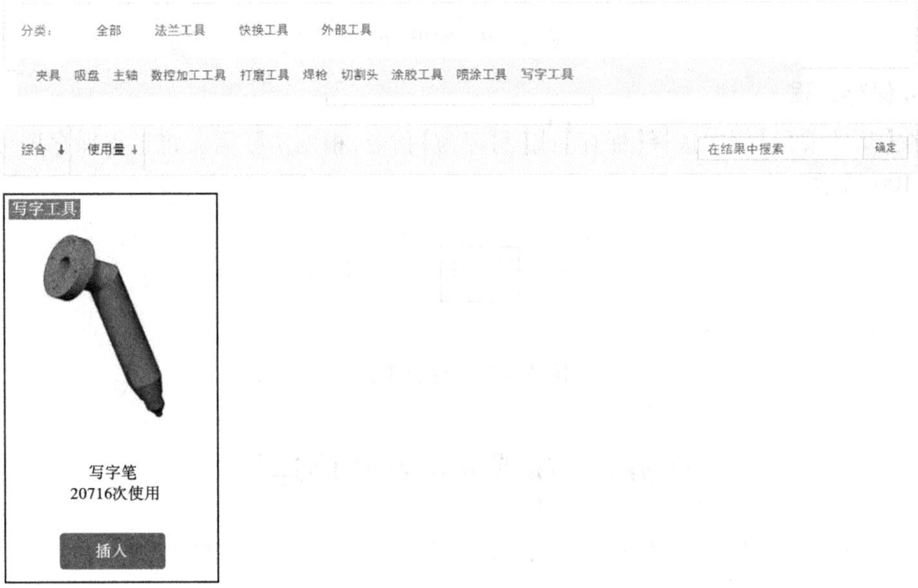

图 4-102　导入法兰工具模型

在【机器人编程】→【场景搭建】栏选择【设备库】，从【设备库】中找到“A4 纸张写字模板”，下载并插入，如图 4-103 所示。

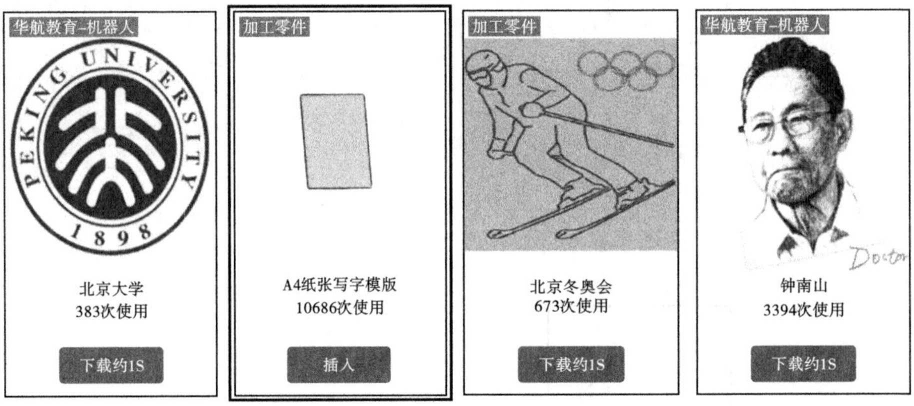

图 4-103　导入 A4 纸模板

2. 校准

(1)设置 TCP

在真机示教器中建立画笔的工具坐标系，并记录 X、Y、Z、A、B、C 的数据，如图 4-104 所示。

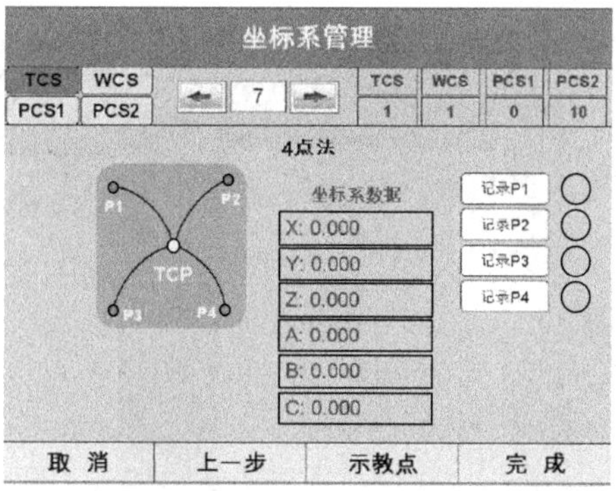

图 4-104　真机中工具坐标系

选中“写字笔”模型，单击右键，在弹出列表中选择“TCP 设置”，在弹出“设置 TCP”对话框中，将真机中 TCP 的 X、Y、Z、A、B、C 数据输入到 PQArt 软件 TCP 中，点击“确认”，如图 4-105 所示。

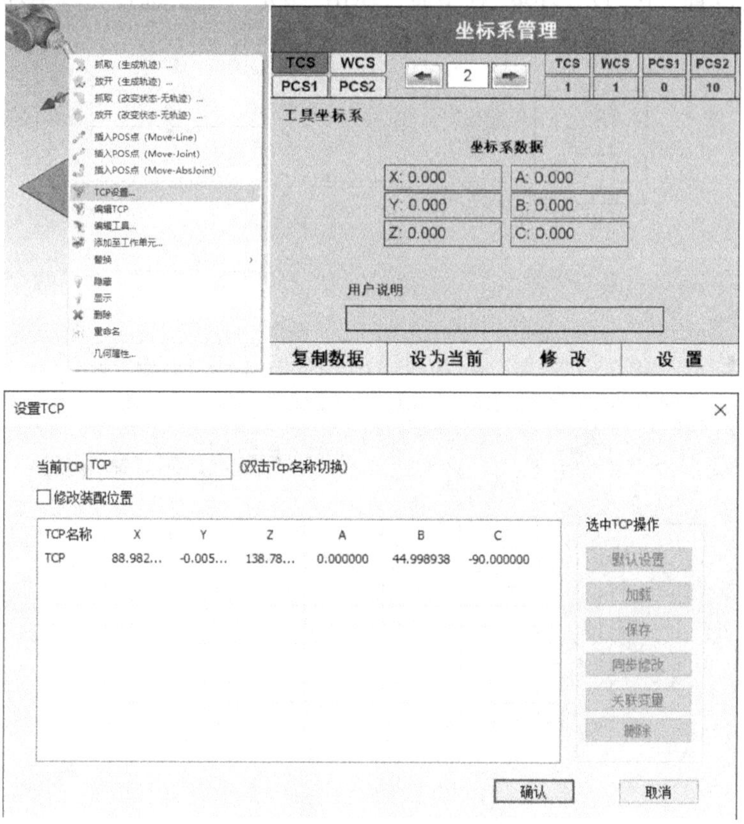

图 4-105　修改 TCP 数据

（2）校准

按照三点校准的要求，在真实环境中，使用机器人示教器移动机器人至三个尖点，并记录下三点的 X、Y、Z 数据，如图 4-106 所示。

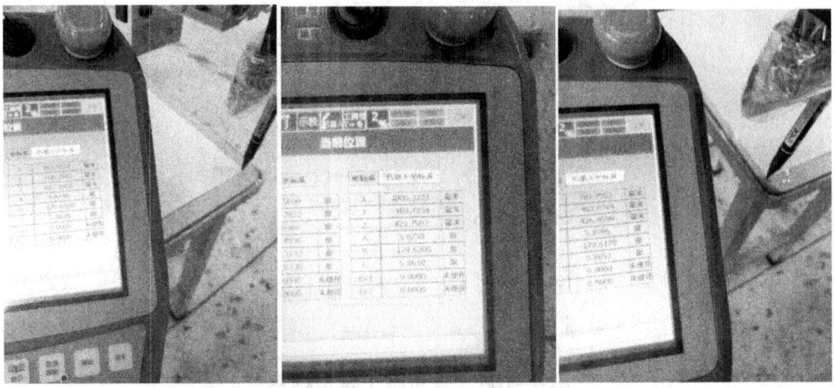

图 4-106　记录真实环境下三个尖点位置信息

在【机器人编程】→【工具】栏中选择【三点校准】，在“校准”对话框中，“校准目标”选择“零件工具等”，“坐标系”选择“基坐标系”。将记录的三个尖点数据输入到“真实环境”栏相应的位置。在“设计环境”栏中通过使用“指定”功能，选择与真实环境一一对应的尖点，点击“对齐”，如图 4-107 所示。

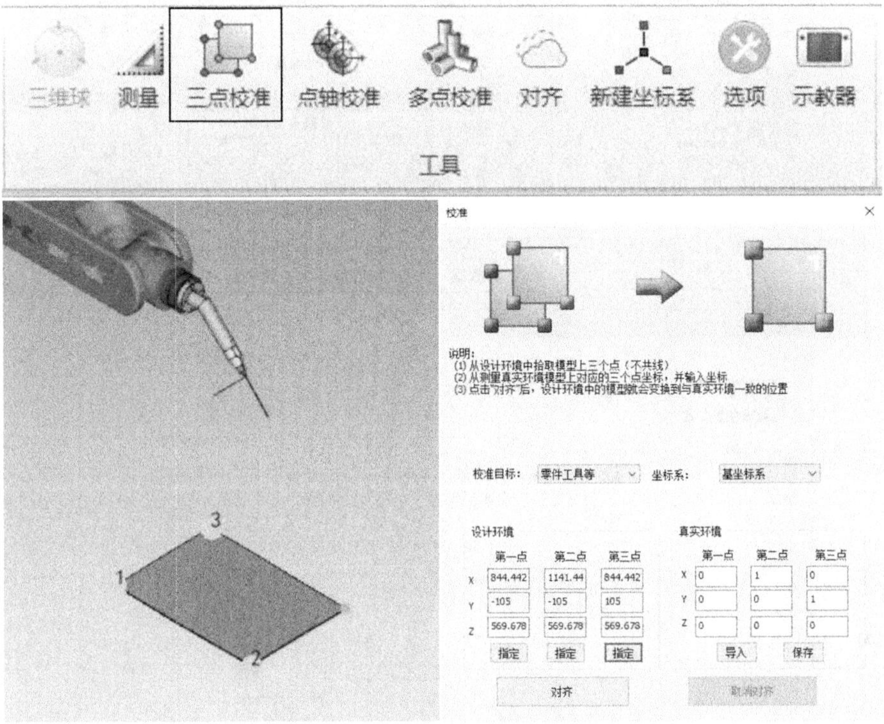

图 4-107　工作台校准

3. 设置写字轨迹

在【机器人编程】下选择【新建】，新建一个工程。在【自由设计】下选择【新建草图】，弹出“选择方向”对话框，“草绘方向”选择“XY 平面”，其余设置不变，点击“确定”，如图 4-108 所示。

在【自由设计】→【创建基本图元】中选择【文字】，在弹出“文字”对话框“输入文字”内输入“洛理”，“字高”设置为“100”，其余参数不变，点击“确定”，并关闭面板，如图 4-109 所示。

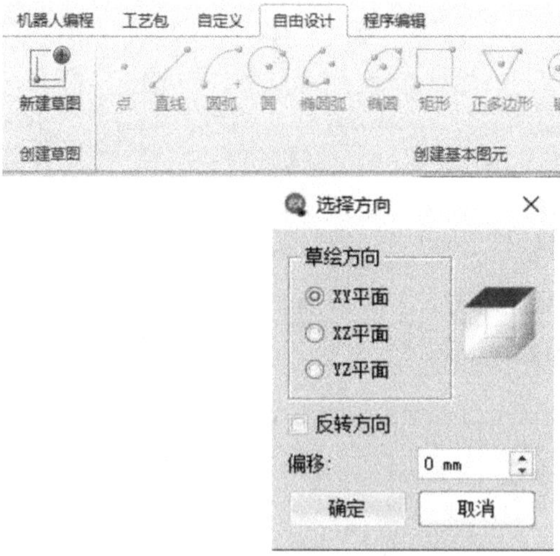

图 4-108　新建草图

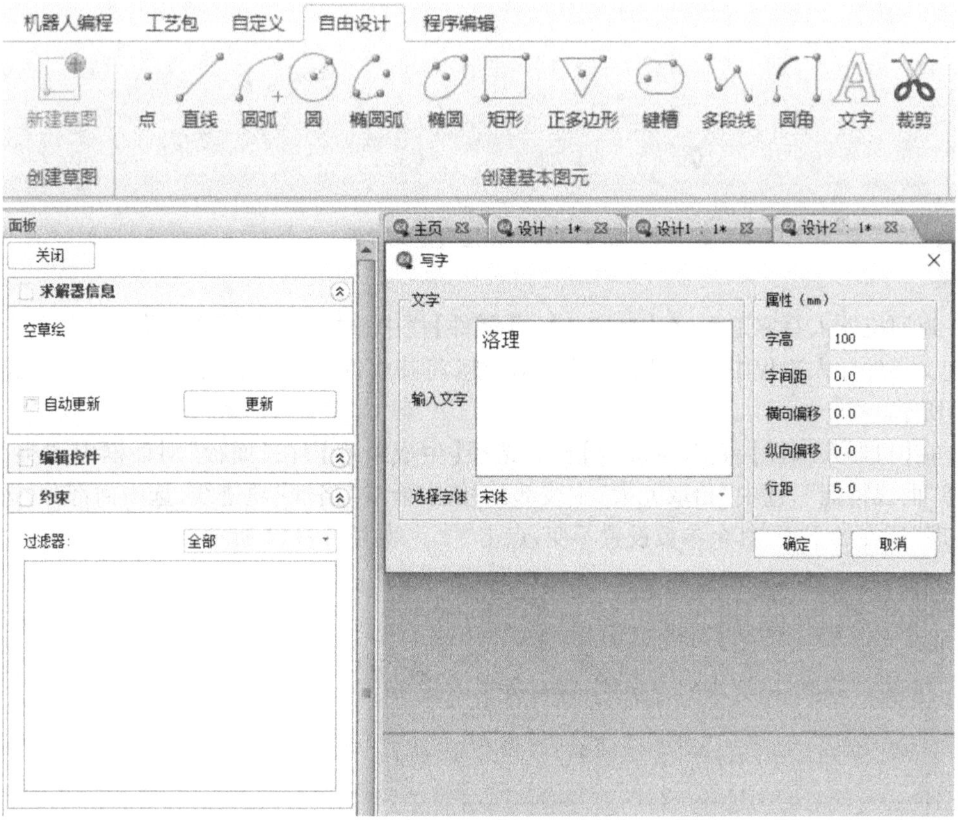

图 4-109　创建文字

在【自定义】→【零件】栏中选择【定义零件】，点击“另存”，将其保存为.robp 文件，如图 4-110 所示。

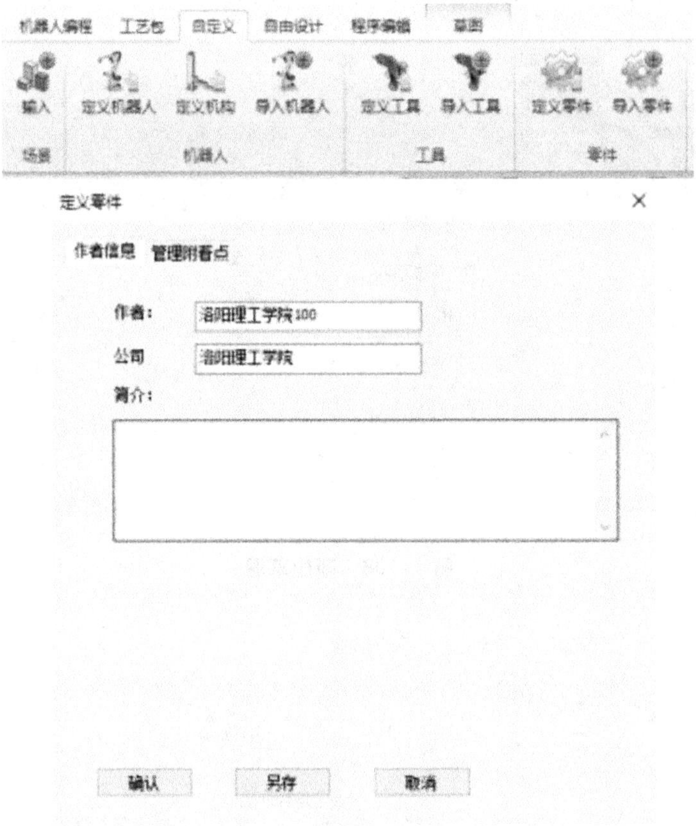

图 4-110　创建自定义零件

返回机器人写字工程，在【自定义】→【零件】栏中选择【导入零件】，将上文中保存的自定义零件导入工程中，并使用【三维球】功能，将其放置在 A4 纸上合适的位置，如图 4-111 所示。

在【机器人编程】→【基础编程】栏中选择【生成轨迹】，在“面板”对话框中，“类型”选择“曲线特征”，选中“拾取元素”中线部分，依次拾取“洛理”轨迹线，选中面部分，选择“洛理”所在的平面，其余参数设置不变，点击“ ”，如图 4-112 所示。

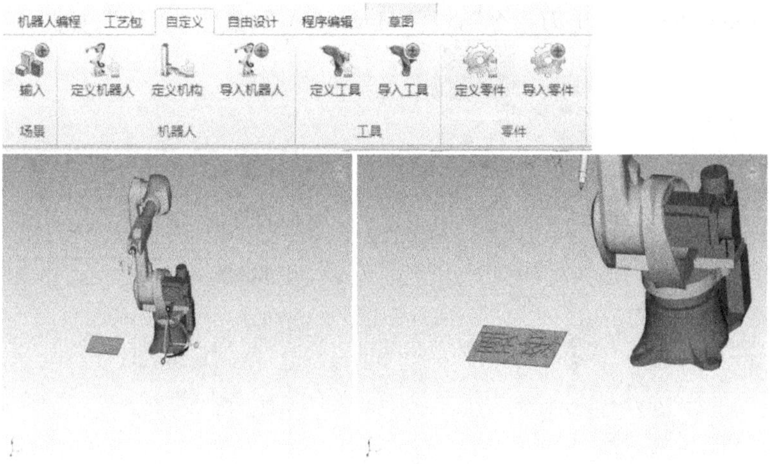

图 4-111　导入自定义零件

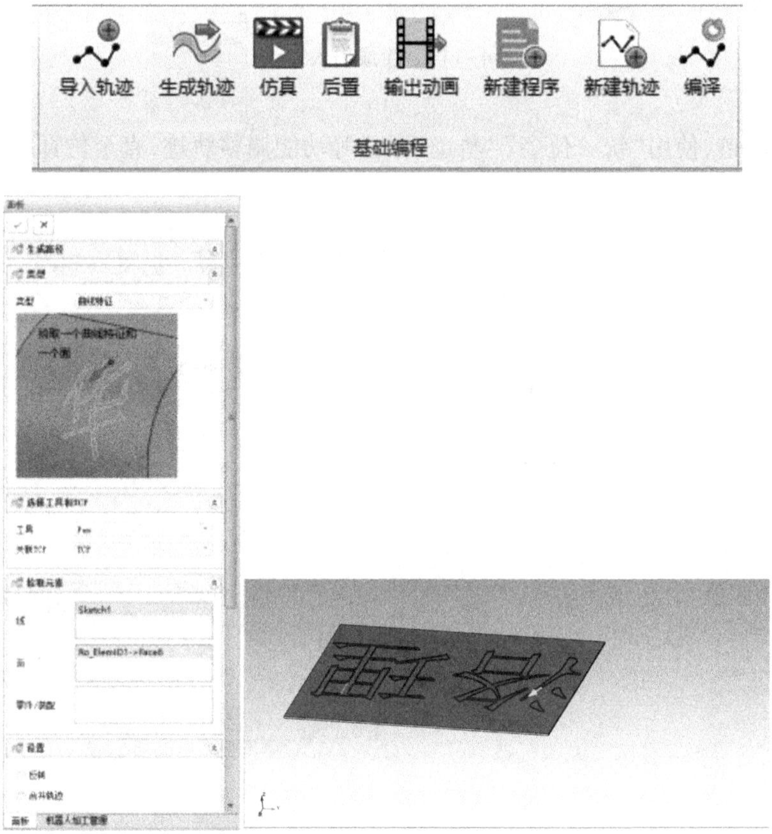

图 4-112　生成轨迹

在【机器人加工管理】→【机器人】模块内选择“轨迹”，选中所有轨迹，单击右键，在弹出列表中选择“生成出入刀点”，设置“入刀偏移量”和“出刀偏移量”均为“50”，“入刀指令”选择“Move-Joint”,“出刀指令”选择“Move-Line”,点击“确认”,如图 4-113 所示。

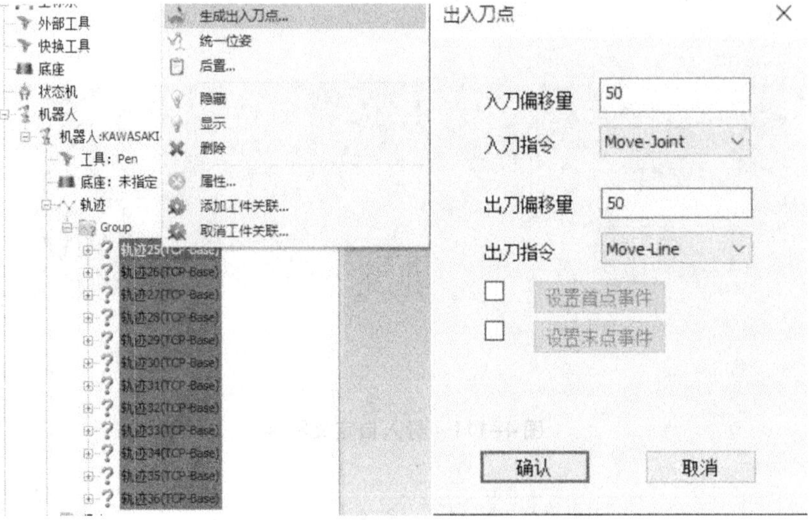

图 4-113　生成出入刀点

仿真此轨迹,使用“统一位姿”“轨迹反向”等功能调整轨迹,直至仿真成功,如图 4-114 所示。

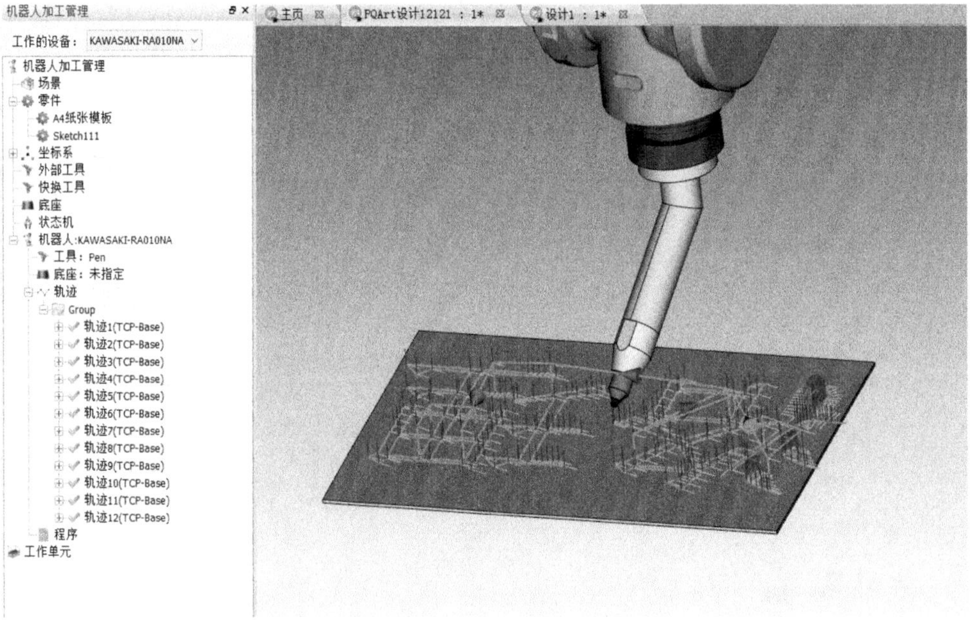

图 4-114　仿真轨迹

选中“机器人”模型,单击右键,在弹出列表中选择“属性”,选择“机器人属性”对话框中的“后置信息”,导入固高后置文件,点击“确定”,如图 4-115 所示。

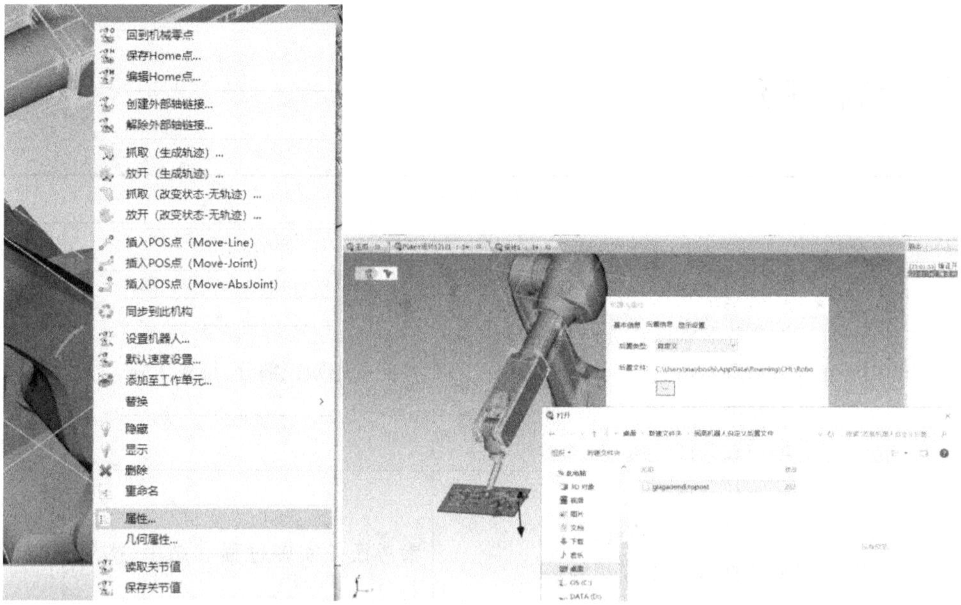

图 4-115　设置后置信息

在【机器人编程】→【基础编程】栏中选择【后置】，点击“生成文件”→“导出”，并将其命名为自己需要的文件名称，保存到电脑中，如图 4-116 所示。

图 4-116　导出离线程序

保存工程文件。使用 U 盘等移动存储工具，按照固高机器人基础操作方法将离线程序拷贝到机器人运动控制器中，使用示教器进行调试、运行。

4.5 考核评价

任务考评				
评分项	分值	考核内容	评分标准	得分
基础知识	10 分	1. 场景搭建; 2. 创建和调试轨迹; 3. 后置与仿真; 4. 校准; 5. 后置文件传输	参照基础知识部分,每条 2 分	
任务实施	70 分	1. 工作站搭建; 2. 创建机器人轨迹; 3. 仿真运行,分享视频; 4. 设计机器人写字轨迹,完成离线编程,并进行真机调试运行	参考任务实施过程和结果,酌情打分	
任务汇报	10 分	任务分析、过程实施和结果呈现	参考汇报过程和结果,酌情打分	
其他	10 分	撰写任务实施过程和结果分析	参考评分标准,根据提交任务报告打分	
合计				

项目五 机器人离线编程与仿真中级项目

5.1 项目描述

本项目的主要内容为 PQArt 软件中码垛工艺的功能、导轨与机器人系统、变位机与机器人系统。

5.2 学习目的

1. 了解并掌握 PQArt 软件中码垛工艺各个参数的定义及其使用方法;
2. 熟悉搬运/码垛工作站的编程方法;
3. 熟练掌握机器人码垛工作站搭建的方法、仿真运行、录制视频等;
4. 掌握机器人导轨、变位机的作用;
5. 掌握建立导轨、变位机等外部轴装备的方法,了解机器人与外部轴协调工作时对机器人本体工作范围的影响;
6. 能够基于工程实际建立机器人导轨系统和机器人变位机系统;
7. 建立工业机器人工程应用开发中的安全意识。

5.3 基础知识

5.3.1 码垛工艺

PQArt 软件中码垛工艺包包括码垛工艺和拆垛工艺,其中涵盖了码垛和拆垛过程中需要设置的所有参数,方便快速生成码垛轨迹和拆垛轨迹。

码垛工艺的使用流程如图 5-1 所示。

图 5-1 码垛工艺使用流程

在进行轨迹设计时，需要先生成搬运轨迹，再使用码垛工艺和拆垛工艺，如果不需要进行实机运行，则可省去“调机器人位置”“工件校准”和“工具校准”步骤，从而实现整个码垛工艺仿真。

PQArt 软件中码垛工艺包位于【工艺包】内，分为码垛和拆垛，如图 5-2 所示。

图 5-2 “码垛工艺包”位置

码垛工艺界面如图 5-3 所示，“可用搬运轨迹”是指码垛过程中搬运物体的过程，码垛轨迹可以从可用搬运轨迹中选择 1 ~ 2 条作为使用搬运轨迹，码垛轨迹本身不可再次选为使用搬运轨迹。“ » ”和“ « ”表示“增加”和“删除”。“码垛信息”包含码垛类型（三花垛、五花垛、八花垛和普通）、*X* 轴偏移、*Y* 轴偏移、入刀点指令、抓取速度、过渡速度、空走速度和偏移间隙。使用时根据实际需要进行设置即可，其中“*X/Y* 轴”是指搬运轨迹中放开点的 *X/Y* 轴方向，如未选择 *X/Y* 轴偏移方向，则默认沿正向偏移；“抓取速度”是指工具抓取工件的速度；“空走速度”是指机器人未抓取工件时的移动速度；“过渡速度”是指机器人运动到过渡点的速度；“偏移间隙”是指两个工件之间的距离。“码垛数量”是指每层工件的个数和层数，其中三花垛、五花垛、八花垛不需要指定 *X/Y* 轴数量，仅需指明 *Z* 轴数量，普通类型则需要指明 *X/Y/Z* 轴数量，即每行、每列工件的个数和层数。“货物信息”是指码垛工件的长度、宽度和高度。

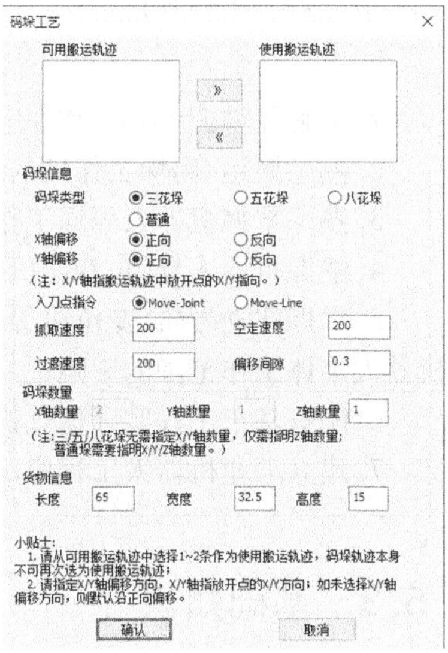

图 5-3 码垛工艺界面

拆垛工艺界面如图 5-4 所示，“所有轨迹”是指拆垛过程中搬运物体的过程，拆垛轨迹可以从可用搬运轨迹中选择 1 ~ 2 条作为使用搬运轨迹，拆垛轨迹本身不可再次选为使用搬运轨迹。“ » ”和“ « ”表示“增加”和“删除”。“重新指定放开位置”中“选择放开零件”是指搬运的工件；“选择承接零件”是指放置工件的物料；“选择位置”是指放开工件和承接工件的位置点。“工艺信息设置”中“抓取速度”是指抓取工件的速度，“过渡速度”是指机器人运动到过渡点的速度。如果勾选“入刀点指令 Move-Joint”指令，则表示拆垛轨迹中入刀点使用 Move-Joint 指令，未勾选则默认入刀点指令为 Move-Line。

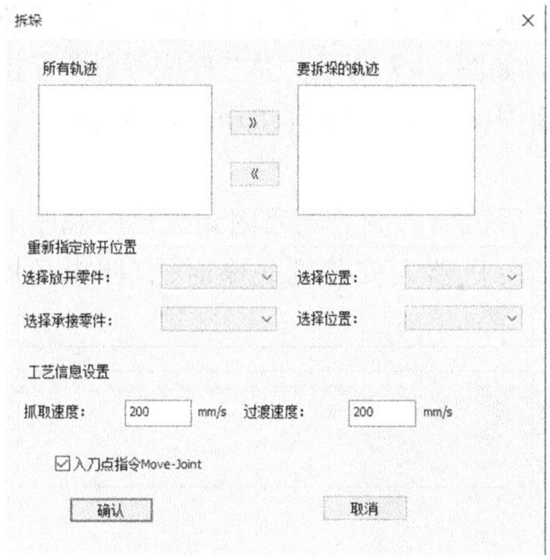

图 5-4　拆垛工艺界面

完成码垛和拆垛的轨迹之后，可通过【工艺包】→【仿真】对机器人的运动路径和状态进行仿真，查看运动效果，如图 5-5 所示。

图 5-5　工艺包仿真

5.3.2　导轨

机器人导轨是一套线性输送系统，用于机器人工位内的工件输送或机器人工位间的位置移动，如图 5-6 所示，主要应用于物料搬运、上下料、点焊、弧焊等。借助导轨，机器人的可达空间、可达距离得到拓展；同时也可实现一个机器人多工位、多工种的连续、联动工作方式。

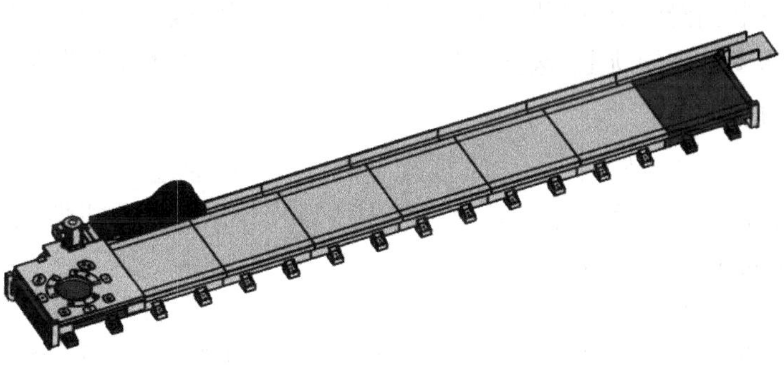

图 5-6　机器人导轨

5.3.2.1 机器人和导轨的链接

选中机器人模型,单击鼠标右键,在弹出菜单列表上选择“创建外部轴链接”,即可展开“链接外部轴”设置界面,如图 5-7 所示。从“直线导轨”下拉菜单选择想要与机器人链接的导轨,然后单击界面中的“确定”按钮,即可创建链接。

注意:

①是否同步位置:勾选后机器人会自动吸附到导轨的底座上;

②机器人安装底座角度:机器人安装到底座时,有四个角度 0°、90°、180°、270°可供选择。

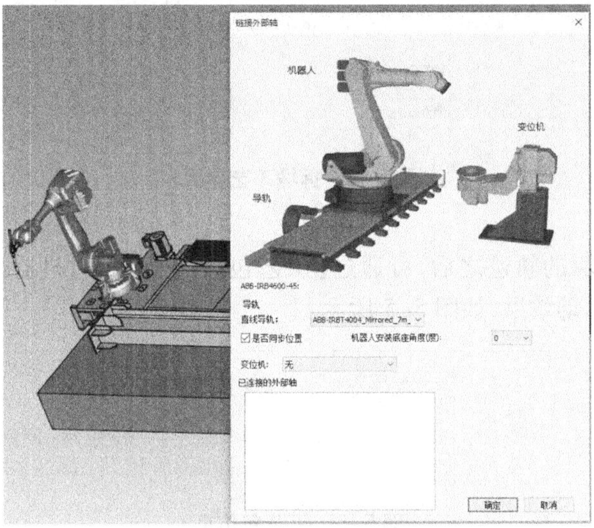

图 5-7 导轨的链接

5.3.2.2 导轨运行

目前,只能通过拖动已经作为机器人外部轴的关节控件滑块,通过外部轴的滑块滑动(和导轨的行程相对应),来实现导轨的运动,如图 5-8 所示。

通过上面的机器人和导轨的连接方式可知,机器人和导轨建立链接关系后,实际的位置关系有两种:

①机器人安装到滑轨上:这种情况下,导轨移动会带着机器人一起从动;

②机器人未安装到导轨上:这种情况下,导轨移动后,机器人不随着从动。

5.3.2.3 导轨后置

导轨和机器人建立关联后,一方面,实现了机器人可以通过统一、集中的调试面板来实现对导轨的控制;另一方面,导轨移动过程中的行程数据会随着机器人的轨迹后置操作,输出到机器人的后置代码内。

这些导轨的行程数据一般记录在各品牌机器人后置代码行后面预留的六个外部轴数据记录段的位置。导轨数据具体占据六位预留位置中的哪一位,在创建链接时就已经决定了,如图 5-9 所示。

图 5-8　导轨运行

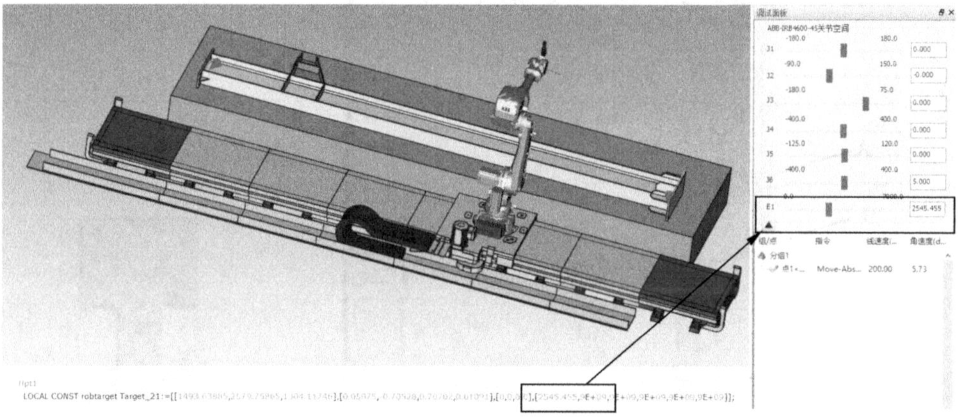

图 5-9　导轨后置

5.3.3　变位机

变位机是专用焊接辅助设备，适用于回转工作的焊接变位，以得到理想的加工位置和焊接速度。可与操作机、焊机配套使用，组成自动焊接中心，也可用于手工作业时的工件变位。工作台回转采用变频器无级调速，调速精度高。遥控盒可实现对工作台的远程操作，也可与操作机、焊接机控制系统相连，实现联动操作。焊接变位机一般由工作台回转机构和翻转机构组成，通过工作台的升降，翻转和回转使固定在工作台上的工件达到所需的焊接，装配角度，工作台回转为变频无级调速，可得到满意的焊接速度。

选中机器人模型，单击鼠标右键，在弹出菜单列表上选择“创建外部轴链接”，即可展开“链接外部轴”设置界面，从“直线导轨”下拉菜单选择想要与机器人链接的变位机，然后单击界面中的“确定”按钮，即可创建链接。

5.4 项目实施

任务1 机器人码垛工作站离线编程与仿真

任务1 机器人码垛工作站离线编程与仿真

如图5-10所示，机器人在A处安装快换工具，从B处抓取工件，搬运至C点，并将其按照三码垛摆放。

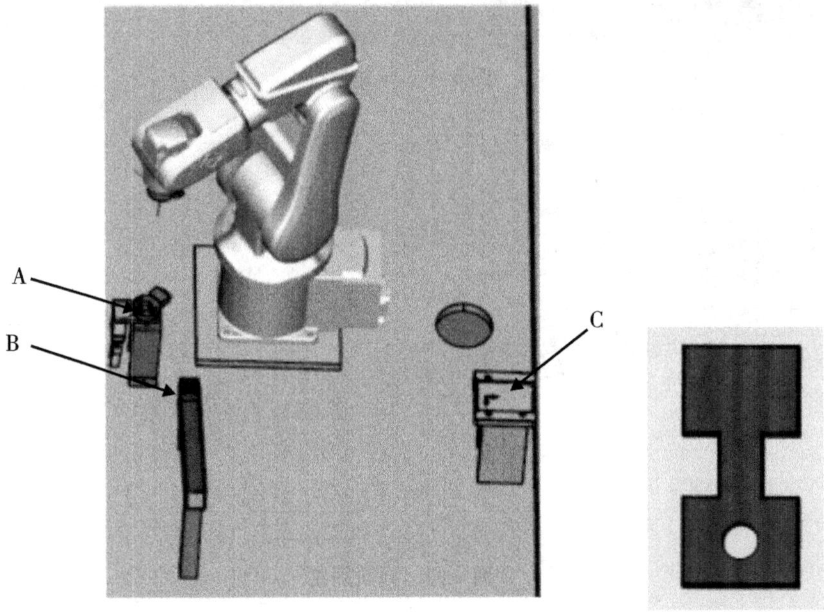

图5-10 机器人码垛任务示意图

1. 导入工作站

在PQArt软件中新建项目后，在【机器人编程】中选择【工作站】，“应用场景”选择“示例”，下载并插入“机器人搬运离线编程”，如图5-11所示。

图 5-11　下载并插入机器人码垛站

在【机器人加工管理】→【零件】模块选中“涂胶单元”，单击鼠标右键，在菜单栏中选择“隐藏”，或者直接选中“涂胶单元”模型，单击鼠标右键，在菜单栏中选择“隐藏”，这样“涂胶单元”不会出现在工作台上，方便后续工作，如图 5-12 所示。

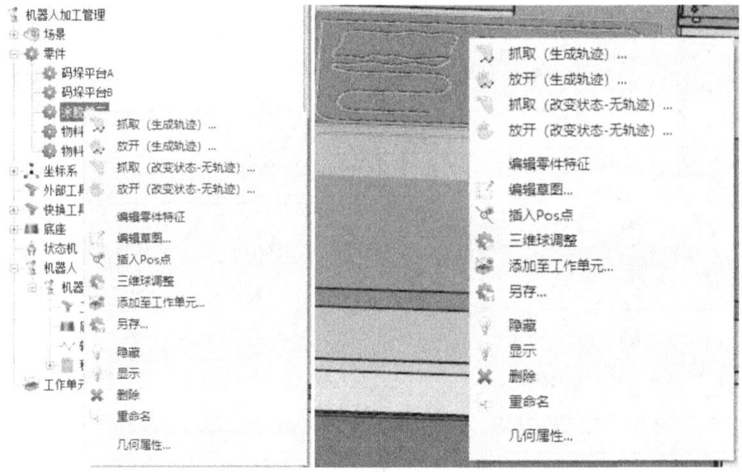

图 5-12　隐藏“涂胶单元”

根据任务和个人需要，可将工作站中与任务无关的模型进行“隐藏”处理，方便进行任务，本任务中将工作站处理后如图 5-13 所示。

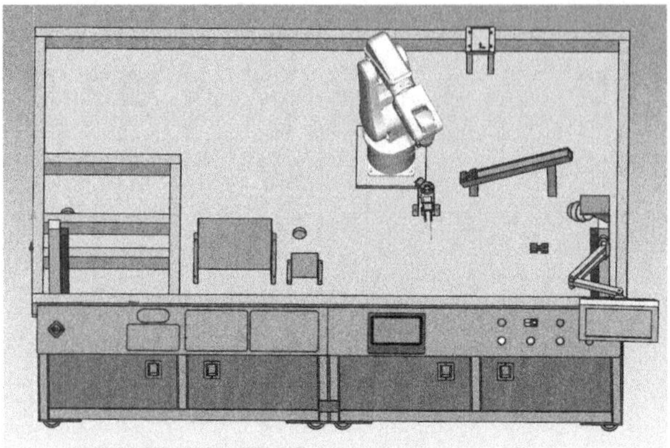

图 5-13　处理后工作站

2. 机器人搬运

(1)安装快换工具

在【机器人加工管理】→【快换工具】模块选中“jiazhua_Tool”,单击鼠标右键,在菜单栏中选择“安装(改变状态-无轨迹)”,或者直接选中“jiazhua_Tool”模型,单击鼠标右键,在菜单栏中选择“安装(改变状态-无轨迹)”,这样“jiazhua_Tool”自动安装至机器人末端快换工具接口,如图 5-14 所示。

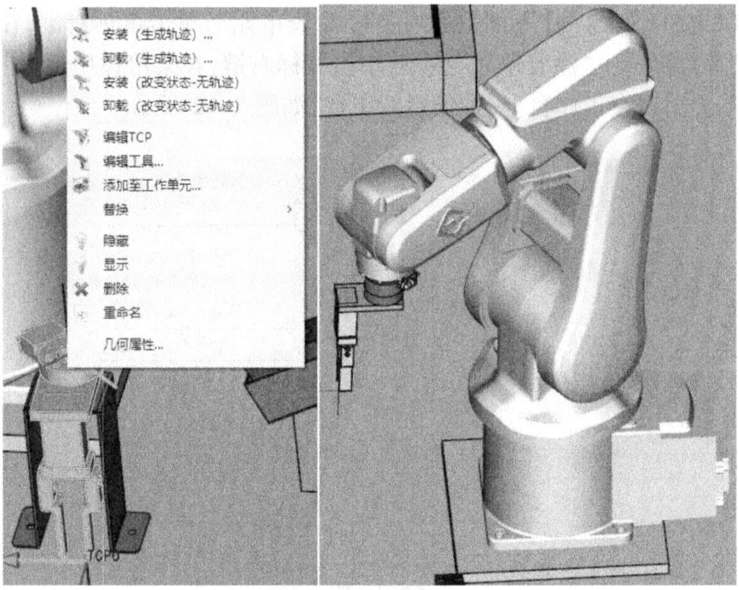

图 5-14　安装快换工具

(2)生成机器人搬运轨迹

选中机器人模型或在【机器人加工管理】→【机器人】模块中选中“机器人”,单击鼠标右键,在菜单栏中选中“插入 POS 点(Move-AbsJoint)”,插入过渡点 1。

选中机器人快换工具“jiazhua_Tool”模型或在【机器人加工管理】→【机器人】模块中选中“工具:FL”,单击鼠标右键,在弹出菜单栏中选中“抓取(生成轨迹)”,然后在弹出“选择被抓取的物体”对话框中“未选择物体”栏选择“物料 1”,点击“增加”,“已选择物体”框中出现“物料 1”,点击“确定”,在弹出“选择抓取位置”对话框中“可选择的位置”栏选择“CP1”,点击“增加”,“已选择的位置”框中出现“CP1”,点击“确定”,在弹出“偏移”对话框中“入刀偏移量”“出刀偏移量”均设定为“100”,点击“确定”,如图 5-15 所示。

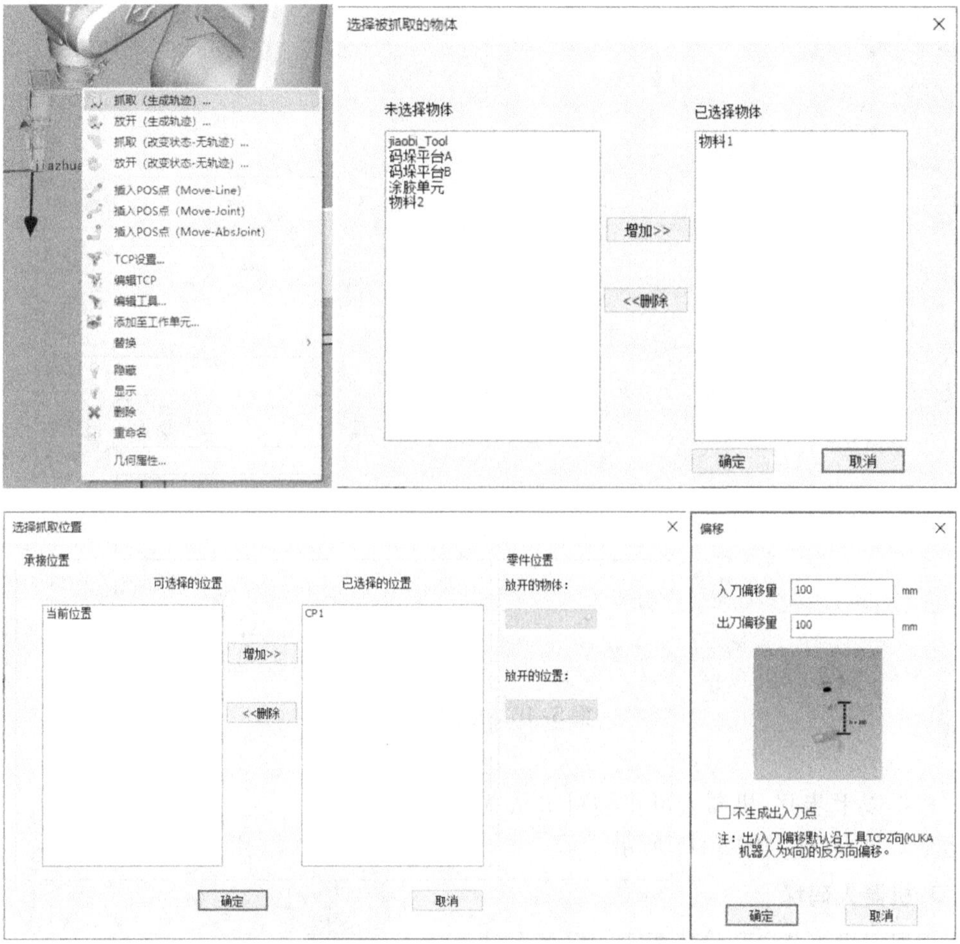

图 5-15　抓取物料 1

选中机器人快换工具“jiazhua_Tool”模型或在【机器人加工管理】→【机器人】模块中选中“工具:FL”,单击鼠标右键,在弹出菜单栏中选中“放开(生成轨迹)”,然后在弹出“选择被放开的物体”对话框中“未选择物体”栏选择“物料 1”,点击“增加”,“已选择物体”框中出现“物料 1”,点击“确定”,在弹出“选择放开位置”对话框中“承接位置”栏选择“码垛平台 B”和“RP2”,点击“增加”,“已选择的位置”框中出现“RP2”,点击“确定”,在弹出“偏移”对话框中“入刀偏移量”“出刀偏移量”均设定为“100”,点击“确定”,如图 5-16 所示。

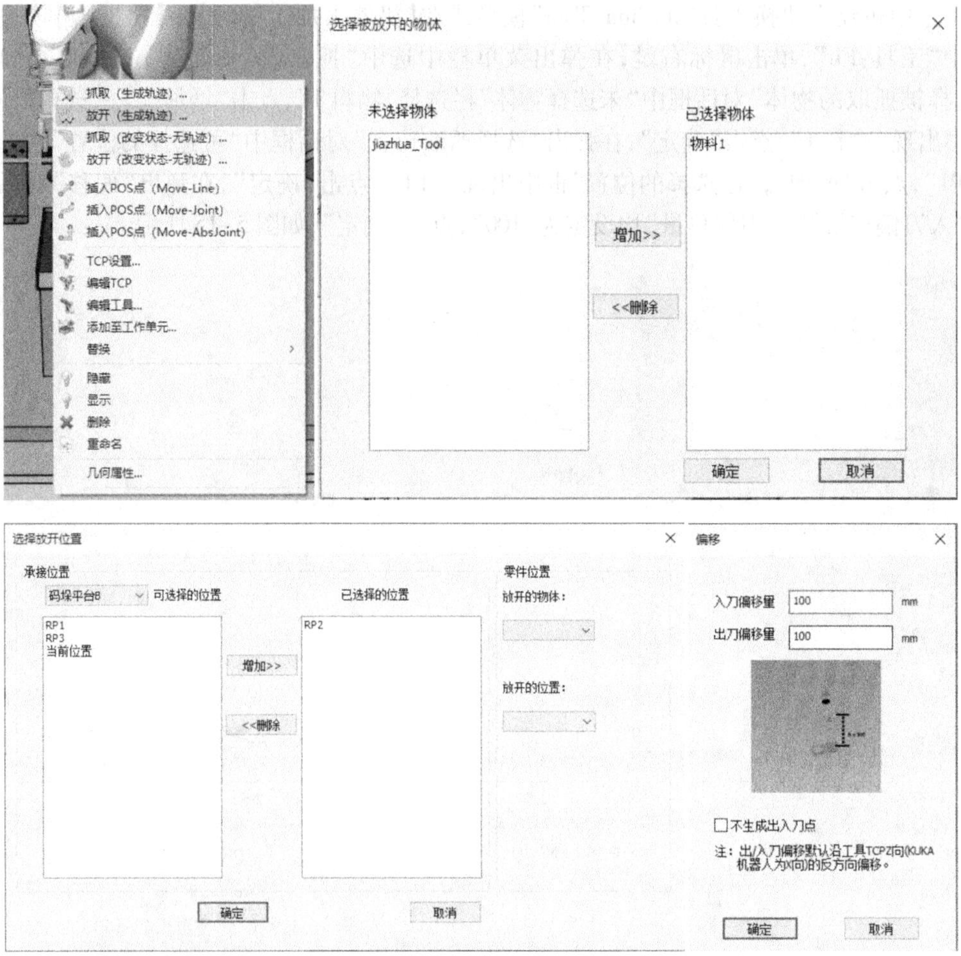

图 5-16　放开物料 1

根据以上步骤，机器人可将物料 1 从 A 处搬运至 C 处，轨迹如图 5-17 所示。

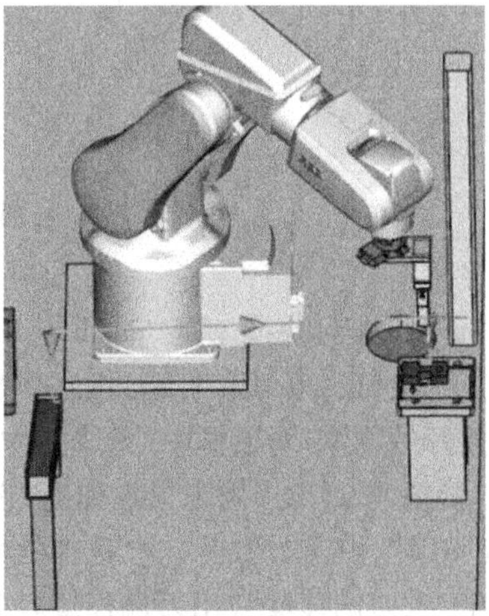

图 5-17　机器人搬运轨迹

3. 机器人码垛

根据码垛工艺参数设置要求，在【机器人加工管理】→【机器人】→【轨迹】中选中“抓取_物料 1”和“放开_物料 1”，单击鼠标右键，在弹出菜单栏中选择“合并轨迹”，生成码垛搬运轨迹，将这两个动作合成一个连贯的动作，如图 5-18 所示。

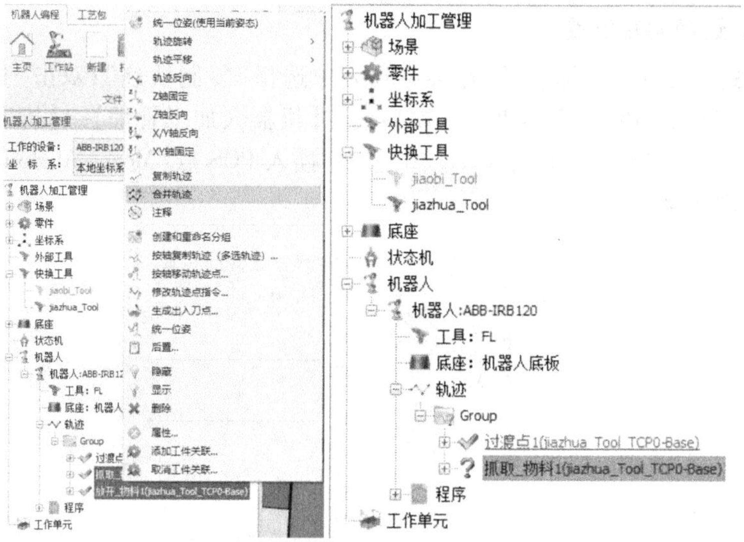

图 5-18　生成码垛搬运轨迹

选择【工艺包】内码垛工艺包中【码垛】，在弹出“码垛工艺”对话框“可用搬运轨迹”内选择“抓取_物料 1”，单击“ » ”，在“使用搬运轨迹”框内出现“抓取_物料 1”；“码垛信息”内选择“三花垛”，*X* 轴偏移为正向，*Y* 轴偏移为反向；“码垛数量”内“*Z* 轴数量”为“2”，其余信息为默认状态，点击“确认”，如图 5-19 所示。

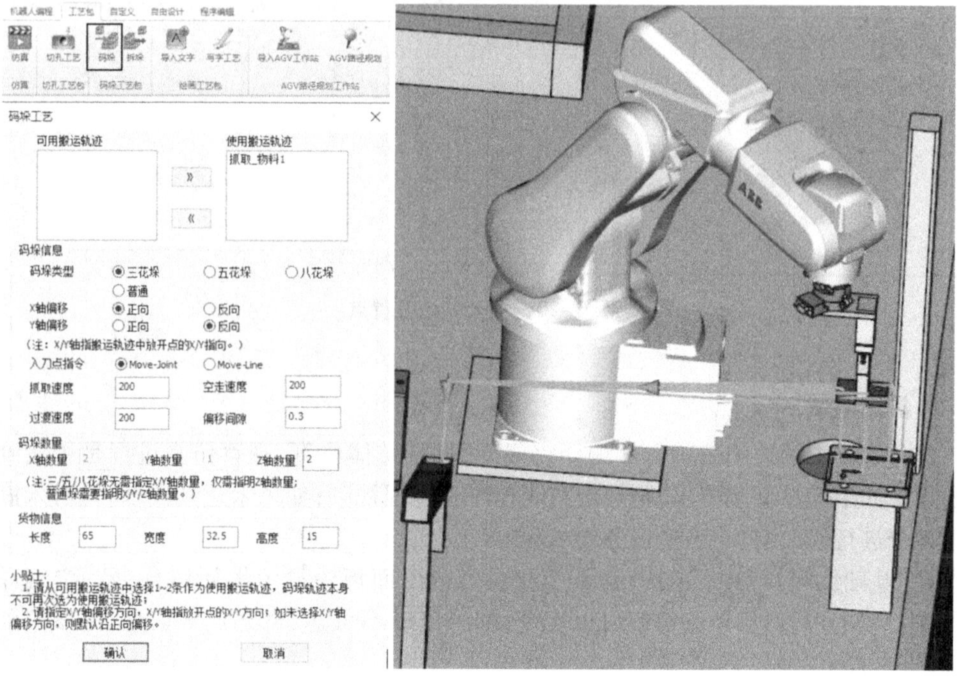

图 5-19　设置码垛工艺参数

4. 机器人返回初始位置

选中过渡点 1，单击鼠标右键，在菜单列表中选择“复制轨迹”；双击“过渡点 1-复制”，使机器人移动至该点，选中机器人模型或在【机器人加工管理】→【机器人】模块中选中“机器人”，单击鼠标右键，在菜单栏中选中“插入 POS 点（Move-AbsJoint）”，插入初始位置点，如图 5-20 所示。

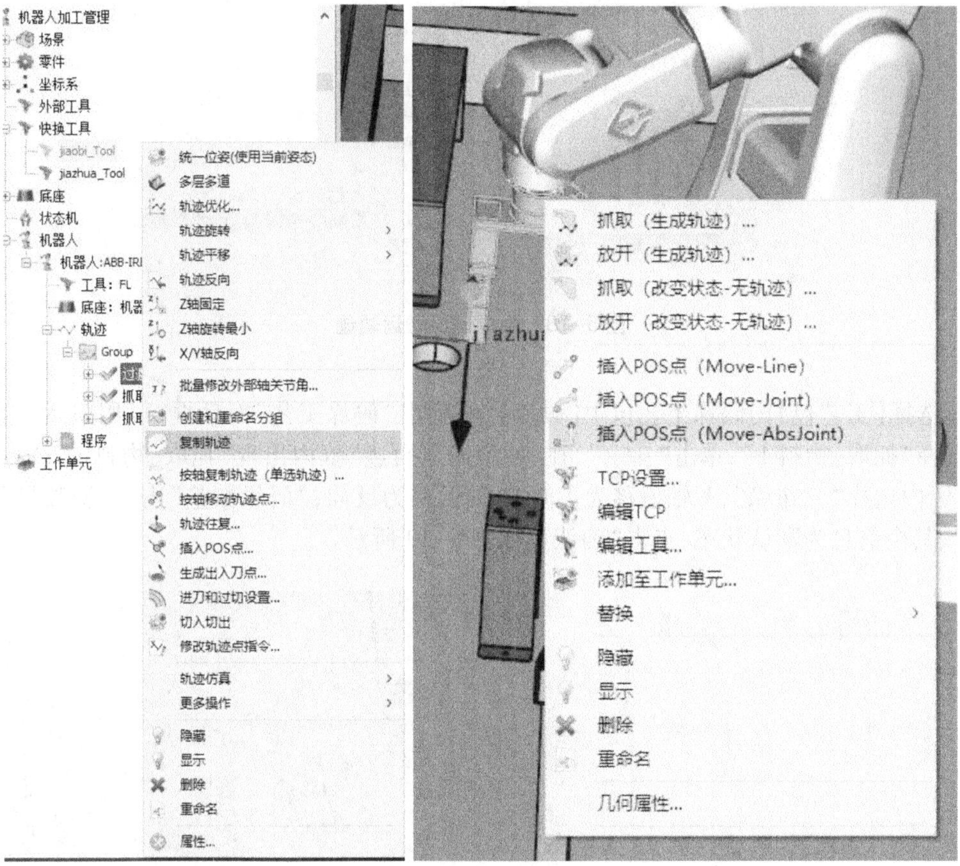

图 5-20 插入初始位置点

5. 仿真调试

任务中要求的边的轨迹全部编译完成后，进行整体仿真，观察仿真过程是否达到任务要求。如果满足任务要求，则导出离线程序和过程视频；如果未达到要求，针对未满足要求部分进行修改，直至满足任务要求。

在【基础编程】栏中，单击“编译”，在右侧输出面板中显示编译信息，显示“编译完成”，则设置的过渡点、轨迹等都可以实现；如果出现不可达、奇异点等信息，可参照前文修改轨迹，直至“编译完成”。

在【基础编程】栏中，单击【仿真】，在仿真管理栏中选择“ ”，观看仿真动画。

6. 导出程序

确定机器人的运动轨迹无误后，就可以生成相应的机器人代码。选中机器人“属性”，根据使用机器人品牌选择后置模板，如图 5-21 所示。

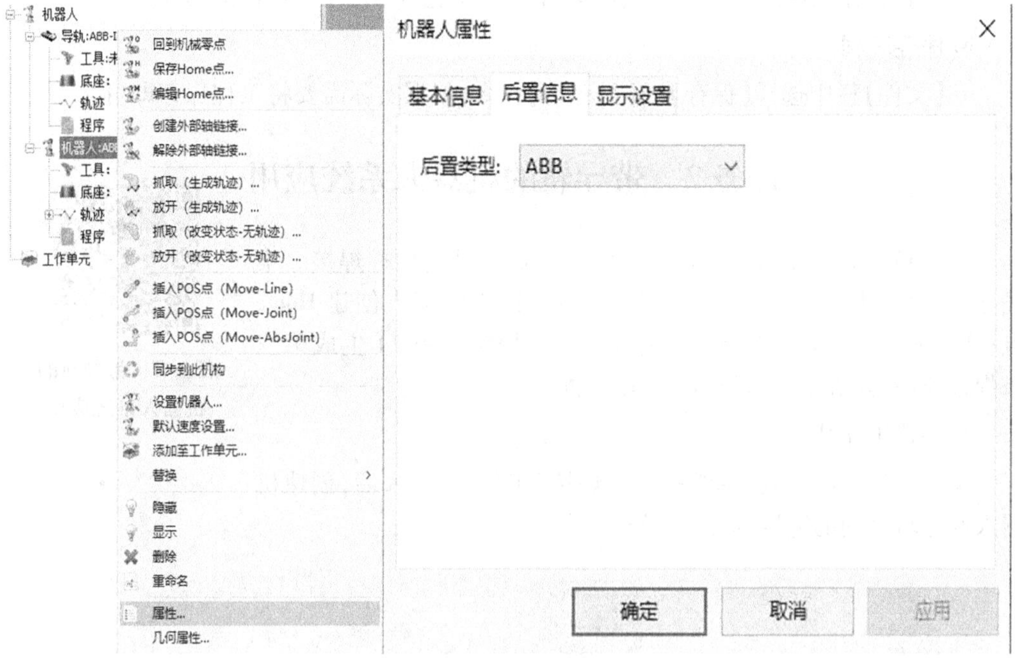

图 5-21　设置后置模板

在【基础编程】栏中选择【后置】指令，弹出对话框所有参数选择默认，点击“生成文件”，如图 5-22 所示。

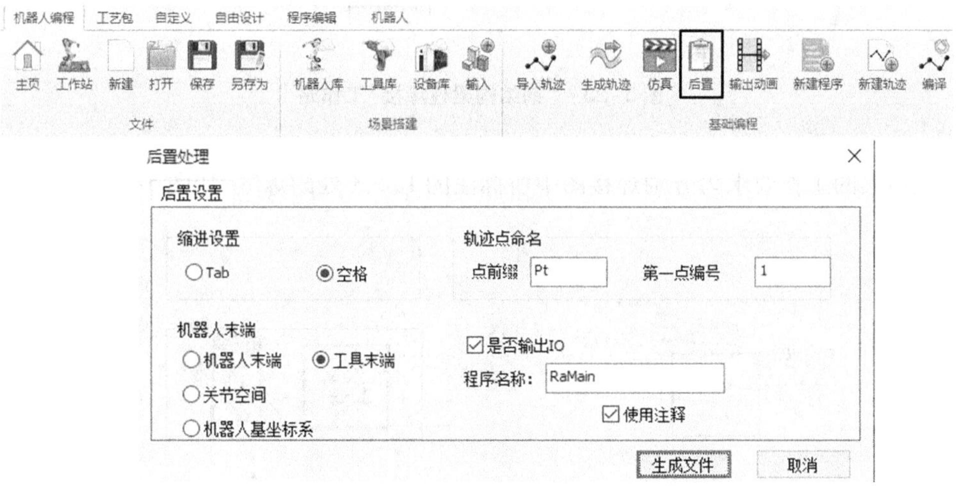

图 5-22　生成文件

7. 输出动画

在【基础编程】栏中选择【输出动画】指令，点击“开始”，选择“仅个人可见”，通过复制链接将其发送至需要的人，完成视频分享。

注：大家可根据实际情况填写项目名称、项目描述等信息，根据需要选择展示的方式。

8. 保存工程

在【文件】栏中选择【保存】或【另存为】指令，根据实际需要将工程保存即可。

任务2　带导轨的机器人系统应用

任务2　带导轨的机器人系统应用

在 PQArt 中通过机器人+导轨系统，完成钢结构梁柱焊接。本任务中，机器人的工作路径主要分为五部分：①机器人创建 Home 点；②生成第一条焊接轨迹；③生成第二条焊接轨迹；④生成第三条焊接轨迹；⑤机器人回到 Home 点位置。

1. 搭建工作站

从工作站库内下载“钢结构梁柱焊接”工作站；导入后，创建机器人和导轨之间的链接，如图 5-23 所示。

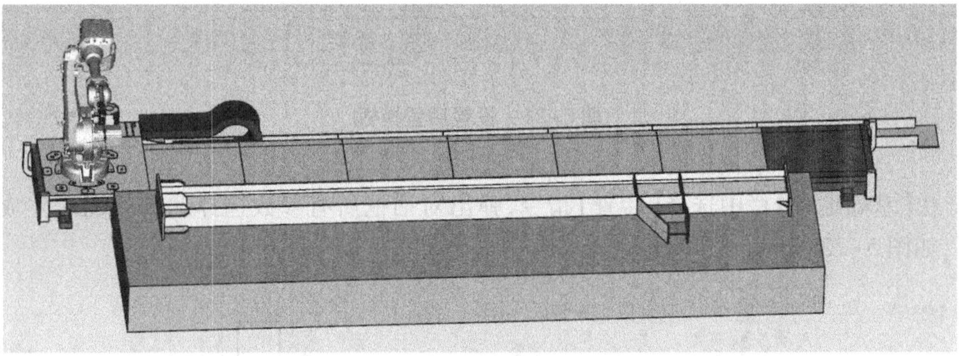

图 5-23　“钢结构梁柱焊接”工作站

机器人的工作要求为分别焊接图中所标注的 1、2、3 处的焊缝，如图 5-24 所示。

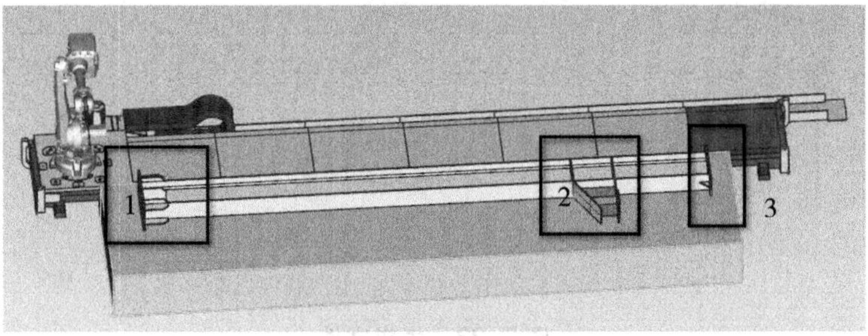

图 5-24　焊缝

2. 生成 1 处焊接轨迹

(1)给机器人插入一个 POS 点;选中机器人的焊枪,单击鼠标右键,在弹出菜单列表中选择"插入 POS 点(Move-AbsJoint)",如图 5-25 所示。

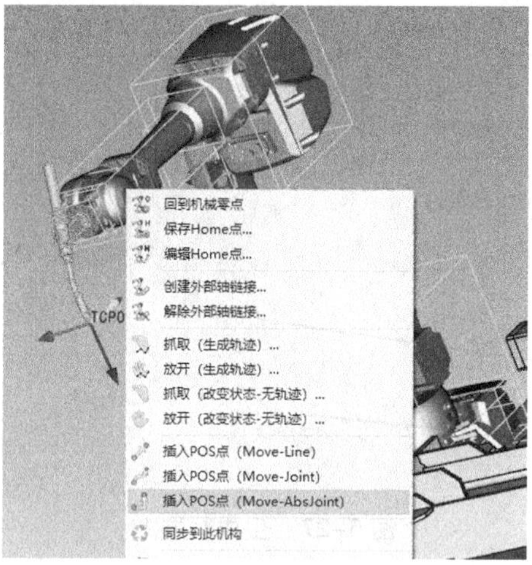

图 5-25 插入 POS 点

移动 E1,使机器人随导轨一起运动,让机器人运动到焊缝 1 处。再插入一个 POS 点,如图 5-26 所示。

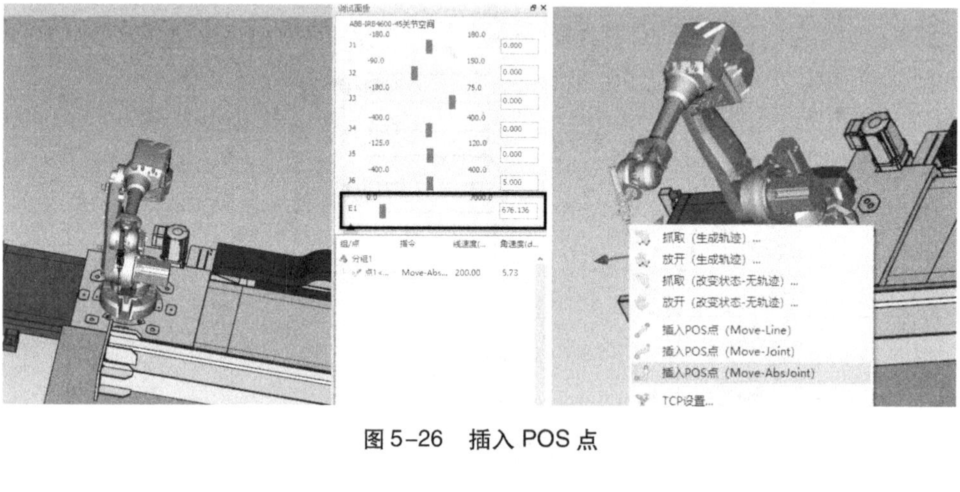

图 5-26 插入 POS 点

(2)用【机器人编程】→【生成轨迹】功能来生成焊接轨迹,轨迹类型为"边",在拾取元素框中选取需要焊接的焊缝及其所在平面,如图 5-27 所示,选择线和面之后,点击"√",这时可以在绘图界面看到一条轨迹生成。

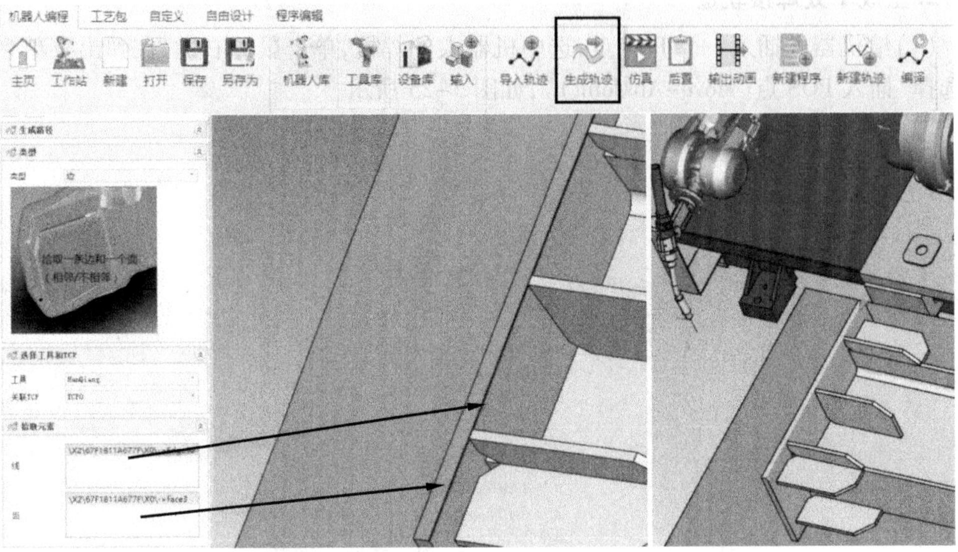

图 5-27　生成轨迹 1

这条轨迹完成之后，选中当前最新轨迹，单击鼠标右键，在弹出菜单列表中选择“生成出入刀点”，给其加上一个出入刀点，入刀偏移量和出刀偏移量可根据具体工艺要求设定，如图 5-28 所示。

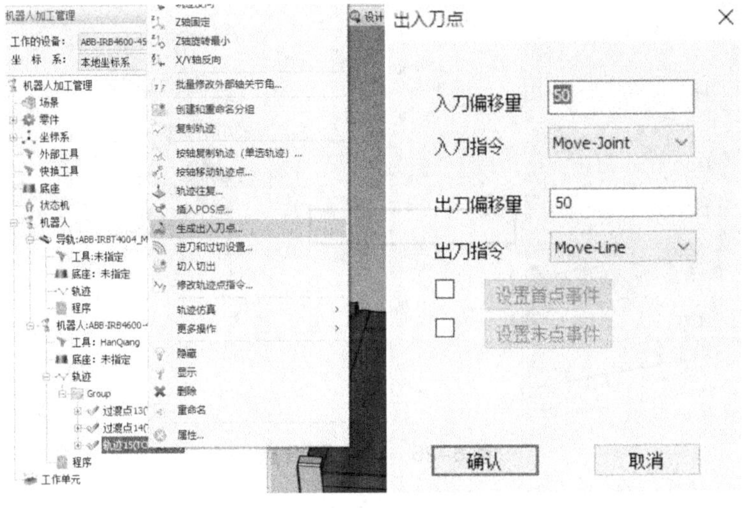

图 5-28　添加出入刀点

使机器人回到开始加工点，如图 5-29(a)所示，点击“过渡点 14”，机器人就可以回到这一点，在这一点添加一个 POS 点，让机器人焊接完第一条焊缝之后，回到图 5-29(b)所示位置。

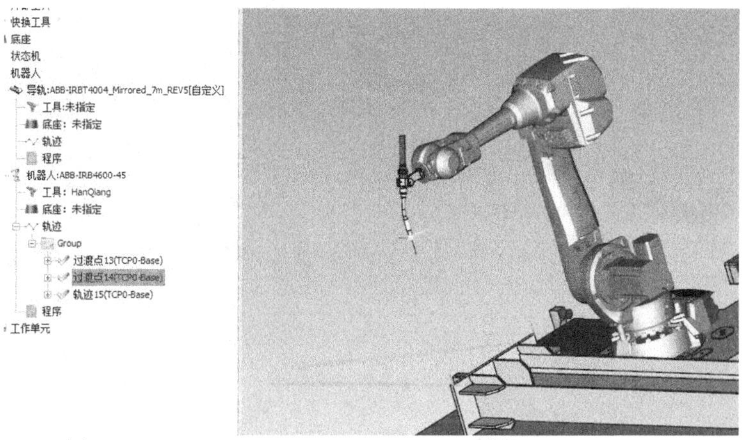

(a)　　　　　　　　　　　　　　(b)

图 5-29　插入 POS 点

3. 生成 2 处焊接轨迹

(1)机器人与导轨移动到焊缝 2 处,在安全姿态处插入 POS 点,如图 5-30 所示。

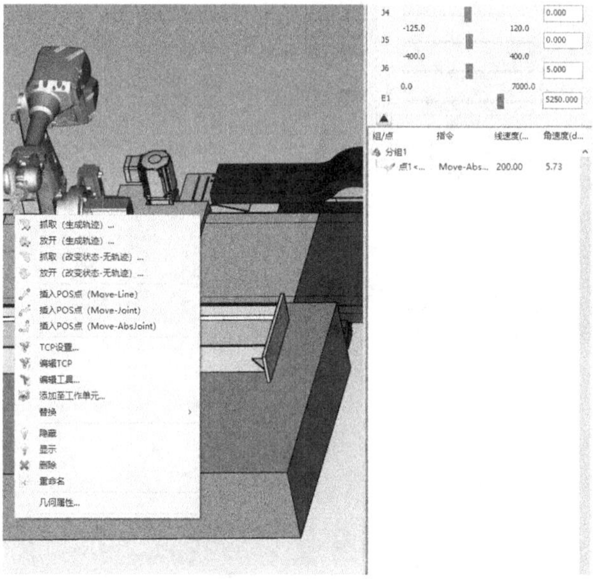

图 5-30　插入 POS 点

(2)用【机器人编程】→【生成轨迹】功能来生成焊接轨迹,轨迹类型为“边”。在拾取元素框中选取需要焊接的焊缝及其所在平面,如图 5-31 所示,选择线和面之后,点击“√”,这时可以在绘图界面看到一条轨迹生成。

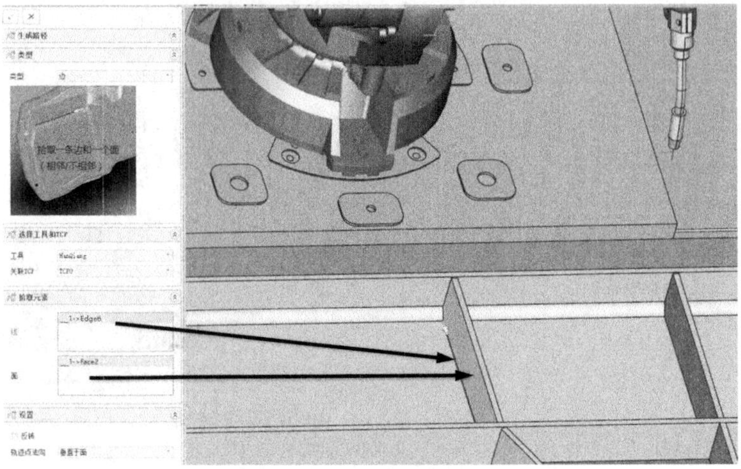

图 5-31　生成轨迹 2

(3) 双击新的“过渡点”之后,会发现机器人的姿态有一些问题。我们需要对机器人的姿态做一些调整。选中有问题的过渡点,单击鼠标右键,在弹出菜单列表中选择“轨迹反向”或者“X/Y 轴反向”,如图 5-32 所示。

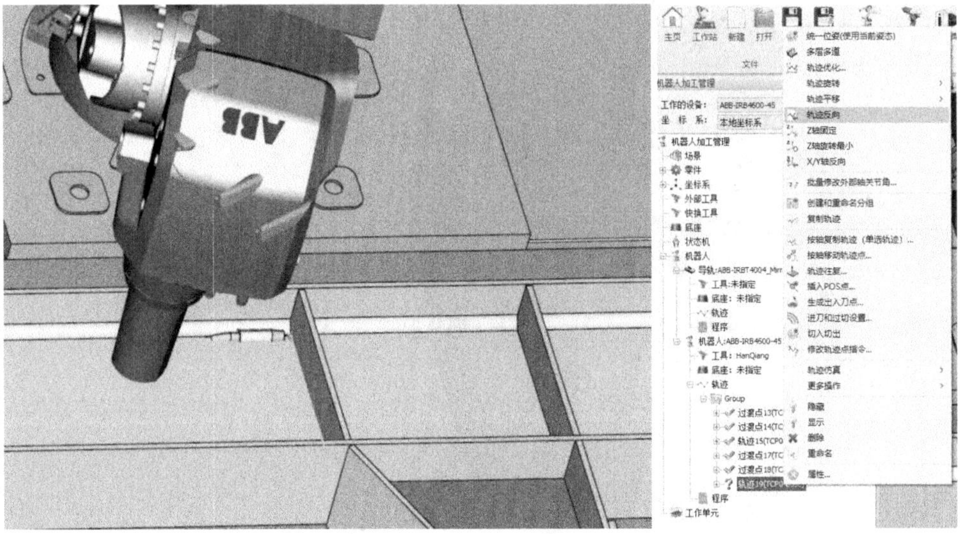

图 5-32　调整轨迹

修改成如图 5-33 所示,图中机器人的姿态仍然存在问题,此时,选择“轨迹旋转”→“标准旋转”使机器人末端执行器绕着 *X* 轴旋转 30°。

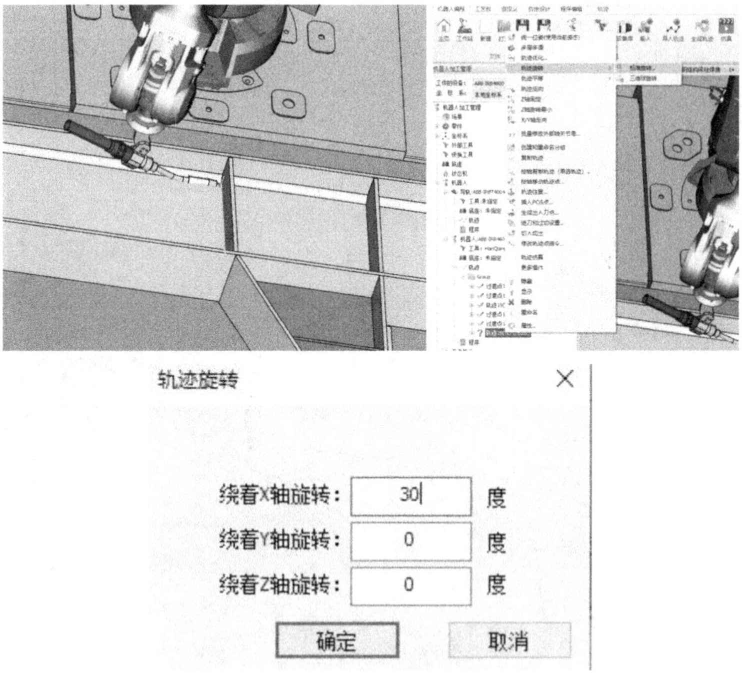

图 5-33 调整轨迹

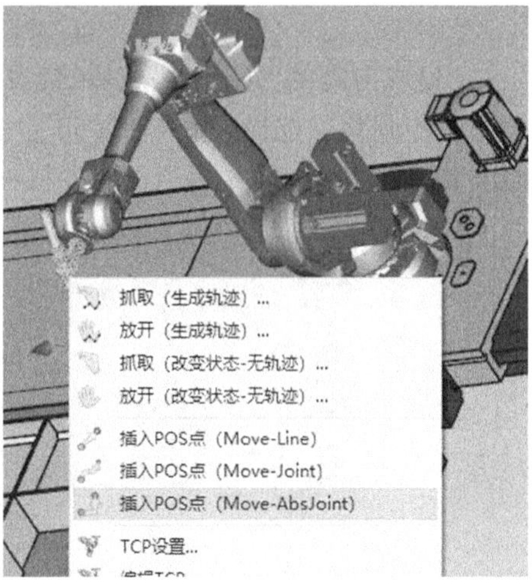

图 5-34 插入 POS 点

说明：调整轨迹需要根据实际轨迹情况，参照项目三中轨迹知识进行调整，此处仅说明了遇到的情况之一。

（4）在最新轨迹“轨迹 19”处，生成出入刀点。再插入一个 POS 点使机器人恢复到焊接第二条焊缝的姿态和位置。

4. 生成 3 处焊接轨迹

（1）机器人运动到下一个工位，生成第三条焊接轨迹；插入 POS 点，如图 5-34 所示。

（2）用【机器人编程】→【生成轨迹】功能来生成焊接轨迹，轨迹类型为“边”；在拾取元素框中选取需要焊接的焊缝及其所在平面，如图 5-35 所示，选择线和面之后，点击“√”，这时可以在绘图界面看到一条轨迹生成。

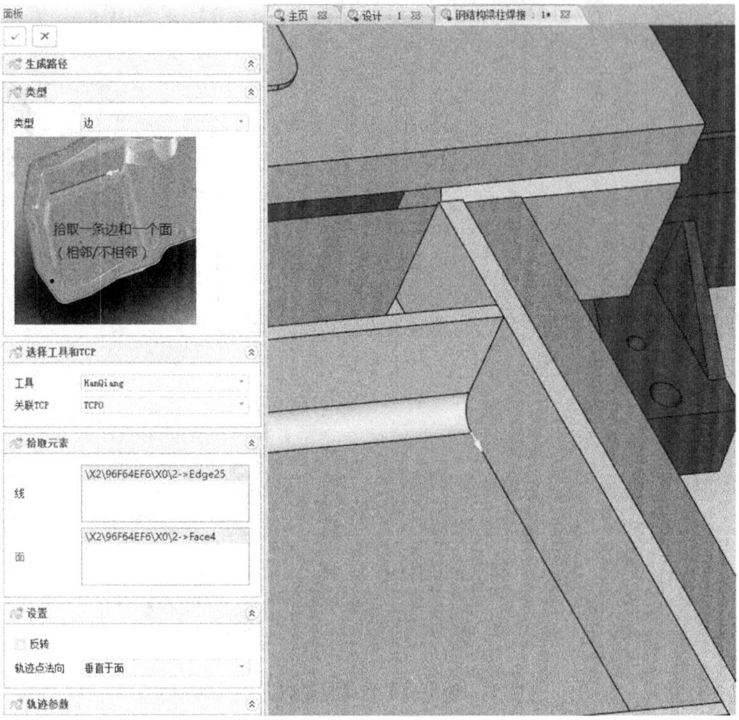

图 5-35　生成轨迹 3

(3) 双击新的“过渡点”之后，会发现机器人的姿态有一些问题。需要对机器人的姿态做一些调整。选择“X/Y 轴反向”。选择“轨迹旋转”→“标准旋转”使机器人末端执行器绕着 *X* 轴旋转-30°，得到正确的机器人姿态，如图 5-36 所示。

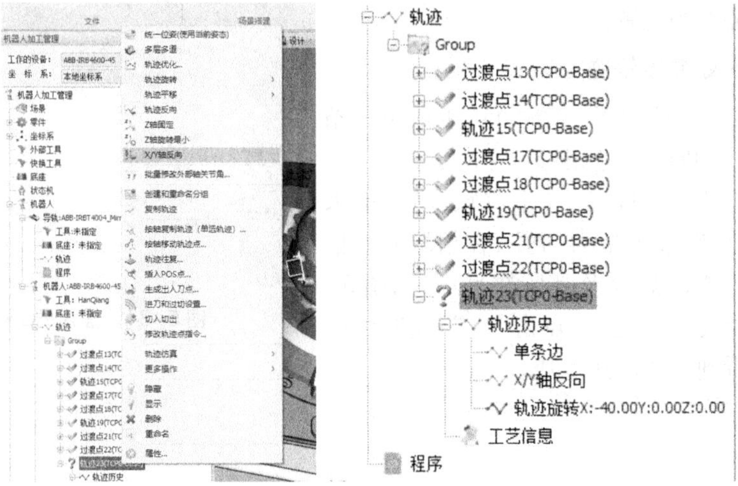

图 5-36　调整轨迹 3

(4)修改后的机器人姿态,在此处生成出入刀点。可以通过【编译】来进行验证,如图5-37所示。

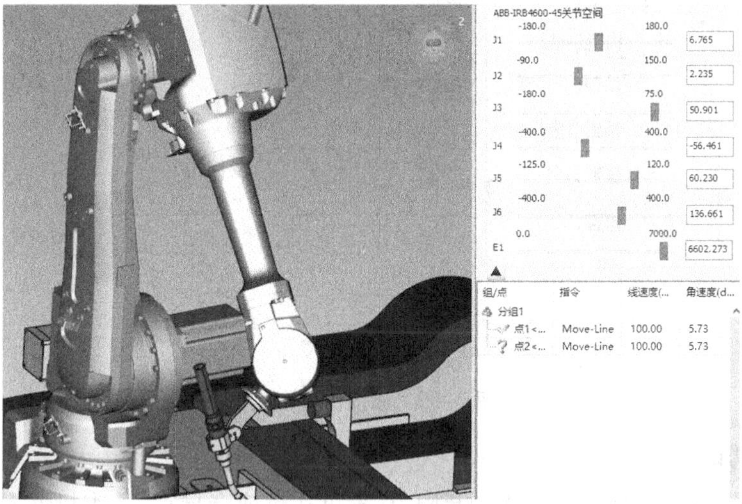

图5-37 验证轨迹3

(5)最后,在机器人焊接完成之后,让机器人回到焊接之前的状态(直接双击焊接第三条焊缝之前的状态点,机器人就可以回到焊接之前的状态点),再插入一个POS点。

5. 添加仿真事件

项目中要求焊枪在开始焊接之前打开,在焊接完成之后关闭。

(1)在【机器人编程】→【工艺设置】→【自定义事件模板】中,添加自定义事件,如图5-38所示。

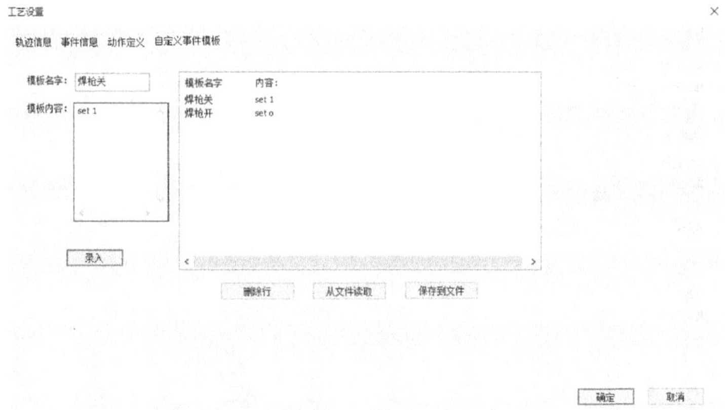

图5-38 添加自定义事件

(2)自定义事件添加完成之后,在轨迹相应的点处,添加上仿真事件,如图5-39所示。

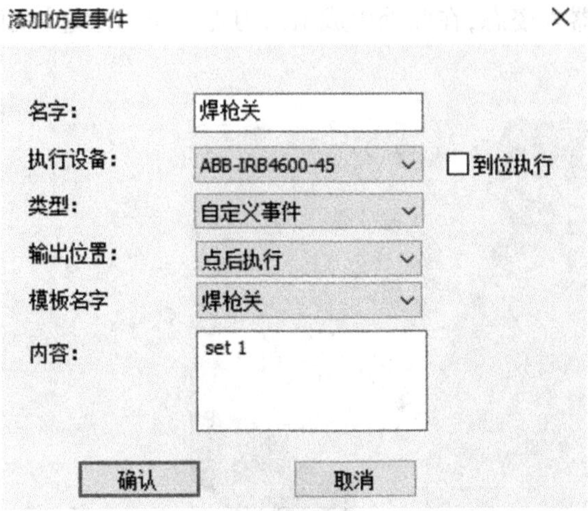

图 5-39　添加仿真事件

6. 仿真调试

仿真轨迹，并调整轨迹使其无轴超限点、不可达点或奇异点；检查机器人及末端执行器是否和周边设备发生碰撞等。

7. 生成后置

确定机器人的运动轨迹无误后，就可以生成相应的机器人代码。选中机器人“属性”，根据使用机器人品牌选择后置模板，如图 5-40 所示。

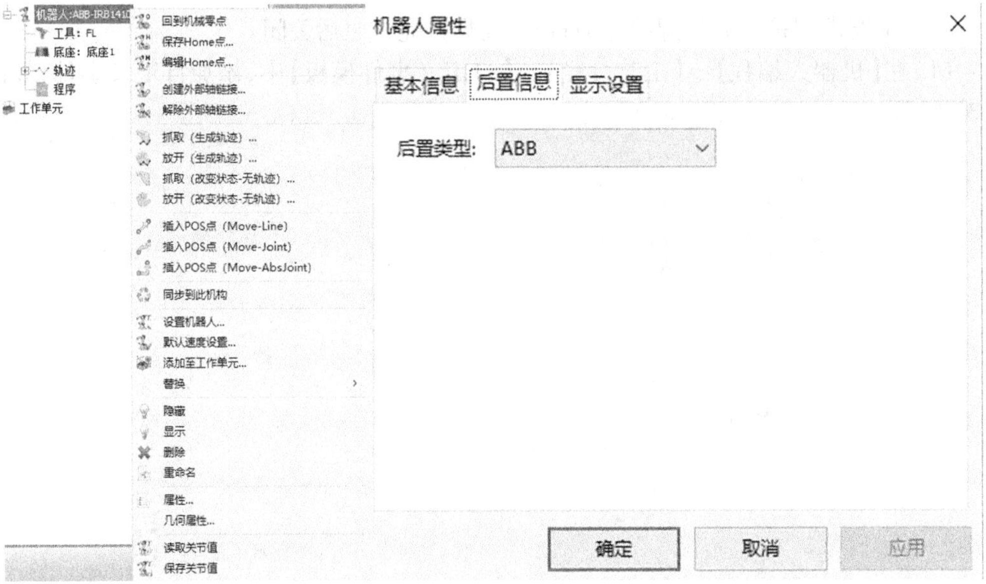

图 5-40　设置后置模板

在【基础编程】栏中选择【后置】指令，弹出对话框所有参数选择默认，点击“生成文件”，如图 5-41 所示。

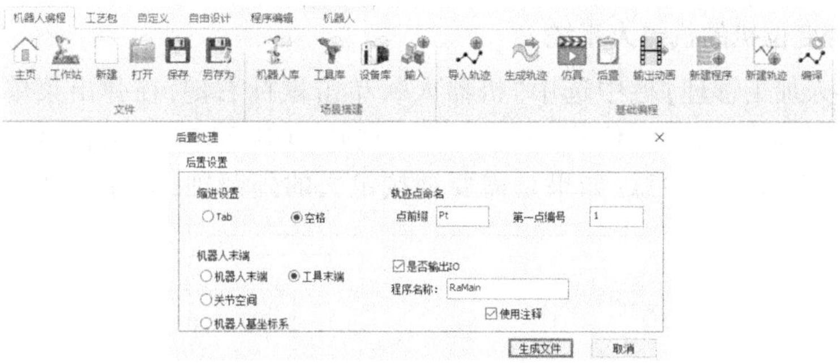

图 5-41　生成后置

8. 输出动画

在【基础编程】栏中选择【输出动画】指令，点击“开始”，选择“仅个人可见”，通过复制链接，将其发送至需要的人，完成视频分享。

注：大家可根据实际情况填写项目名称、项目描述等信息，根据需要选择展示的方式。

9. 保存工程

在【文件】栏中选择【保存】或【另存为】指令，根据实际需要将工程保存即可。

任务 3　带变位机的机器人系统应用

在 PQArt 中创建带变位机的机器人系统，完成Ⅰ型焊管焊接。本任务中，机器人的工作路径为一条直线。

任务 3　带变位机的机器人系统应用

1. 导入工作站

从工作站库内下载“带变位机的机器人系统创建与运用Ⅰ型焊管焊接”工作站，如图 5-42 所示。

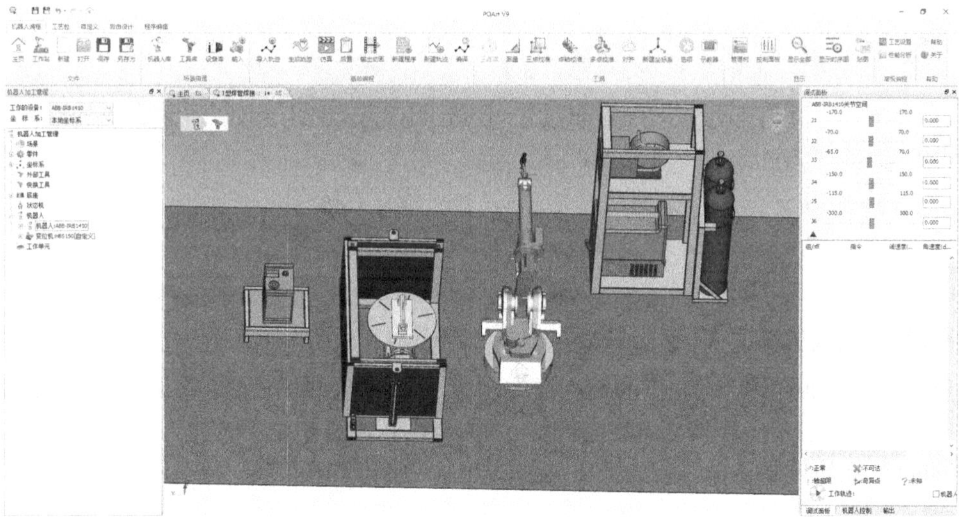

图 5-42　“Ⅰ型焊管焊接”工作站

2. 创建带变位机的机器人系统

在【机器人加工管理】栏中选中"机器人",单击鼠标右键,在弹出菜单列表中选择"创建外部轴链接"。在"变位机"选择栏中,选择"HB150"(变位机名称),单击"确定",如图 5-43 所示。注意:如果是需要链接定义的外部轴,选择定义外部轴的名称即可。

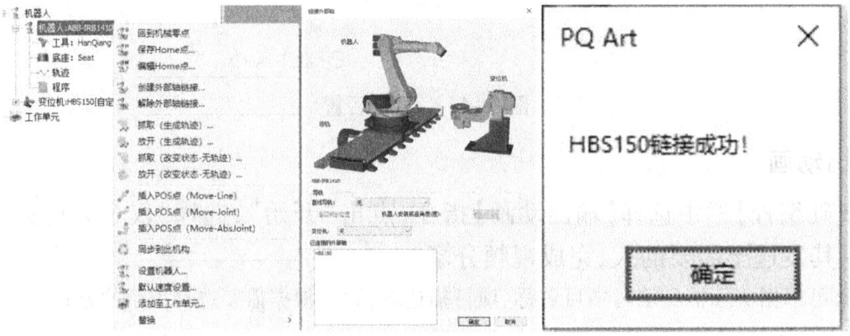

图 5-43　创建带变位机的机器人系统

此时,选中机器人模型,在"调试面板"中发现多了 E1、E2 两个轴,这两个轴就是变位机的两个轴,如图 5-44 所示。

图 5-44　调试面板显示

3. 焊接轨迹仿真

在"调试面板"中"J1"对应的输入框中输入"90",其余关节保持不变。在【机器人加工管理】栏中选择"机器人",单击右键,在弹出菜单列表中选择"插入 POS 点(Move-Absjoint)",在轨迹中显示"过渡点 18",如图 5-45 所示。

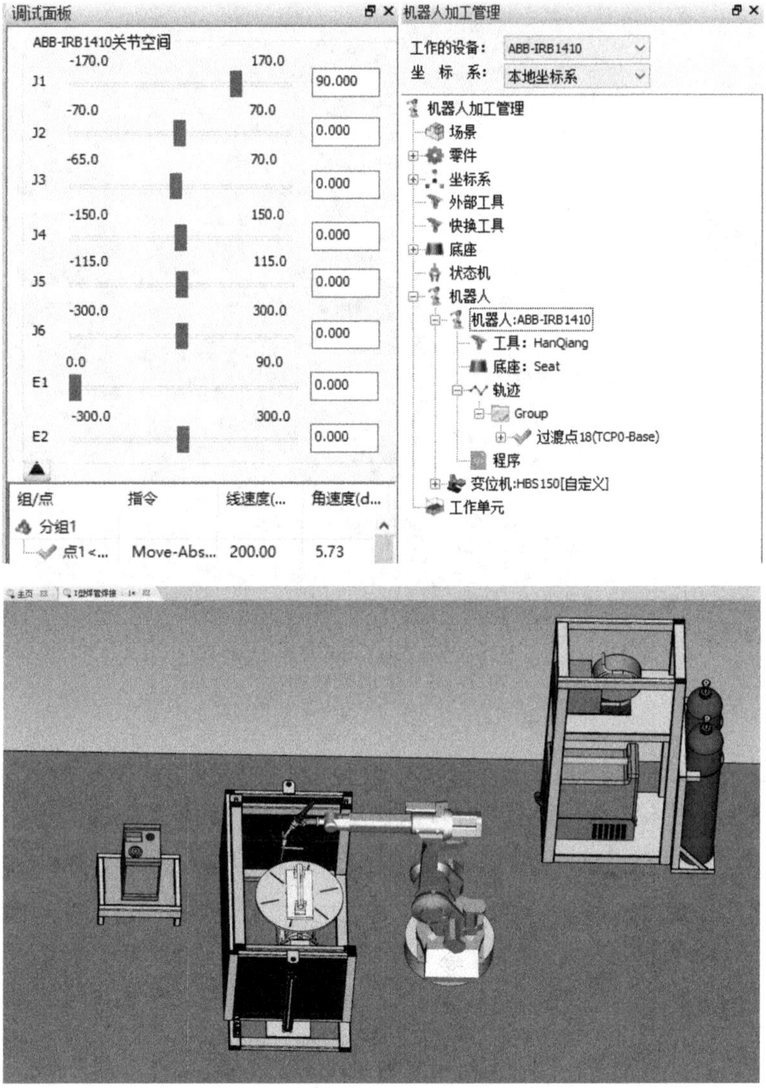

图 5-45　插入机器人位置点

调整变位机角度。在“调试面板”中 E1、E2 输入框中输入“30”和“90”,其余关节保持不变,将变位机调整到合适的加工位置。在【机器人加工管理】栏中选择“机器人”,单击右键,在弹出菜单列表中选择“插入 POS 点(Move-Absjoint)”,在轨迹中显示“过渡点 19”。

在【基础编程】栏中选择【生成轨迹】,在左侧面板中选择类型为“边”,并拾取元素:待焊接的线段、圆柱面。单击左上角的“√”,如图 5-46 所示。

注:【生成轨迹】中需要调整其他参数可根据前文“编辑轨迹”中知识点设置。

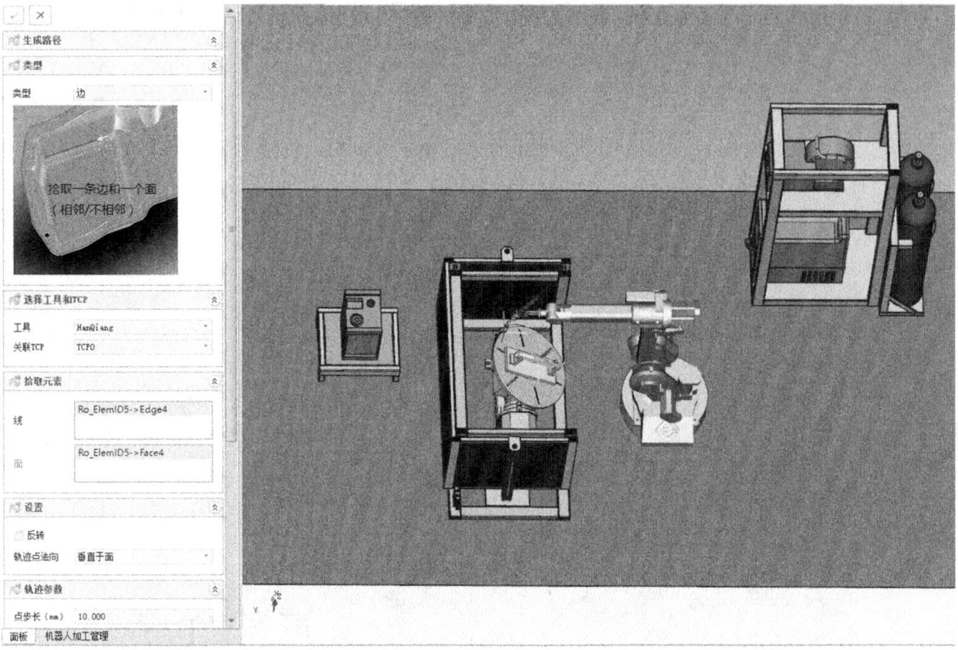

图 5-46　生成焊接轨迹

在【机器人加工管理】栏中，选择【机器人】→【轨迹 20】，单击鼠标右键，在弹出菜单列表中选择“生成出入刀点”，设置“出刀偏移量”“入刀偏移量”均为“50”，“出刀指令”“入刀指令”均为“Move-Joint”，单击“确认”，如图 5-47 所示。

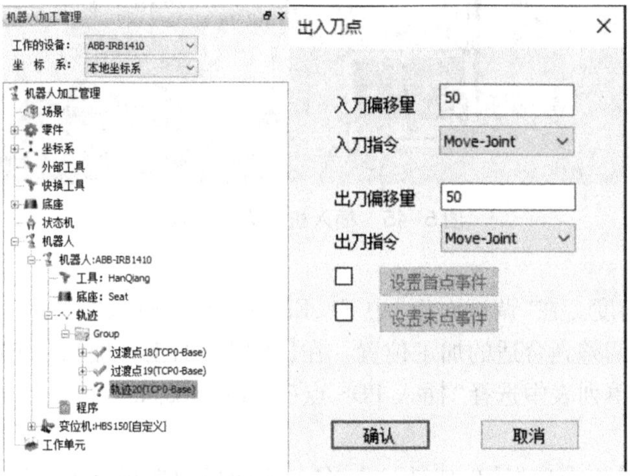

图 5-47　设置出入刀点

在“调试面板”中 E1、E2 输入框中输入“0”和“300”，其余关节保持不变，将变位机调整到初始加工位置。在【机器人加工管理栏】中选择“机器人”，单击右键，在弹出菜单列表中选择“插入 POS 点(Move-AbsJoint)”，在轨迹中显示“过渡点 21”，如图 5-48 所示。

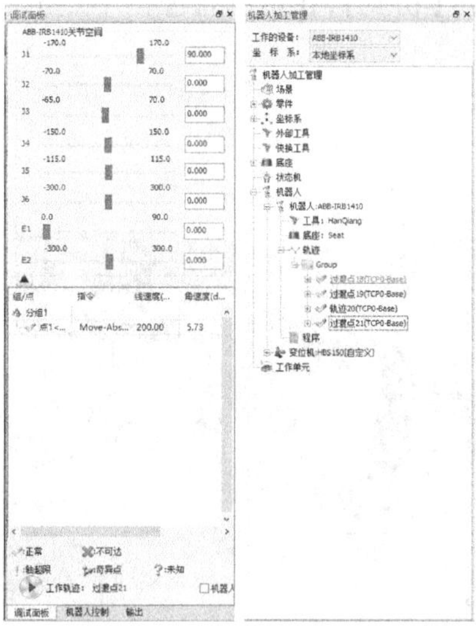

图 5-48　调整变位机位置

在“调试面板”中 J1 输入框中输入“0”，其余关节保持不变。在【机器人加工管理】栏中选择“机器人”，单击鼠标右键，在弹出菜单列表中选择“插入 POS 点（Move-AbsJoint）”，在轨迹中显示“过渡点 23”，如图 5-49 所示。

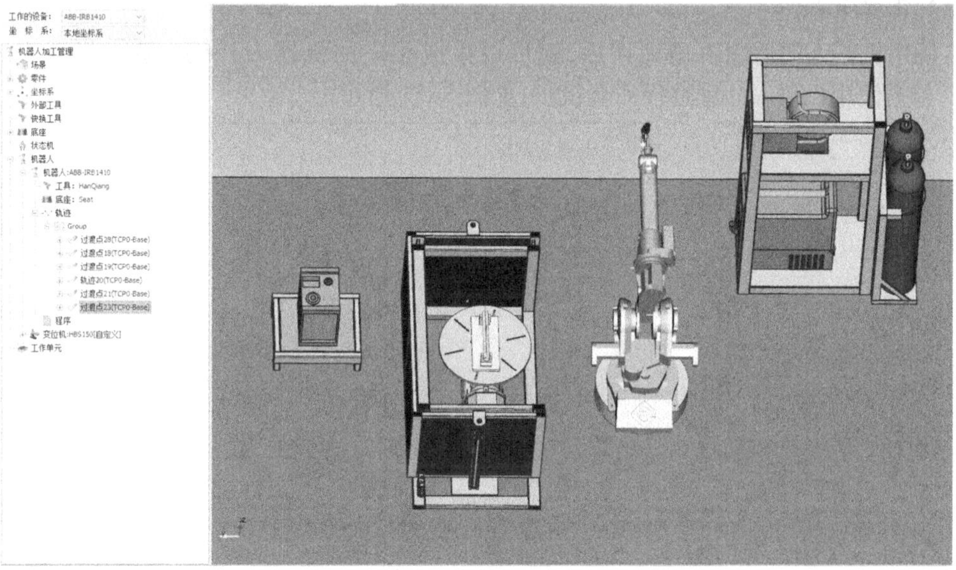

图 5-49　调整机器人位置

4. 仿真调试

在【基础编程】栏中，单击【编译】，在右侧输出面板中显示编译信息，显示“编译完成”，则设置的过渡点、轨迹等都可以实现；如果出现不可达、奇异点等信息，可参照前文修改轨迹，直至显示“编译完成”。

在【基础编程】栏中，单击【仿真】，在仿真管理栏中点击“ ”，观看仿真动画，如图5-50所示。

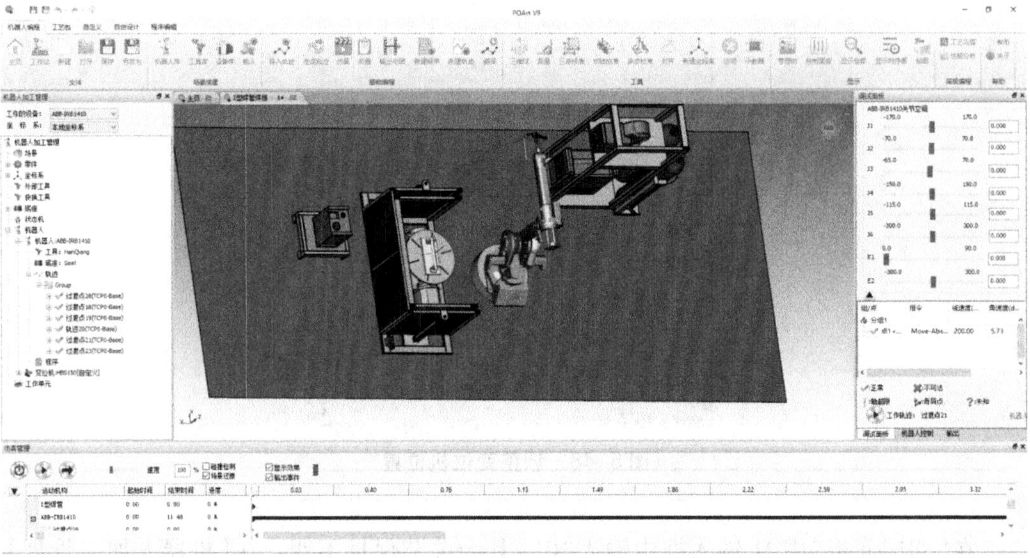

图 5-50　工作站仿真

5. 生成后置

确定机器人的运动轨迹无误后，就可以生成相应的机器人代码。选中机器人“属性”，根据使用机器人品牌选择后置模板，如图5-51所示。

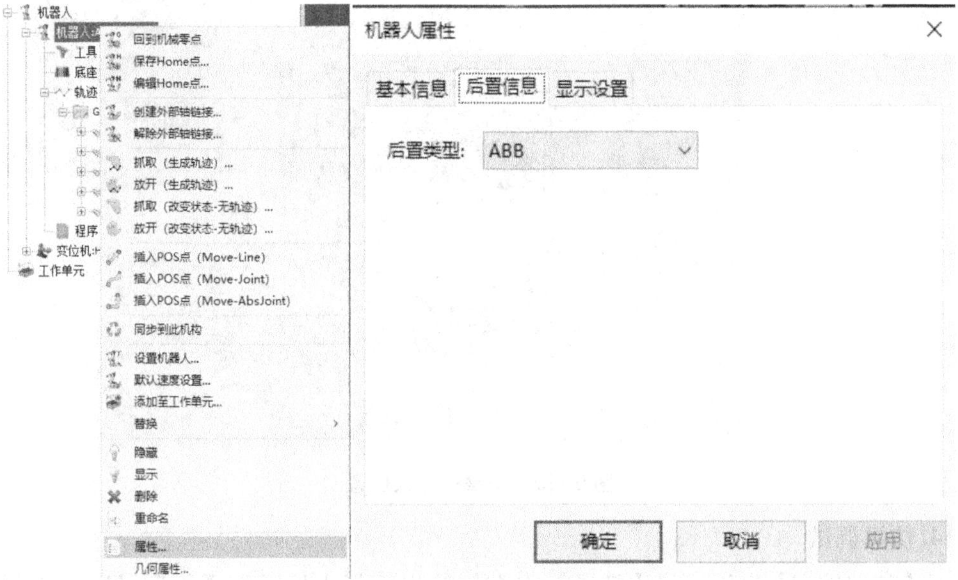

图 5-51　设置后置模板

在【基础编程】栏中选择【后置】指令，弹出对话框所有参数选择默认，点击“生成文件”，如图 5-52 所示。

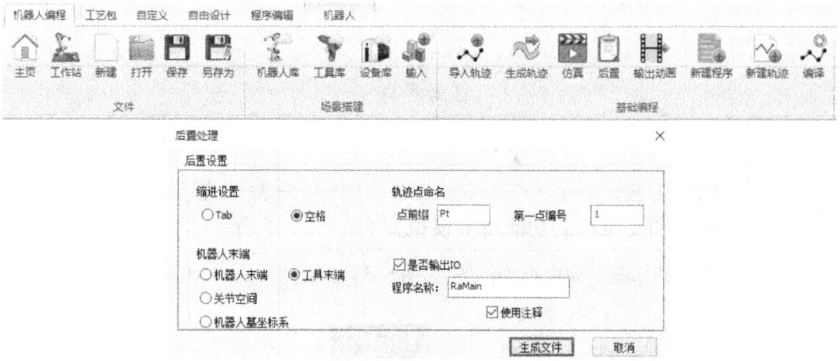

图 5-52　生成后置

6. 输出动画

在【基础编程】栏中选择【输出动画】指令，点击“开始”，选择“仅个人可见”，通过复制链接将其发送至需要的人，完成视频分享。

注：大家可根据实际情况填写项目名称、项目描述等信息，根据需要选择展示的方式。

7. 保存工程

在【文件】栏中选择【保存】或【另存为】指令，根据实际需要将工程保存即可。

5.5 考核评价

任务考评				
评分项	分值	考核内容	评分标准	得分
基础知识	10 分	1. 码垛工艺； 2. 导轨和变位机的功能及其模拟方法	参照基础知识部分，每条 5 分	
任务实施	70 分	1. 码垛的基础上完成拆垛任务，如图 5-53 所示； 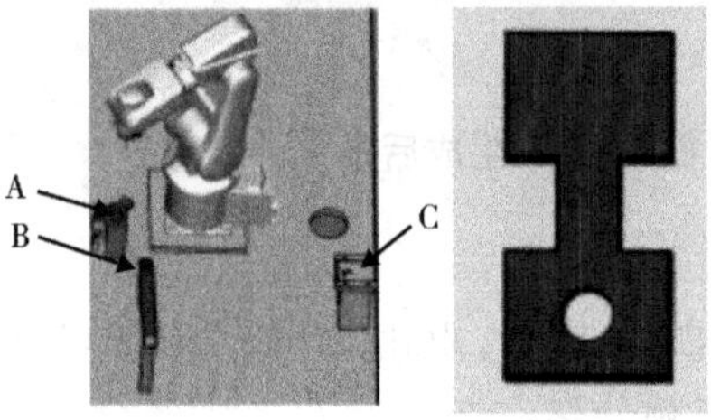 **图 5-53　拆垛任务示意图** 2. 创建一个带导轨的机器人系统，生成机器人的运动程序； 3. 创建一个带变位机的机器人系统，对机器人进行位置设定，并生成机器人的运动程序	参考任务实施过程和结果，酌情打分	
任务汇报	10 分	任务分析、过程实施和结果呈现	参考汇报过程和结果，酌情打分	
其他	10 分	撰写任务实施过程和结果分析	参考评分标准，根据提交任务报告打分	
合计				

项目六 机器人离线编程与仿真高级项目

6.1 项目描述

本项目通过学习 PQArt 软件中仿真事件功能,对任务的工具和工艺逻辑关系进行设定,使其拥有动态功能,使任务运行时工具能够对鼠标进行抓放。根据鼠标装配工艺的要求,两台机器人实现交互,完成鼠标装配任务。

6.2 学习目的

1. 了解仿真事件的功能,了解常用仿真事件的信号参数;
2. 能够正确设定工作站、机器人和仿真事件之间的逻辑关系;
3. 能够通过两台机器人实现交互,完成鼠标装配;
4. 具有工业机器人离线编程与仿真较高操作水平以及精益求精的工匠精神。

6.3 基础知识

仿真事件是 PQArt 软件中实现动画效果的重要工具。通过仿真事件可以对任何任务中的机械装置、部件进行控制,达到该机械装置或部件在任务中应该实现的功能,如吸盘工具、传送带等。PQArt 软件可添加的仿真事件包括抓取事件、放开事件、停止事件、等待事件、等待时间事件和自定义事件。添加仿真事件一般是对轨迹点添加新的指令,满足实际操作过程中的多种需求。应用时,可根据实际需要,所有事件都可以在轨迹点前或后输出。

添加仿真事件的方法:在调试面板轨迹点列表中,选取任意轨迹点,单击右键,弹出菜单列表内选择添加仿真事件,如图 6-1 所示。

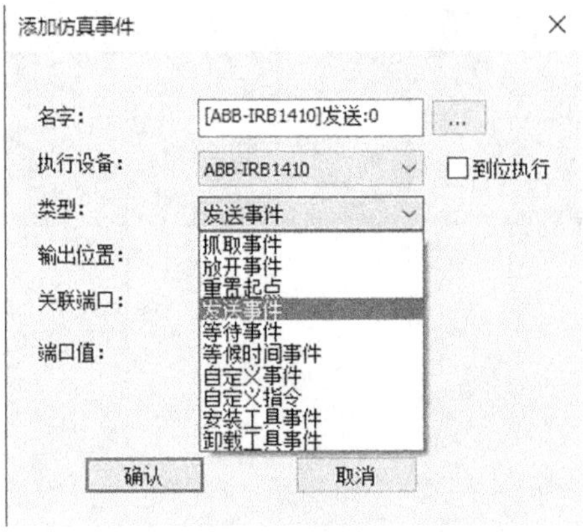

图 6-1　添加仿真事件界面

“名字”指该仿真事件的名称。“执行设备”指该仿真事件的执行对象。“类型”是指需要仿真实现的是什么功能。“输出位置”是指哪个环节(或位置)执行该仿真事件。“关联端口”是指端口(即设备)与外界通信交流的出入口,仿真事件中需要发出命令的设备给执行设备一个信号,信号接收需要一个端口,执行设备接收到信号后开始执行事件。“端口值”是指每个端口区别其他端口的特殊符号。相同对象、相同模型,在不同轨迹中的关联端口是不同的;如果是两个不同的模型,它们的关联端口可以是相同的,端口值默认为 1。

添加完的仿真事件会显示在机器人加工管理面板的工艺信息中,右键可对事件进行编辑和删除,如图 6-2 所示。

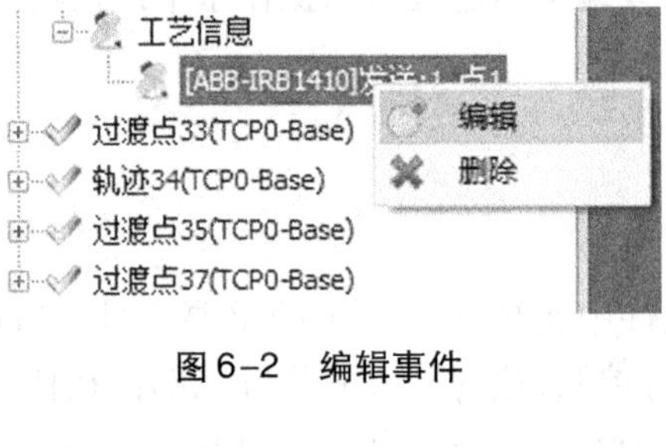

图 6-2　编辑事件

6.3.1　抓取事件

一个对象抓取另一个目标对象,抓取点的选定不固定、不唯一。要在对话框中确定执行设备和关联设备。生成抓取事件时,事件名称默认为“执行设备抓取关联设备”,如图 6-3 所示。

6.3.2　放开事件

一个对象放开另一个目标对象,放开点的选定不固定、不唯一,要确定好执行设备和关联设备。生成放开事件时,事件名称默认为“执行设备放开关联设备”,如图 6-4 所示。

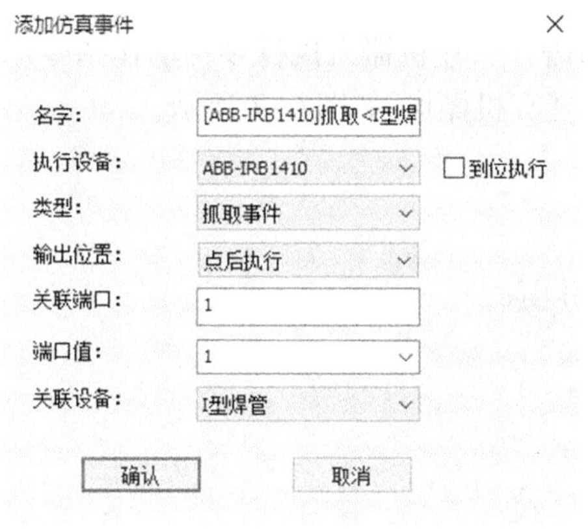

图 6-3 抓取事件

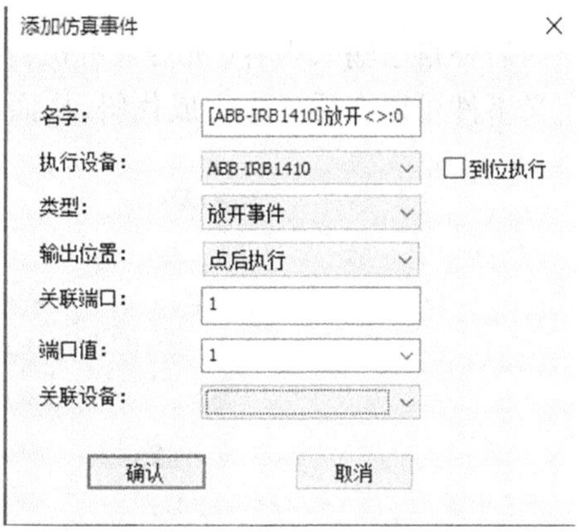

图 6-4 放开事件

6.3.3 发送事件与等待事件

发送与等待事件即两个物体通信,需要一个物体发送,另一个物体接收。

(1)发送事件

假如 A 物体为发送方,B 物体为接收方。当 A 的“发送事件”被触发时,B 从 A 处接收到信号后立即运动,不再等待。

事件名字默认为“执行设备发送:数值”,如图 6-5 所示。发送时,类型选择为“发送事件”。当为接收物体时,类型一定要选择为“等待事件”。

点击 按钮可弹出“事件选择”对话框。在该对话框中,可选择并查看发送事件的接收者,以及选择事件名称,如图 6-5 所示。

(2)等待事件

事件名字默认为“等待<[发送信号设备]发送:数值”,如图 6-6 所示。类型选择为“等待事件”。

点击 按钮可弹出“事件选择”对话框。在该对话框中,可选择并查看等待事件的发送者,以及选择事件名称,如图 6-6 所示。

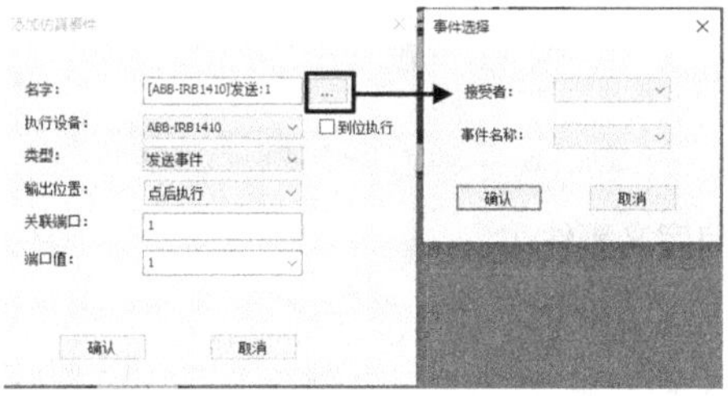

图 6-5 发送事件

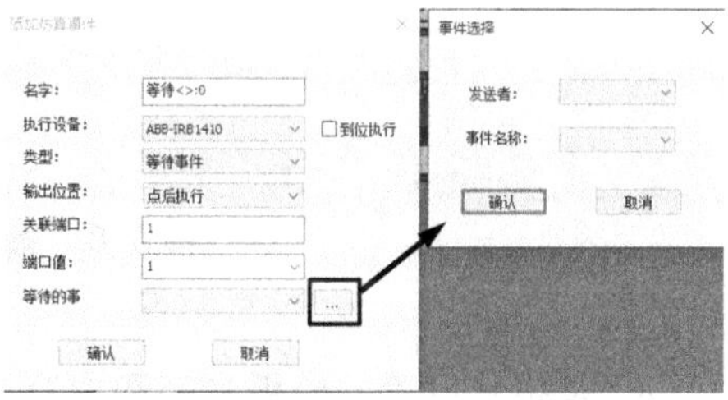

图 6-6 等待事件

6.3.4 自定义事件

根据需要自己输入内容(机器人可执行的语言),让机器人执行多种动作指令。添加的自定义事件可以在后置中生成代码,从而实现真机操作,如图 6-7 所示。

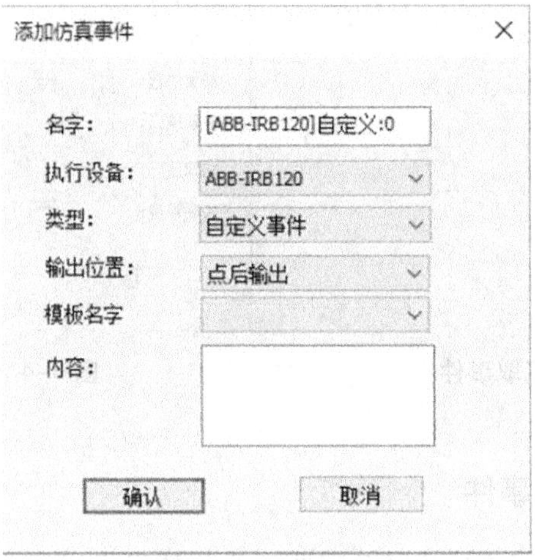

图 6-7　自定义事件

在添加自定义事件之前,需先在【工艺设置】中添加自定义事件模板,如图 6-8 所示。

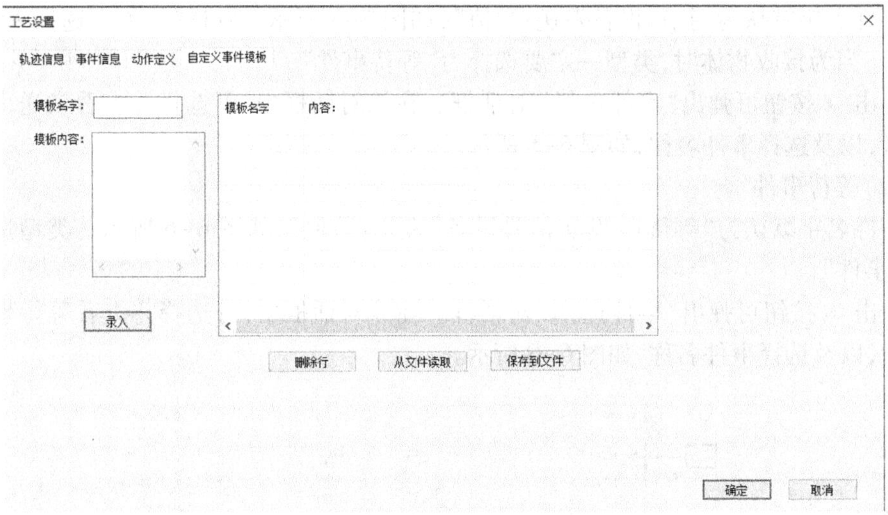

图 6-8　添加自定义事件

"录入"是指将设置的模板名字和内容录入到右侧表格中。"删除行"是指删除表格中的一行模板,单击选中表格中的某一行,使其变为蓝色处于可操作状态后,可删除该行。"从文件读取"是指从格式为. robdef 的文件中读取自定义模板信息。"保存到文件"是指将当前自定义模板信息保存到格式为. robdef 的文件中,方便下一次读取使用。

在工艺设置中添加好自定义模板后，通过轨迹点右键菜单“添加仿真事件”，打开自定义事件界面，从模板名字的下拉菜单中选择需要添加的自定义事件，则模板内容会自动加载显示，如图 6-9 所示。

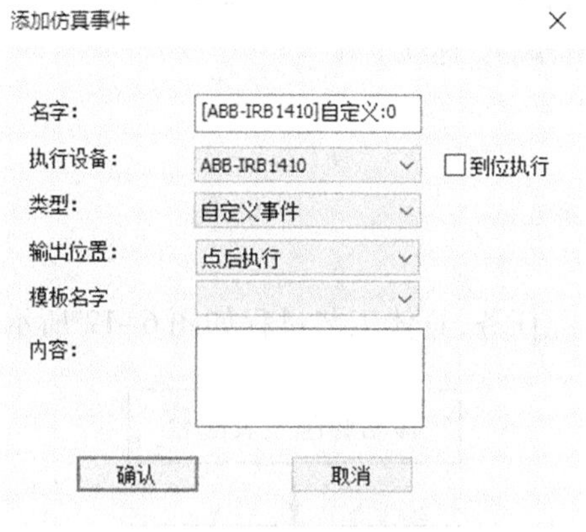

图 6-9　使用自定义事件

“输出位置”是决定输出所添加的自定义事件的位置，包括点前输出和点后输出，即该事件是在所选轨迹点前被执行还是点后被执行。

6.3.5　等候时间事件

等候时间事件是指让指定的对象在指定的点前停留指定的时间。“时间”参数是指需要等待多长时间，如图 6-10 所示。

6.3.6　停止事件

停止事件是指让目标对象在指定的点停止运动，如图 6-11 所示。

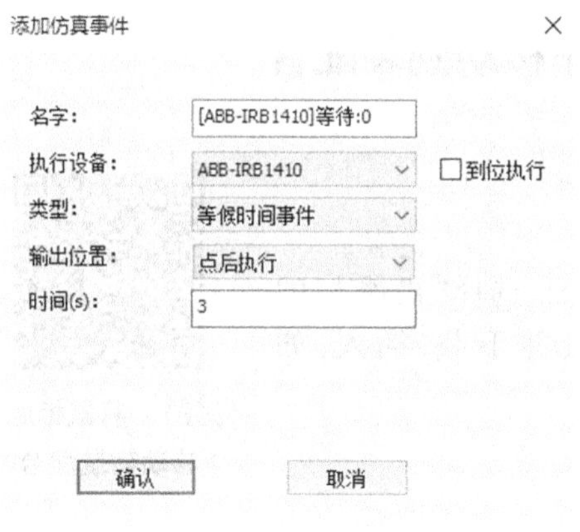

图 6-10　等候时间事件

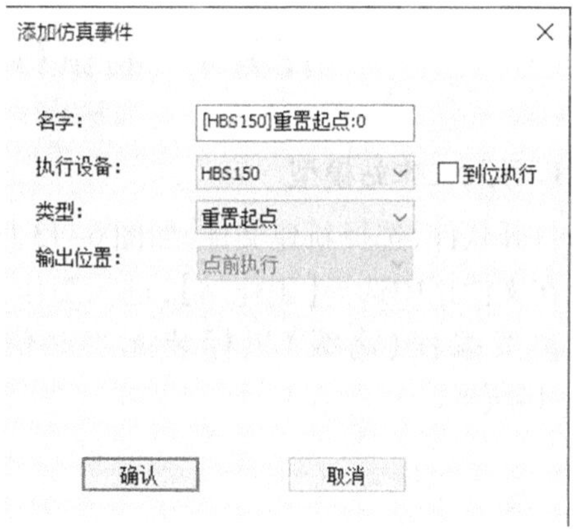

图 6-11　停止事件

6.3.7 删除仿真事件

删除在该轨迹点添加的仿真事件，在仿真对话方框勾选可选择删除哪个事件。方法：在调试面板内轨迹点列表中，选择需要删除仿真事件的点的位置，单击右键，在弹出菜单列表中选择“删除仿真事件”选项。

6.4 项目实施

为了能够完成鼠标装配任务，具体工艺过程如图 6-12 所示。

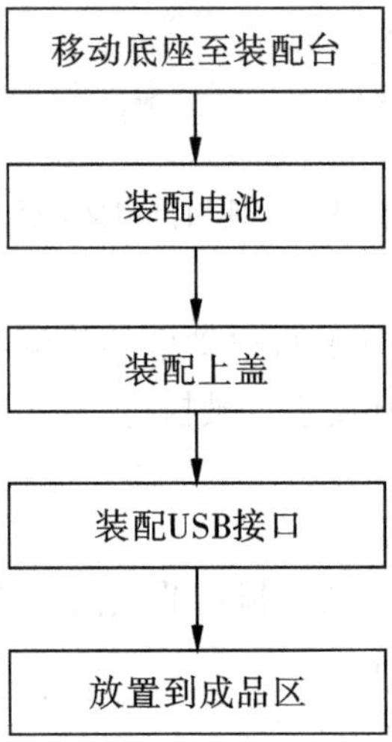

图 6-12 鼠标装配工艺流程图

任务 1 将鼠标底座移动到装配台

1. 导入工作站模型

打开软件，选择新建文件，如图 6-13 所示。

在文件栏中选择【工作站】，进入工作站界面，选择“机器人 IO 事件离线编程（高级）鼠标装配工序仿真”，并下载、插入，如图 6-14所示。

任务 1 将鼠标底座移动到装配台

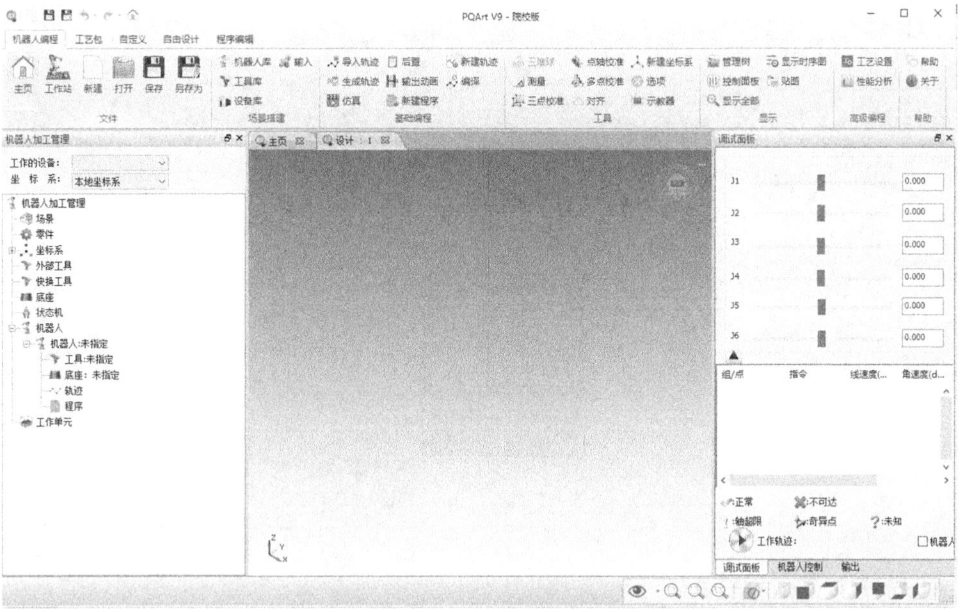
PQArt V9 - 院校版
机器人编程
工艺包
自定义
自由设计
程序编辑
主页
工作站
新建
打开
保存
另存为
文件
机器人加工管理
工作的设备：
坐标系：
本地坐标系
场景
零件
坐标系
外部工具
快换工具
底座
状态机
机器人
机器人:未指定
工具:未指定
底座：未指定
轨迹
程序
工作单元
调试面板
J1
J2
J3
J4
J5
J6
0.000
正常
不可达
轴超限
奇异点
未知
工作轨迹：
机器人控制
输出

图 6-13　新建文件

华航教育-机器人
机器人IO事件离线编程(中级)
多机器人写字
7073次使用
下载约4.3S
华航教育-机器人
IRB120工业机器人维护工作站
CHL-KH02
161次使用
下载约1S
华航教育-机器人
机器人离线轨迹中级编程
CHL-DS-11轮毂打磨
10411次使用
下载约8.7S
华航教育-机器人
工业机器人活塞装配教学工作站(变位机版)
CHL-JC-11
下载约1S
华航教育-机器人
智能制造单元系统集成应用平台(KUKA)
CHL-KH11(KUKA)
下载约1S
华航教育-机器人
工业机器人离线编程(去毛刺)
CHL-GY-12气缸去毛刺
4870次使用
下载约1S
华航教育-机器人
机器人IO事件离线编程(高级)
鼠标装配工序模拟
10198次使用
插入
华航教育-机器人
智能制造单元系统集成应用平台G2CHL-KH11-G2
4590次使用
下载约1S
华航教育-机器人
练
CHL-DS-01(含芯片、吸盘)
华航教育-机器人
数字化制造实训中心
华航教育-机器人
工业机器人基础教学工作站(A-B型)
华航教育-机器人
带导轨的机器人系统与运用

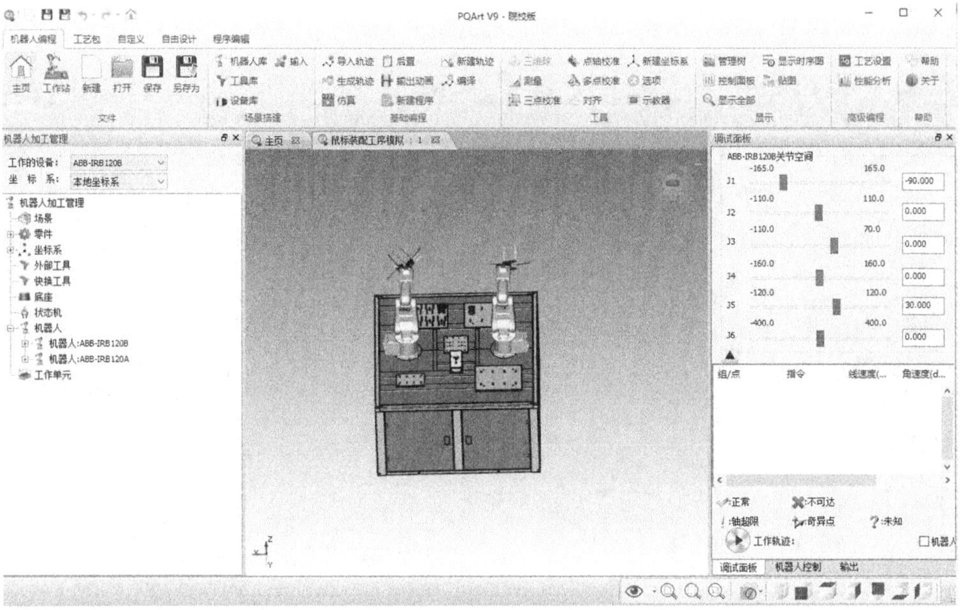

图 6-14　载入工作站

2. 机器人移动鼠标底座

选中右侧机器人 ABB-IRB120B(以下称“机器人 B”),单击鼠标右键,在弹出菜单列表中选择“插入 POS 点(Move-AbsJoint)”。同样选中左侧机器人 ABB-IRB120A(以下称“机器人 A”),单击鼠标右键,在弹出菜单列表中选择“插入 POS 点(Move-AbsJoint)”。

在【机器人加工管理】栏中选中机器人 B 中工具,并在工具中选择【三维球】,使用三维球【到点】功能将机器人移动至鼠标底座放置平面上,如图 6-15 所示。

图 6-15　移动机器人 1

选中 Z 轴，单击鼠标右键，在菜单列表中选择“与面垂直”，选择底座所在平面。选中 Y 轴，单击鼠标右键，在菜单列表中选择“与边平行”，选择底面所在平面的长边。选中坐标系，单击鼠标右键，在菜单列表中选择“到边中点”，选择鼠标放电池位置的边框。通过以上调整，使工具移动至鼠标的中间位置（抓取位置），如图 6-16 所示。

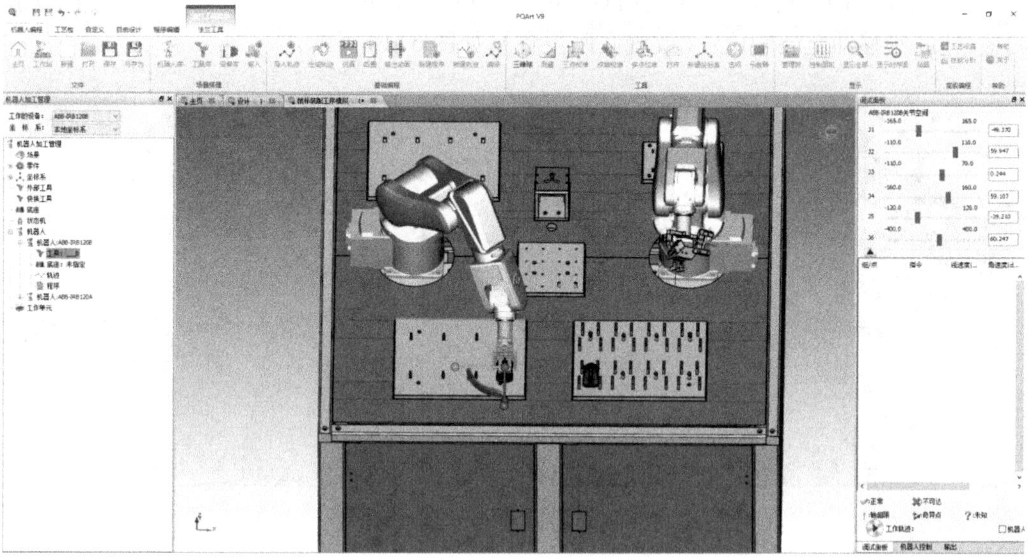

图 6-16　移动机器人 2

在【机器人加工管理】栏中选中“机器人 B”，单击鼠标右键，在弹出菜单列表中选择“抓取（生成轨迹）”，弹出“选择被抓取的物体”对话框，在“未选择物体”栏中，选择“鼠标底座”，点击“增加”，在弹出的出入刀偏移对话框中，设置“出刀偏移量”“入刀偏移量”均为“100”，如图 6-17 所示。

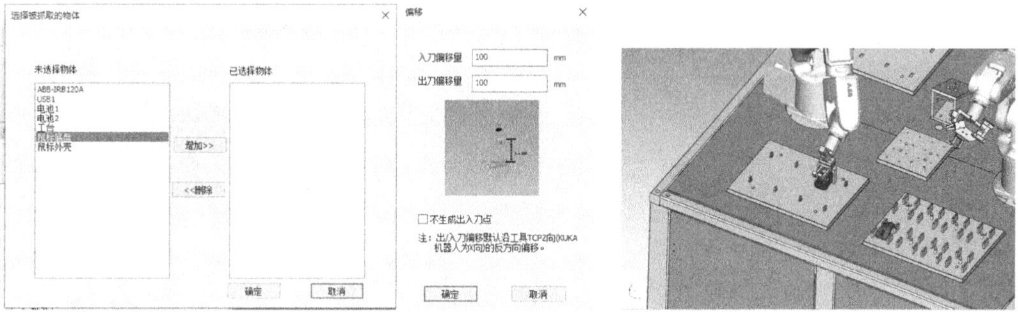

图 6-17　抓取鼠标

在【机器人加工管理】栏中选中机器人 B 中工具，并在工具中选择【三维球】，使用三维球【到点】功能将机器人（夹持鼠标底座）放置装配台平面上。

选中三维球，并选中 Z 轴，单击右键，在菜单列表中选择“与面垂直”，选择鼠标底座平面，使得三维球与鼠标底座垂直。释放三维球，单击鼠标右键，在菜单列表中选择"与面垂直"，选择装配台平面（斜面），使得鼠标底座底面与装配台平面平行。选中三维球，单击鼠标右键，在菜单列表中选择"到点"，选择鼠标底座USB插孔的一个角，将三维球移动至底座USB插孔一个角上。释放三维球，单击鼠标右键，在菜单列表中选择"到点"，选择装配台上与底座USB孔相对应的一个角，使得鼠标放置到正确位置。通过以上调整，使底座移动至装配位置（放置底座位置），如图6-18所示。

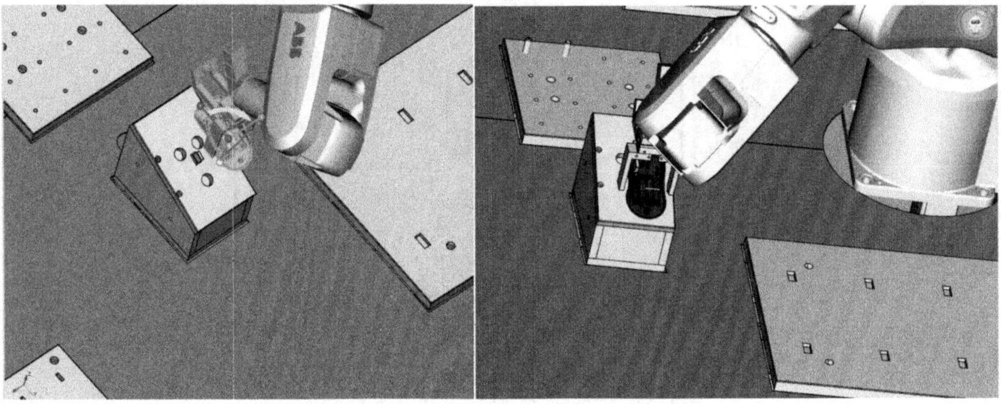

图6-18　移动鼠标至装配台

在【机器人加工管理】栏中选择"机器人B"，单击鼠标右键，在弹出菜单列表中选择"放开（生成轨迹）"，弹出"选择被放开的物体"对话框，在"未选择物体"栏中，选择"鼠标底座"，点击"增加"，在弹出的出入刀偏移对话框中，设置"出刀偏移量""入刀偏移量"均为"100"，如图6-19所示。

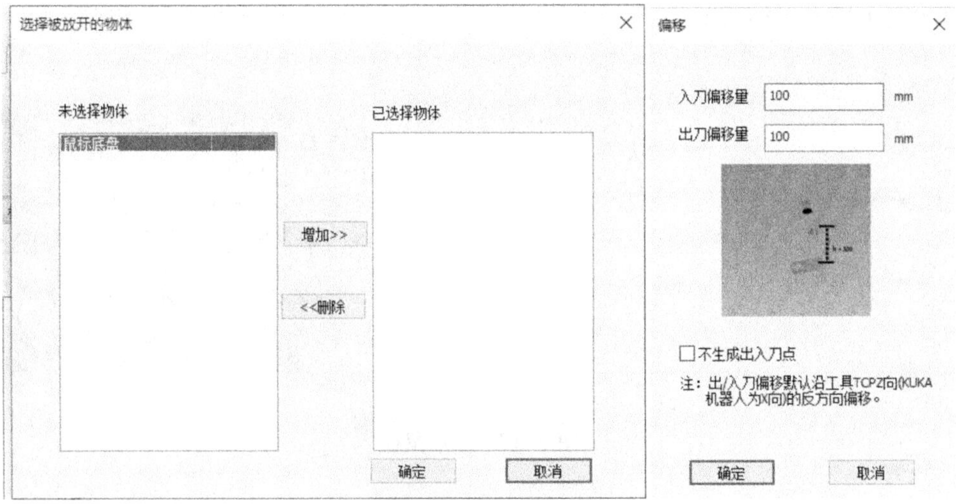

图6-19　放置鼠标

机器人 B 工作暂时完成，需要将其移动至不干扰机器人 A 工作的位置。在【机器人加工管理】栏中选中“机器人 B”，单击鼠标右键，在弹出菜单列表中选择“回到机械零点”，然后在“调试面板”中 J1 输入框中输入“90”。最后，选中“机器人 B”，单击鼠标右键，在弹出菜单列表中选择“插入 POS 点（Move-AbsJoint）”，如图 6-20 所示。

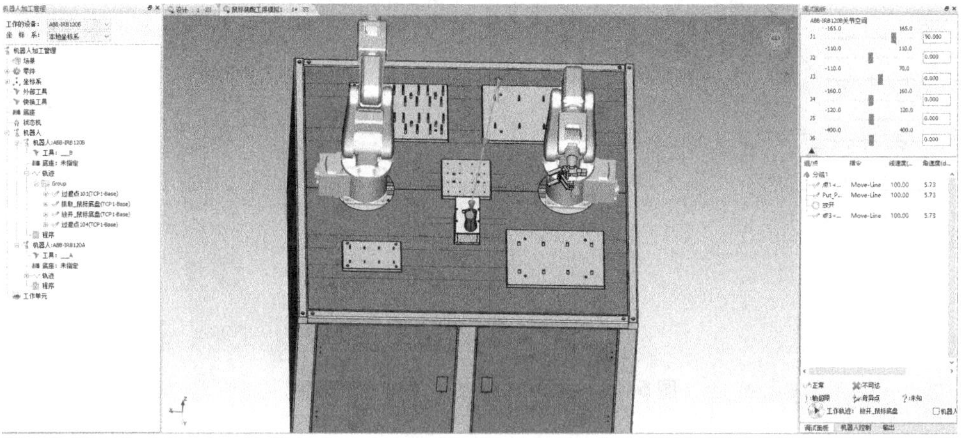

图 6-20　插入 POS 点

3. 仿真

在【基础编程】栏中，单击【仿真】，在仿真管理栏中选择“ ”，观看仿真动画。观察仿真过程是否达到任务要求，如果满足任务要求，则继续进行下一个任务；如果未达到要求，针对未满足要求部分进行修改，直至满足任务要求。

任务 2　机器人装配鼠标电池

任务 2　机器人装配鼠标电池

1. 机器人 A 与机器人 B I/O 通信仿真

机器人 B 完成工作后，需要告知机器人 A。在【机器人加工管理】栏中，选择机器人 B 中的轨迹，选中机器人 B 最终停留点“过渡点 106”（实际操作时根据实际情况定），在“调试面板”中选中该点，单击鼠标右键，在弹出菜单栏中选择“添加仿真事件”，仿真事件类型为“发送事件”，其余选择默认值，如图 6-21 所示。

在【机器人加工管理】栏中，选择机器人 A 中的轨迹，选中机器人 A 最终停留点“过渡点 107”（实际操作时根据实际情况定），在“调试面板”中选中该点，单击鼠标右键，在弹出菜单栏中选择“添加仿真事件”，仿真事件类型为“等待事件”，等待的事是机器人 B 的发送事件，其余选择默认值，如图 6-22 所示。

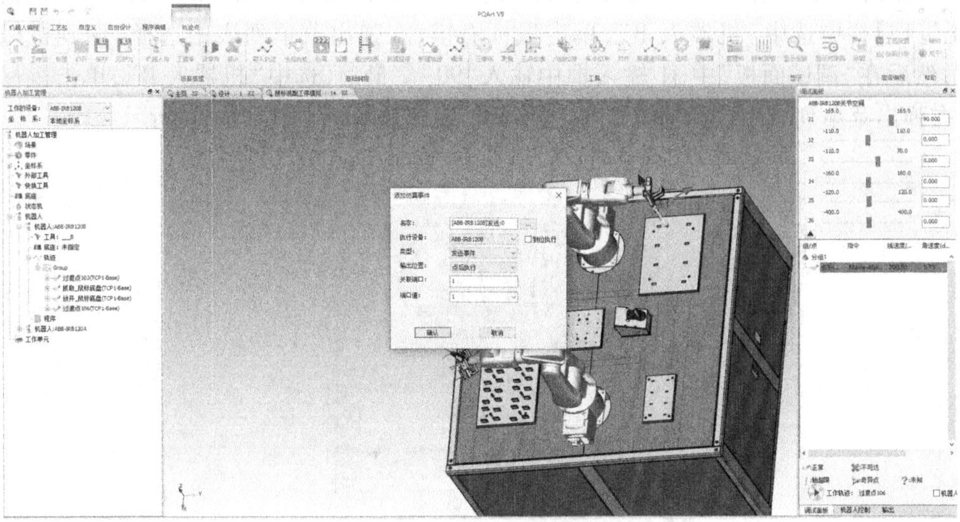

图 6-21　插入过渡点并添加发送事件

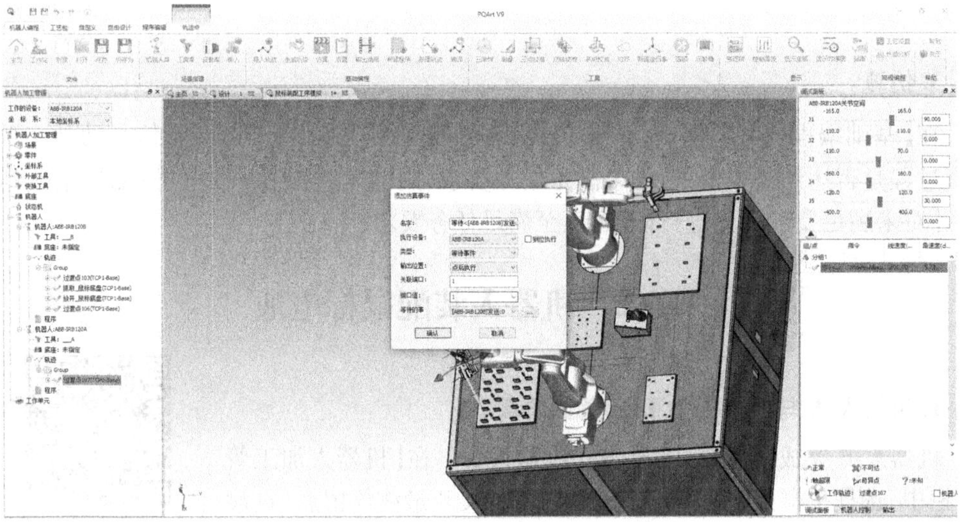

图 6-22　插入过渡点并添加等待事件

2. 装配鼠标电池 1

装配电池时需要使用机器人 A 工具的 0 号夹具，因此需要选择使用“TCP0”。选中机器人 A 的工具，单击鼠标右键，在弹出菜单列表中选择“TCP 设置”，双击表格中“TCP0”，将“当前 TCP”设置为“TCP0”，如图 6-23 所示。

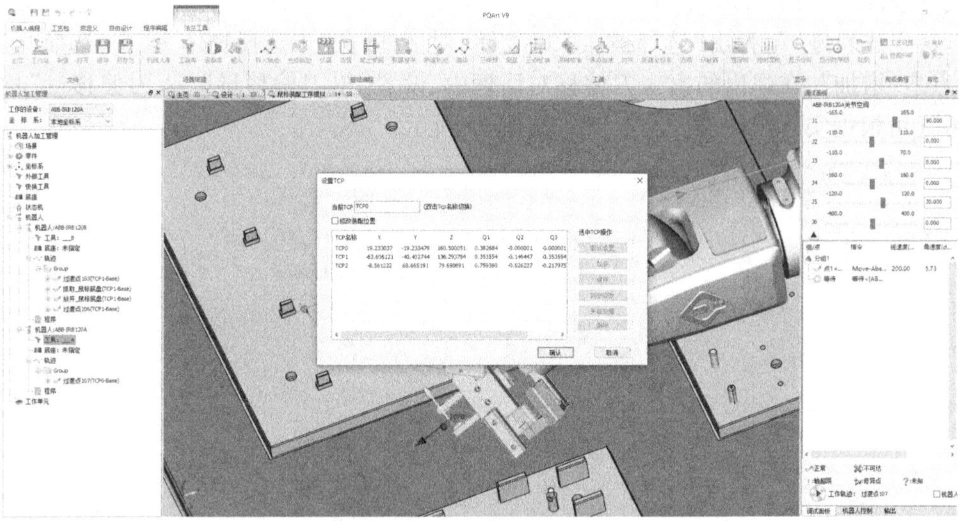

图 6-23　选择工具 TCP0

选择【三维球】，单击鼠标右键，在菜单列表中选择“到点”，在电池放置平台上选择一个点，将工具移动至电池放置平台。选择 Z 轴，单击鼠标右键，在菜单列表中选择“与面垂直”，选择电池放置平台平面，使得三维球与平台垂直。选择 Y 轴，单击鼠标右键，在菜单列表中选择“与边平行”，选择电池平台的长边，使得 Y 轴与平台长边平行。选择【三维球】，单击鼠标右键，在菜单列表中选择“到中心点”，选择电池圆柱，将三维球移动至圆柱中点。拖动三维球，将其向下移动 5 mm，至合适的位置。通过以上调整，使工具移动至抓取电池 1 的位置，如图 6-24 所示。

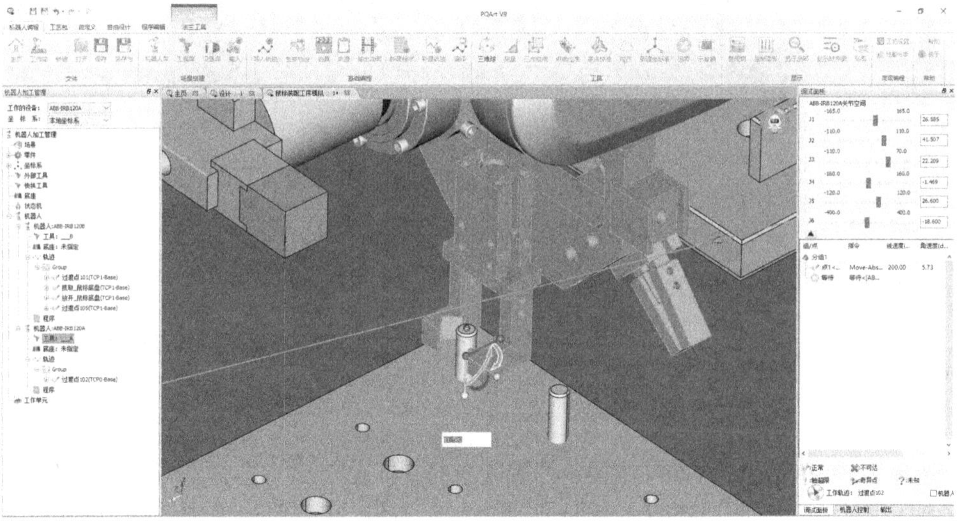

图 6-24　调整机器人位置

在【机器人加工管理】栏中选中“机器人 A”，单击鼠标右键，在弹出菜单列表中选择“抓取（生成轨迹）”，弹出“选择被抓取的物体”对话框，在“未选择物体”栏中，选择“电池1”，点击“增加”，在弹出的出入刀偏移对话框中，设置“出刀偏移量”“入刀偏移量”均为“100”（可根据实际需要自行调整），如图 6-25 所示。

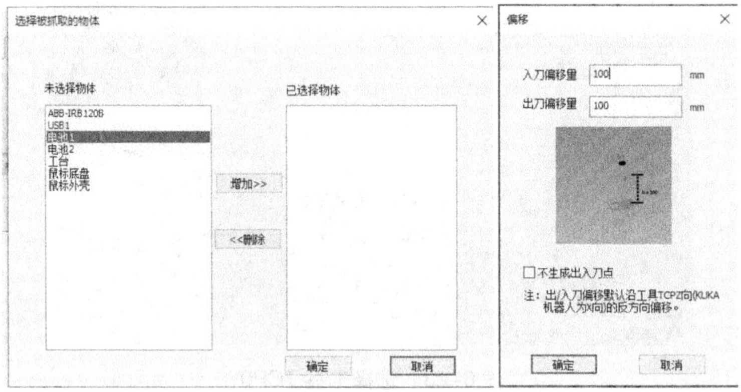

图 6-25　抓取电池 1

选择【三维球】，单击鼠标右键，在菜单列表中选择“到点”，在装配平台上选择一个点，将电池搬运至装配平台上，如图 6-26 所示。

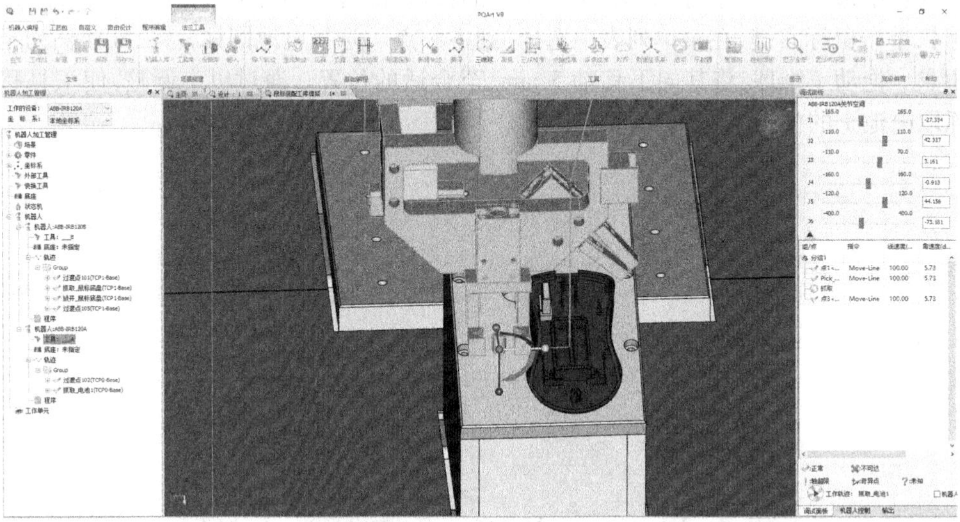

图 6-26　搬运电池 1 到装配平台

选择 Z 轴，单击鼠标右键，在菜单列表中选择“与边平行”，选择装配平台的长边，使得 Z 轴与平台长边平行，选中【三维球】，单击鼠标右键，在菜单列表中选择“点到点”，选择电池上圆柱和下圆柱，将三维球移动至圆柱中心，再次选择【三维球】，单击鼠标右键，在菜单列表中选择“点到点”，选择鼠标底座电池放置位置的上圆柱和下圆柱，将电池移动至放置位置，将工具沿着此时的 X 轴负方向移动 10 mm，使其与底座脱离，并在调试面板中更改 J6 参数，使其旋转 180°，如图 6-27 所示。

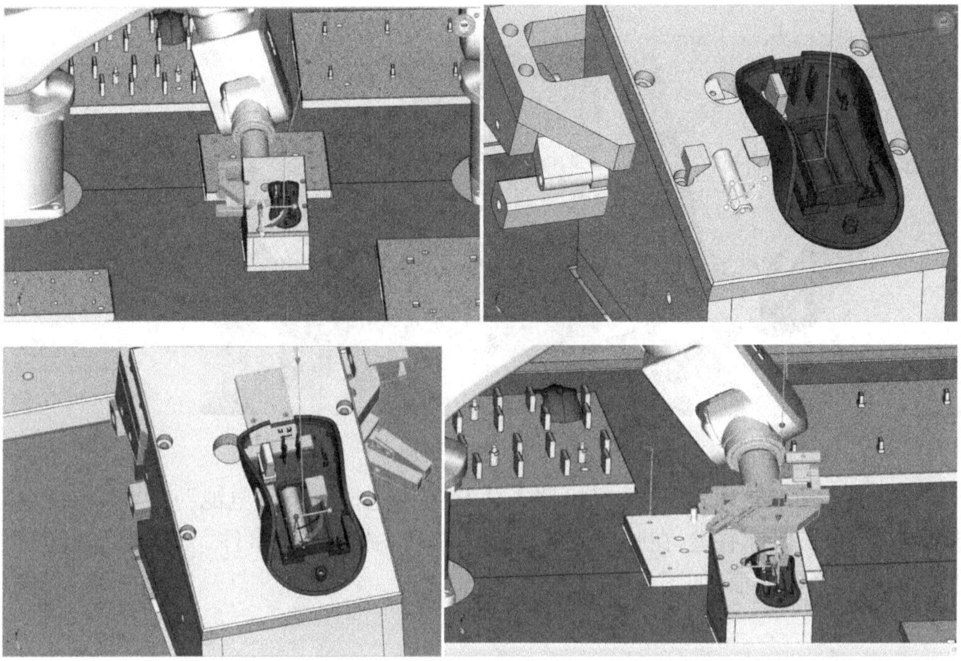

图 6-27　调整电池 1 位置

在【机器人加工管理】栏中选中“机器人 A”，单击鼠标右键，在弹出菜单列表中选择“放开(生成轨迹)”，弹出“选择被放开的物体”对话框，在“未选择物体”栏中，选择“电池1”，点击“增加”，在弹出出入刀偏移对话框中，选择“不生成出入刀点”，如图 6-28 所示。

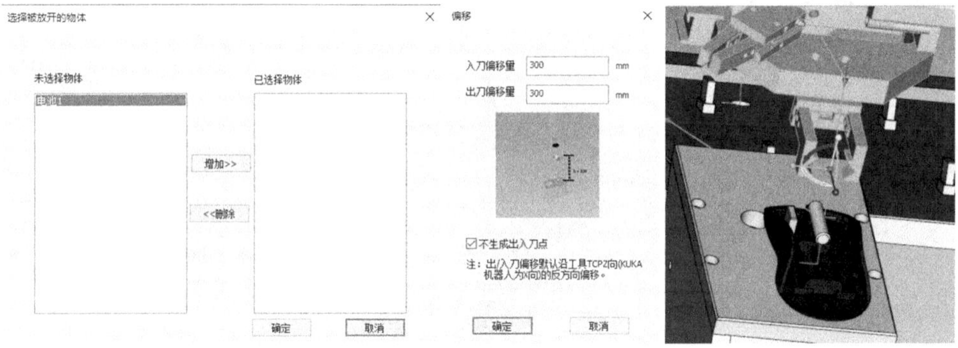

图 6-28　放置电池 1

将工具沿着此时的 X 轴正方向移动 50 mm，选中“机器人 A”，单击鼠标右键，在弹出菜单列表中选择“插入 POS 点(Move-AbsJoint)”，连续插入两个 POS 点，并将一个点拖拽至“放开_电池”点之前，如图 6-29 所示。

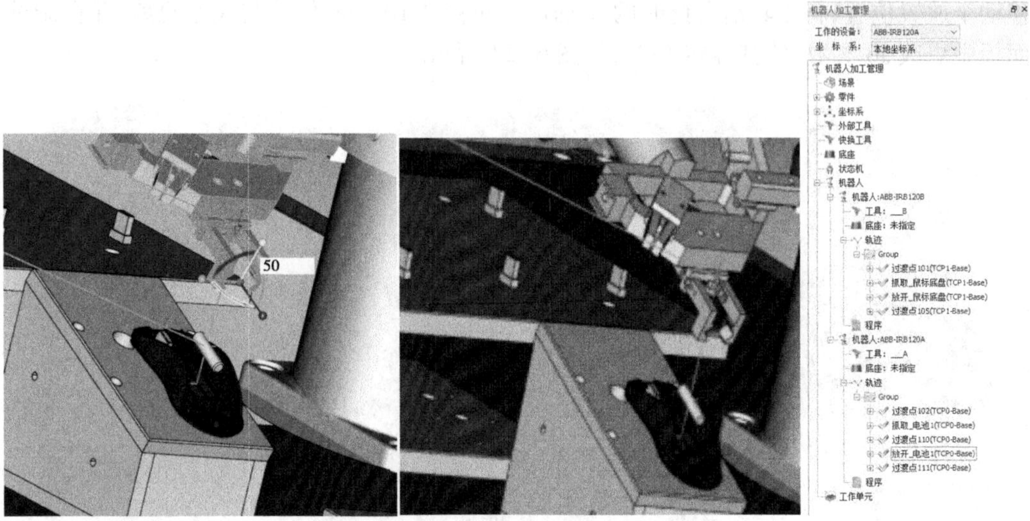

图 6-29　插入过渡点

在【机器人加工管理】栏中选择机器人 A 轨迹中选择“放开_电池”点，在“调试面板”中选择该点，单击鼠标右键，在弹出菜单列表中选择“添加仿真事件”，“类型”选择“发送事件”，其余选择默认值，如图 6-30 所示。

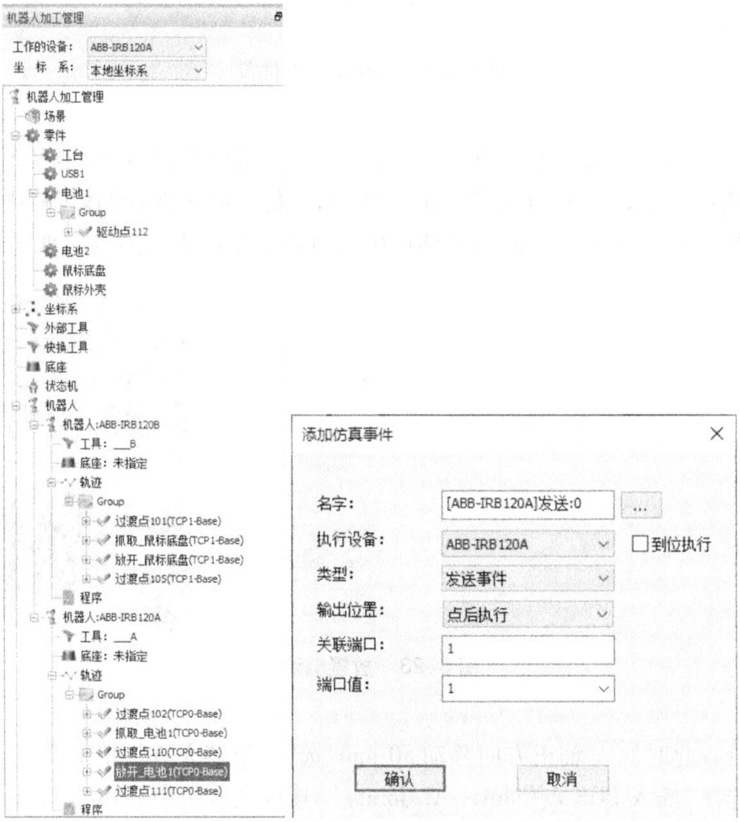

图 6-30　添加发送事件

在【机器人加工管理】栏中选择【零件】中的“电池 1”，选中【三维球】，单击鼠标右键，在弹出菜单列表中选择“点到点”，将三维球移动至电池 1 的中心，如图 6–31 所示。

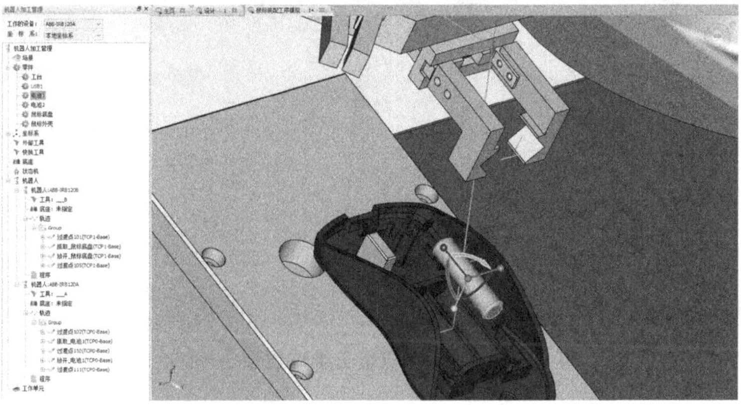

图 6–31　调整三维球位置

单击鼠标右键，在弹出菜单栏中选择“插入 POS 点”，选中该点后，在“调试面板”中选择“点 1”，单击鼠标右键，在弹出菜单列表中选择“添加仿真事件”，“类型”选择“等待事件”，输出位置选择“点前执行”，其余选择默认值，如图 6–32 所示。

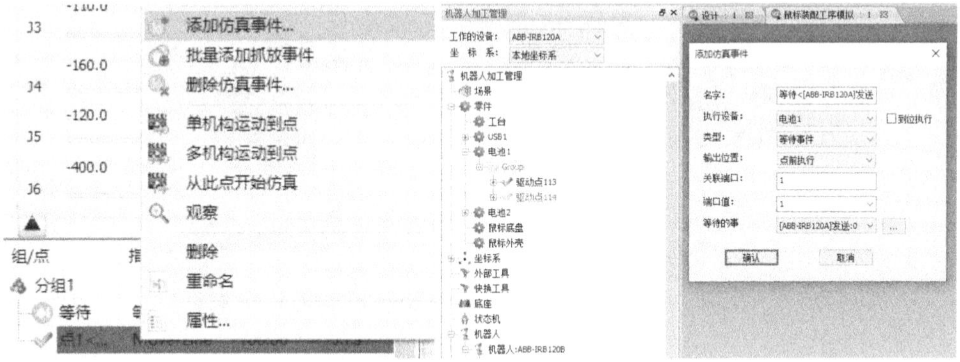

图 6–32　添加仿真事件

3. 装配鼠标电池 2

选择【三维球】，单击鼠标右键，在菜单列表中选择“到点”，在电池放置平台上选择一个点，将工具移动至电池放置平台。选择 Z 轴，单击鼠标右键，在菜单列表中选择“与面垂直”，选择电池放置平台平面，使得三维球与平台垂直。选择 Y 轴，单击鼠标右键，在菜单列表中选择“与边平行”，选择电池平台的长边，使得 Y 轴与平台长边平行。选择【三维球】，单击鼠标右键，在菜单列表中选择“到中心点”，选择电池圆柱，将三维球移动至圆柱中点。拖动三维球，将其向下移动 8 mm，至合适的位置。通过以上调整，使工具移动至抓取电池 2 的位置，如图 6–33 所示。

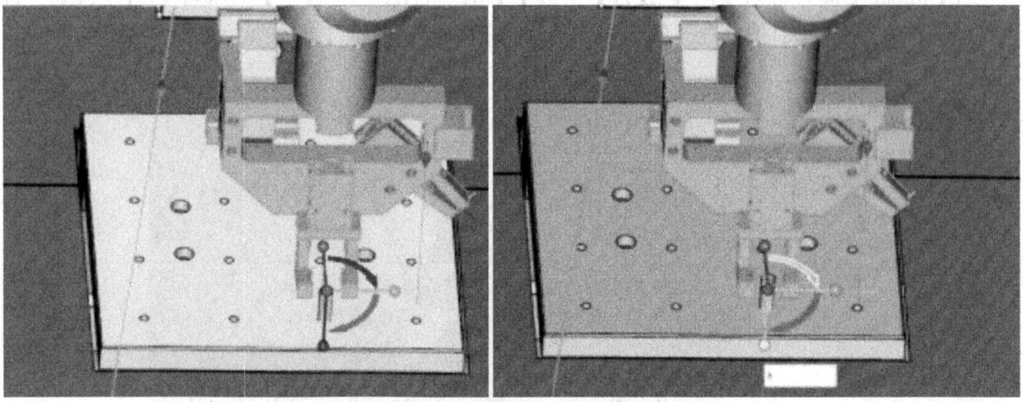

图 6-33　调整三维球位置

在【机器人加工管理】栏中选中“机器人 A”，单击鼠标右键，在弹出菜单列表中选择“抓取(生成轨迹)”，弹出“选择被抓取的物体”对话框，在“未选择物体”栏中，选择“电池 2”，点击“增加”，在弹出的出入刀偏移对话框中，设置“出刀偏移量”“入刀偏移量”均为“100”，如图 6-34 所示。

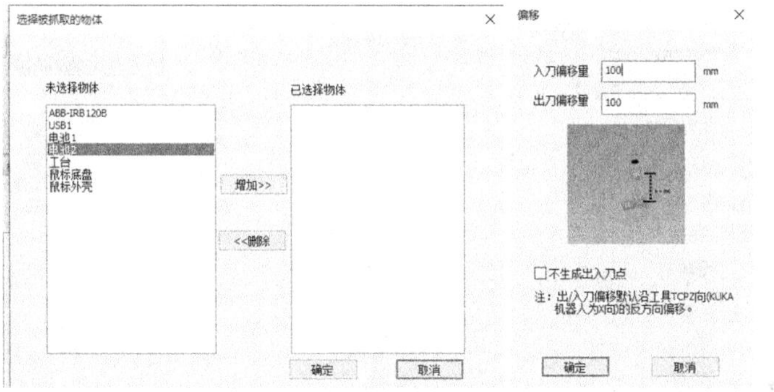

图 6-34　抓取电池 2

选择【三维球】，单击鼠标右键，在菜单列表中选择“到点”，在装配平台上选择一个点，将电池搬运至装配平台上。选择 Z 轴，单击鼠标右键，在菜单列表中选择“与边平行”，选择装配平台的长边，使得 Z 轴与平台长边平行。选择【三维球】，单击鼠标右键，在菜单列表中选择“点到点”，选择电池上圆柱和下圆柱，将三维球移动至圆柱中心。选择三维球，单击右键，在菜单列表中选择“点到点”，选择鼠标底座电池放置位置的上圆柱和下圆柱，将电池移动至放置位置，如图 6-35 所示。

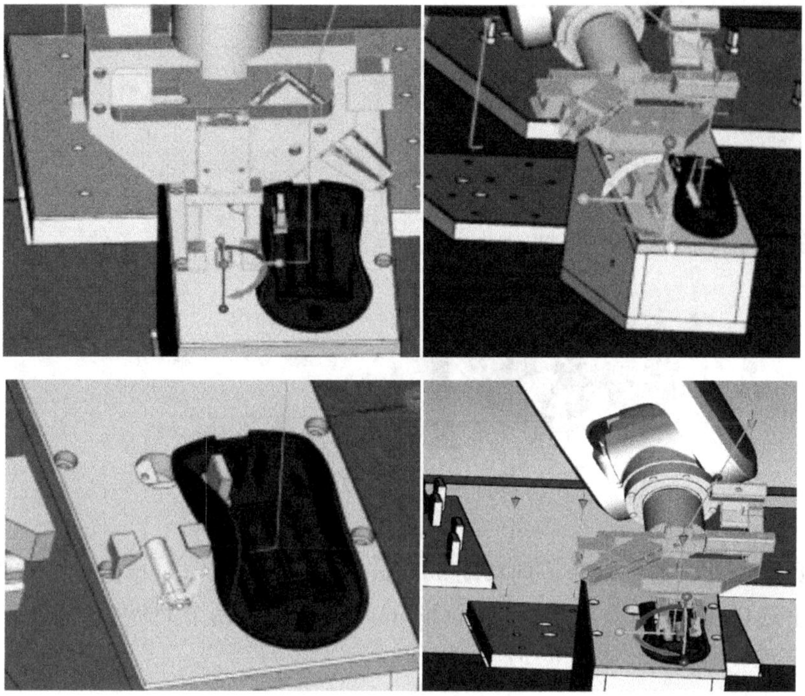

图 6-35　放置电池 2

将工具沿着此时的 X 轴正方向移动 10 mm，使其与底座脱离。在【机器人加工管理】栏中选中“机器人 A”，单击鼠标右键，在弹出菜单列表中选择“放开（生成轨迹）”，弹出“选择被放开的物体”对话框，在“未选择物体”栏中，选择“电池 2”，点击“增加”，在弹出的出入刀偏移对话框中，选择“不生成出入刀点”。如图 6-36 所示。

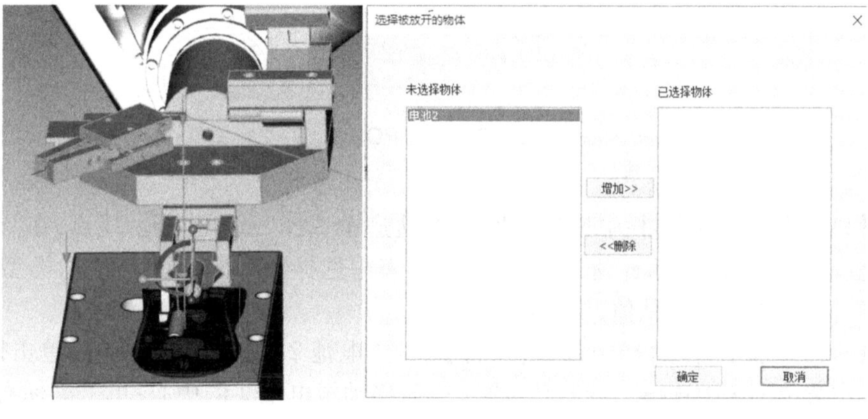

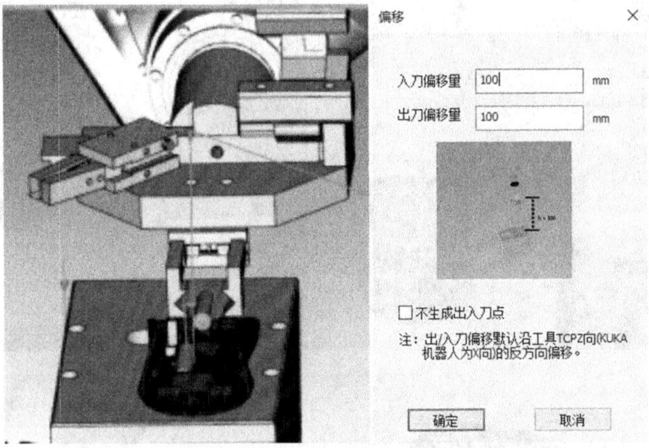

图 6-36　插入放置点

将工具沿着此时的 X 轴正方向移动 30 mm，选中“机器人 A”，单击鼠标右键，在弹出菜单列表中选择“插入 POS 点(Move-AbsJoint)”，连续插入两个 POS 点，并将一个点拖拽至“放开_电池 2”点之前，如图 6-37 所示。

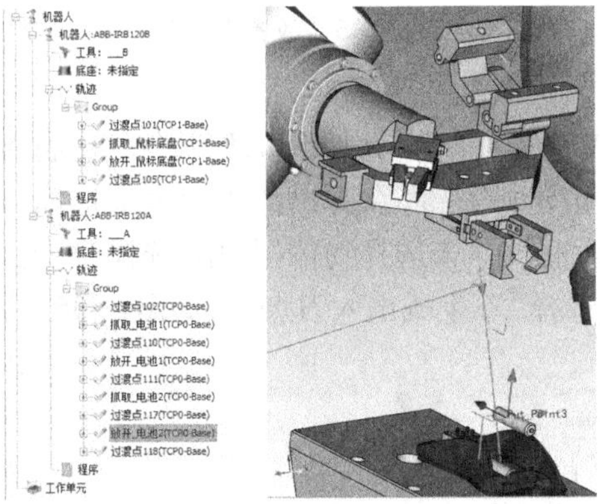

图 6-37　插入 POS 点

在【机器人加工管理】栏中选择机器人 A 轨迹中选择“放开_电池 2”点，在“调试面板”中选择该点，单击鼠标右键，在弹出菜单列表中选择“添加仿真事件”，“类型”选择“发送事件”，其余选择默认值，如图 6-38 所示。

在【机器人加工管理】栏中选择【零件】中的“电池 2”，选中【三维球】，单击鼠标右键，在弹出菜单列表中选择“点到点”，将三维球移动至电池 2 的中心；单击鼠标右键，在弹出菜单栏中选择“插入 POS 点”，选中该点后，在“调试面板”中选择点 1，单击鼠标右键，在弹出菜单列表中选择“添加仿真事件”，类型选择“等待事件”，输出位置选择“点前执行”，其余选择默认值，如图 6-39 所示。

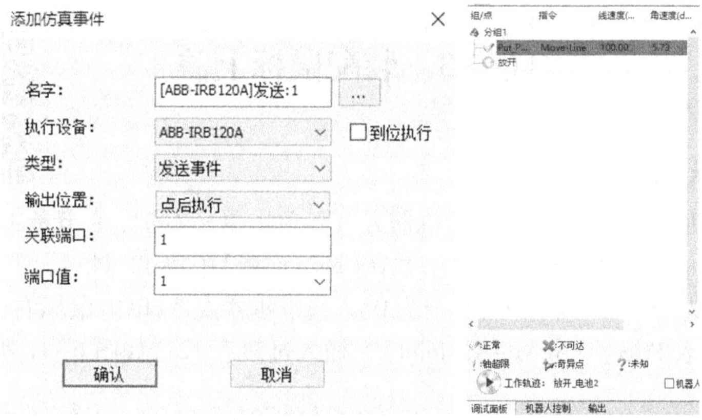

图 6–38　添加发送事件

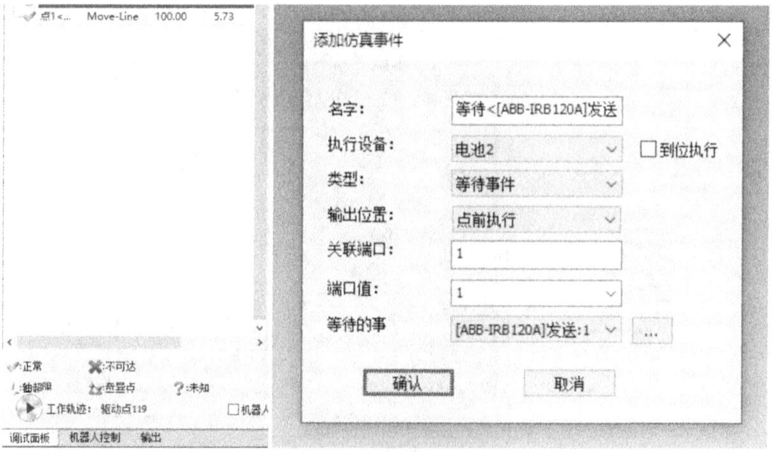

图 6–39　添加等待事件

在【机器人加工管理】栏中选择【零件】中的“电池 2”，选中【三维球】，单击鼠标右键，在弹出菜单列表中选择“点到点”，选择鼠标底座电池放置位置的上圆柱和下圆柱，将电池移动至放置位置。选择【零件】中的“电池 2”，单击鼠标右键，在弹出菜单列表中选择“插入 POS 点”，如图 6–40 所示。

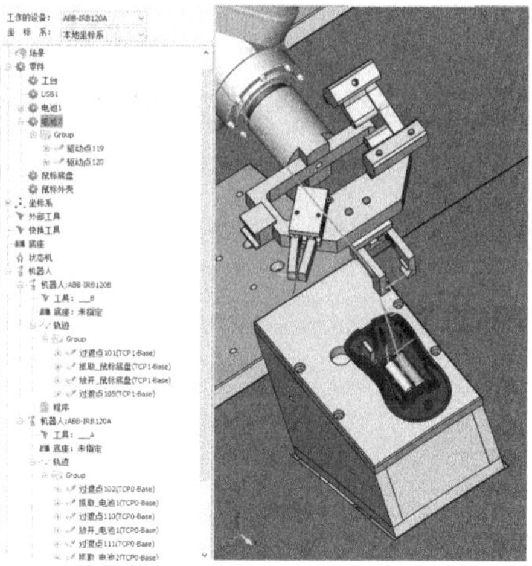

图 6–40　插入放置点（驱动点）

4. 仿真

在【基础编程】栏中，单击【仿真】，在仿真管理栏中选择“ ”，观看仿真动画。观察仿真过程是否达到任务要求，如果满足任务要求，则继续进行下一个任务；如果未达到要求，针对未满足要求部分进行修改，直至满足任务要求。

任务3 装配鼠标上盖

任务3 装配鼠标上盖

1. 抓取鼠标上盖

在【机器人加工管理】栏中选择“机器人 A”，单击鼠标右键，在弹出菜单列表中选择“回到机械零点”，并在【调试面板】中将 J2、J4 和 J5 分别调整为-30°、30°和 30°，其余为 0°。选中机器人 A，单击鼠标右键，在弹出菜单列表中选择“插入 POS 点(Move-AbsJoint)”，插入过渡点 121，如图 6-41 所示。

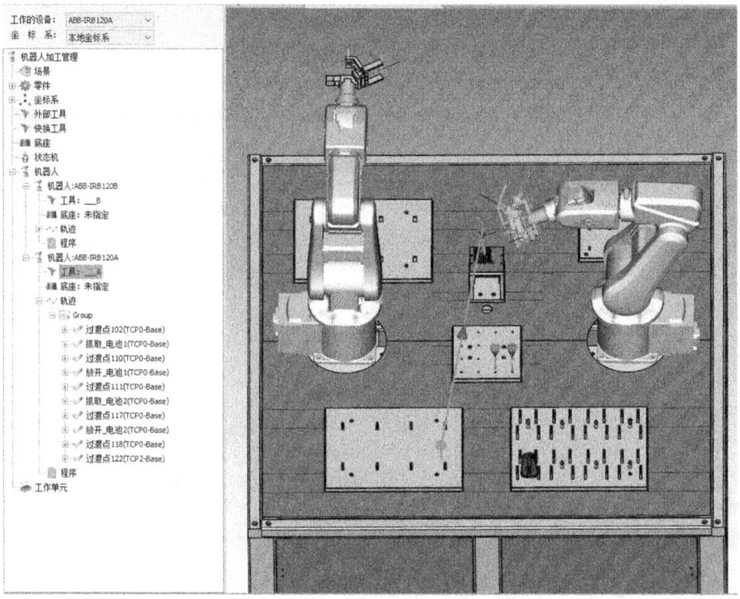

图 6-41 插入过渡点

选中机器人 A 工具，单击鼠标右键，在弹出菜单列表中选择“TCP 设置”，双击“TCP2”，在当前 TCP 中显示“TCP2”，点击“确定”，如图 6-42 所示。

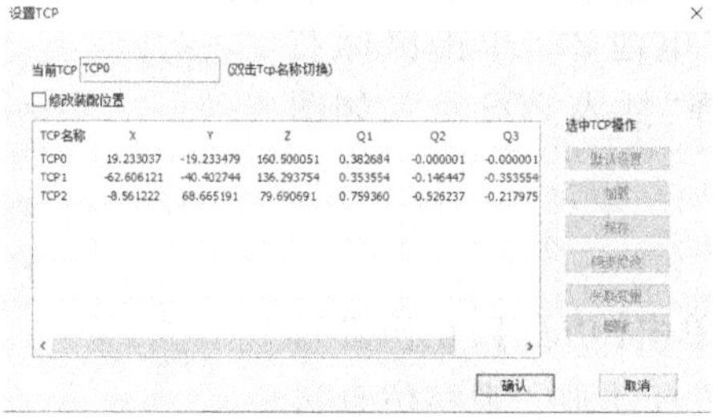

图 6-42 选择 TCP

选中机器人 A 工具，选择【三维球】，单击鼠标右键，在弹出菜单列表中选择“到点”，在鼠标外壳上选择一点，将工具移动至鼠标外壳。选择 *X* 轴，单击鼠标右键，在弹出菜单列表中选择“与面垂直”，在鼠标外壳放置平面。选择 *Z* 轴，单击鼠标右键，在弹出菜单列表中选择“与面垂直”，在鼠标外壳放置平面。选择 *Y* 轴，单击鼠标右键，在弹出菜单列表中选择“与边平行”，在鼠标外壳放置平面的侧边，如图 6-43 所示。

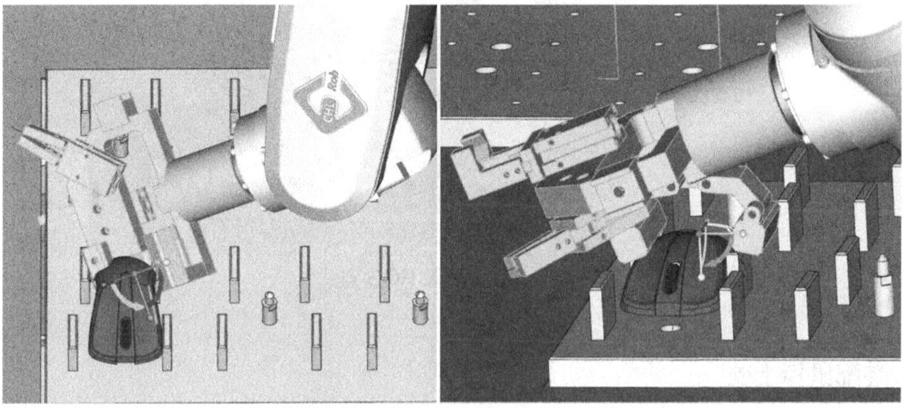

图 6-43　调整三维球位置

通过观察，将工具移动至与鼠标外壳接触，但不与上盖所在平台相碰撞。在【机器人加工管理】栏中选中“机器人 A”，单击鼠标右键，在弹出菜单列表中选择“抓取(生成轨迹)”，弹出“选择被抓取的物体”对话框，在“未选择物体”栏中，选择“鼠标外壳”，点击“增加”，在弹出的出入刀偏移对话框中，设置“出刀偏移量”“入刀偏移量”均为“100”，如图 6-44 所示。

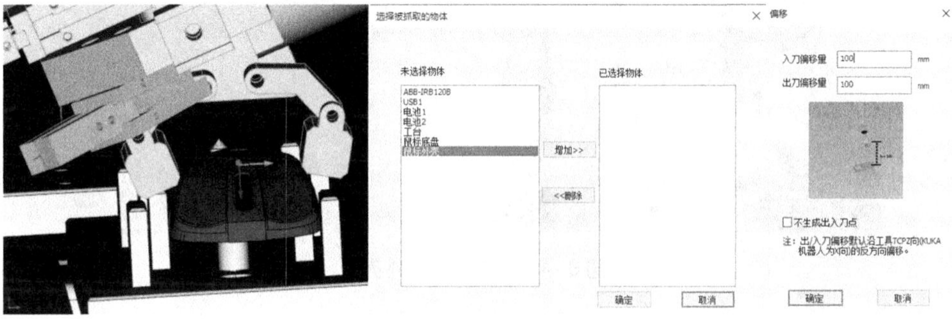

图 6-44　抓取鼠标外壳

在【机器人加工管理】栏中选择“机器人 A”，单击鼠标右键，在弹出菜单列表中选择“回到机械零点”，并在“调试面板”中将 J2、J4 和 J5 分别调整为-30°、30°和 30°，其余为 0°。选中“机器人 A”，单击鼠标右键，在弹出菜单列表中选择“插入 POS 点(Move-AbsJoint)”，插入过渡点 125，如图 6-45 所示。

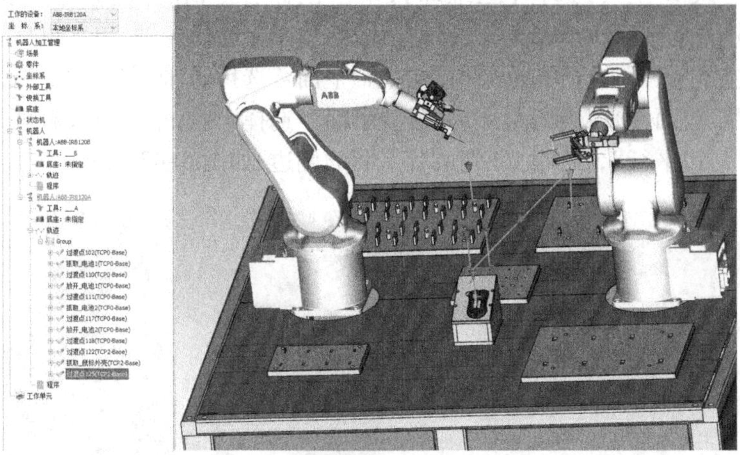

图 6-45　插入 POS 点

2. 装配鼠标上盖

在【机器人加工管理】栏中选择机器人 A 的工具，选择【三维球】，单击鼠标右键，在弹出菜单列表中选择“到点”，选择鼠标底座上一点，将鼠标外壳移动至鼠标底座上。选择 Y 轴，单击右键，在弹出菜单列表中选择“与边平行”，选择装配平面的短边。选择 Z 轴，单击鼠标右键，在弹出菜单列表中选择“与边平行”，选择装配平面。通过沿着 Z 轴移动，将鼠标外壳与鼠标底座脱离，如图 6-46 所示。

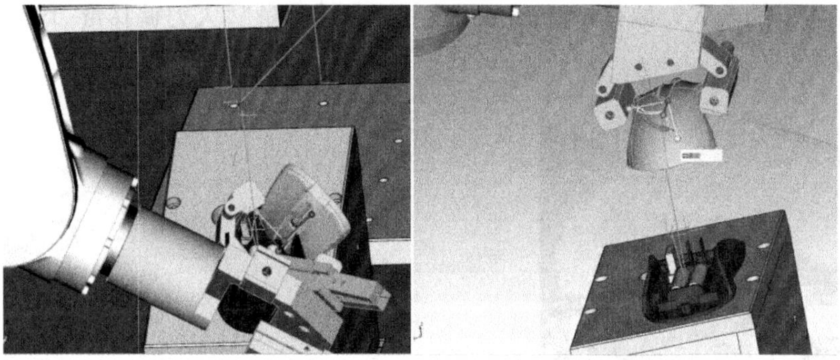

图 6-46　移动鼠标外壳

选择【三维球】，单击鼠标右键，在弹出菜单列表中选择“到点”，选择鼠标外壳尾部的一个点，将三维球移动至该点。选择 Z 轴，单击鼠标右键，在弹出菜单列表中选择“与面垂直”，选择鼠标外壳的底面，使 Z 轴与自身底面垂直，如图 6-47 所示。

选择【三维球】，选择 Z 轴，单击鼠标右键，在弹出菜单列表中选择“与面垂直”，选择装配平面（斜面），使 Z 轴与自身底面装配平面也垂直。选择【三维球】，单击鼠标右键，在弹出菜单列表中选择“到点”，选择鼠标底座上与鼠标外壳上相对应的点，完成鼠标外壳装配，如图 6-48 所示。

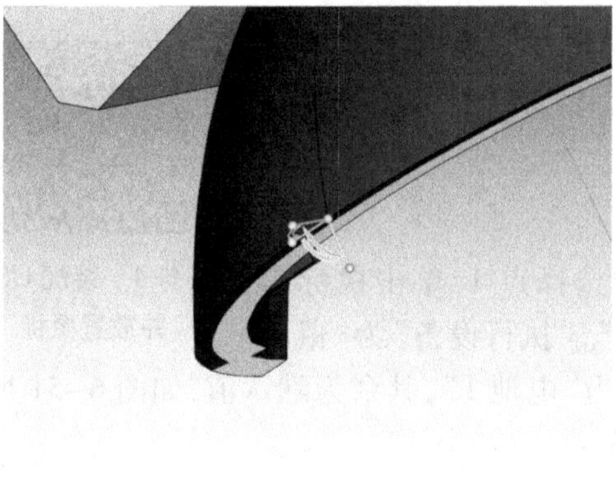

图 6-47　移动三维球位置

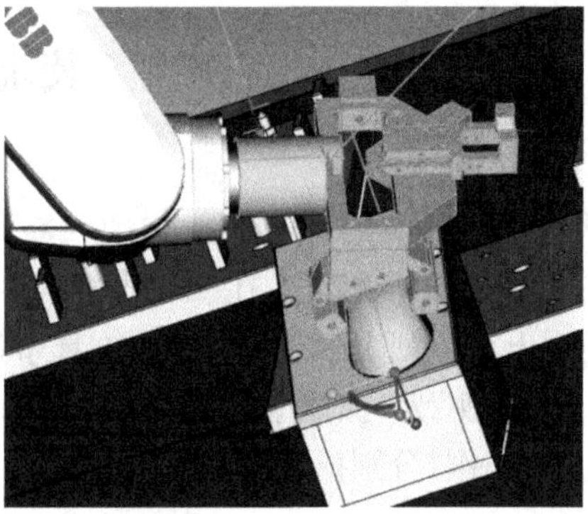

图 6-48　装配鼠标外壳

在【机器人加工管理】栏中选中“机器人 A”，单击鼠标右键，在弹出菜单列表中选择“放开(生成轨迹)”，弹出“选择被放开的物体”对话框，在“未选择物体”栏中，选择“鼠标外壳”，点击“增加”，在弹出的出入刀偏移对话框中，设置“出刀偏移量”“入刀偏移量”均为“100”，如图 6-49 所示。

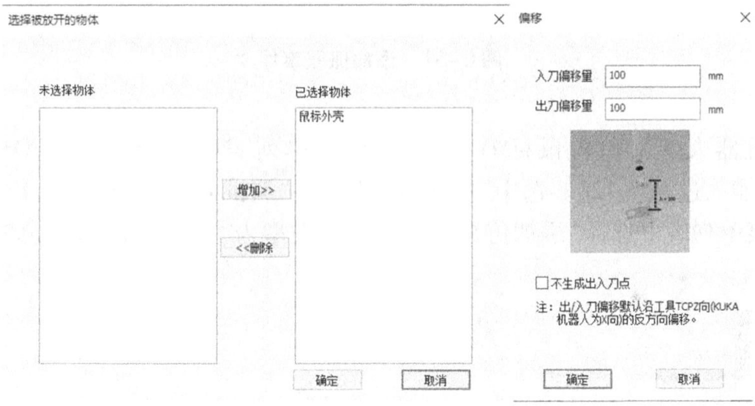

图 6-49　放开鼠标外壳

双击“过渡点 125”，使机器人 A 回到过渡点 125。选中“机器人 A”，单击鼠标右键，在弹出菜单列表中选择“插入 POS 点(Move-AbsJoint)”，插入过渡点 127，如图 6-50 所示。

3. 仿真

在【基础编程】栏中，单击【仿真】，在仿真管理栏中选择“ ”，观看仿真动画。观察仿真过程是否达到任务要求，如果满足任务要求，则继续进行下一个任务；如果未达到要求，针对未满足要求部分进行修改，直至满足任务要求。

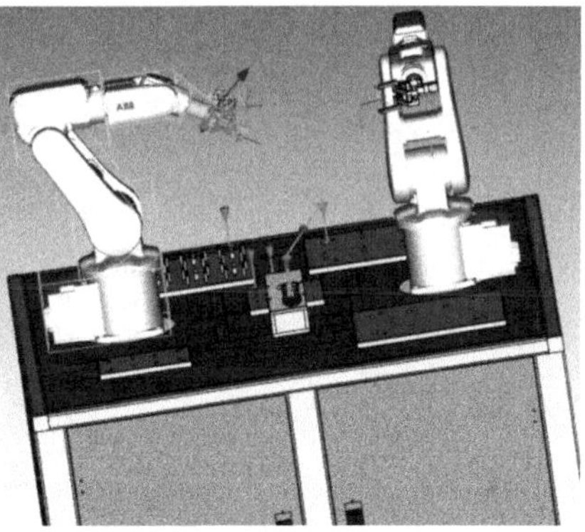

图 6-50　插入过渡点

任务4　装配USB并放置鼠标

任务4　装配USB并放置鼠标

1. 机器人B抓取鼠标

选中“过渡点127”，在“调试面板”中选择点1，单击鼠标右键，在弹出菜单列表中选择“添加仿真事件”，“执行设备”为“鼠标外壳”，“类型”为“抓取事件”，“关联设备”为“电池1”，其余为默认值，如图6-51所示。重复上述操作，分别抓取电池2和鼠标底座。

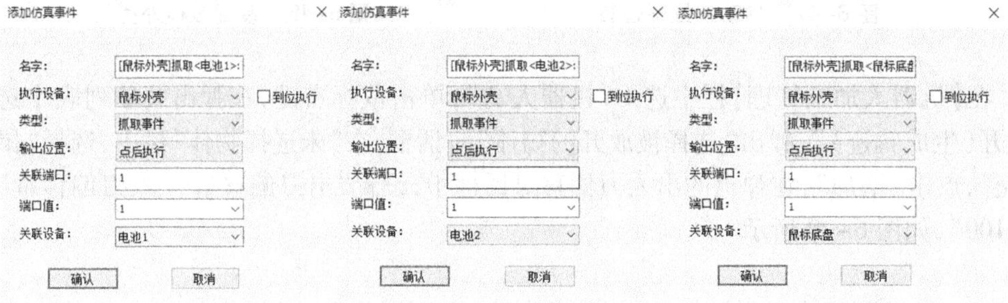

图6-51　添加抓取事件

选中“机器人A”，单击鼠标右键，在弹出菜单列表中选择“插入POS点(MoveAbsJoint)”，插入过渡点128。选中“过渡点128”，在“调试面板”中选择点1，单击鼠标右键，在弹出菜单列表中选择“添加仿真事件”，仿真类型为“发送事件”，其余为默认值，如图6-52所示。

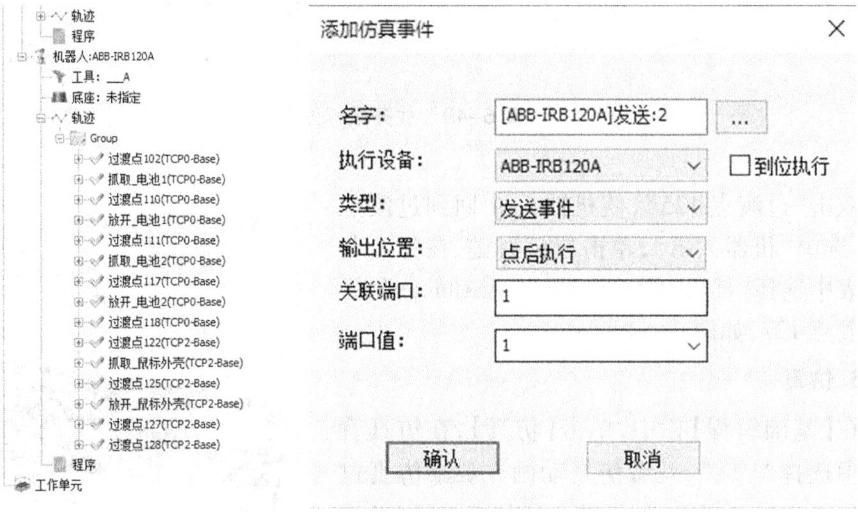

图6-52　添加发送事件

在【机器人加工管理】栏中选择“机器人 B”，选择轨迹中“过渡点 105”，在“调试面板”中选择“点 1”，单击鼠标右键，在弹出菜单列表中选择“添加仿真事件”，仿真类型为“等待事件”，其余为默认值，如图 6-53 所示。

图 6-53　添加等待事件

选中机器人 B 工具，选择【三维球】，单击鼠标右键，在弹出菜单列表中选择“到点”，选择装配平台上一个点，将三维球移动至该点。选择【三维球】，选择 *Z* 轴，单击鼠标右键，在弹出菜单列表中选择“与面垂直”，选择装配平面（斜面）。选择 *Y* 轴，单击鼠标右键，在弹出菜单列表中选择“与边平行”，选择装配平面的短边。通过观察，将三维球移动至合适的位置，如图 6-54 所示。

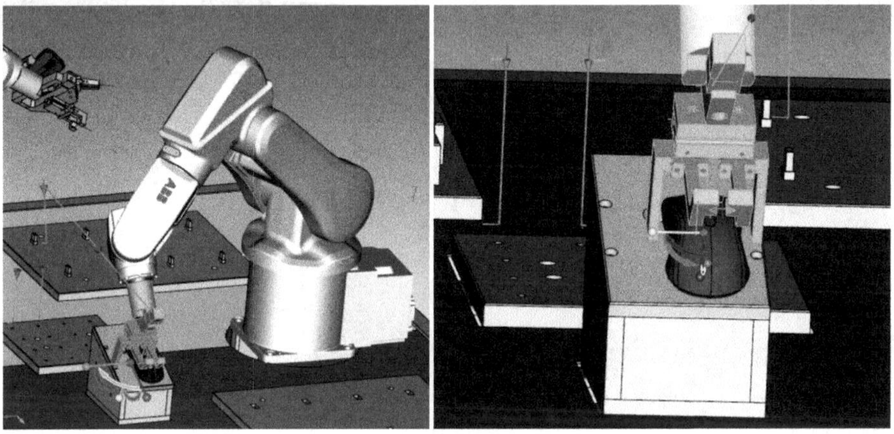

图 6-54　调整机器人 B 末端位置

在【机器人加工管理】栏中选中“机器人 B”，单击鼠标右键，在弹出菜单列表中选择“抓取（生成轨迹）”，弹出“选择被抓取的物体”对话框，在“未选择物体”栏中，选择“鼠标外壳”，点击“增加”，在弹出的出入刀偏移对话框中，设置“出刀偏移量”“入刀偏移量”均为“100”，如图 6-55 所示。

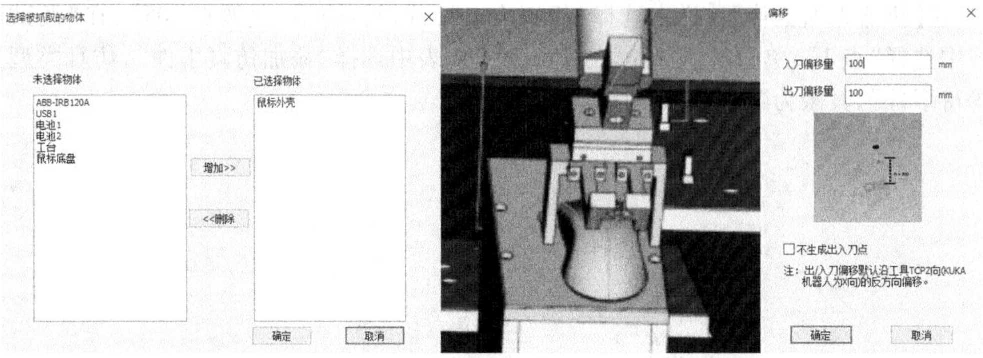

图 6-55 抓取鼠标整体

选择机器人 B 中的工具，选择【三维球】，通过调整三维球，将鼠标调整到合适的位置，以便于装配 USB，如图 6-56 所示。

选中“机器人 B”，单击鼠标右键，在弹出菜单列表中选择“插入 POS 点（Move－AbsJoint）”，插入过渡点 136。选中“过渡点 136”，在“调试面板”中选择“点 1”，单击鼠标右键，在弹出菜单列表中选择“添加仿真事件”，仿真类型为“发送事件”，其余为默认值，如图 6-57 所示。

图 6-56 调整鼠标姿态

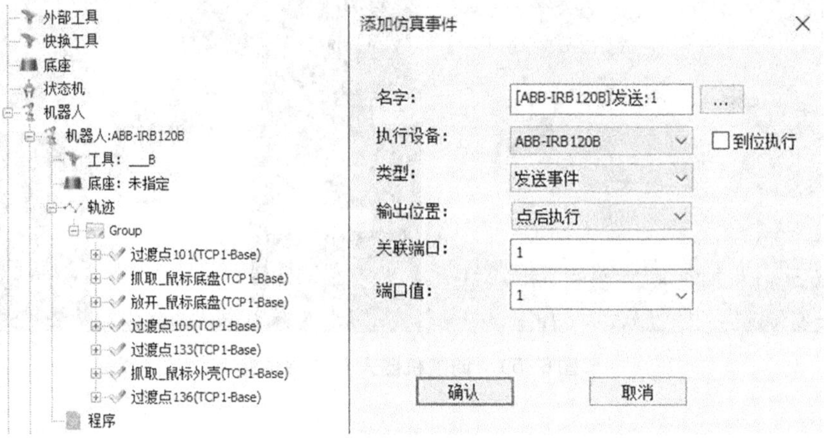

图 6-57 添加发送事件

选中机器人 A 的轨迹中“过渡点 128”，在“调试面板”中选择“点 1”，单击鼠标右键，在弹出菜单列表中选择“添加仿真事件”，仿真类型为“等待事件”，其余为默认值。添加后，双击调控面板中等待事件，如图 6-58 所示。

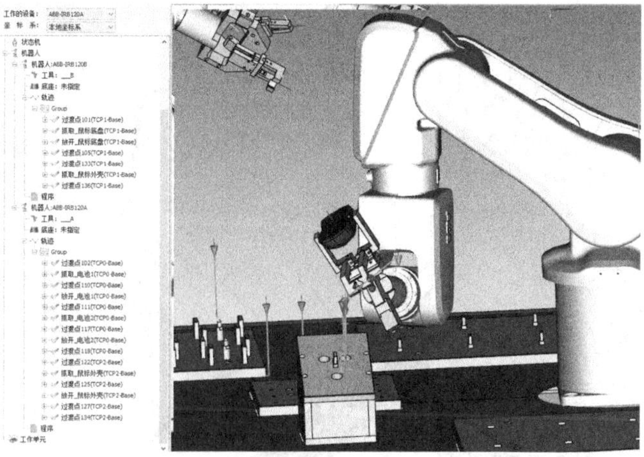

图 6-58　添加等待事件

2. 机器人 A 装配 USB

选中机器人 A 工具，单击鼠标右键，在弹出菜单列表中选择“TCP 设置”，双击“TCP1”，在当前 TCP 中显示“TCP1”，点击“确认”，如图 6-59 所示。

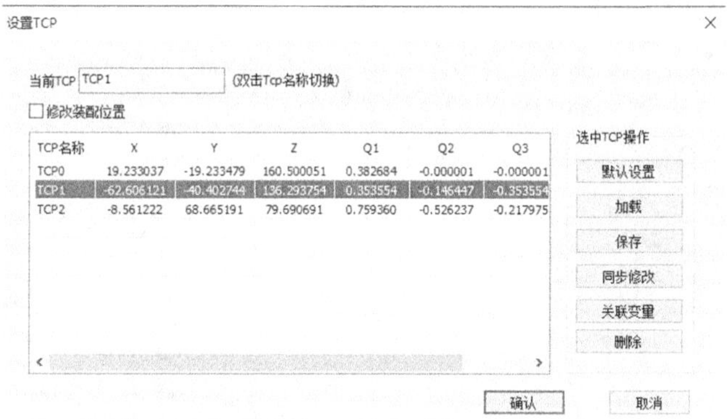

图 6-59　选择工具 TCP1

在【机器人加工管理】栏中选择机器人 A 的工具，选择【三维球】，单击鼠标右键，在弹出菜单列表中选择“到点”，选择 USB 放置台上一点，将工具移动至 USB 放置台上。选择 *Y* 轴，单击鼠标右键，在弹出菜单列表中选择“与边平行”，选择 USB 放置台短边。选择 *X* 轴，单击鼠标右键，在弹出菜单列表中选择“与边平行”，选择 USB 放置台长边。选择【三维球】，单击鼠标右键，在弹出菜单列表中选择“到边中点”，选择 USB 的长边。选择【三维球】，单击鼠标右键，在弹出菜单列表中选择“到边中点”，选择 USB 的短边。这样，将工具移动至抓取 USB 的合适位置，如图 6-60 所示。

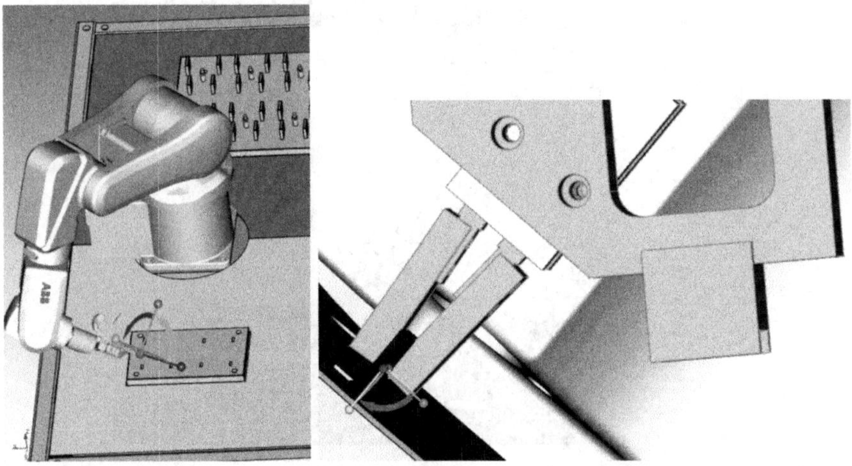

图 6-60　调整机器人 A 位置

在【机器人加工管理】栏中选中“机器人 A”，单击鼠标右键，在弹出菜单列表中选择“抓取（生成轨迹）”，弹出“选择被抓取的物体”对话框，在“未选择物体”栏中，选择“USB1”，点击“增加”，在弹出的出入刀偏移对话框中，设置“出刀偏移量”“入刀偏移量”均为“100”，如图 6-61 所示。

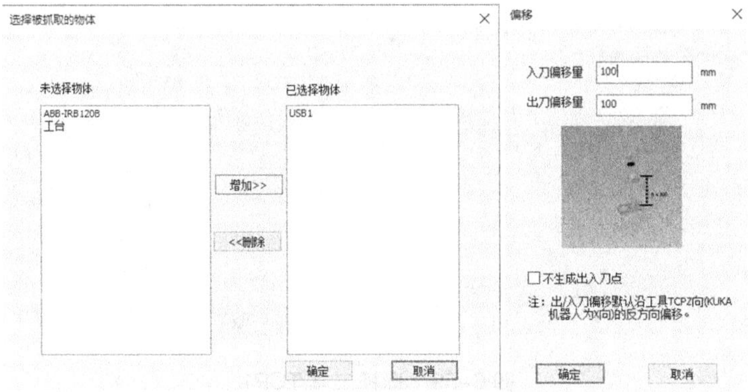

图 6-61　抓取 USB1

在【机器人加工管理】栏中选择机器人 A 的工具，选择【三维球】，单击鼠标右键，在弹出菜单列表中选择“到点”，选择鼠标上一点，将工具移动至鼠标上。选择【三维球】，单击鼠标右键，在弹出菜单列表中选择“到边中点”，选择鼠标 USB1 孔的长边。选择【三维球】，单击鼠标右键，在弹出菜单列表中选择“到边中点”，选择鼠标 USB1 孔的短边。这样，将工具 USB1 移动至放置的合适位置，如图 6-62 所示。

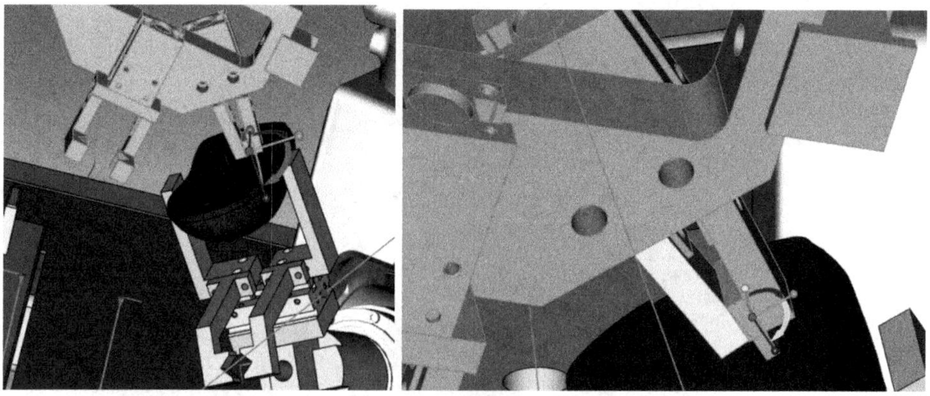

图 6-62　设置 USB 放置位姿

在【机器人加工管理】栏中选中“机器人 A”，单击鼠标右键，在弹出菜单列表中选择“放开(生成轨迹)”，弹出“选择被放开的物体”对话框，在“未选择物体”栏中，选择“USB1”，点击“增加”，在弹出的出入刀偏移对话框中，设置“出刀偏移量”“入刀偏移量”均为“100”，如图 6-63 所示。

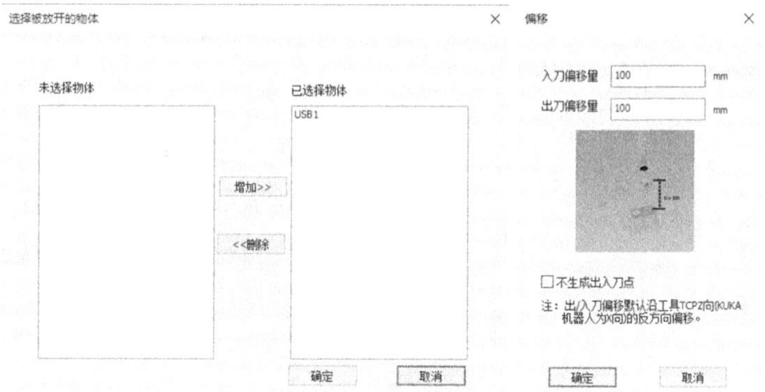

图 6-63　放开 USB1

在【机器人加工管理】栏中选择“机器人 A”，单击鼠标右键，在弹出菜单列表中选择“回到机械零点”，并在“调试面板”中将 J2、J4 和 J5 分别调整为-30°、30°和 30°，其余为 0°。选中“机器人 A”，单击鼠标右键，在弹出菜单列表中选择“插入 POS 点(MoveAbsJoint)”，插入过渡点 140，如图 6-64 所示。

选中机器人 A 的轨迹中“过渡点 140”，在“调试面板”中选择“点 1”，单击鼠标右键，在弹出菜单列表中选择“添加仿真事件”，仿真类型为“发送事件”，其余为默认值。添加后，双击调控面板中发送事件，如图 6-65 所示。

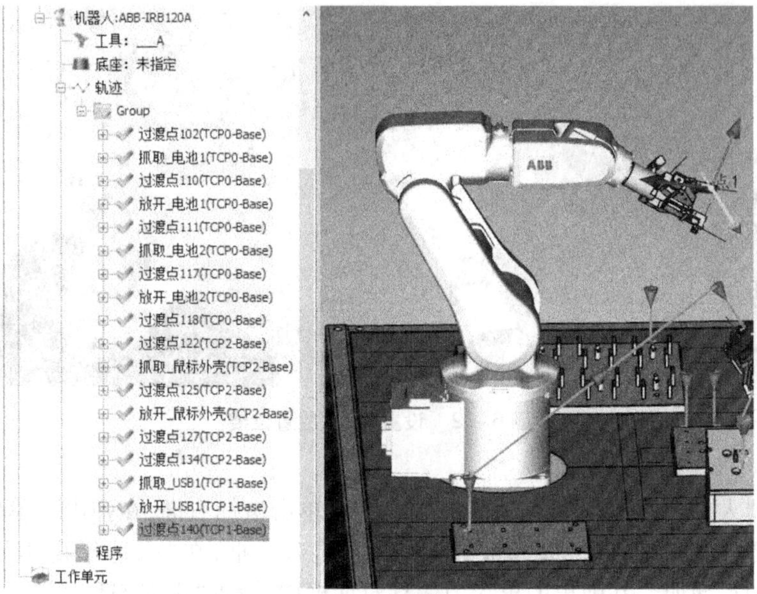

图 6-64　机器人 A 插入过渡点

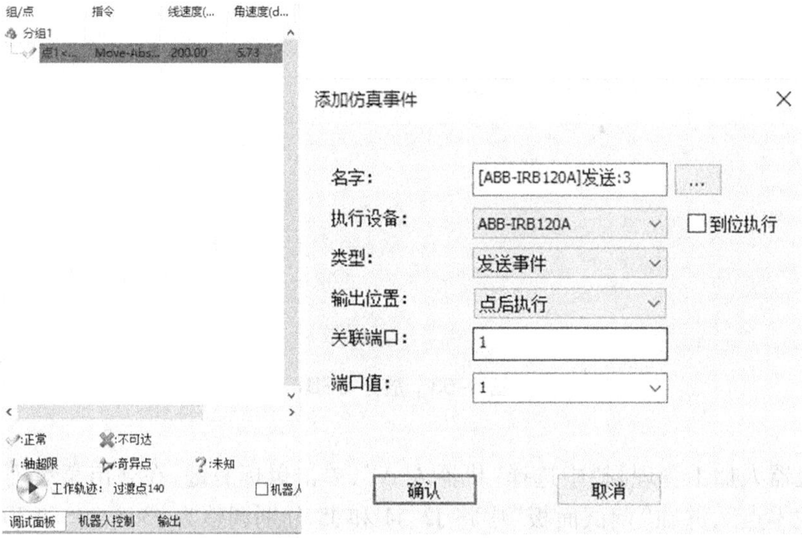

图 6-65　添加发送事件

在【机器人加工管理】栏中选择【零件】中的“USB1”，单击鼠标右键，在弹出菜单栏中选择“插入 POS 点”，选中该点后，在【调试面板】中选择“点 1”，单击鼠标右键，在弹出菜单列表中选择添加“仿真事件”，“类型”选择“等待事件”，“输出位置”选择“点前执行”，其余选择默认值，如图 6-66 所示。

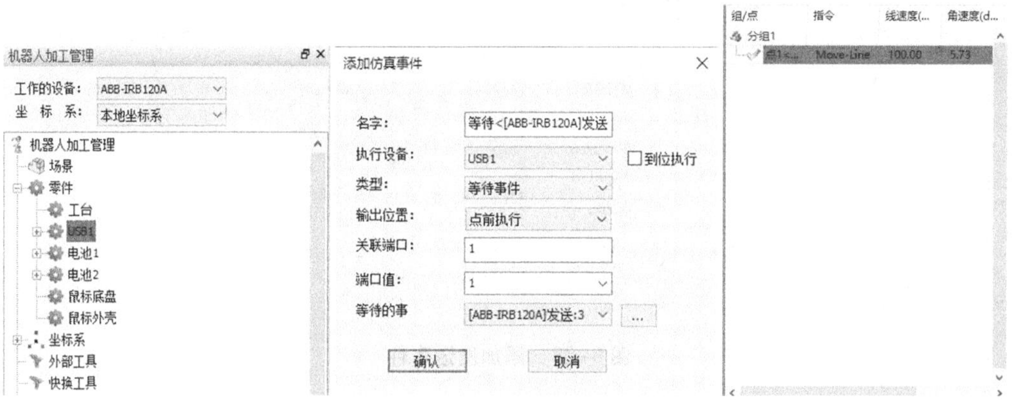

图 6-66　添加等待事件

在【机器人加工管理】栏中选择【零件】中的“USB1”，选择【三维球】，选择 *Z* 轴（使 *Z* 轴呈黄色），单击鼠标右键，在弹出菜单列表中，选择“Z 向垂直到点”，选择鼠标底面上一点，USB 移动至合适位置，如图 6-67 所示。

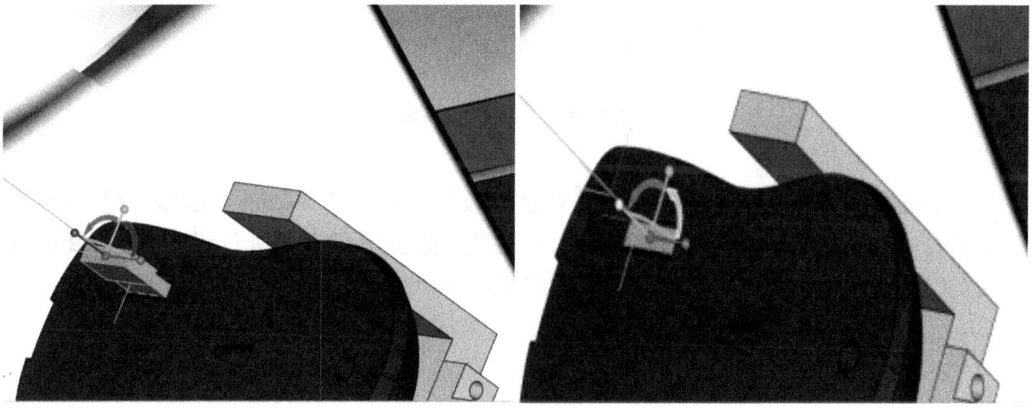

图 6-67　正确放置 USB1

在【机器人加工管理】栏中选择【零件】中的“USB1”，单击鼠标右键，在弹出菜单列表中，选择“插入 POS 点”，即可插入 POS 点 142。在“调试面板”中选择“点 1”，单击鼠标右键，在弹出菜单列表中选择添加“仿真事件”，“类型”选择“发送事件”，“输出位置”选择“点后执行”，其余选择默认值，如图 6-68 所示。

选中机器人 B 中“过渡点 136”，在“调试面板”中选择“点 1”，单击鼠标右键，在弹出菜单列表中选择“添加仿真事件”，仿真类型为“等待事件”，其余为默认值，如图 6-69 所示。

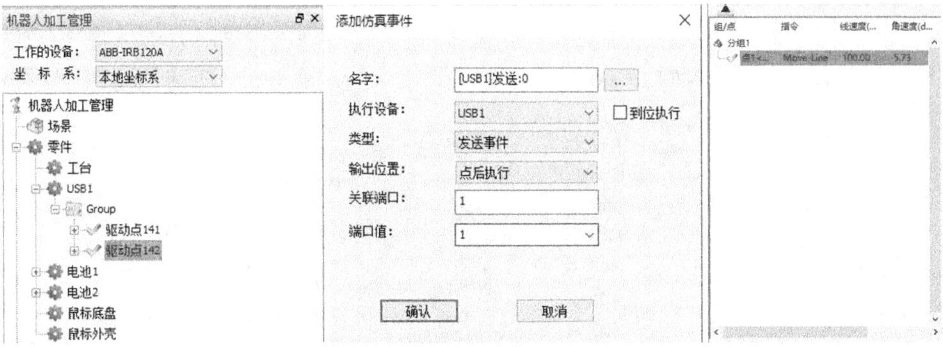

图 6-68　添加发送事件

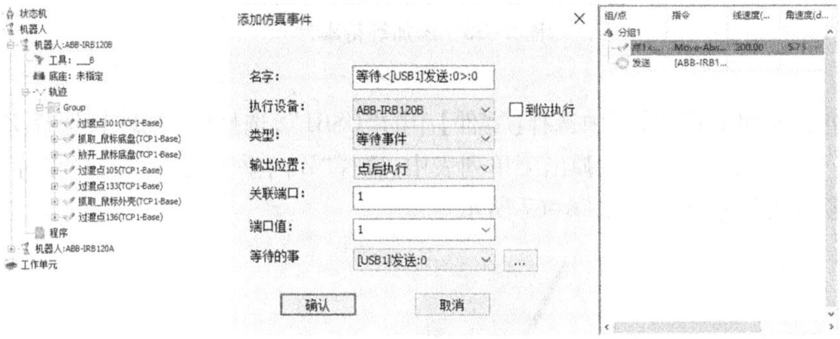

图 6-69　添加等待事件

选中机器人 B 中“过渡点 136”，在【调试面板】中选择“点 1”，单击鼠标右键，在弹出菜单列表中选择“添加仿真事件”，仿真类型为“抓取事件”，“执行设备”是“鼠标外壳”，“关联设备”是“USB1”，其余为默认值，如图 6-70 所示。

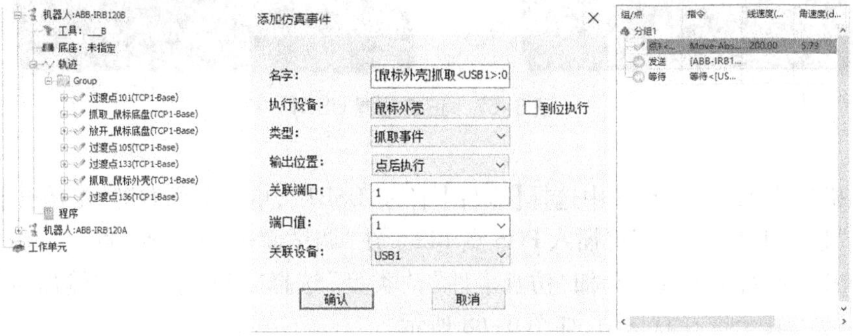

图 6-70　添加抓取事件

3. 放置鼠标

在【机器人加工管理栏】中选择“机器人 B”，在【调试面板】中将 J1 和 J5 分别调整为 90°和 30°，其余为 0°。选中机器人 B，单击鼠标右键，在弹出菜单列表中选择“插入 POS 点（Move-AbsJoint）”，插入过渡点 144，如图 6-71 所示。

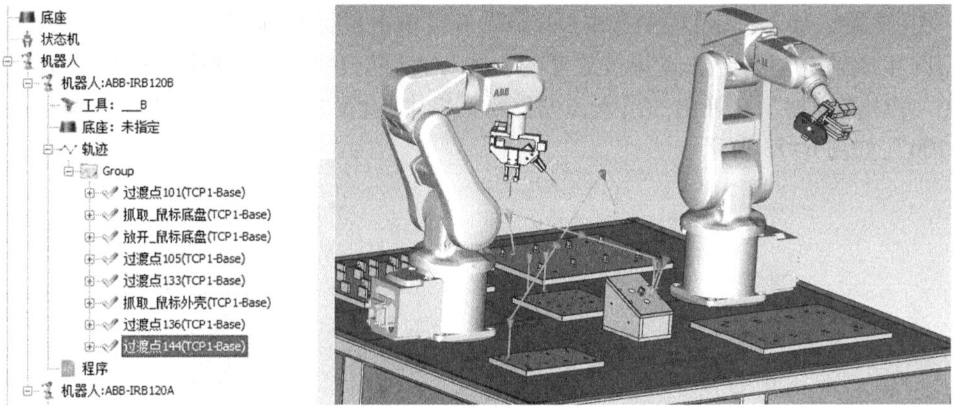

图 6-71　插入 POS 点

在【机器人加工管理】栏中选择机器人 B 的工具，选择【三维球】，单击鼠标右键，在弹出菜单列表中选择“到点”，选择放置平台上一点，将鼠标移动至放置平台上。选择 Z 轴，单击鼠标右键，在弹出菜单列表中选择“与面垂直”，选择放置平台表面。选择 X 轴，单击鼠标右键，在弹出菜单列表中选择“与边平行”，选择放置平台表面的短边。选择【三维球】，单击鼠标右键，在弹出菜单列表中选择“到点”，选择放置平台上凹槽上一点，将鼠标放置到合适位置，如图 6-72 所示。

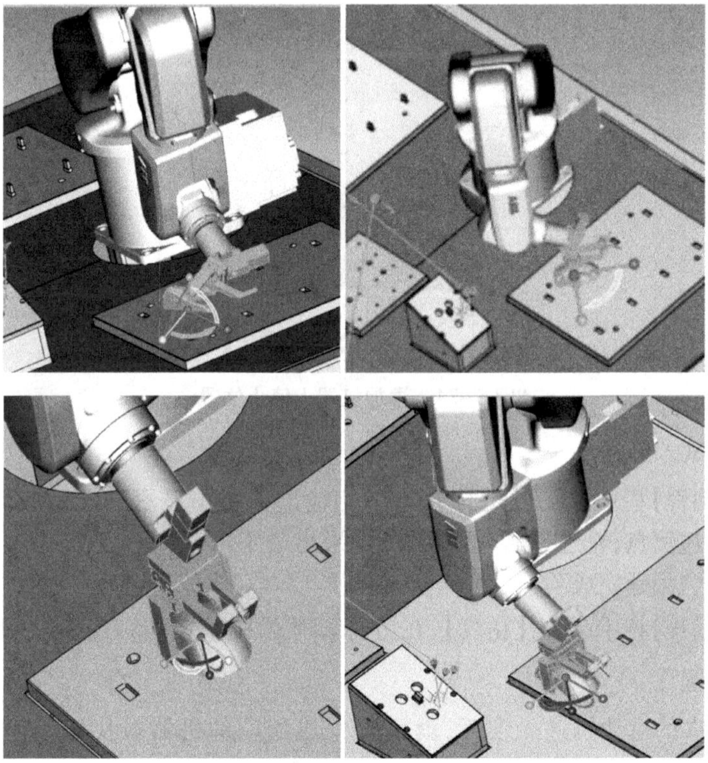

图 6-72　调整鼠标放置位置

在【机器人加工管理】栏中选中“机器人 B”，单击鼠标右键，在弹出菜单列表中选择“放开(生成轨迹)”，弹出“选择被放开的物体”对话框，在“未选择物体”栏中，选择“鼠标外壳”，点击“增加”，在弹出的出入刀偏移对话框中，设置“出刀偏移量”“入刀偏移量”均为“100”，如图 6-73 所示。

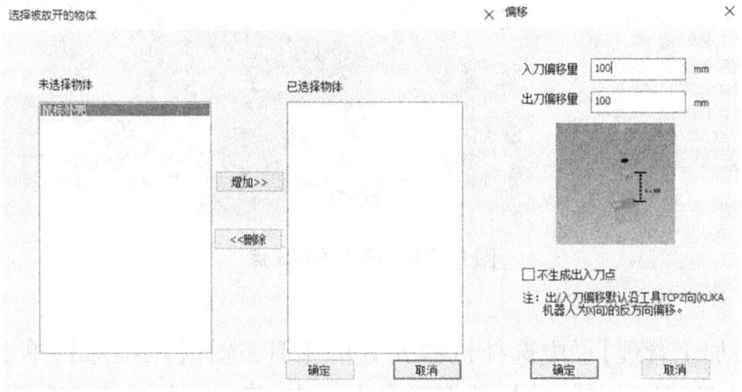

图 6-73　放置鼠标

在【机器人加工管理】栏中选择“机器人 B”，在“调试面板”中将 J5 分别调整为 30°，其余为 0°。选中机器人 B，单击鼠标右键，在弹出菜单列表中选择“插入 POS 点(Move-AbsJoint)”，插入过渡点 146，如图 6-74 所示。

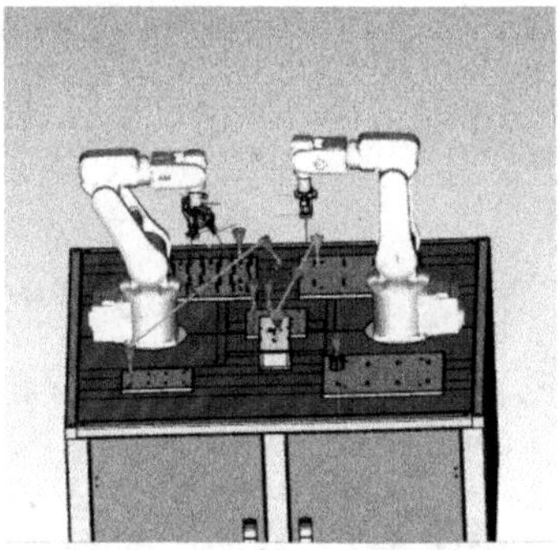

图 6-74　添加机器人停止位置

4. 仿真调试

在【基础编程】栏中，单击【编译】，在右侧输出面板中显示编译信息，显示“编译完成”，则设置的过渡点、轨迹等都可以实现；如果出现不可达、奇异点等信息，可参照前文修改轨迹，直至“编译完成”。

在【基础编程】栏中，单击【仿真】，在仿真管理栏中选择“ ”，观看仿真动画。

5. 生成后置

确定机器人的运动轨迹无误后，就可以生成相应的机器人代码。选中机器人【属性】，根据使用机器人品牌选择后置模板，如图 6-75 所示。

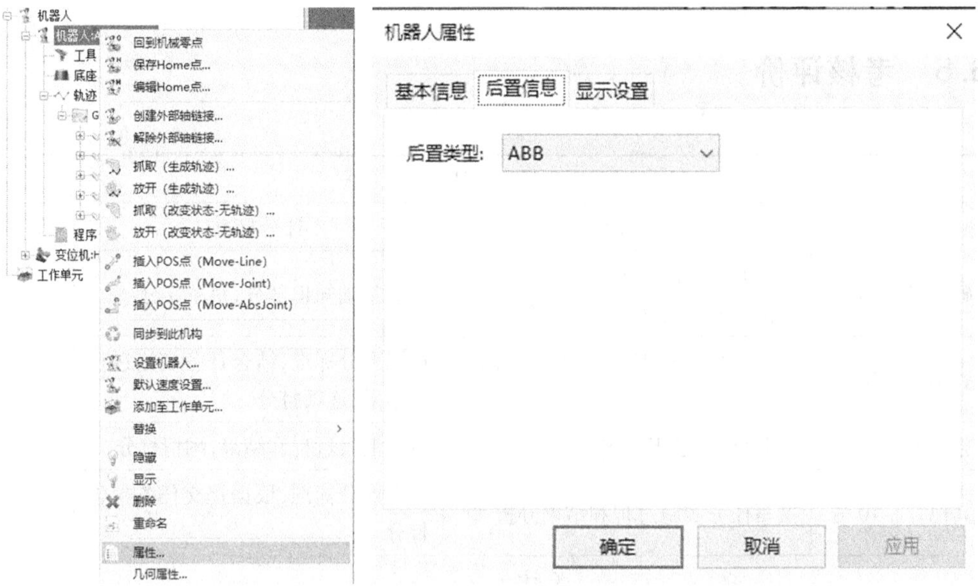

图 6-75 设置后置模板

在【基础编程】栏中选择【后置】指令，弹出对话框所有参数选择默认，点击“生成文件”，如图 6-76 所示。

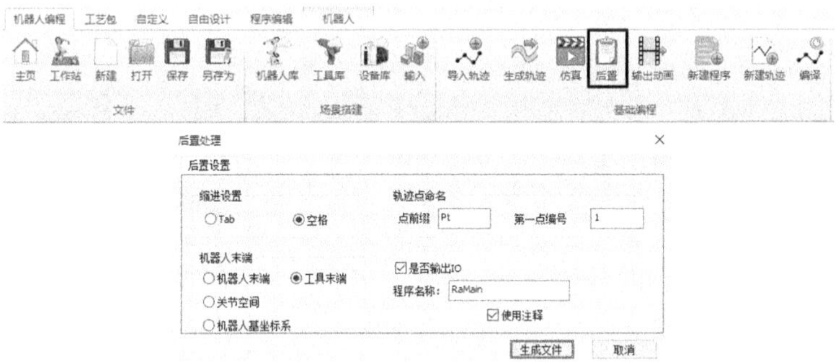

图 6-76 生成后置

6. 输出动画

在【基础编程】栏中选择【输出动画】指令，点击“开始”，选择“仅个人可见”，通过复制链接将其发送至需要的人，完成视频分享。

注：大家可根据实际情况填写项目名称、项目描述等信息，根据需要选择展示的方式。

7. 保存工程

在【文件】栏中选择【保存】或【另存为】指令，根据实际需要将工程保存即可。

6.5 考核评价

任务考评				
评分项	分值	考核内容	评分标准	得分
基础知识	10分	1. I/O信号的功能和用法； 2. 仿真时间功能及信号参数	参照基础知识部分，每条5分	
任务实施	50分	独立完成鼠标装配工作站的设定和运行	按照评分标准，结合任务实施过程和结果，逐项打分	
任务汇报	30分	任务分析、过程实施和结果呈现	参考汇报过程和结果，酌情打分	
其他	10分	撰写任务实施过程和结果分析	参考评分标准，根据提交任务报告打分	
合计				

项目七 活塞生产工艺仿真综合实训项目

7.1 项目描述

本项目以活塞生产为载体,使用 PQArt 软件通过更换机器人末端工具、轨迹规划、变位机使用、I/O 事件等方法,实现毛坯件搬运、切割、去毛刺、抛光和检测等工艺虚拟仿真。

7.2 学习目的

1. 了解活塞及其加工工艺;

2. 掌握快换工具的安装卸载;

3. 能够灵活运用零件的 POS 点;

4. 能够按照机器人工位要求移动导轨;

5. 能够综合运用变位机和 I/O 事件来完成机器人运动,完成机器人搬运、切割、去毛刺、抛光、贴标、检测等加工工艺;

6. 能够熟练使用仿真事件;

7. 在工程项目设计中,要统筹考虑机器人的工程应用问题,建立工程、社会、经济和环境一体化理念,实现可持续发展。

7.3 基础知识

7.3.1 认识活塞

活塞是一种机械元件,通常用于内燃机、压缩机、液压机等设备中。作为内燃机中的一个重要部件,活塞的作用是将化学能转换为机械能,将高温高压的气体混合物推入汽缸中,从而推动曲轴转动,使发动机运转,最终驱动设备。活塞的设计和制造对于发动机的性能和可靠性具有至关重要的影响。

活塞通常使用铝合金、铸铁等材料制作,具有轻质、耐磨、高强度等特点。活塞由顶部、头部和裙部三部分组成,如图 7-1 所示。活塞顶部形状主要取决于燃烧室的选择与设计,而燃烧室的选择取决于活塞直径、发动机的转速、经济性、动力性、功率、可靠性及排放等。汽油机活塞顶部多为平顶,其优点是吸热面积小、制造工艺简单。有些汽油机采用凹顶活塞。柴油机的活塞常常设有各种各样的凹坑。活塞顶部加工应力求光洁。活塞头部是活塞环槽以上的部分,其主要作用有:①承受气体压力,并传递给连杆;②与活塞环一起实现汽缸的密封;③将活塞顶部吸收的热量通过活塞环传给汽缸壁。头部切有若干用以安装活塞环的环槽。汽油机一般有 2～3 道环槽,上面 1～2 道安装气环,下面 1 道安装油环。活塞头部一般做得较厚。活塞裙部是指自油环槽下端面起至活塞底面的部分,其作用是为活塞在汽缸内做往复运动导向和承受侧压力。

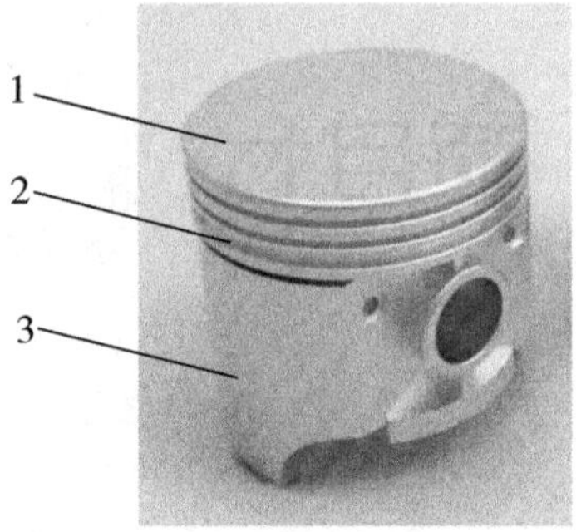

1. 顶部;2. 头部;3. 裙部。

图 7-1　活塞的结构示意图

7.3.2　认识加工工艺

工艺过程是指生产过程中改变生产对象的形状、尺寸、相对位置和性能等,使其成为半成品或成品的过程。机械产品的工艺过程又可分为铸造、锻造、冲压、焊接、机械加工、热处理、装配等。工艺过程是生产过程中的主要组成部分,工艺过程根据其作用不同可分为零件机械加工过程和部件(或成品)装配工艺过程。

机械加工工艺过程是利用切削加工、磨削加工、电加工、超声波加工、电子束及离子束加工等机械或电的加工方法,直接改变毛坯的形状、尺寸、相对位置和性能等,使其转变为合格零件的过程。把零件装配成部件或成品并达到装配要求的过程称为装配工艺过程。机械加工工艺过程直接决定零件和产品的质量,对产品的成本和生产周期有较大的影响,是机械产品整个工艺过程的主要组成部分。

去毛刺工艺是去除在零件面与面相交处所形成的刺状物或飞边。机械零件上的毛刺,有些是由于切削加工过程中塑性变形引起的,有些是铸造、模锻等加工的飞边,还有些是焊接挤出的残料。

抛光工艺是指利用机械、化学或电化学的作用,使工件表面粗糙度降低,以获得光亮、平整表面的加工方法。抛光不能提高工件的尺寸精度或几何形状精度,而是以得到光滑表面或镜面光泽为目的,有时也用以消除光泽(消光),通常以抛光轮作为抛光工具。抛光轮一般用多层帆布、毛毡或皮革叠制而成,两侧用金属圆板夹紧,其轮缘涂敷由微粉磨料和油脂等均匀混合而成的抛光剂。

7.4　项目实施

依托工程案例,将活塞生产中切割、去毛刺等加工工艺简化为如图 7-2 所示的虚拟环境,通过毛坯搬运、活塞切割、去毛刺、抛光、贴标和检测等工艺模拟,实现活塞加工工艺虚拟仿真。根据工艺分配，将活塞加工生产线分为切割模块、去毛刺和抛光模块、贴标和检测模块、活塞放置模块、工具模块。

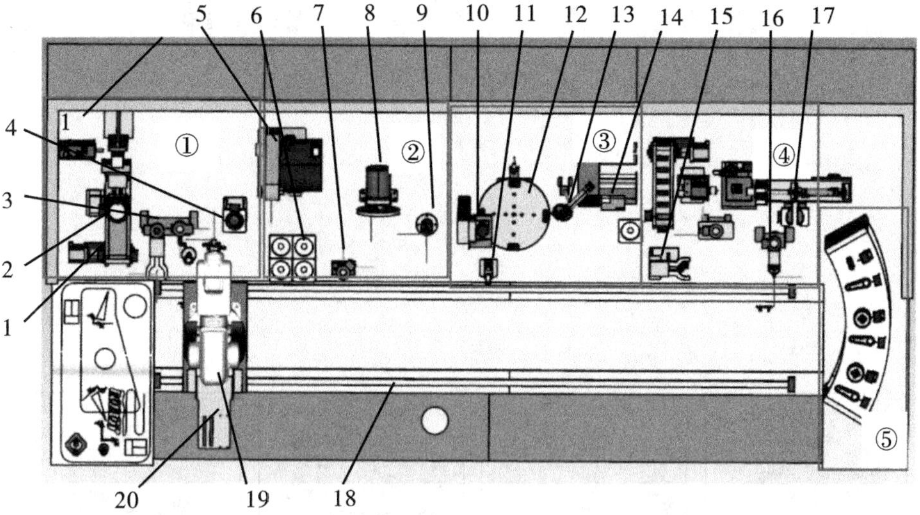

1. 传送带；2. 物料通道；3. 快换工具台一；4. 物料台一；5. 打磨机；6. 物料台二；7. 快换工具台二；8. 砂轮；9. 去毛刺装置；10. 视觉设备；11. 物料台三；12. 转盘；13. 检测设备；14. 标签；15. 快换工具台三；16. 快换工具台四；17. 物料放置台四；18. 导轨；19. 底座；20. 工业机器人。

①切割模块；②去毛刺和抛光模块；③贴标和检测模块；④活塞放置模块；⑤工具模块。

图 7-2　活塞生产工艺虚拟环境

任务 1　毛坯切割工艺仿真

任务 1　毛坯切割工艺仿真

毛坯件从 A 处沿传送带运动至传送带边界处，工业机器人到 B 平台选择合适的快换工具并安装，将毛坯件搬运至 C 平台，最后工业机器人将快换工具更换为切割工具，按照工艺要求完成切割工艺，如图 7-3 所示。

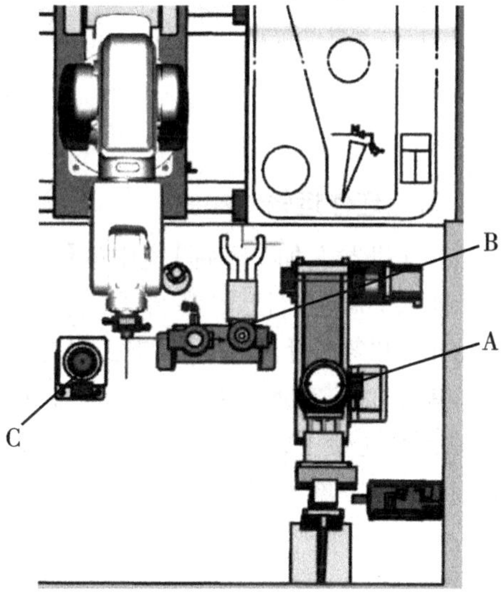

图 7-3　毛坯件切割工艺仿真虚拟环境

1. 构建活塞加工生产线虚拟环境

根据工程案例，本项目中需要导入的模型包括机器人工作台、工业机器人、快换工具吸盘、快换工具夹爪、活塞零件上、活塞零件下等。

在 PQArt 软件中新建项目后，在【机器人编程】中选择【工作站】，应用场景选择“示例”，下载并插入“工业机器人基础教学工作站-多工艺”，如图 7-4 所示。

图 7-4　生产线虚拟环境

2. 毛坯件运输

在【机器人加工管理】栏中的【零件】模块选中“零件下”，单击右键，在弹出列表中选中“插入 Pos 点”，记录“零件下”初始位置。

选中“零件下”模型，点击工具栏中的【三维球】，并在虚拟环境中找到“三维球”的位置，单击右键，在弹出列表中选择“到点”，将鼠标点击正下方传送带上的点，将“零件下”移动至传送带上；选中“零件下”模型，单击右键，在弹出列表中选中“插入 Pos 点”，将该点插入至“零件下”运动路径中，如图 7-5 所示。

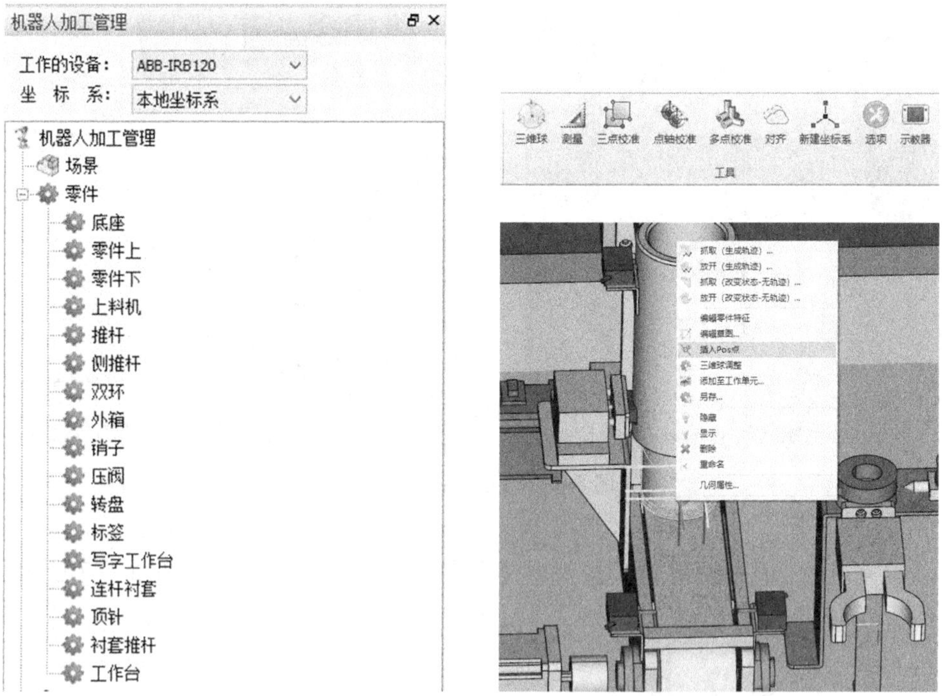

图 7-5 “零件下”移动至传送带

选中“零件下”模型，点击工具栏中的【三维球】，选中虚拟环境中“三维球”，按下键盘上“空格键”，然后单击鼠标右键，在弹出列表中选择“到点”，将三维球移动至活塞的外边缘上，再次按下键盘上“空格键”；选中“三维球”的 Y 轴，单击鼠标右键，在弹出列表中选择“到点”，鼠标移动至传送带末端的“栏杆”内侧面并单击，使“零件下”移动至传送带尽头，如图 7-6 所示。选中“零件下”模型，单击右键，在弹出列表中选中“插入 Pos 点”，将该点插入“零件下”运动路径中。

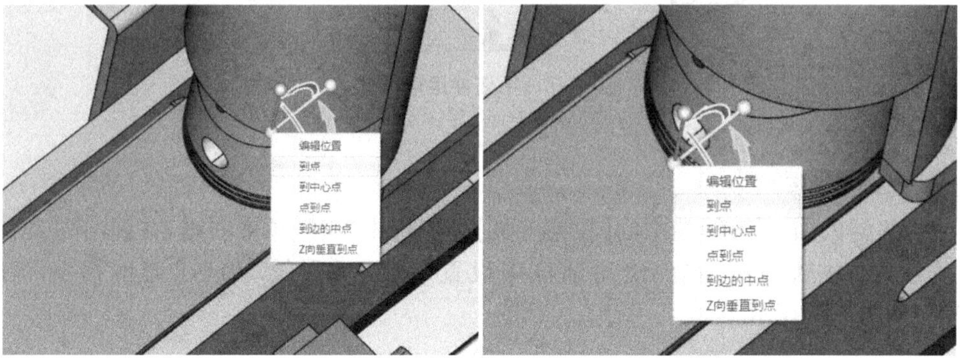

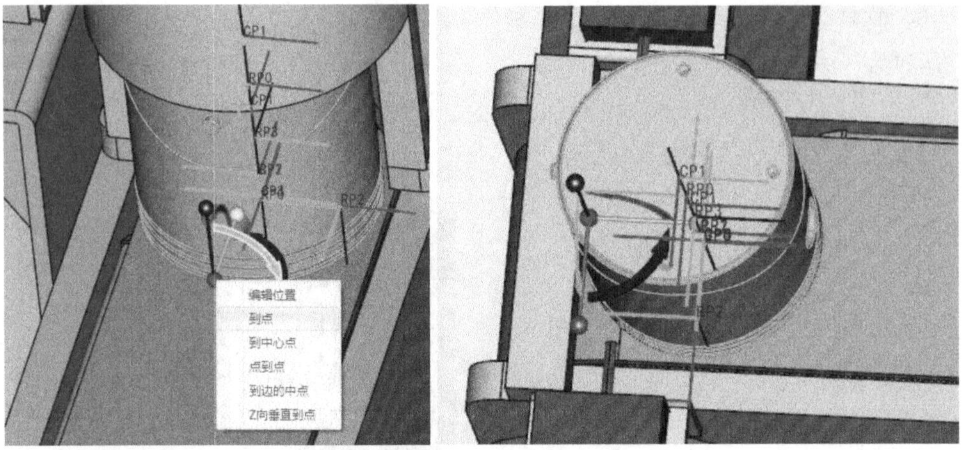

图 7-6　传送带运输毛坯件

设置完成后，可以选择【仿真】，观看是否完成传送毛坯任务，结果如图 7-7 所示。

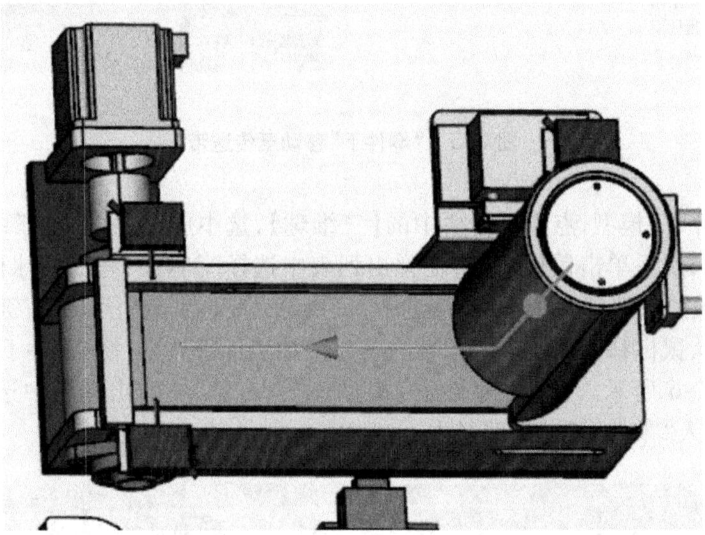

图 7-7　毛坯件运输仿真

3. 毛坯件搬运

在【机器人加工管理】栏中的【快换工具】模块选中“Bi”，单击右键，在弹出列表中选中“安装（生成轨迹）”，在弹出对话框中设置“入刀偏移量”和“出刀偏移量”均为“100”，如图 7-8 所示。

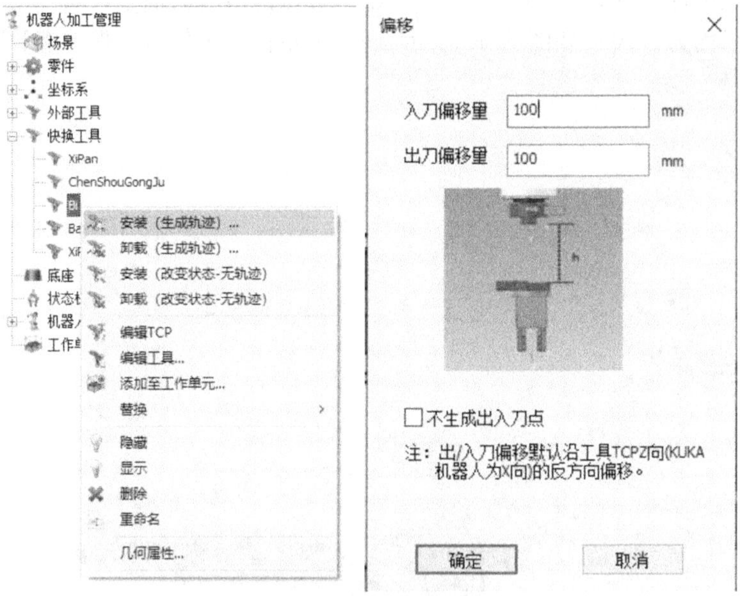

图 7-8　安装快换工具“Bi”

选中“机器人”模型，单击右键，在弹出列表中选择“编辑 Home 点”，在弹出对话框中“Home 点名称”命名为“HOME1”，“关节空间”J1～J6 各轴参数分别设置为 0，-30，30，0，90，90，点击“添加”“确定”，将该位置设置为 HOME 点，如图 7-9 所示。

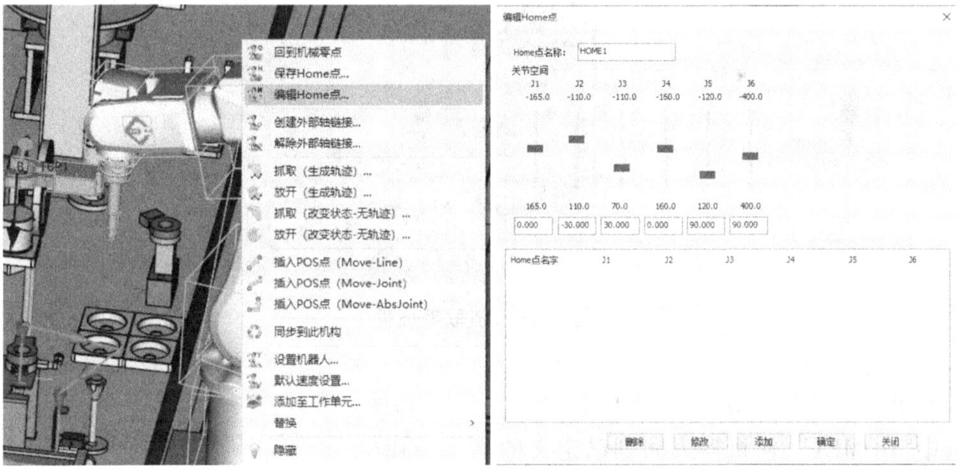

图 7-9　编辑 Home 点

选中“机器人”模型，单击右键，在弹出列表中选择“插入 POS 点”，记录机器人初始位置。

选中快换工具 Bi 模型，单击右键，在弹出列表中选择“抓取(生成轨迹)”，弹出对话框“未选择物体”栏中选择“零件下”，点击“增加”“确定”；在“选择抓取位置”对话框中

“承接位置”栏中选择“CP1”，点击“增加”“确定”；在弹出对话框中设置“入刀偏移量”和“出刀偏移量”均为“100”，如图7-10所示。(CP1指抓取工件时的抓取点)

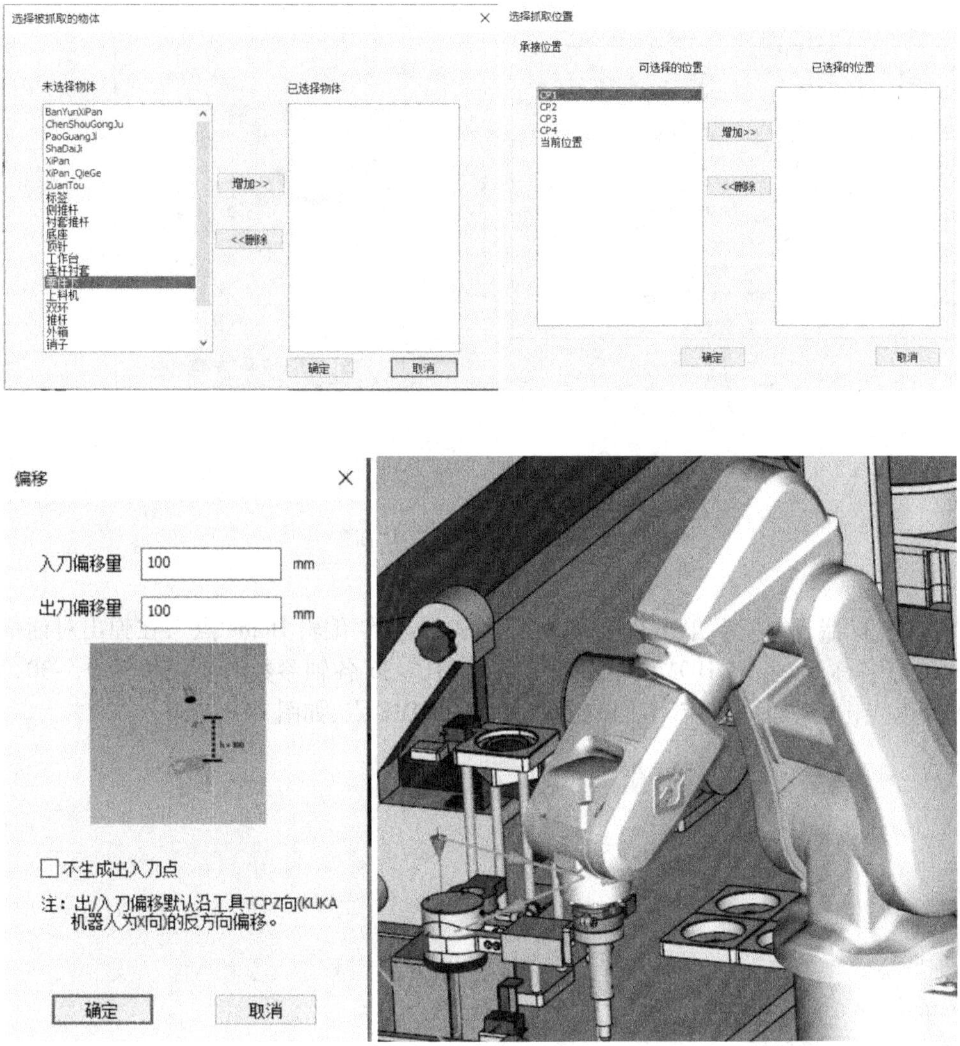

图7-10　抓取毛坯件

在机器人控制面板中“HOME点”模块中选中“HOME1”，使机器人回到已定义的HOME点，如图7-11所示。选中“机器人”模型，单击右键，在弹出列表中选择“插入POS点”，设置过渡点。

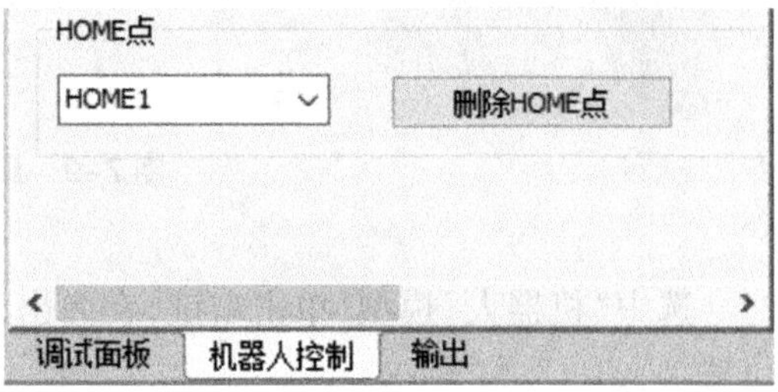

图7-11　设置过渡点

选中快换工具Bi模型，单击右键，在弹出列表中选择“放开(生成轨迹)”，弹出对话框“未选择物体”栏中选择“零件下”，点击“增加”“确定”；在“选择放开位置”对话框中“承接位置”栏中选择“工作台”→“RP0”，点击“增加”，“零件位置”框中“放开的物体”选择“零件下”，“放开的位置”选择“RP0”，点击“确定”；在弹出对话框中设置“入刀偏移量”和“出刀偏移量”均为“100”，如图 7-12 所示。（RP0 指放置工件时的放置点）

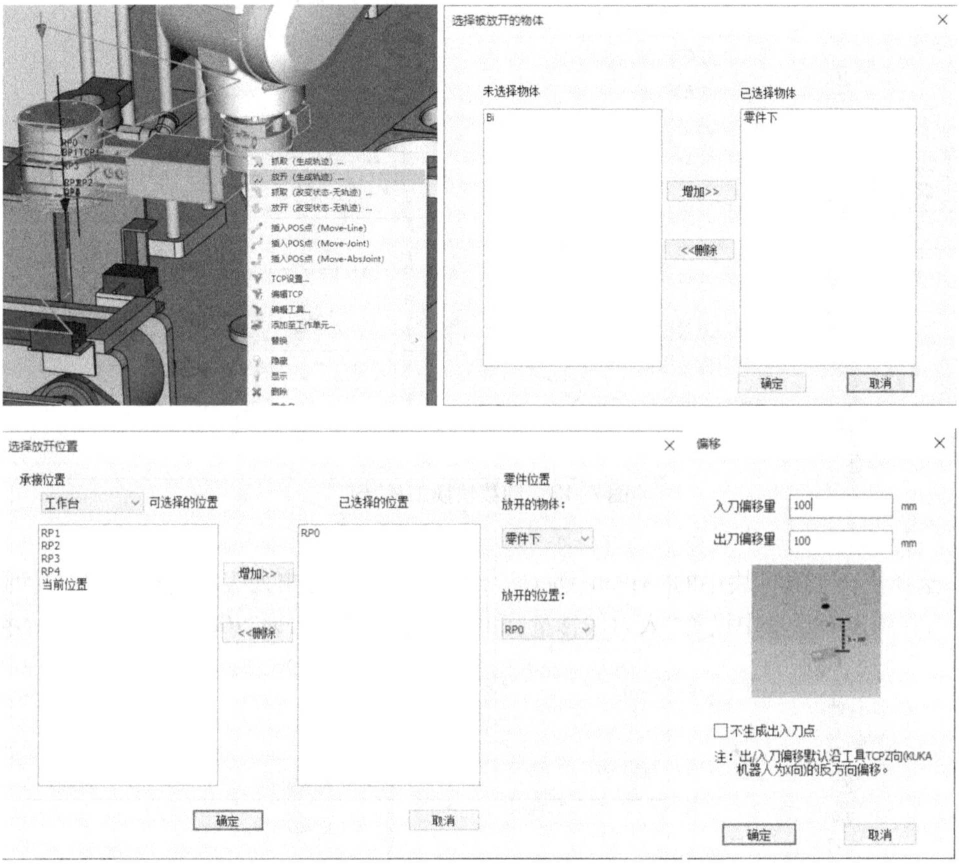

图 7-12　放开毛坯件

在机器人控制面板中“HOME 点”模块中选中“HOME1”，使机器人回到已定义的 HOME 点。选中“机器人”模型，单击右键，在弹出列表中选择“插入 POS 点”，设置过渡点。

4. 毛坯件切割

选中快换工具 Bi 模型，单击右键，在弹出列表中选择“卸载（生成轨迹）”，在弹出对话框中设置“入刀偏移量”和“出刀偏移量”均为“100”，如图 7-13 所示。

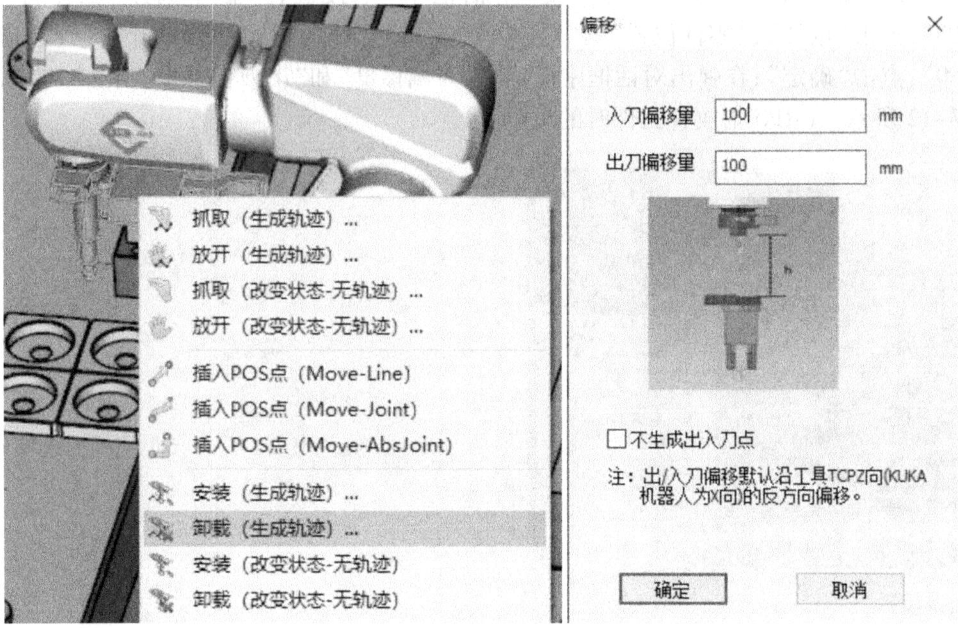

图 7-13　卸载快换工具“Bi”

选择快换工具模块中的“XiPan_QieGe”，单击右键，在弹出列表中选择“安装（生成轨迹）”，在弹出对话框中设置“入刀偏移量”和“出刀偏移量”均为“100”，如图 7-14 所示。

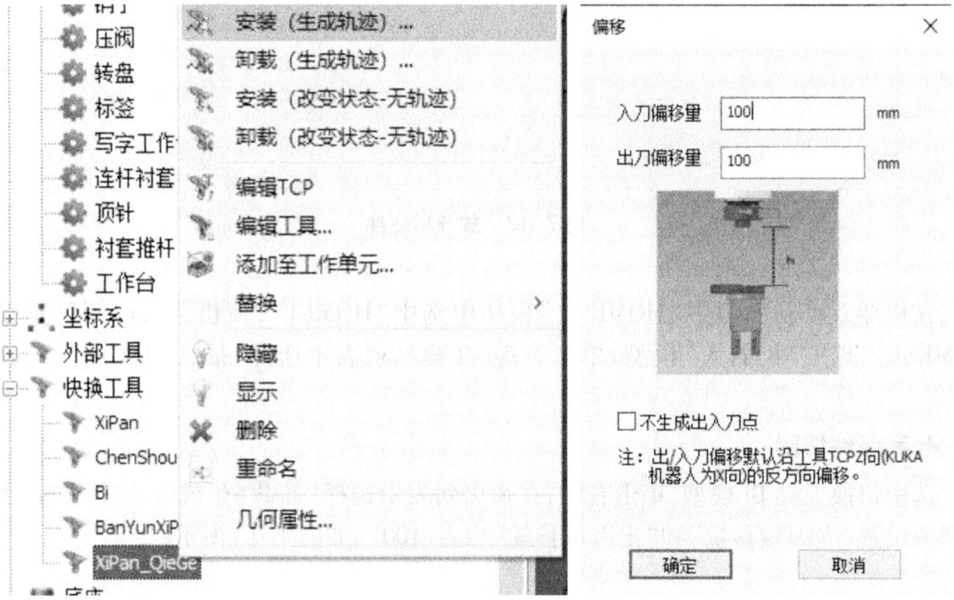

图 7-14　安装快换工具“XiPan_QieGe”

在机器人控制面板中“HOME点”模块中选中“HOME1”,使机器人回到已定义的HOME点。选中“机器人”模型,单击右键,在弹出列表中选择“插入POS点”,设置过渡点,如图7-15所示。

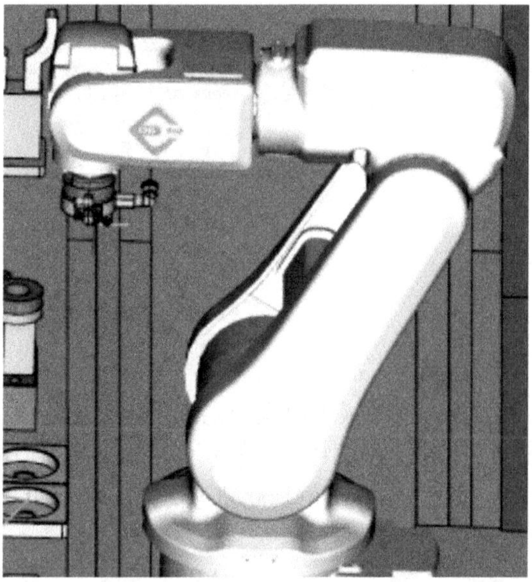

图7-15　插入过渡点

在【基础编程】栏中选中【生成轨迹】,弹出生成轨迹面板。在生成轨迹面板中的类型选项中,选择“一个面的一个环”,“工具”选择“FaLan”,“关联TCP”选择“XiPan_QieGe_TCP2”。拾取元素中使用鼠标在模型中拾取需要绘制的轨迹,其余选项选择默认参数即可,如图7-16所示。

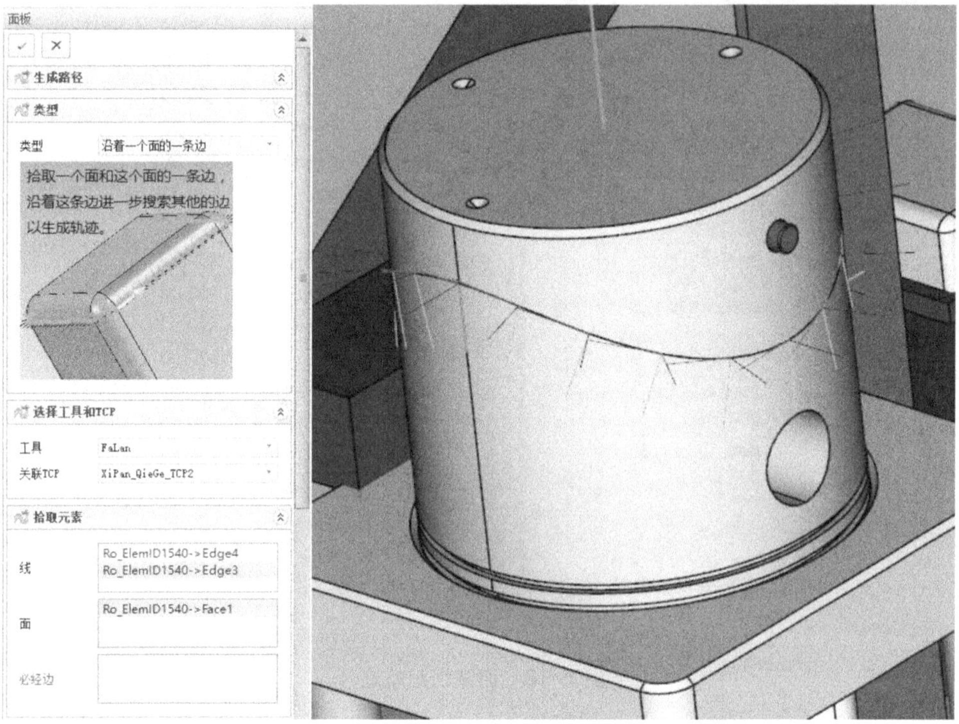

图7-16　生成切割轨迹

在【机器人加工管理】栏【机器人】中【轨迹】的子菜单中找到当前生成轨迹,单击鼠标左键,弹出菜单,选择“轨迹仿真”→“仿真此轨迹”,如图7-17所示。

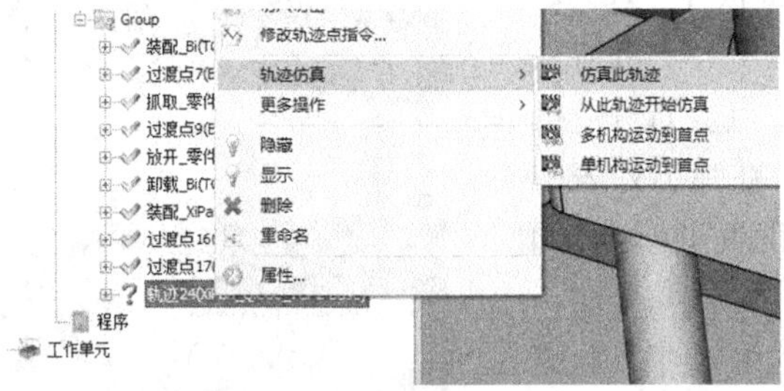

图 7-17　仿真切割轨迹

在“输出”面板中出现“点:14 问题:轴超限(轨迹间)”的报错信息。在【机器人加工管理】栏【机器人】中【轨迹】的子菜单中找到当前生成轨迹,单击鼠标左键,弹出菜单,选择“轨迹反向”,再次仿真此轨迹,“输出”面板中显示“仿真结束”,无报错信息,如图 7-18 所示。

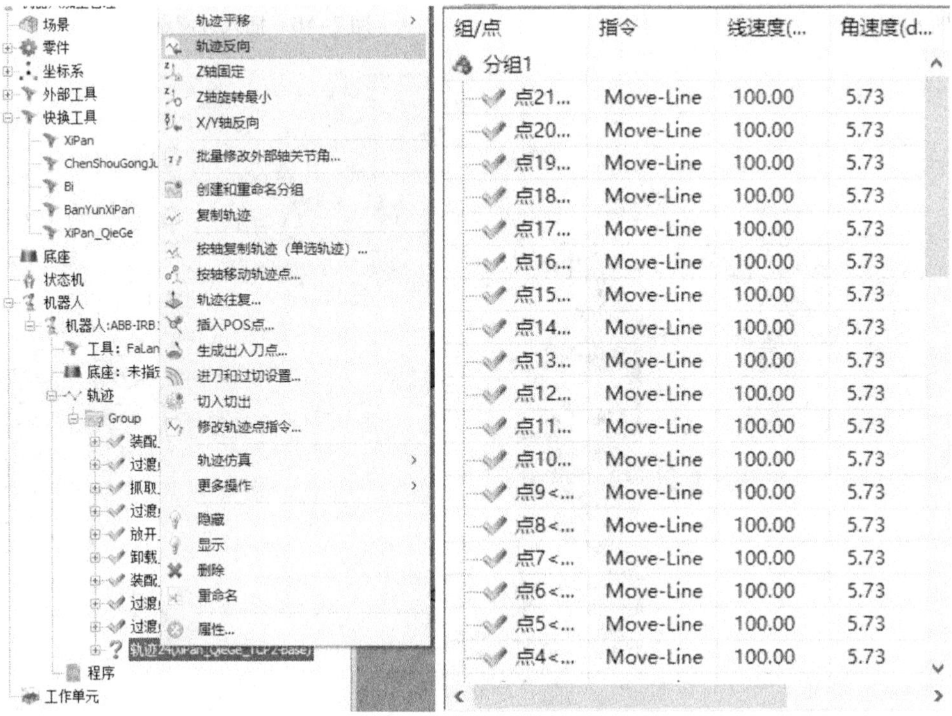

图 7-18　调试切割轨迹

在机器人控制面板中“HOME 点”模块中选中“HOME1”,使机器人回到已定义的 HOME 点。选中“机器人”模型,单击右键,在弹出列表中选择“插入 POS 点”,设置过渡点。

选择快换工具模块中“XiPan_QieGe”,单击右键,在弹出列表中选择“卸载(生成轨迹)”,在弹出对话框中设置“入刀偏移量”和“出刀偏移量”均为“100”,如图 7-19 所示。

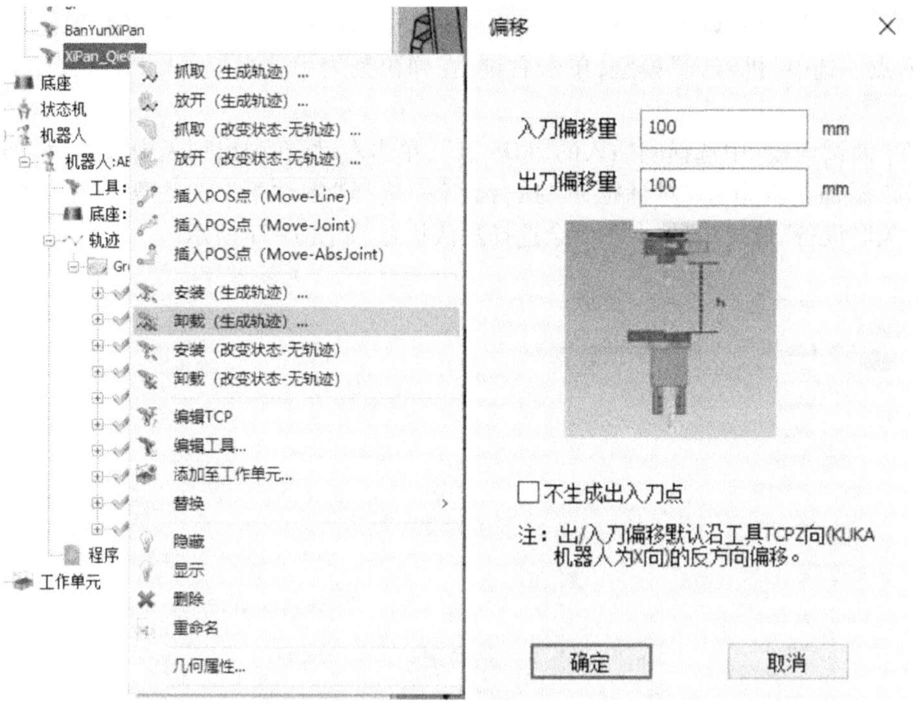

图 7-19　卸载快换工具“XiPan_QieGe”

选中快换工具 Bi 模型，单击右键，在弹出列表中选择“安装（生成轨迹）”，在弹出对话框中设置“入刀偏移量”和“出刀偏移量”均为“100”，如图 7-20 所示。

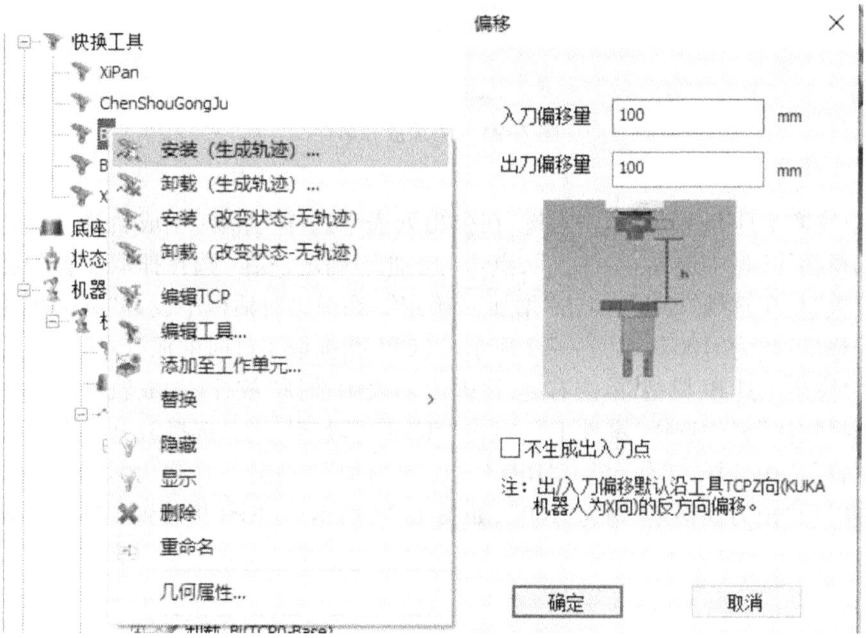

图 7-20　安装快换工具“Bi”

在机器人控制面板中“HOME 点”模块中选中“HOME1”，使机器人回到已定义的HOME 点。选中“机器人”模型，单击右键，在弹出列表中选择“插入 POS 点”，设置过渡点。

在“调试面板”中选择刚插入的“POS 点”，单击右键，在弹出列表中选择“添加仿真事件”，“添加仿真事件”对话框中“执行设备”选择“零件下”，“类型”选择“放开事件”，“关联设备”选择“零件上”，其余选择默认状态，如图 7-21 所示。

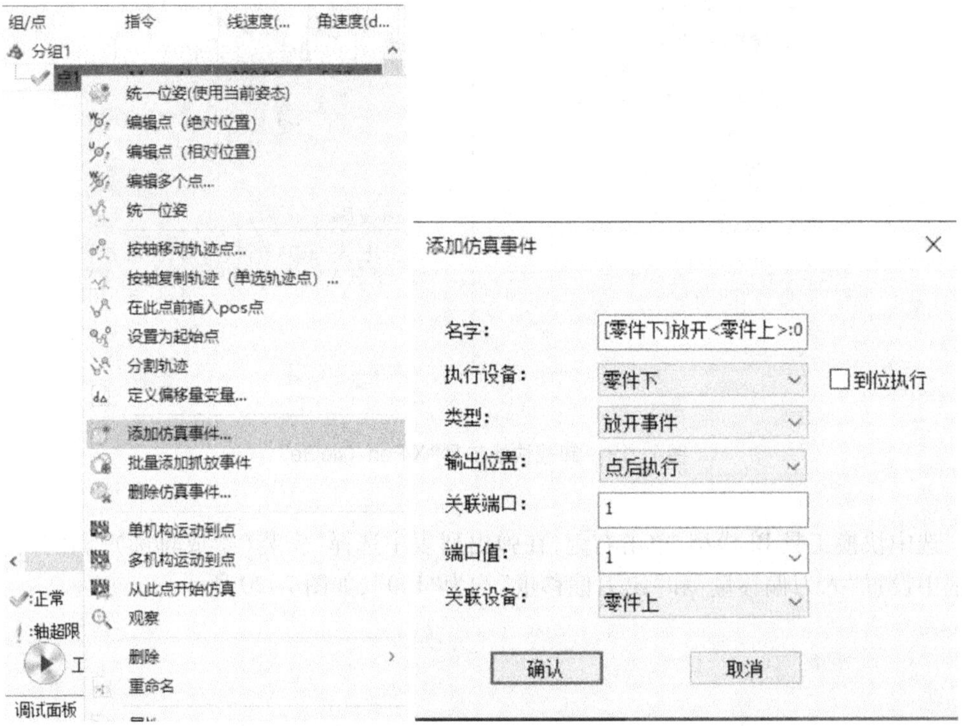

图 7-21　添加放开事件

选中快换工具 Bi 模型，单击右键，在弹出列表中选择“抓取(生成轨迹)”，弹出对话框“未选择物体”栏中选择“零件上”，点击“增加”“确定”；在“选择抓取位置”对话框中“承接位置”栏中选择“CP1”，点击“增加”“确定”；在弹出对话框中设置“入刀偏移量”和“出刀偏移量”均为“100”，如图 7-22 所示。(CP1 指抓取工件时的抓取点)

选中快换工具 Bi 模型，单击右键，在弹出列表中选择“放开(生成轨迹)”，弹出对话框“未选择物体”栏中选择“零件上”，点击“增加”“确定”；在“选择放开位置”对话框中“承接位置”栏中选择“工作台”→“RP1”，点击“增加”“确定”；在弹出对话框中“设置入刀偏移量”和“出刀偏移量”均为“100”，如图 7-23 所示。(RP0 指放置工件时的放置点)

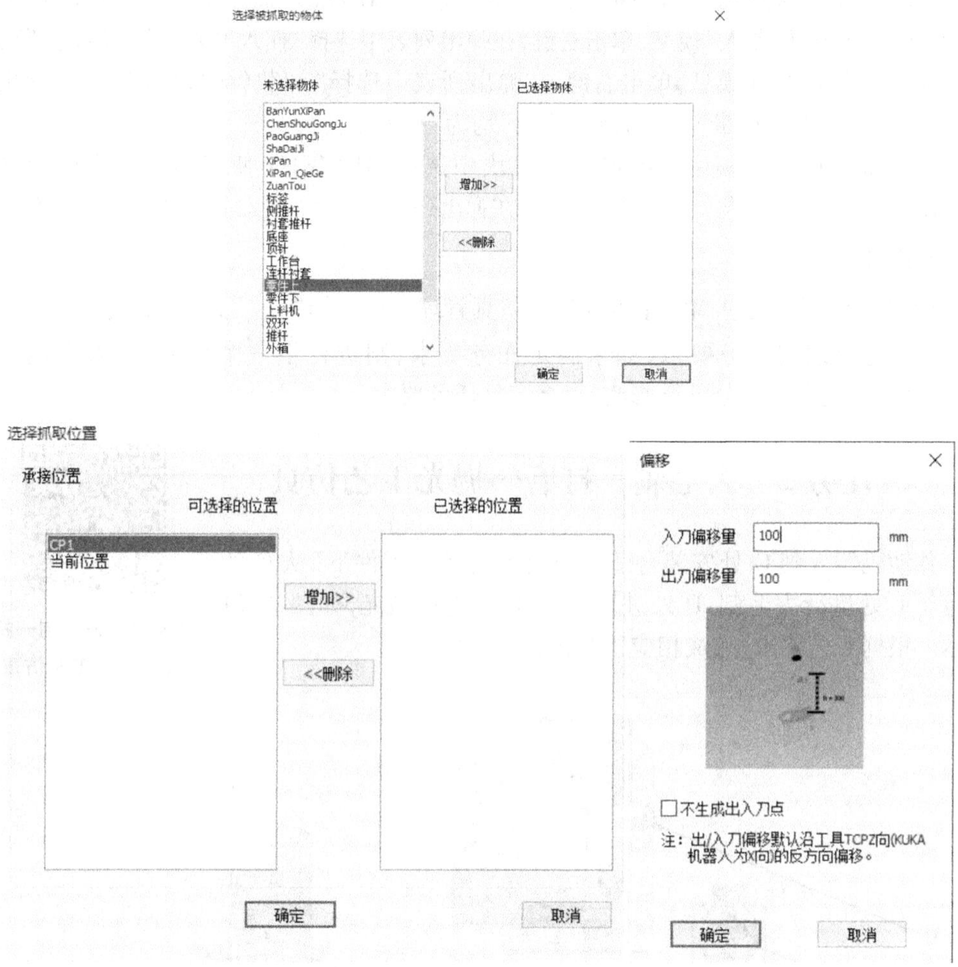

图 7-22　抓取“零件上”

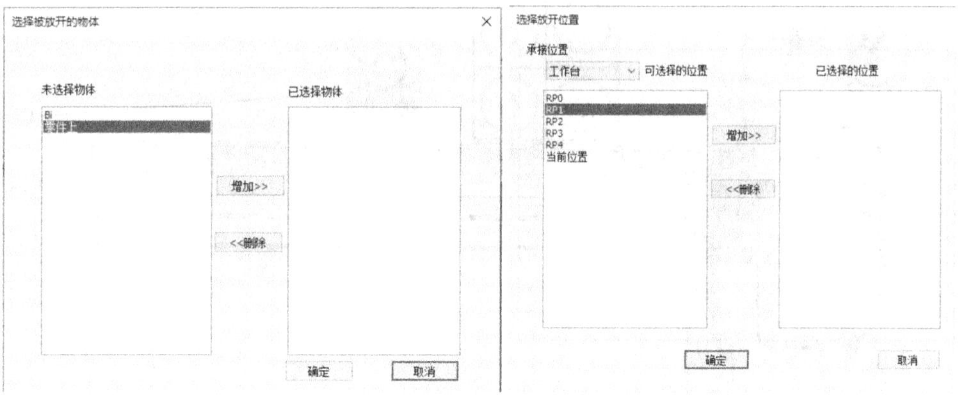

图 7-23　放开“零件上”

在机器人控制面板中“HOME 点”模块中选中“HOME1”，使机器人回到已定义的HOME 点。选中“机器人”模型，单击右键，在弹出列表中选择“插入 POS 点”，设置过渡点。

选中快换工具 Bi 模型，单击右键，在弹出列表中选择“卸载(生成轨迹)”，在弹出对话框中设置“入刀偏移量”和“出刀偏移量”均为“100”。

在机器人控制面板中“HOME 点”模块中选中“HOME1”，使机器人回到已定义的HOME 点。选中“机器人”模型，单击右键，在弹出列表中选择“插入 POS 点”，设置过渡点。

5. 仿真

在【基础编程】栏中，单击【仿真】，在仿真管理栏中选择“ ”，观看仿真动画。观察仿真过程是否达到任务要求，如果满足任务要求，则进行下一个任务；如果未达到要求，针对未满足要求部分进行修改，直至满足任务要求。

任务 2　去毛刺—打磨—抛光工艺仿真

任务 2　去毛刺—打磨—抛光工艺仿真

移动机器人到 G 处安装合适的快换工具，将“零件下”从 C 处搬运至 F 处进行去毛刺，D 处进行打磨，E 处进行抛光，如图 7-24 所示。根据工艺要求，完成相应工艺仿真。

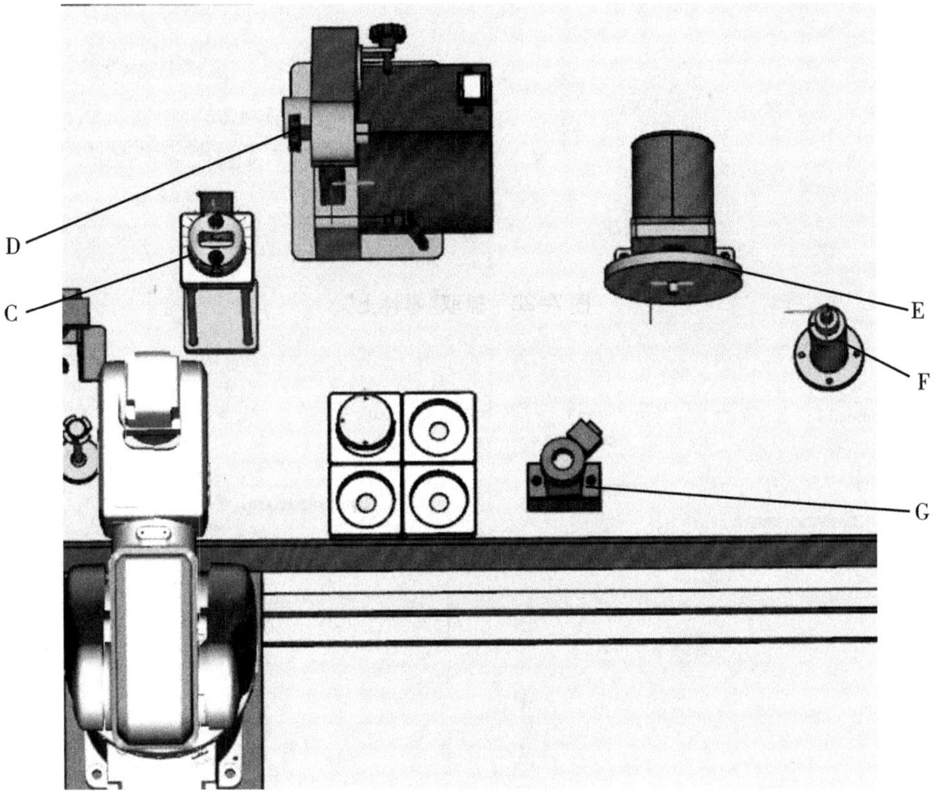

图 7-24　任务 2 虚拟环境

1. 安装快换工具

在【机器人加工管理】栏【机器人】模块的轨迹中,选择任务 1 中最后添加的过渡点,单击右键,在弹出列表中选择“创建和重命名分组”,在弹出对话框中将名称命名为“打磨”,如图 7-25 所示。

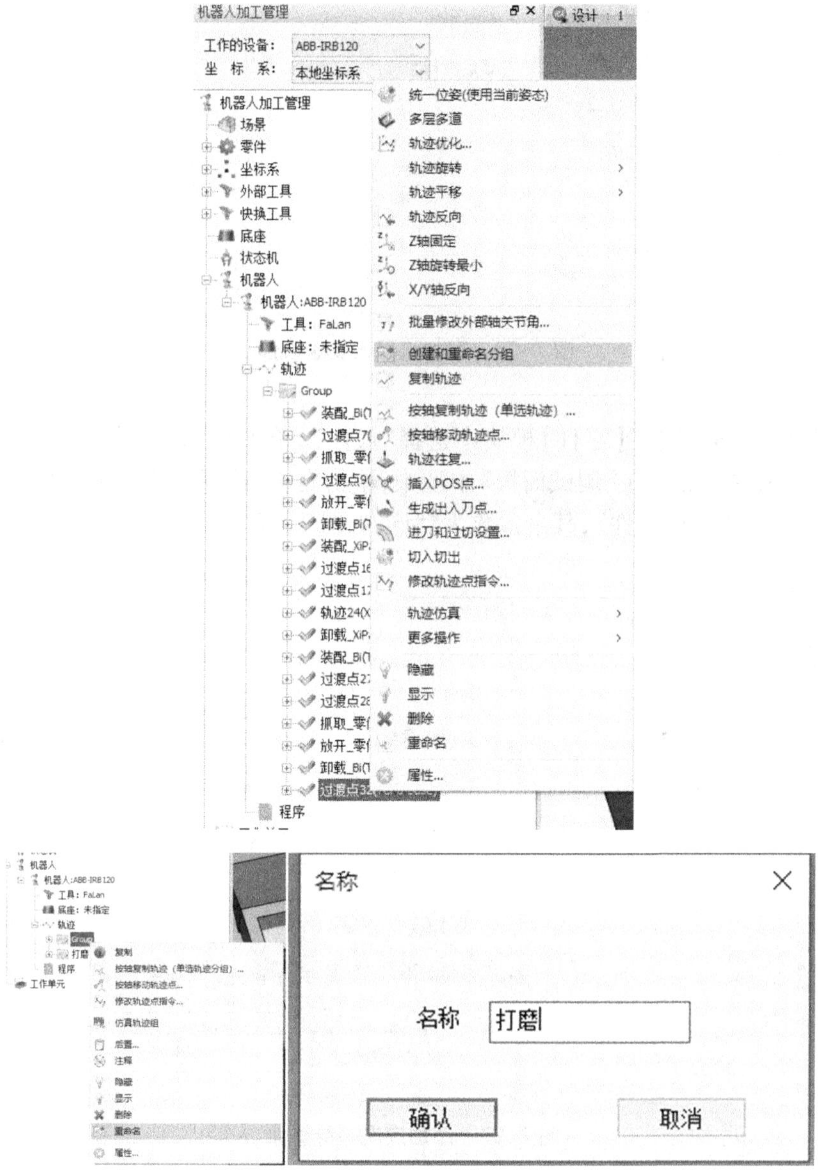

图 7-25　轨迹分组

“打磨”轨迹中选择过渡点,在“调试面板”中选中,单击右键,选择弹出列表中的“添加仿真事件”,“类型”为“发送事件”,其余参数为默认,如图 7-26 所示。

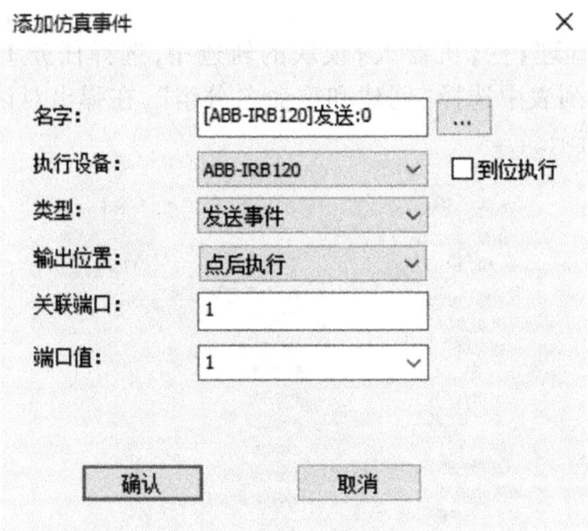

图 7-26　添加机器人发送事件

【机器人加工管理】栏【零件】模块中选择“底座”,单击右键,在弹出列表中选择“插入 Pos 点”,并选择该点;在“调试面板”中选中,单击右键,选择弹出列表中的“添加仿真事件”,“类型”为“等待事件”,其余参数为默认,如图 7-27 所示。

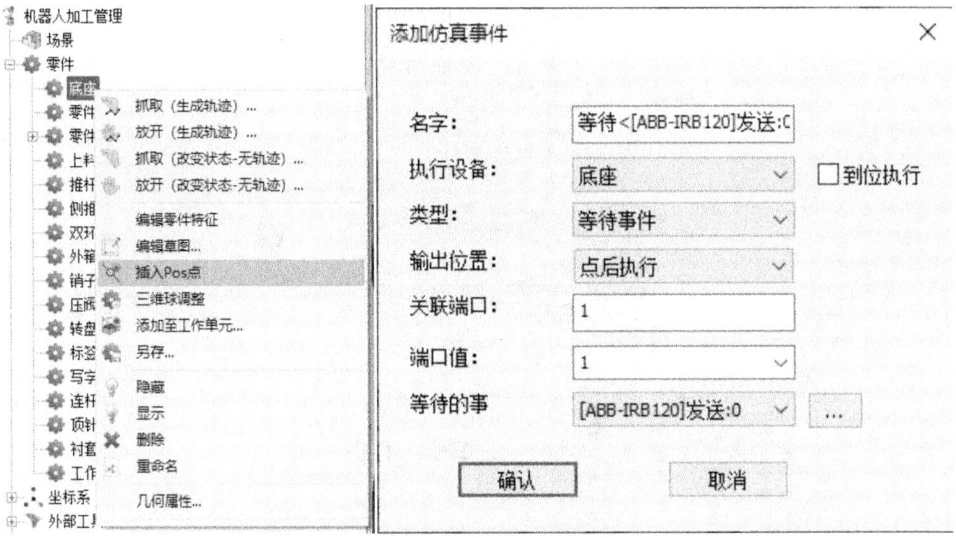

图 7-27　添加底座等待事件

在【机器人加工管理】栏【机器人】模块中选择“机器人:ABB-IRB120”,单击鼠标右键,在弹出列表中选择“属性”,弹出对话框中“显示设置”→“工作空间”里选择“当前工具”,显示机器人工作空间;选中“底座”模型,单击【三维球】,将底座沿着导轨(X 轴正向)移动直至任务 2 中所有任务位置均位于其工作空间内,此处沿 X 轴移动了 340 mm,

如图 7-28 所示。

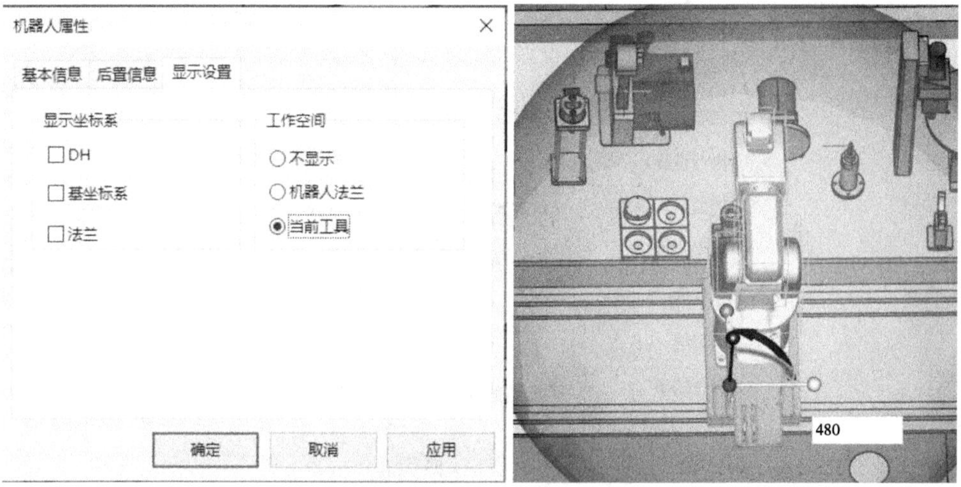

图 7-28　移动机器人

在【机器人加工管理】栏【机器人】模块中选择“机器人:ABB-IRB120”,单击右键,在弹出列表中选择“属性”,弹出对话框中“显示设置”→“工作空间”里选择“不显示”,取消机器人工作空间显示。

在【机器人加工管理】栏【零件】模块中选择“底座”,单击右键,在弹出列表中选择“插入 Pos 点”,并选择该点;在“调试面板”中选中,单击右键,选择弹出列表中的“添加仿真事件”,“类型”为“发送事件”,其余参数为默认,如图 7-29 所示。

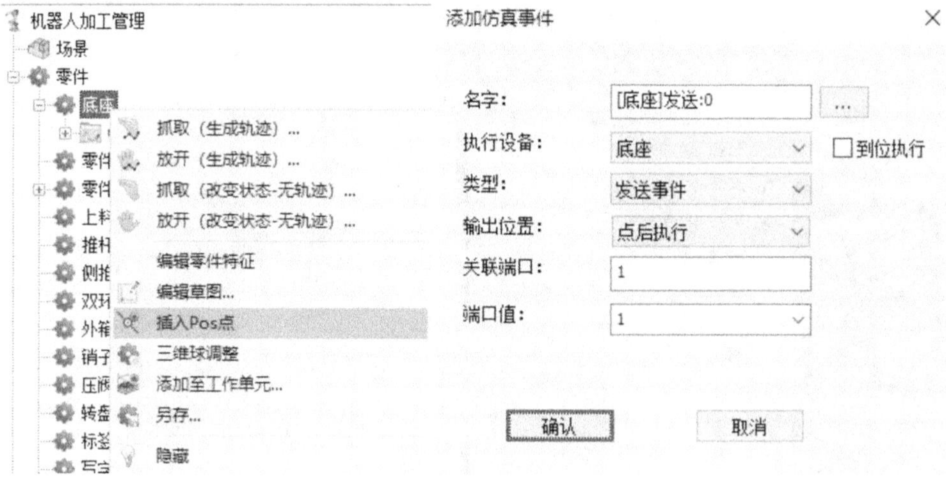

图 7-29　添加底座发送事件

选中机器人模型,单击右键,在弹出列表中选择“插入 Pos 点”,并在打磨轨迹中选择该点。在“调试面板”中选中,单击右键,选择弹出列表中的“添加仿真事件”,“类型”为

“等待事件”，其余参数为默认，如图 7-30 所示。

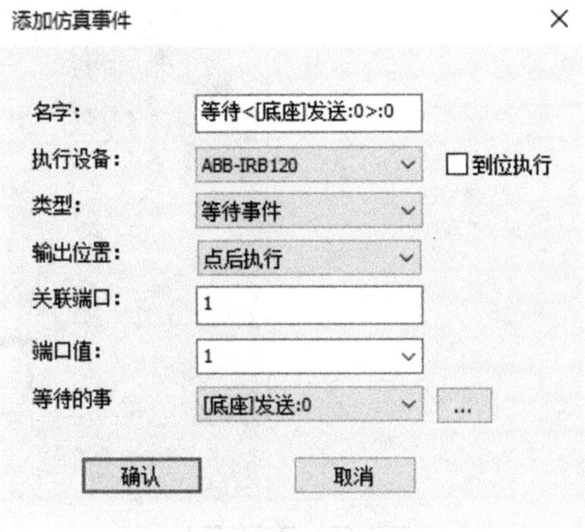

图 7-30　添加机器人等待事件

选中快换工具“ChenShouGongJu”模型，单击右键，在弹出列表中选择“安装(生成轨迹)”，在弹出对话框中设置“入刀偏移量”和“出刀偏移量”均为“100”，如图 7-31 所示。

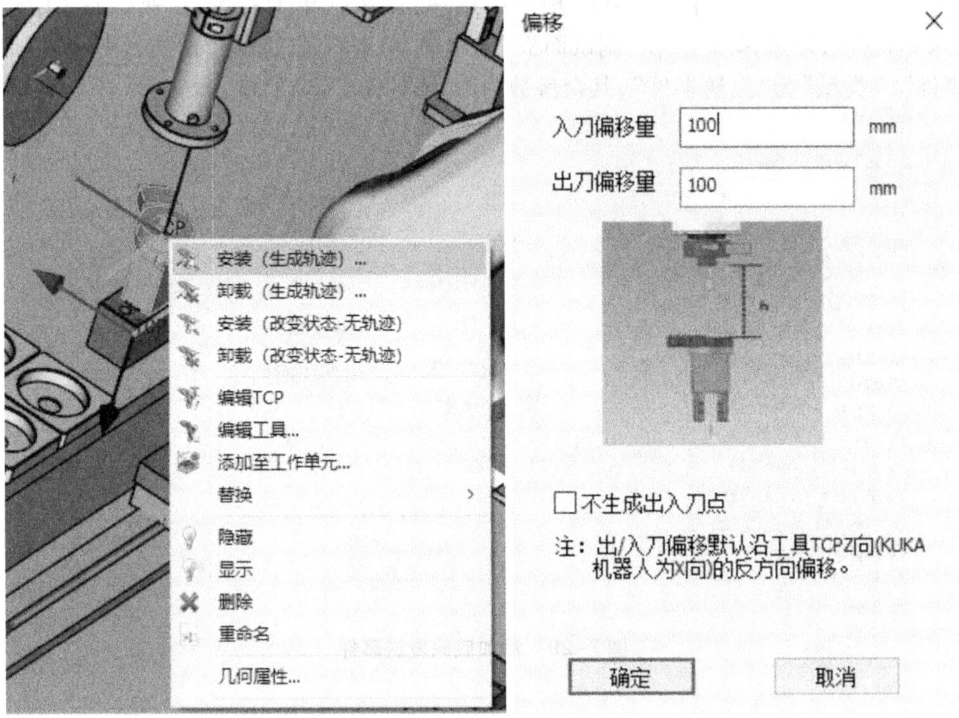

图 7-31　安装快换工具“ChenShouGongJu”

2. 去毛刺

选中快换工具“ChenShouGongJu”模型，单击鼠标右键，在弹出列表中选择“抓取（生成轨迹）”，弹出对话框“未选择物体”栏中选择“零件下”，点击“增加”“确定”；在“选择抓取位置”对话框中“承接位置”栏中选择“CP1”，点击“增加”“确定”；在弹出对话框中设置“入刀偏移量”和“出刀偏移量”均为“50”，如图7-32所示。（CP1指抓取工件时的抓取点）

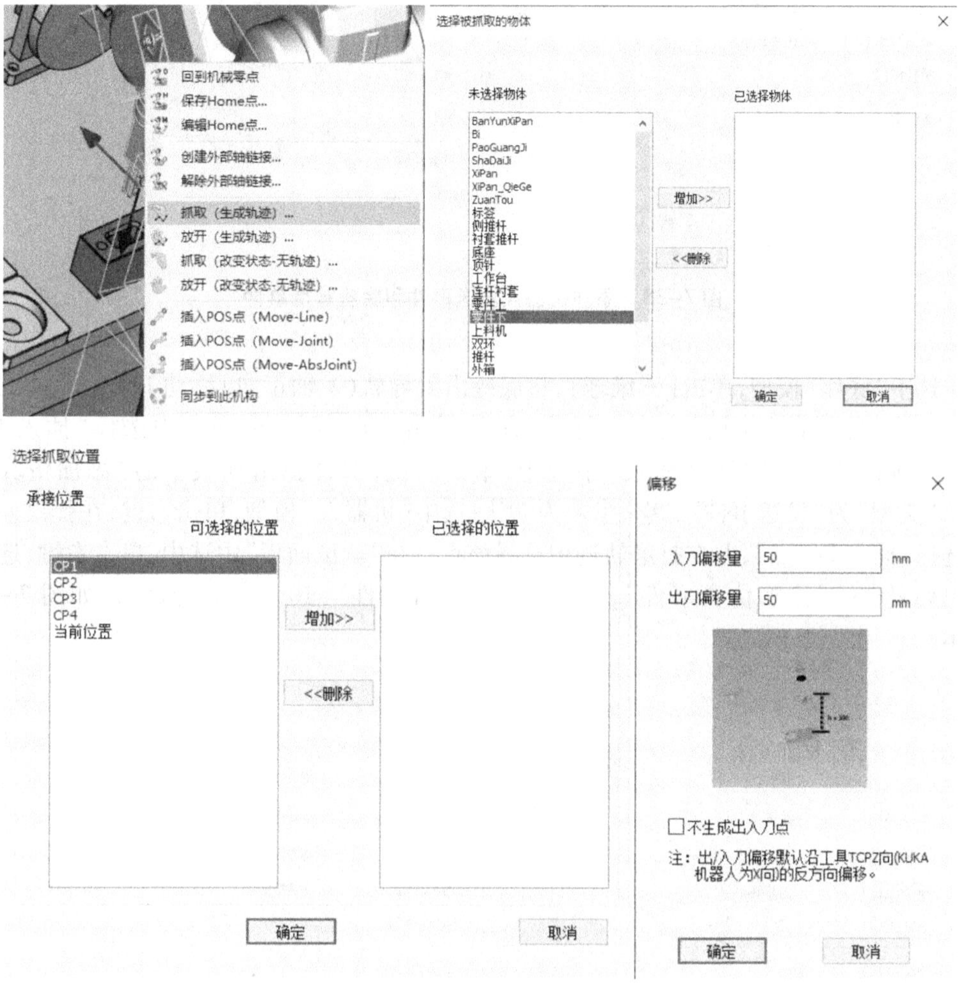

图7-32　抓取“零件下”

在机器人控制面板中“HOME点”模块中选中“HOME1”，使机器人回到已定义的HOME点。选中“机器人”模型，单击右键，在弹出列表中选择“插入POS点”，设置过渡点。

“打磨”轨迹中选择该过渡点，在“调试面板”中选中，单击右键，选择弹出列表中的“添加仿真事件”，“类型”为“发送事件”，其余参数为默认；在【机器人加工管理】栏【零件】模块中选择“底座”，单击右键，在弹出列表中选择“插入Pos点”，并选择该点；在“调试面板”中选中，单击右键，选择弹出列表中的“添加仿真事件”，“类型”为“等待事件”，其余参数为默认，如图 7-33 所示。

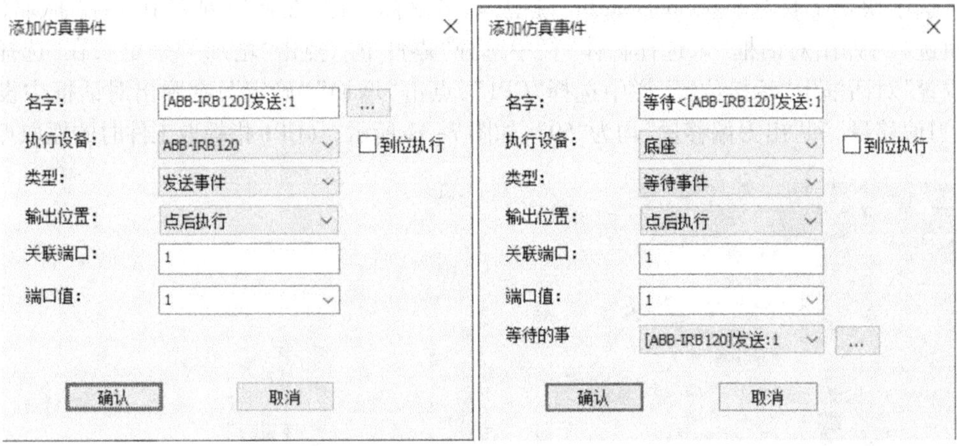

图 7-33　添加机器人发送事件和底座等待事件

选中“底座”模型，单击【三维球】，将底座沿着导轨（X 轴正向）移动 120 mm。【机器人加工管理】栏【零件】模块中选择“底座”，单击右键，在弹出列表中选择“插入 Pos 点”，并选择该点；在“调试面板”中选中，单击右键，选择弹出列表中的“添加仿真事件”，“类型”为“发送事件”，其余参数为默认；选中“机器人”模型，单击右键，在弹出列表中选择“插入 Pos 点”，并在打磨轨迹中选择该点。在“调试面板”中选中，单击右键，选择弹出列表中的“添加仿真事件”，“类型”为“等待事件”，其余参数为默认，如图 7-34 所示。

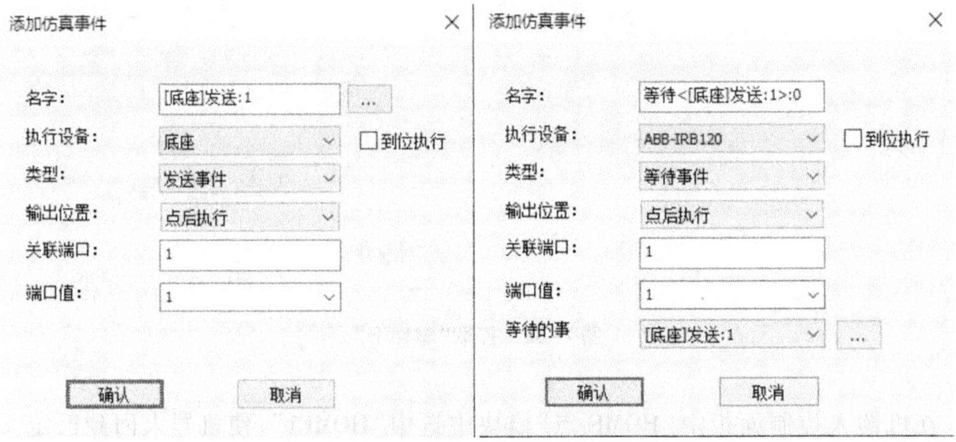

图 7-34　添加底座发送事件和机器人等待事件

在“切割”轨迹中选择任务 1 的切割轨迹，单击鼠标右键，在弹出列表中选择“隐藏”，将切割轨迹隐藏，如图 7-35 所示。

在【基础编程】栏中选中【生成轨迹】，弹出生成轨迹面板。在生成轨迹面板中的类型选项中,选择“一个面的一个环”,“工具”选择“ZuanTou”,“关联 TCP”选择“TCP0”。拾取元素中使用鼠标在模型中拾取需要绘制的轨迹,其余选项选择默认参数即可,如图 7-36 所示。

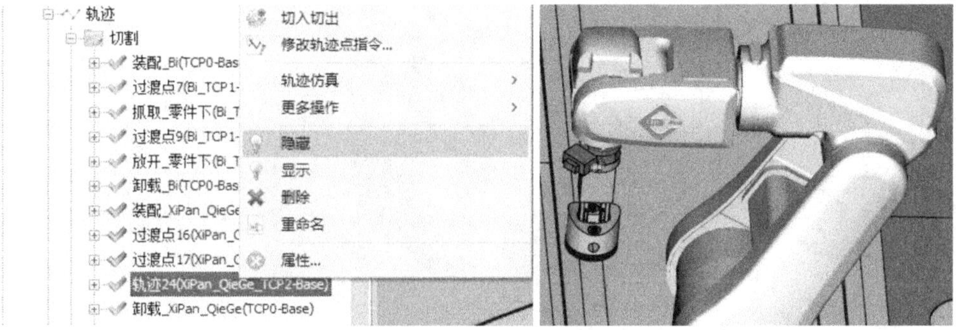

图 7-35　隐藏切割轨迹

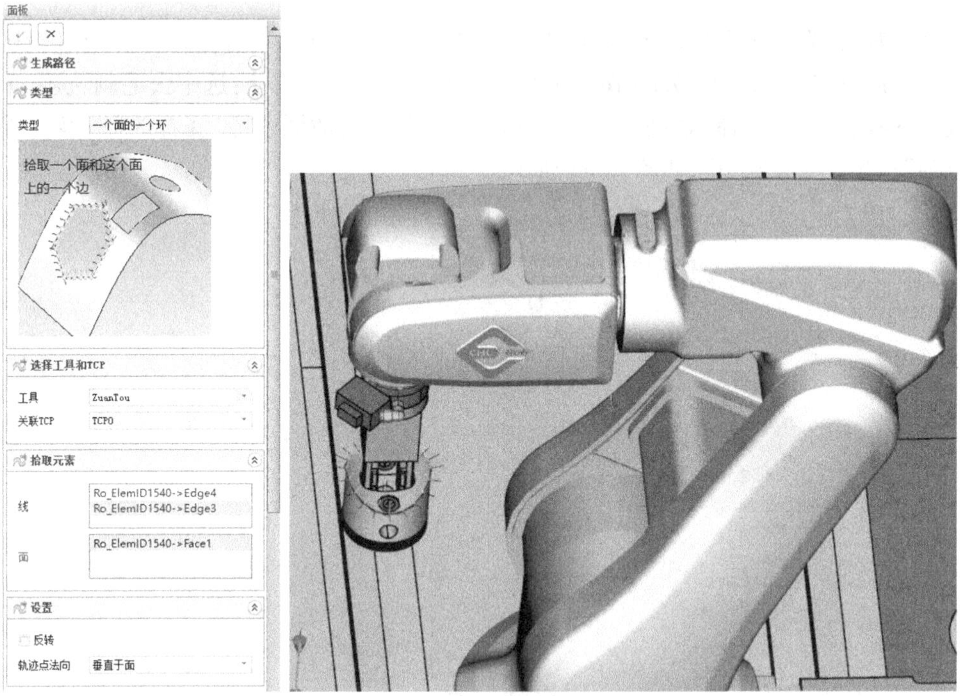

图 7-36　生成去毛刺轨迹

在【机器人加工管理】栏【机器人】中【轨迹】的子菜单中找到当前生成轨迹,单击鼠标左键,弹出菜单,选择“仿真轨迹”→“仿真此轨迹”。在“输出”面板中出现“点:14 问题:轴超限(轨迹间)”的报错信息。在【机器人加工管理】栏【机器人】中【轨迹】的子菜单中找到当前生成轨迹,单击鼠标左键,弹出菜单,选择“X/Y 轴反向”,再次仿真此轨迹,【输出】面板中显示“仿真结束”,无报错信息,如图 7-37 所示。

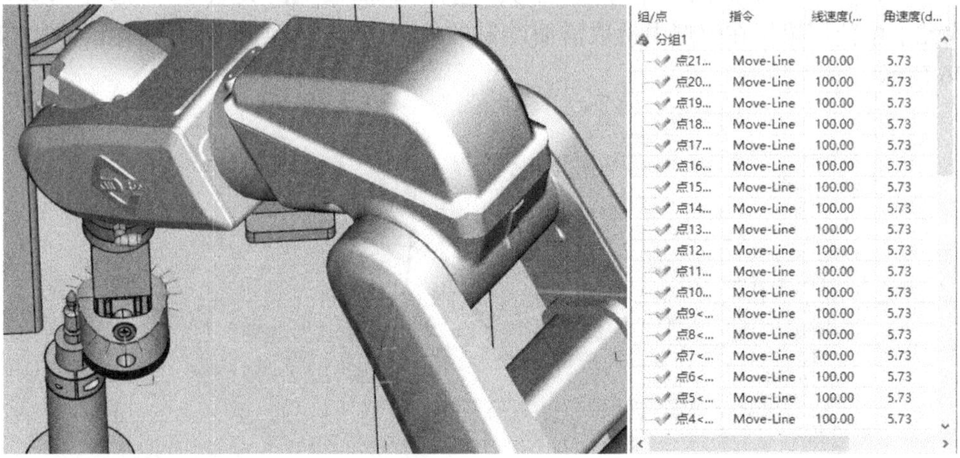

图 7-37　去毛刺轨迹调试

经过观察，发现仿真过程中“零件下”与“ZuanTou”工具发生碰撞，因此，通过轨迹旋转的方式调整“零件下”与“ZuanTou”工具之间的位置。操作方法：选中去毛刺轨迹，单击右键，在弹出列表中选择“轨迹旋转”→“标准旋转”，在对话框中将“绕着 X 轴旋转”参数设置为“-15”，其余为“0”，如图 7-38 所示。

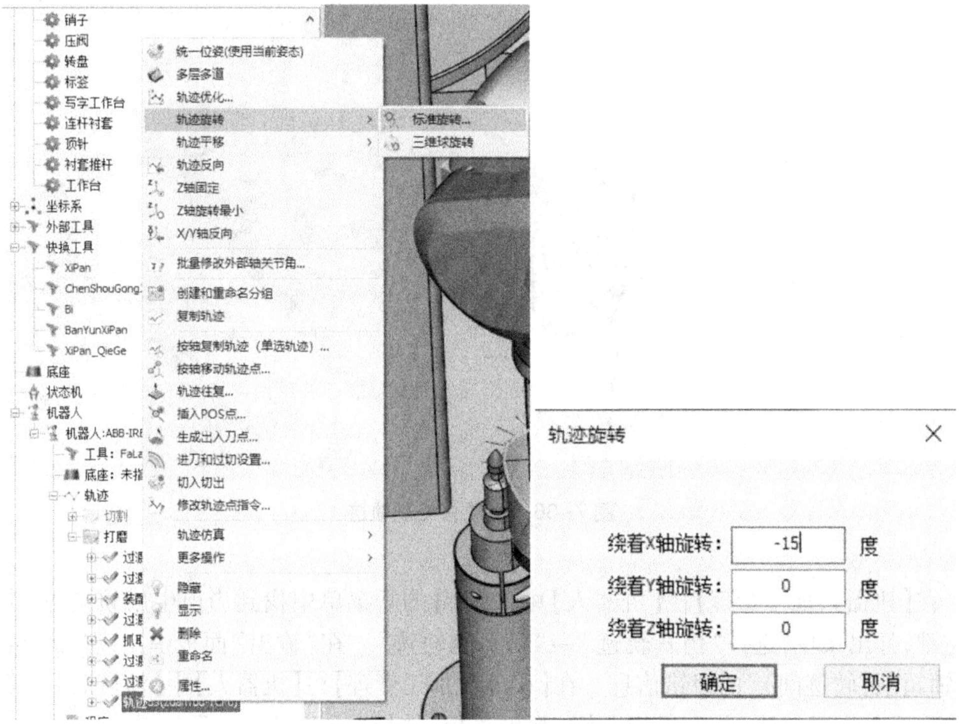

图 7-38　轨迹旋转设置

在【机器人加工管理】栏【机器人】中【轨迹】的子菜单中找到当前生成轨迹，单击鼠标左键，弹出菜单，选择“轨迹仿真”→“仿真此轨迹”。“输出面板”中无报错信息，显示仿真完成，则去毛刺仿真成功。

在机器人控制面板中“HOME 点”模块中选中“HOME1”，使机器人回到已定义的 HOME 点。

选中“机器人”模型，单击鼠标右键，在弹出列表中选择“插入 POS 点”，设置过渡点。

3. 打磨

在【基础编程】栏中选中【生成轨迹】，弹出生成轨迹面板。在生成轨迹面板中的类型选项中，选择“一个面的一个环”，“工具”选择“ShaDaiJi”，“关联 TCP”选择“TCP0”。拾取元素中使用鼠标在模型中拾取需要绘制的轨迹，其余选项选择默认参数即可，如图 7-39 所示。

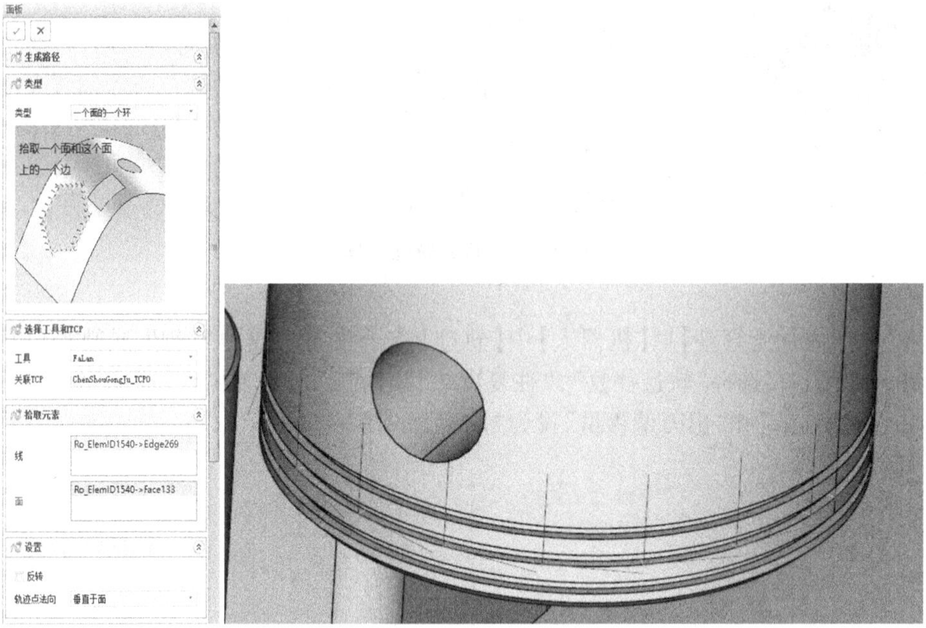

图 7-39　生成打磨轨迹

选中打磨轨迹，单击右键，在弹出列表中选择“轨迹旋转”→“标准旋转”，在对话框中将“绕着 X 轴旋转”参数设置为“90”，其余为“0”，将轨迹中的 *Z* 轴调整向外，如图 7-40 所示。

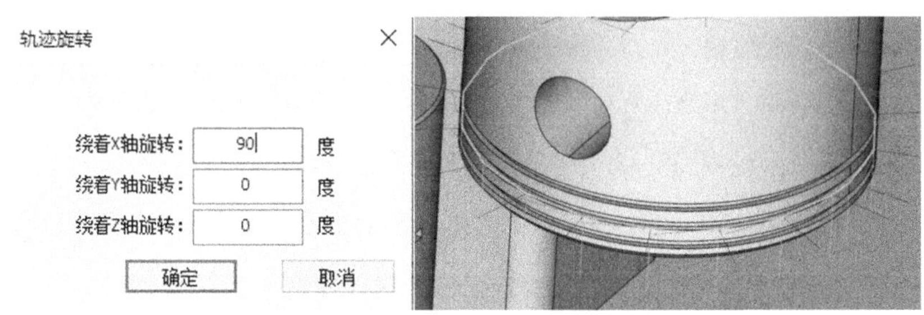

图 7-40　调整 *Z* 轴位置

在【机器人加工管理】栏【机器人】中【轨迹】的子菜单中找到当前生成轨迹，单击鼠标左键，弹出菜单，选择“仿真轨迹”→“仿真此轨迹”。在“输出”面板中出现“问题：轴超限(轨迹间)”的报错信息。在【机器人加工管理】栏【机器人】中【轨迹】的子菜单中找到当前生成轨迹，单击鼠标左键，弹出菜单，选择“轨迹反向”，再次仿真此轨迹，“输出”面板中显示“仿真结束”，无报错信息，如图 7-41 所示。

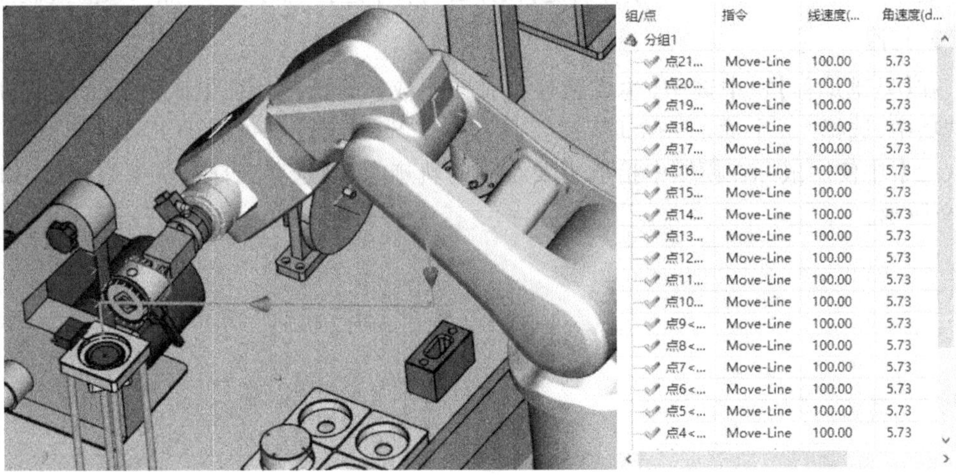

图 7-41　打磨轨迹仿真

在【机器人加工管理】栏【机器人】中【轨迹】的子菜单中找到当前生成轨迹，单击鼠标左键，弹出菜单，选择“轨迹往复”，“往复次数”设为“2”。重复操作，选择“生成出入刀点”，“入刀偏移量”和“出刀偏移量”设为“100”，如图 7-42 所示。

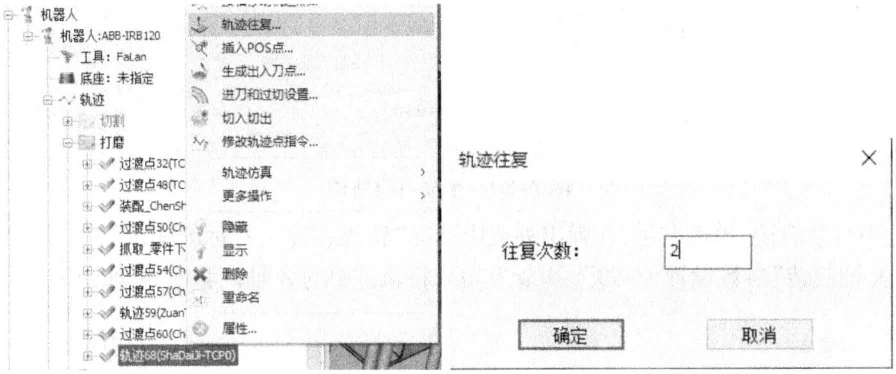

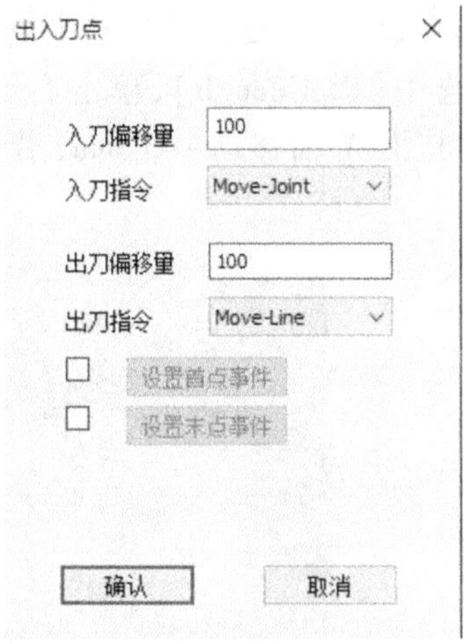

图 7-42 设置轨迹往复和出入刀点

4. 抛光

在机器人控制面板中"HOME 点"模块中选中"HOME1",使机器人回到已定义的HOME 点。选中"机器人"模型,单击右键,在弹出列表中选择"插入 POS 点",设置过渡点。

选中打磨轨迹,单击右键,在弹出列表中选择"复制轨迹",该轨迹作为抛光轨迹;选中该轨迹,单击右键,选择"属性",选择对话框中的"轨迹属性",将"使用的工具"修改为"PaoGuangJi",其余设置不变,如图 7-43 所示。

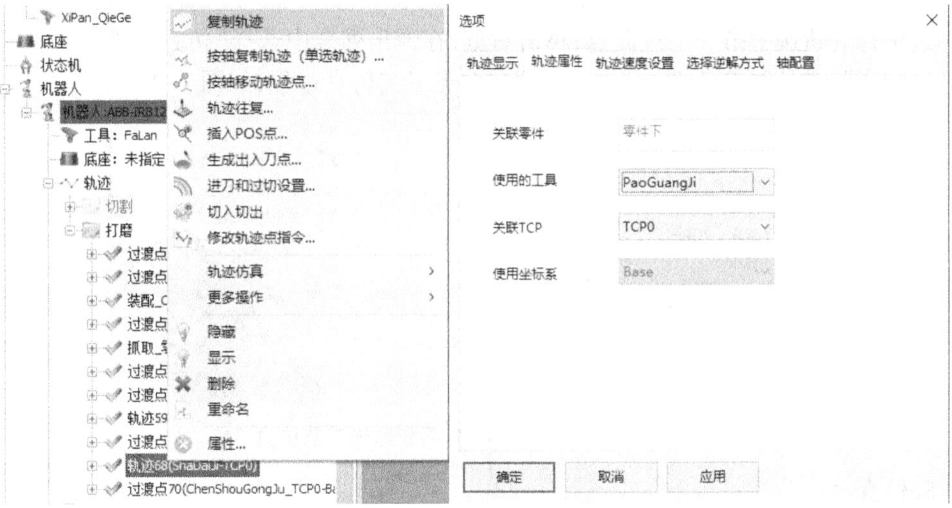

图 7-43 生成抛光轨迹

在【机器人加工管理】栏【机器人】中【轨迹】的子菜单中找到当前生成轨迹,单击鼠标左键,弹出菜单,选择"轨迹仿真"→"仿真此轨迹"。经过观察,发现外部工具中心轴与“零件下”发生碰撞。为了避免碰撞，需要修改外部工具 TCP 位置。方法：在【机器人加工管理】栏【外部工具】中选中【PaoGuangJi】，单击右键，在弹出列表中选择“编辑TCP”，在主窗口选中 TCP0，使其沿 *X* 轴移动-45 mm，沿 *Y* 轴移动 15 mm，如图 7-44 所示。

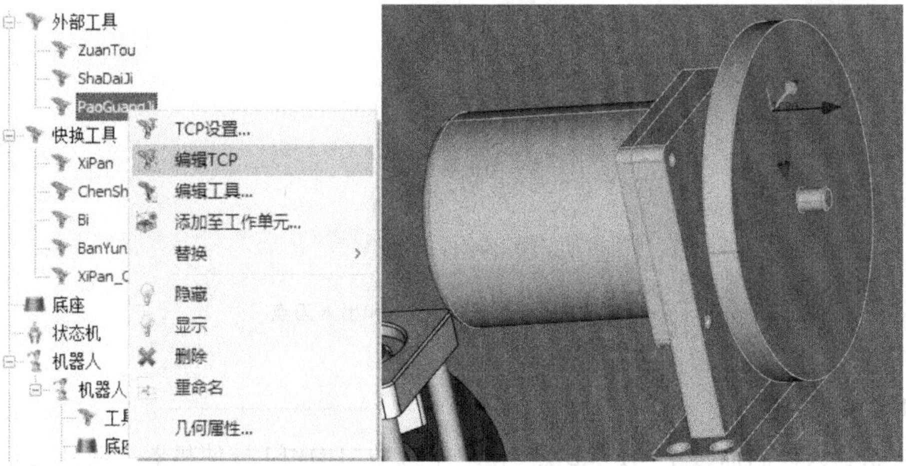

图 7-44　编辑外部工具 TCP

再次仿真此轨迹，“输出面板”中无报错信息，显示仿真完成，则抛光仿真成功。

在机器人控制面板中“HOME 点”模块中选中“HOME1”，使机器人回到已定义的HOME 点。

选中“机器人”模型，单击鼠标右键，在弹出列表中选择“插入 POS 点”，设置过渡点。

选中打磨轨迹中第一个过渡点，单击右键，在弹出列表中选择“仿真轨迹”→“从此轨迹开始仿真”，整体校核活塞去毛刺、打磨和抛光工艺仿真过程，如图 7-45 所示。

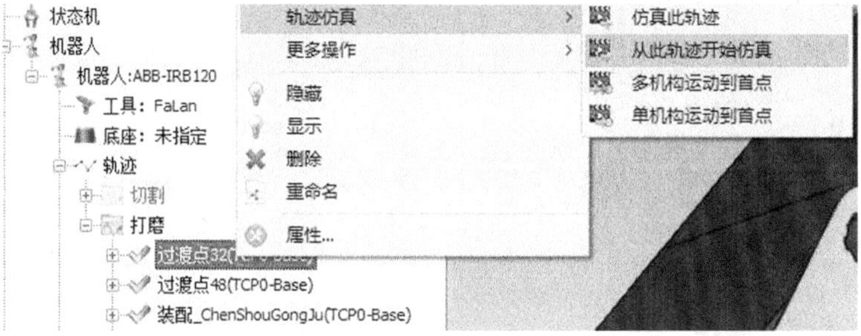

图 7-45　活塞去毛刺、打磨和抛光工艺仿真

5. 仿真

在【基础编程】栏中，单击【仿真】，在仿真管理栏中选择“ ”，观看仿真动画。观察仿真过程是否达到任务要求，如果满足任务要求，则进行下一个任务；如果未达到要求，针对未满足要求部分进行修改，直至满足任务要求。

任务3　检测—贴标—扫描工艺仿真

任务3　检测—贴标—扫描工艺仿真

机器人将“零件下”放置在I处，将现有快换工具放回原位后，到O处安装快换工具“XiPan”，然后将“零件下”搬运至J处，通过“转盘”的转动，使得在K处完成视觉检测。机器人将快换工具“XiPan”放回O处，并到B处（图7-3）安装快换工具“XiPan_QieGe”，然后到N处抓取标签，在L处完成贴标签动作，“转盘”转动使得在M处完成标签扫描，“转盘”转回J处，如图7-46所示。

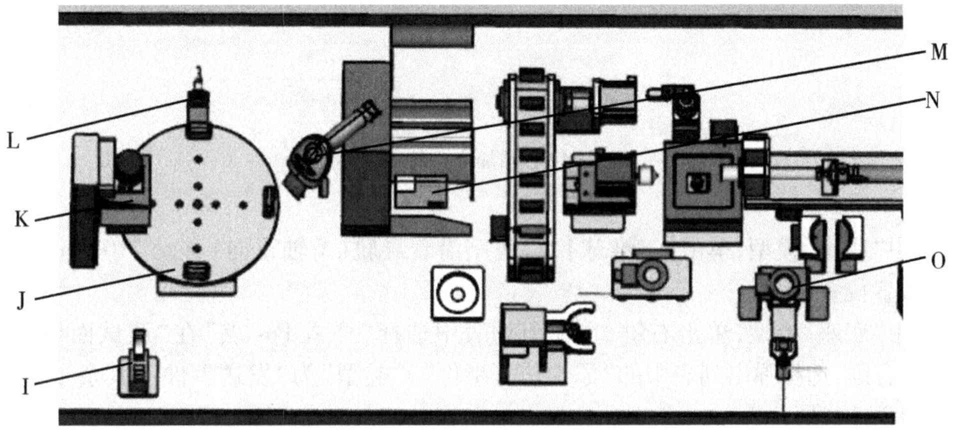

图7-46　检测—贴标—扫描工艺仿真示意图

1. 放置工件

选中“机器人”模型，单击鼠标右键，在弹出列表中选择“插入Pos点”，并在打磨轨迹中选择该点。在“调试面板”中选中，单击右键，选择弹出列表中的“添加仿真事件”，“类型”为“发送事件”，其余参数为默认，如图7-47所示。

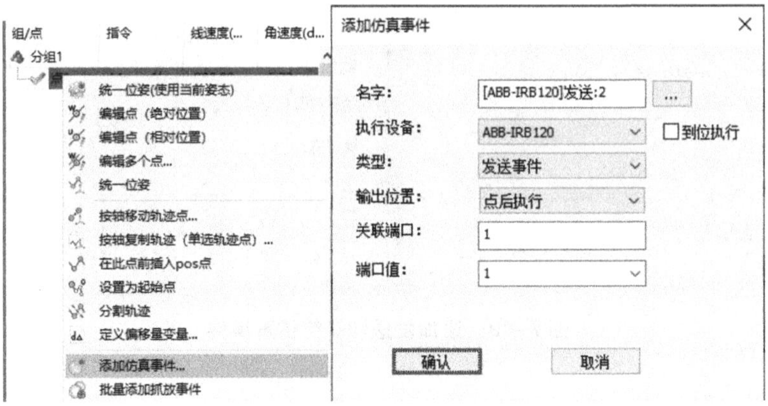

图7-47　添加机器人发送事件

选中“底座”模型，单击鼠标右键，在弹出列表中选择“插入 Pos 点”。在“调试面板”中选中，单击鼠标右键，选择弹出列表中的“添加仿真事件”，“类型”为“等待事件”，其余参数为默认，如图 7-48 所示。

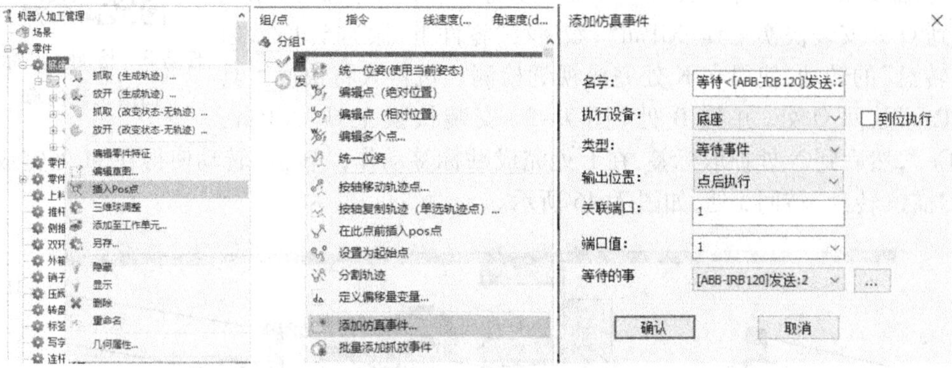

图 7-48　添加底座等待事件

选中“底座”模型，单击【三维球】，将底座沿着导轨（X 轴正向）移动 710 mm，至“零件下”放置位置。

选中“底座”模型，单击右键，在弹出列表中选择“插入 Pos 点”在“调试面板”中选中，单击右键，选择弹出列表中的“添加仿真事件”，“类型”为“发送事件”，其余参数为默认，如图 7-49 所示。

选中“机器人”模型，单击右键，在弹出列表中选择“插入 Pos 点”，并在打磨轨迹中选择该点。在“调试面板”中选中，单击右键，选择弹出列表中的“添加仿真事件”，“类型”为“发送事件”，其余参数为默认，如图 7-49 所示。

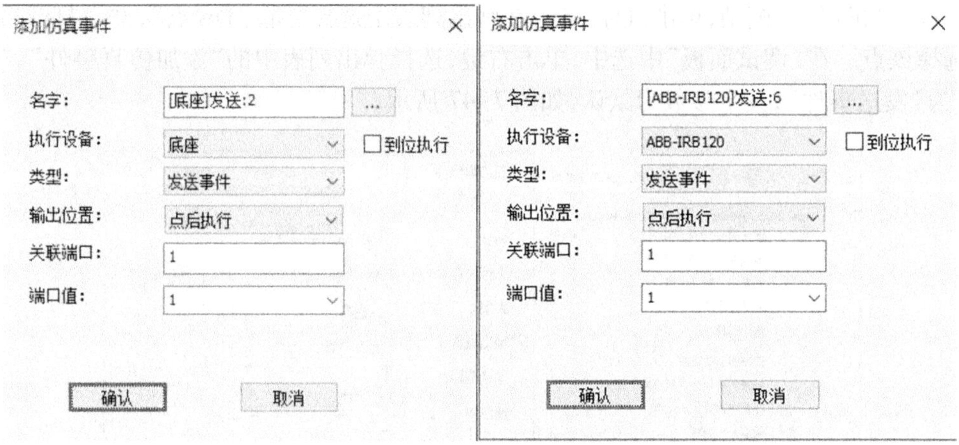

图 7-49　添加发送和等待仿真事件

选中机器人末端工具“ChenShouGongJu”模型，调出【三维球】，将三维球通过“到中心点”功能移动至“零件下”下端圆的中心，并将三维球绕 Y 轴旋转 $-90°$，使 Z 轴与 A 处夹具侧面垂直；选中三维球，单击右键，选择“到中心点”，将“零件下”移动至 I 处夹具侧面所在圆的中心，并沿着 Z 轴移动 15 mm，如图 7-50 所示。

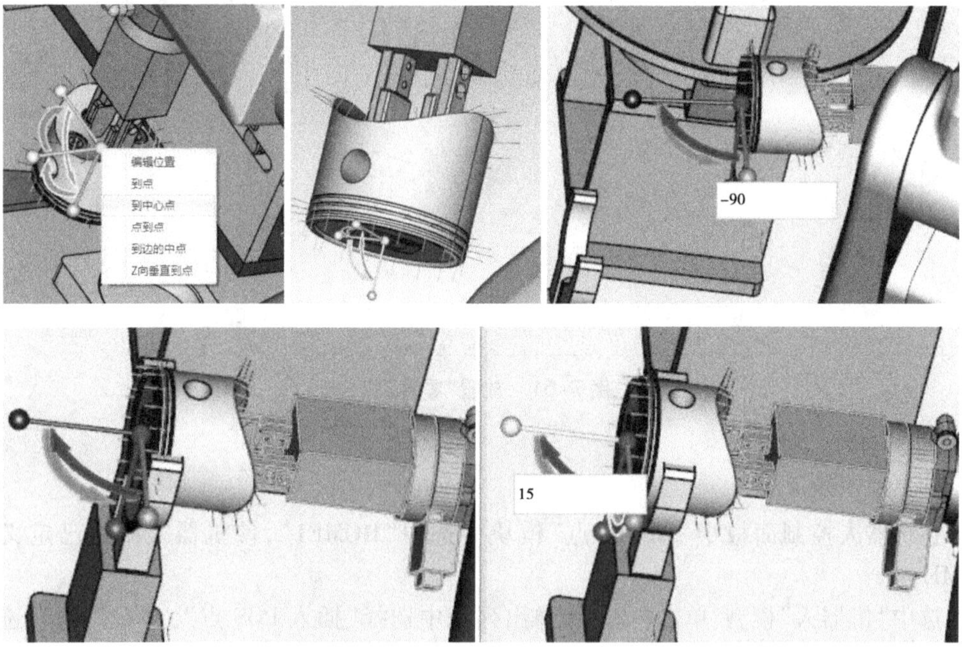

图 7-50　设置放置位置

取消【三维球】功能，选中机器人末端工具“ChenShouGongJu”模型，单击鼠标右键，选择“放开（生成轨迹）”，在“选择被放开的物体”对话框中“未选择物体”栏选择“零件下”，选择“增加”“确定”；在“选择放开位置”对话框中选择“当前位置”，选择“增加”“确定”；在“偏移”对话框中将“入刀偏移量”和“出刀偏移量”设为“50”，如图 7-51 所示。

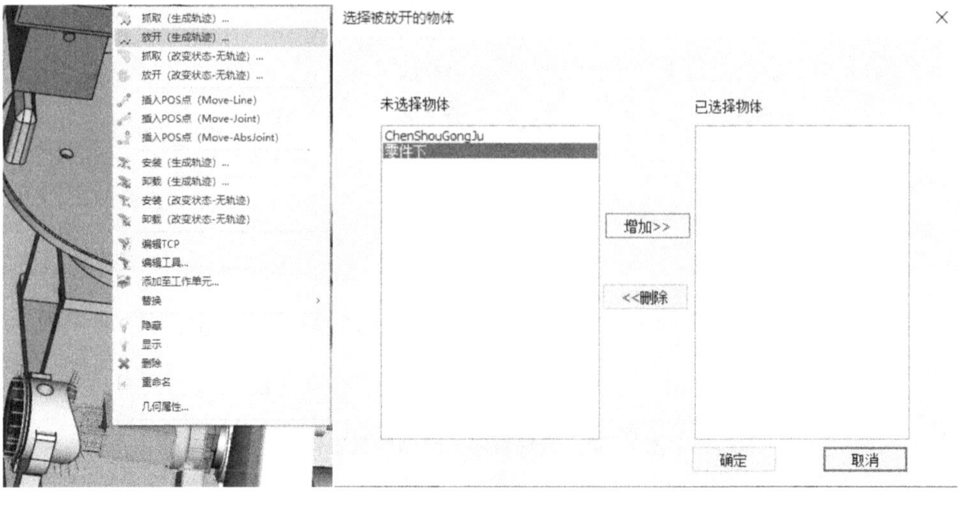

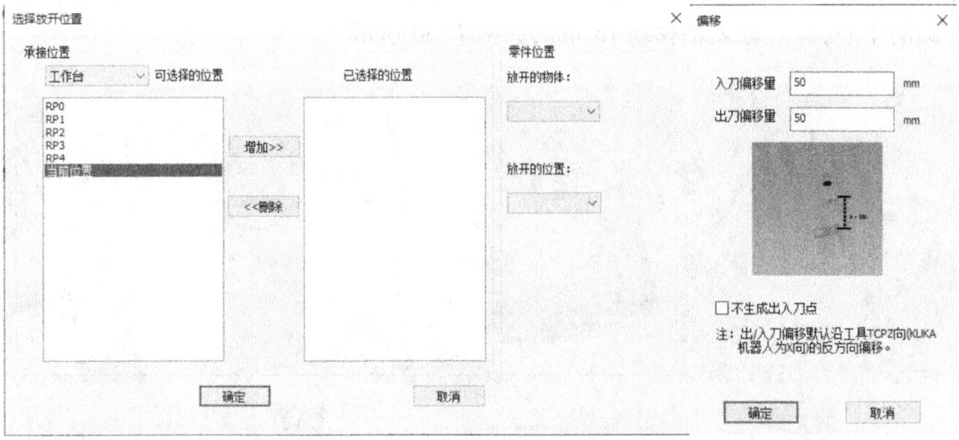

图 7-51　放置“零件下”

2. 更换快换工具

在机器人控制面板中“HOME 点”模块中选中“HOME1”，使机器人回到已定义的 HOME 点。

选中“机器人”模型，单击右键，在弹出列表中选择“插入 POS 点”，并在打磨轨迹中选择该点。在“调试面板”中选中该点，单击右键，选择弹出列表中的“添加仿真事件”，“类型”为“发送事件”，其余参数为默认，如图 7-52(a)所示。

选中“底座”模型，单击右键，在弹出列表中选择“插入 Pos 点”。在“调试面板”中选中，单击右键，选择弹出列表中的“添加仿真事件”，“类型”为“等待事件”，其余参数为默认，如图 7-52(b)所示。

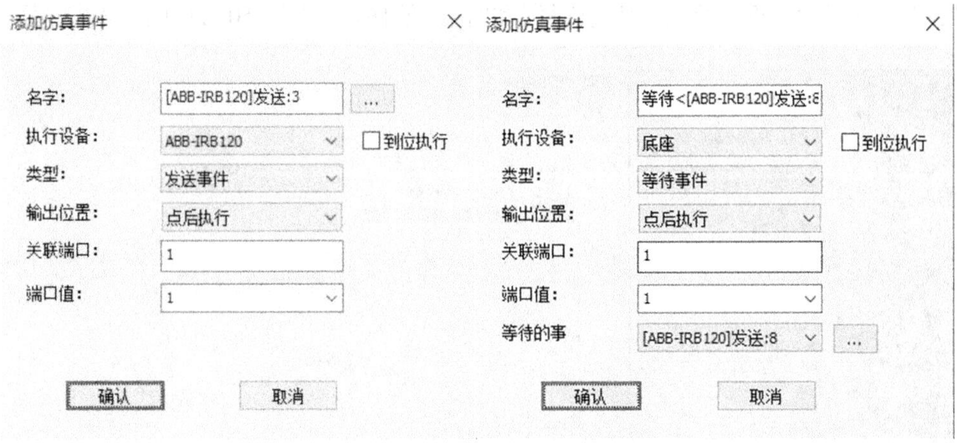

(a)　　(b)

图 7-52　设置机器人移动仿真事件

选中“底座”模型，单击【三维球】，将底座沿着导轨（X 轴正向）移动-650 mm，至工具放置位置，如图 7-53 所示。

图 7-53　移动机器人

选中“底座”模型，单击右键，在弹出列表中选择“插入 Pos 点”。在“调试面板”中选中，单击右键，选择弹出列表中的“添加仿真事件”，“类型”为“发送事件”，其余参数为默认，如图 7-54（a）所示。

选中“机器人”模型，单击右键，在弹出列表中选择“插入 POS 点”，并在打磨轨迹中选择该点。在“调试面板”中选中该点，单击右键，选择弹出列表中的“添加仿真事件”，“类型”为“等待事件”，其余参数为默认，如图 7-54（b）所示。

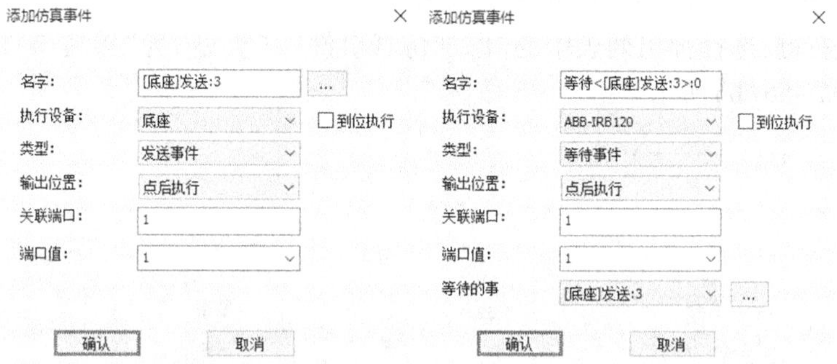

(a)　　(b)

图 7-54　设置机器人移动仿真事件

选中快换工具“ChenShouGongJu”模型，单击右键，在弹出列表中选择“卸载（生成轨迹）”，在弹出对话框中设置“入刀偏移量”和“出刀偏移量”均为“100”，如图 7-55 所示。

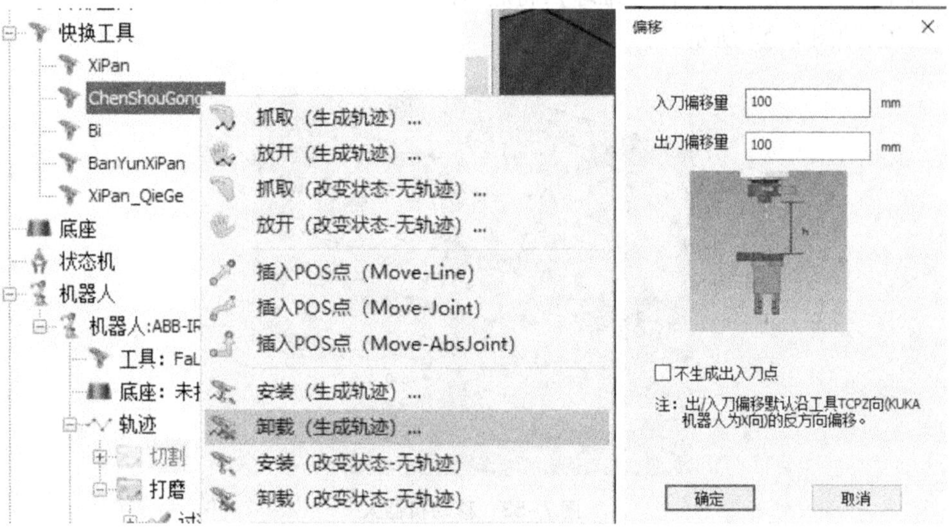

图 7-55　卸载快换工具“ChenShouGongJu”

在机器人控制面板中“HOME 点”模块中选中“HOME1”，使机器人回到已定义的 HOME 点。

选中“机器人”模型，单击右键，在弹出列表中选择“插入 POS 点”，并在打磨轨迹中选择该点。在“调试面板”中选中该点，单击右键，选择弹出列表中的“添加仿真事件”，“类型”为“发送事件”，其余参数为默认，如图 7-56(a)所示。

选中“底座”模型，单击右键，在弹出列表中选择“插入 Pos 点”。在“调试面板”中选中该点，单击右键，选择弹出列表中的“添加仿真事件”，“类型”为“等待事件”，其余参数为默认，如图 7-56(b)所示。

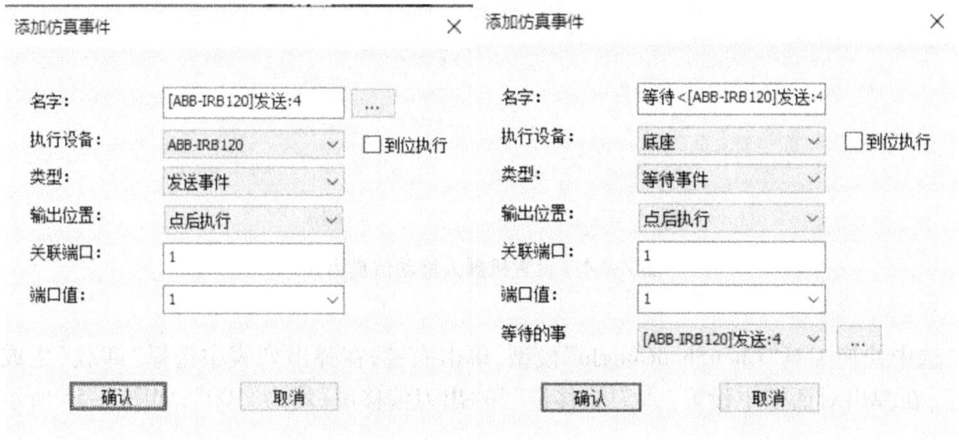

(a)　　　　(b)

图 7-56　设置机器人移动仿真事件

选中“底座”模型，单击【三维球】，将底座沿着导轨（X轴正向）移动1330 mm，至O处安装快换工具“XiPan”，如图7-57所示。

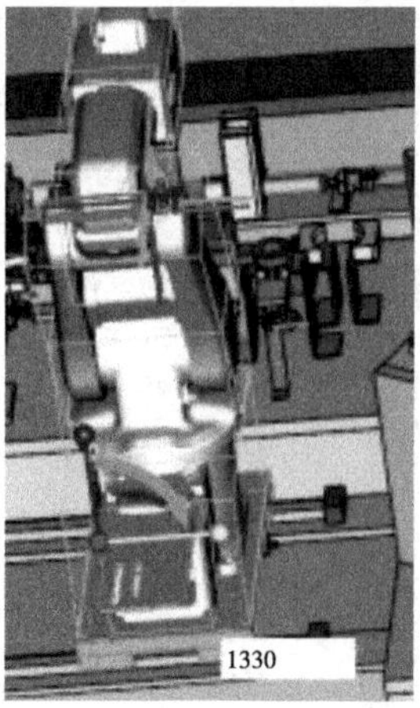

图7-57 移动底座位置到O处

选中“底座”模型，单击鼠标右键，在弹出列表中选择“插入Pos点”。在“调试面板”中选中该点，单击鼠标右键，选择弹出列表中的“添加仿真事件”，类型为“发送事件”，其余参数为默认，如图7-58（a）所示。

选中“机器人”模型，单击右键，在弹出列表中选择“插入POS点”，并在打磨轨迹中选择该点。在“调试面板”中选中该点，单击右键，选择弹出列表中的“添加仿真事件”，“类型”为“等待事件”，其余参数为默认，如图7-58（b）所示。

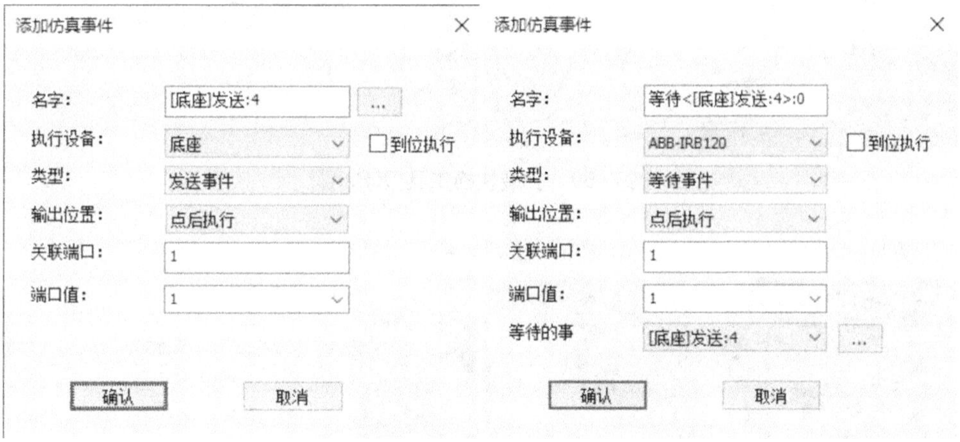

(a) (b)

图7-58 设置机器人移动仿真事件

选中快换工具“XiPan”模型，单击右键，在弹出列表中选择“安装（生成轨迹）”，“偏移”对话框中选择“不生成出入刀点”，将快换工具“XiPan”安装至机器人末端法兰上，如图7-59所示。

选中快换工具“XiPan”模型，使用【三维球】功能，将其沿着Z轴移动50 mm，取消【三维球】功能；选中快换工具“XiPan”模型，单击右键，在弹出列表中选择“插入POS点（Move-AbsJoint）”，设置为出刀点，如图7-60所示。

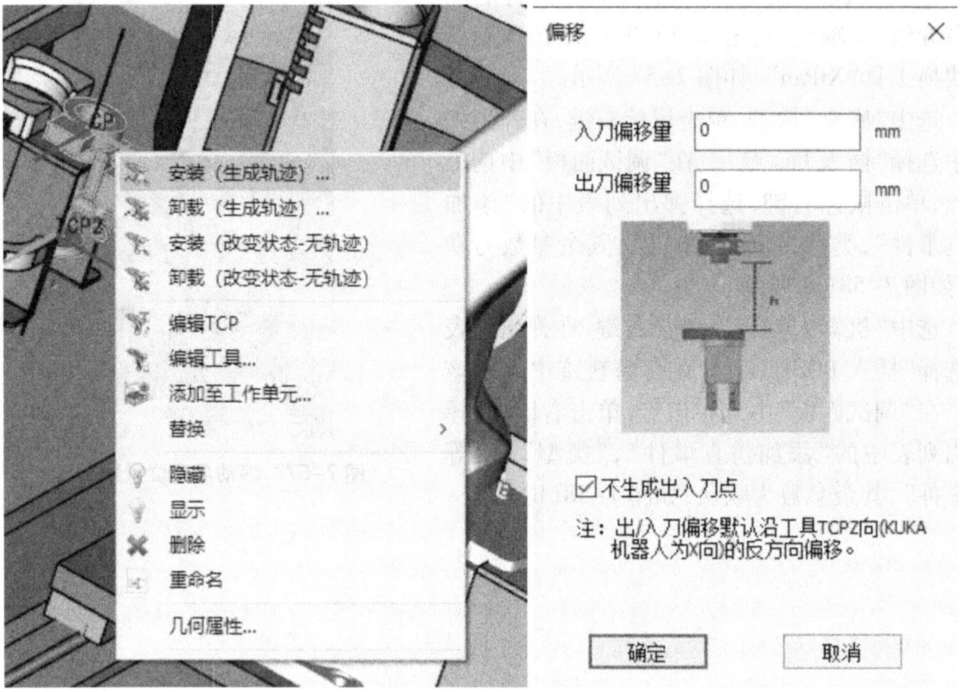

图 7-59　安装快换工具“XiPan”

图 7-60　设置出刀点

在机器人控制面板中“HOME 点”模块中选中“HOME1”,使机器人回到已定义的 HOME 点。

选中“机器人”模型,单击鼠标右键,在弹出列表中选择“插入 POS 点(Move-AbsJoint)”,并在打磨轨迹中选择该点。在“调试面板”中选中该点,单击右键,选择弹出列表中的“添加仿真事件”,“类型”为“发送事件”,其余参数为默认,如图 7-61(a)所示。

选中“底座”模型,单击右键,在弹出列表中选择“插入 Pos 点”。在“调试面板”中选中该点,单击右键,选择弹出列表中的“添加仿真事件”,“类型”为“等待事件”,其余参数为默认,如图 7-61(b)所示。

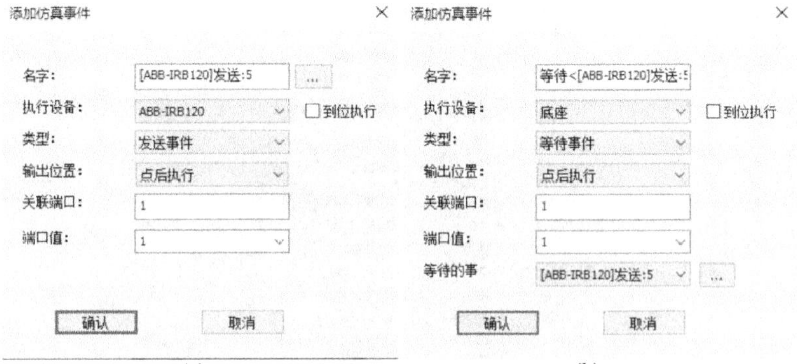

(a)　　　　(b)

图 7-61　设置机器人移动仿真事件

选中“底座”模型,单击【三维球】,将底座沿着导轨(X 轴正向)移动-760 mm,至 I 处准备抓取“零件下”;选中“底座”模型,单击鼠标右键,在弹出列表中选择“插入 Pos 点”。如图 7-62 所示。

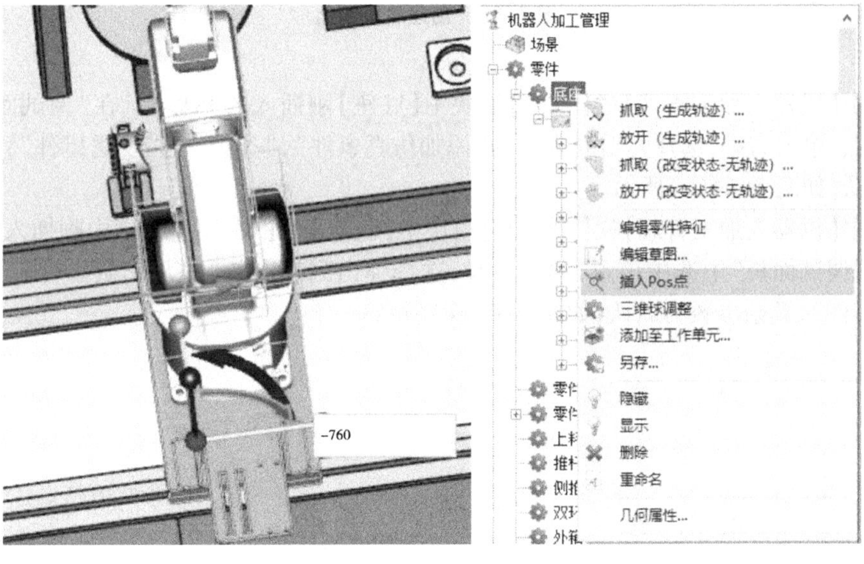

图 7-62　机器人移动至 I 处

3. 检测—贴标—扫描工艺仿真

选中“机器人”模型，单击右键，在弹出列表中选择“插入 POS 点（Move－AbsJoint）”，并在打磨轨迹中选择该点，单击右键，在弹出列表中选择“创建和重命名分组”，在弹出对话框中将“名称”命名为“贴标－检测”，如图 7－63 所示。

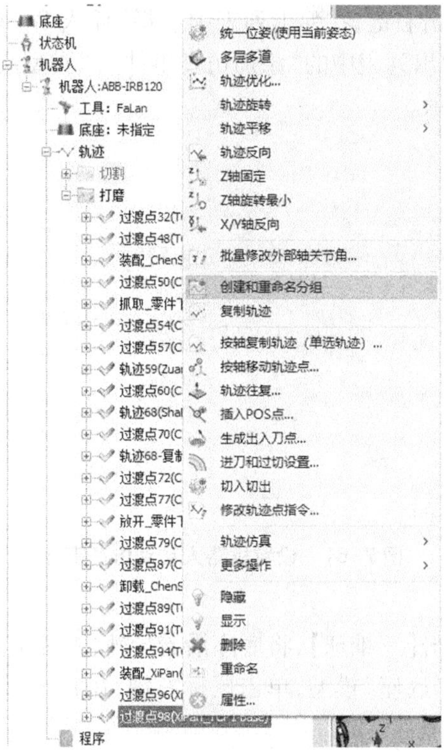

图 7－63 创建轨迹分组

选中【机器人加工管理】栏【零件】模块中【底座】刚插入的 POS 点，在“调试面板”中选中该点，单击右键，选择弹出列表中的“添加仿真事件”，“类型”为“发送事件”，其余参数为默认，如图 7－64（a）所示。

选中【机器人加工管理】栏【机器人】模块中【轨迹】→【贴标－检测】中刚插入的 POS 点。在“调试面板”中选中该点，单击右键，选择弹出列表中的“添加仿真事件”，类型为“等待事件”，其余参数为默认，如图 7－64（b）所示。

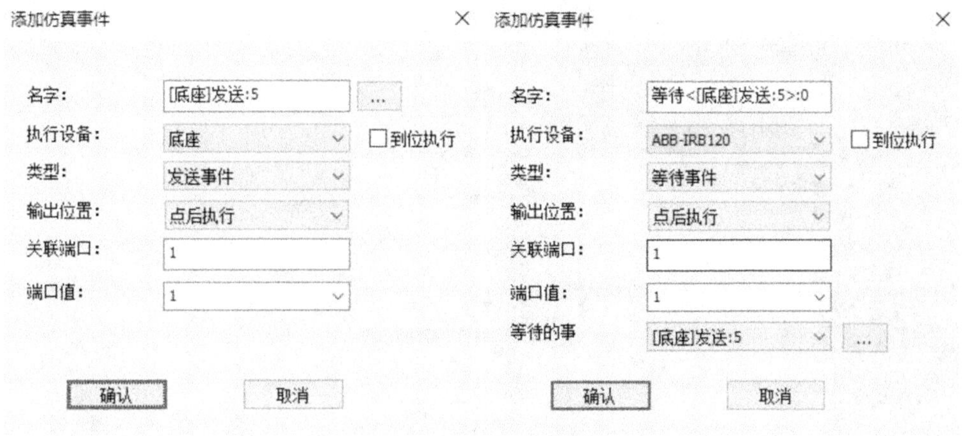

(a)　　　　　　　　　　(b)

图 7-64　添加底座-机器人交互仿真事件

选中机器人末端法兰,单击右键,在弹出列表中选择"TCP 设置",将"设置 TCP"对话框中"当前 TCP"设置为"XiPan_TCP2",如图 7-65 所示。

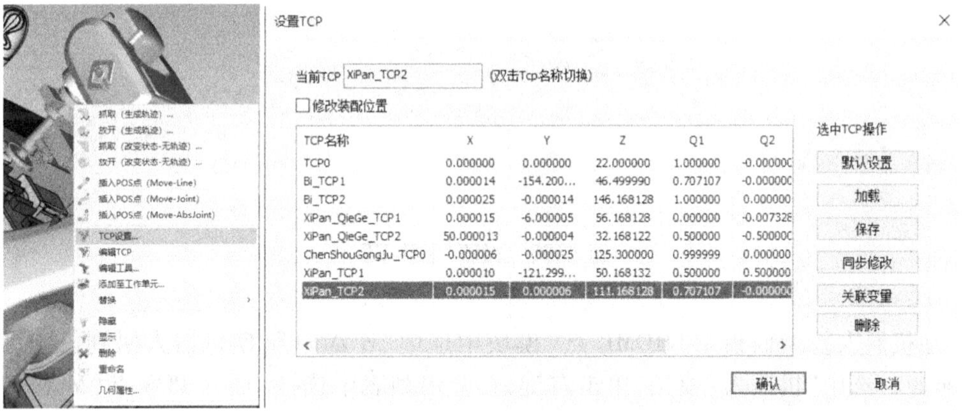

图 7-65　TCP 设置

选中"机器人"模型,单击右键,在弹出列表中选择"抓取(生成轨迹)",弹出对话框"未选择物体"栏中选择"零件下",点击"增加""确定";在"选择抓取位置"对话框中"承接位置"栏中选择"CP3",点击"增加""确定";在弹出对话框中设置"入刀偏移量"和"出刀偏移量"均为"100",如图 7-66 所示。(CP3 指抓取工件时的抓取点)

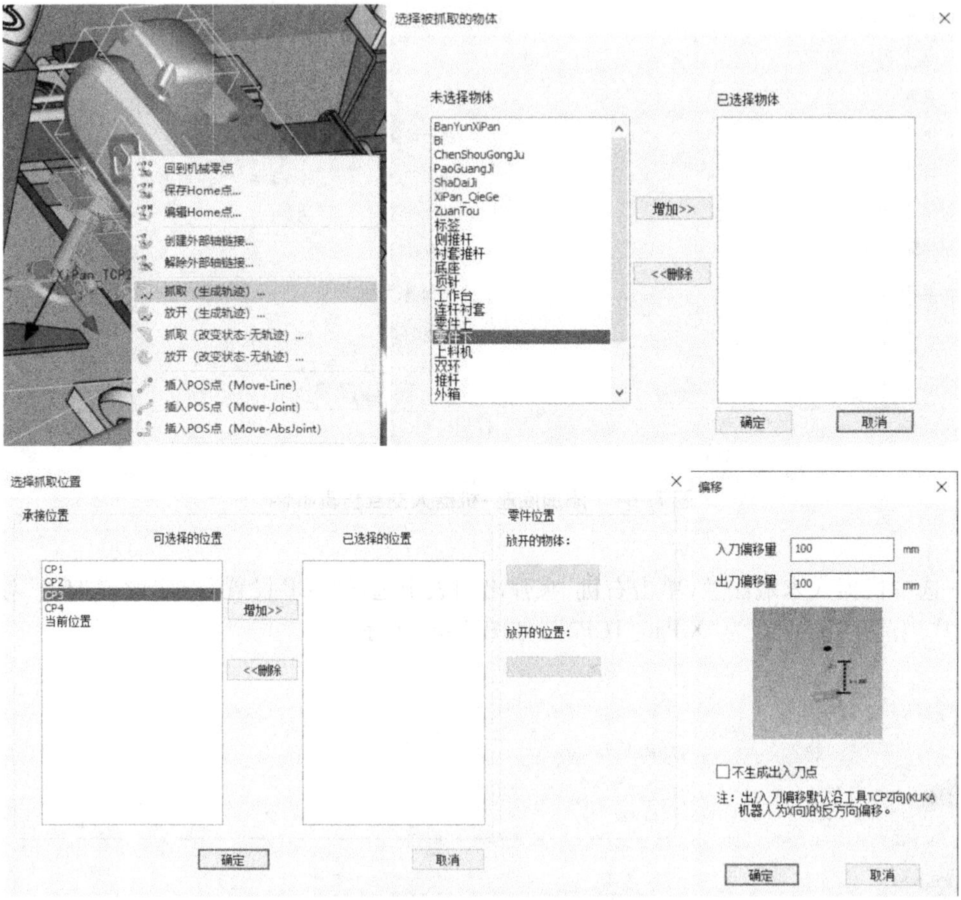

图 7-66　抓取“零件下”

在机器人控制面板中“HOME 点”模块中选中“HOME1”，使机器人回到已定义的Home 点。选中“机器人”模型，单击右键，在弹出列表中选择“插入 POS 点（Move-AbsJoint）”。

选中“机器人”模型，单击右键，在弹出列表中选择“放开（生成轨迹）”，弹出对话框“未选择物体”栏中选择“零件下”，点击“增加”“确定”；在“选择放开位置”对话框中“承接位置”栏中选择“转盘”→“RP0”，点击“增加”；在“零件位置”框中“放开的物体”选择“零件下”，“放开的位置”选择“RP1”，点击“确定”；在弹出对话框中设置“入刀偏移量”和“出刀偏移量”均为“100”，如图 7-67 所示。（RP1 指放置工件时的放置点）

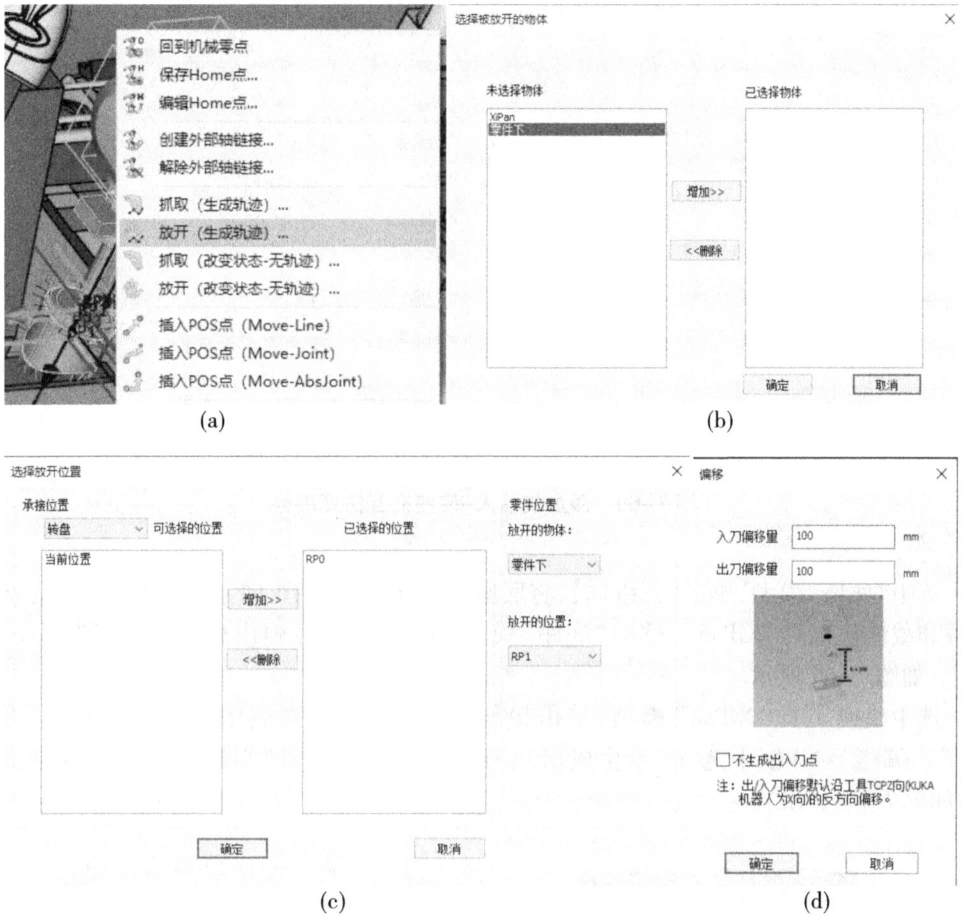

图 7-67　放开“零件下”

在机器人控制面板中“HOME 点”模块中选中“HOME1”，使机器人回到已定义的 HOME 点。选中“机器人”模型，单击右键，在弹出列表中选择“插入 POS 点（Move-AbsJoint）”。

选中【机器人加工管理】栏【机器人】模块中【轨迹】→【贴标-检测】中刚插入的 POS 点。在“调试面板”中选中该点，单击右键，选择弹出列表中的“添加仿真事件”，“类型”为“发送事件”，其余参数为默认，如图 7-68（a）所示。

选中【机器人加工管理】栏【零件】模块中【底座】刚插入的 POS 点，在“调试面板”中选中该点，单击右键，选择弹出列表中的“添加仿真事件”，“类型”为“等待事件”，其余参数为默认，如图 7-68（b）所示。

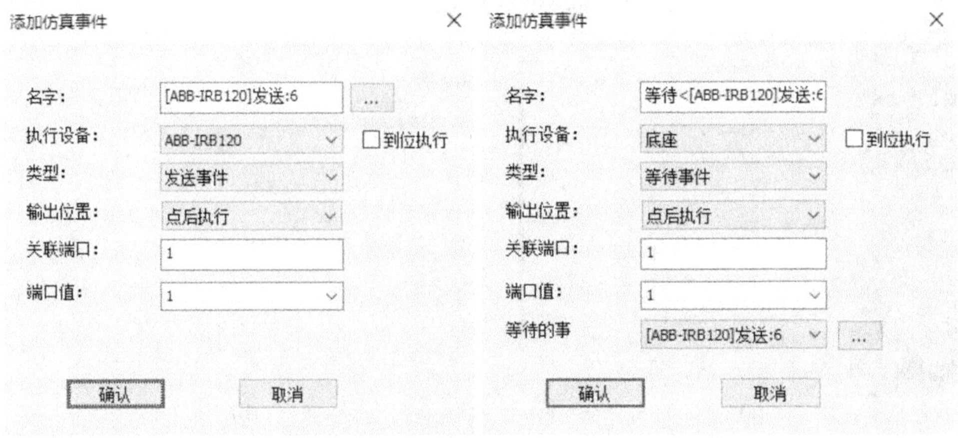

(a) (b)

图 7-68 添加机器人-底座交互仿真事件

选中“底座”模型，单击【三维球】，将底座沿着导轨（X 轴正向）移动 700 mm，至 O 处准备卸载快换工具“XiPan”；选中“底座”模型，单击右键，在弹出列表中选择“插入 Pos 点”。如图 7-69 所示。

选中快换工具“XiPan”模型，单击鼠标右键，在弹出列表中选择“卸载（生成轨迹）”，“偏移”对话框中选择“不生成出入刀点”，将快换工具“XiPan”放置至 O 处支架上，如图 7-70 所示。

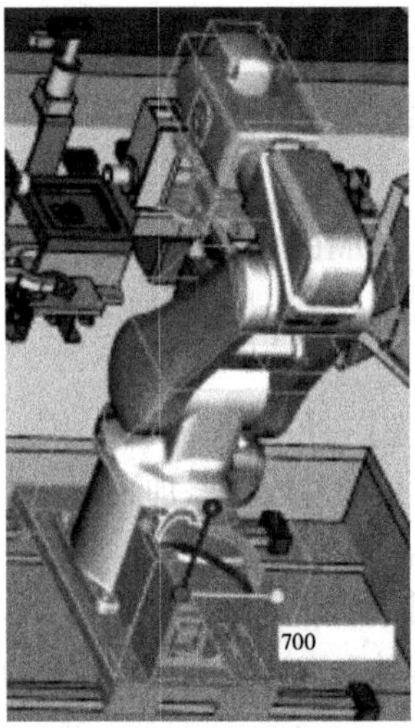

图 7-69 移动机器人至 O 处

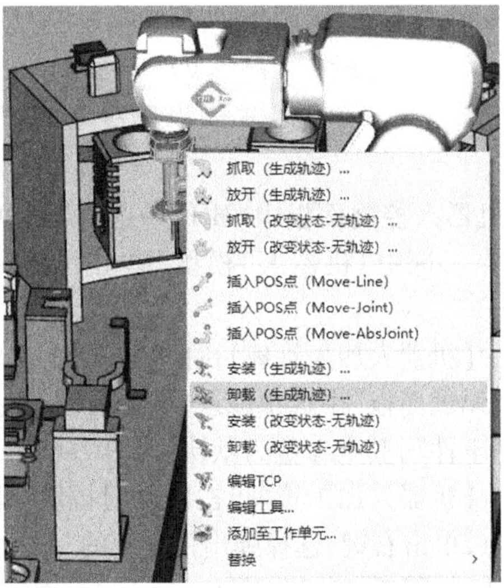

图 7-70 卸载快换工具“XiPan”

选中快换工具“XiPan”模型，使用【三维球】功能，将其沿着 Z 轴移动 50 mm，取消【三维球】功能；选中快换工具“XiPan”模型，单击右键，在弹出列表中选择“插入 POS 点（Move-AbsJoint）”，并将其在【轨迹】中拖拽至“卸载”轨迹前，作为入刀点，如图 7-71 所示。

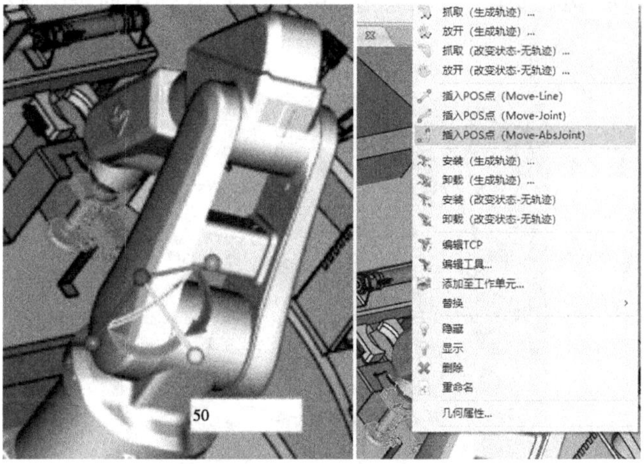

图 7-71　插入过渡点

在机器人控制面板中“HOME 点”模块中选中“HOME1”，使机器人回到已定义的 Home 点。选中“机器人”模型，单击右键，在弹出列表中选择“插入 POS 点（Move-AbsJoint）”。

选中【机器人加工管理】栏【机器人】模块中【轨迹】→【贴标-检测】中刚插入的 POS 点。在“调试面板”中选中该点，单击右键，选择弹出列表中的“添加仿真事件”，“类型”为“发送事件”，其余参数为默认，如图 7-72（a）所示。

选中【机器人加工管理】栏【零件】模块中【底座】刚插入的 POS 点，在“调试面板”中选中该点，单击右键，选择弹出列表中的“添加仿真事件”，“类型”为“等待事件”，其余参数为默认，如图 7-72（b）所示。

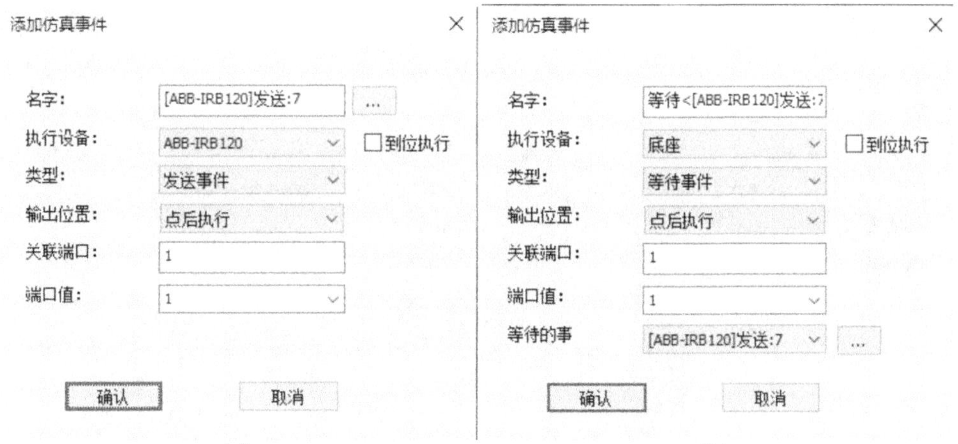

(a)　　　　　　　　　　(b)

图 7-72　添加机器人-底座交互仿真事件

选中“底座”模型，单击【三维球】，将底座沿着导轨（X 轴正向）移动-1780 mm，至快换工具“XiPan_QieGe”处；选中“底座”模型，单击右键，在弹出列表中选择“插入 Pos 点”。如图 7-73 所示。

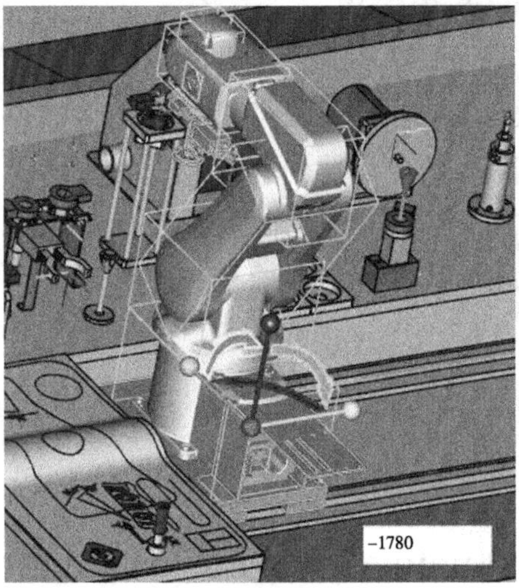

图 7-73　移动机器人至快换工具“XiPan_QieGe”处

选中【机器人加工管理】栏【零件】模块中【底座】刚插入的 POS 点，在“调试面板”中选中该点，单击右键，选择弹出列表中的“添加仿真事件”，“类型”为“发送事件”，其余参数为默认，如图 7-74 所示。

选中【机器人加工管理】栏【机器人】模块中【轨迹】→【贴标-检测】中刚插入的 POS 点。在“调试面板”中选中该点，单击右键，选择弹出列表中的“添加仿真事件”，“类型”为“等待事件”，其余参数为默认，如图 7-74 所示。

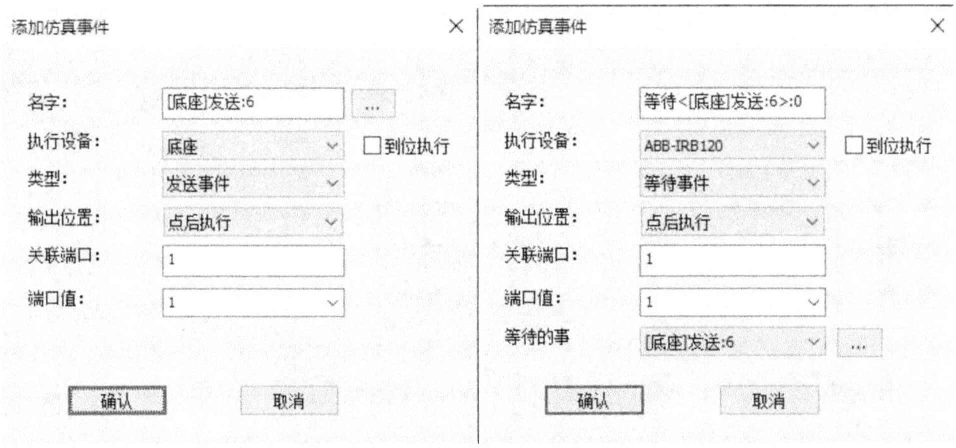

图 7-74　添加底座-机器人交互仿真事件

选中快换工具“XiPan_QieGe”模型,单击右键,在弹出列表中选择“安装(生成轨迹)”,在弹出对话框中设置“入刀偏移量”和“出刀偏移量”均为“100”,将快换工具“XiPan_QieGe”安装至机器人末端法兰上,如图7-75所示。

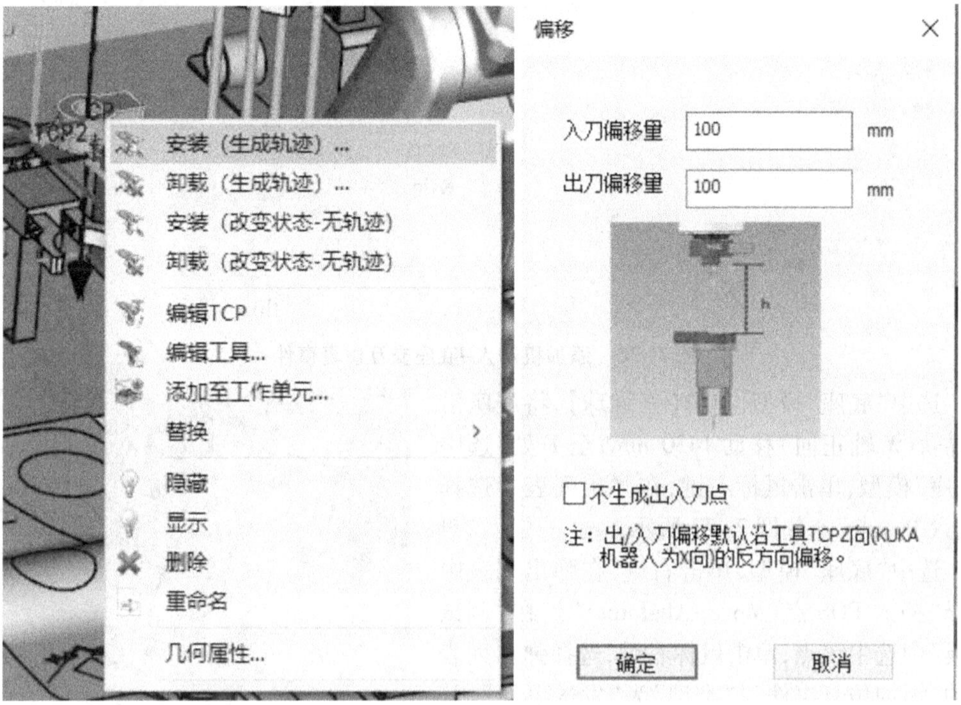

图7-75　安装快换工具“XiPan_QieGe”

在机器人控制面板中“HOME点”模块中选中“HOME1”,使机器人回到已定义的HOME点。

选中“机器人”模型,单击鼠标右键,在弹出列表中选择“插入POS点(Move-AbsJoint)”。选中“底座”模型,单击右键,在弹出列表中选择“插入Pos点”。

选中【机器人加工管理】栏【机器人】模块中【轨迹】→【贴标-检测】中刚插入的POS点。在“调试面板”中选中该点,单击右键,选择弹出列表中的“添加仿真事件”,“类型”为“发送事件”,其余参数为默认,如图7-76(a)所示。

选中【机器人加工管理】栏【零件】模块中【底座】刚插入的POS点,在“调试面板”中选中该点,单击右键,选择弹出列表中的“添加仿真事件”,“类型”为“等待事件”,其余参数为默认,如图7-76(b)所示。

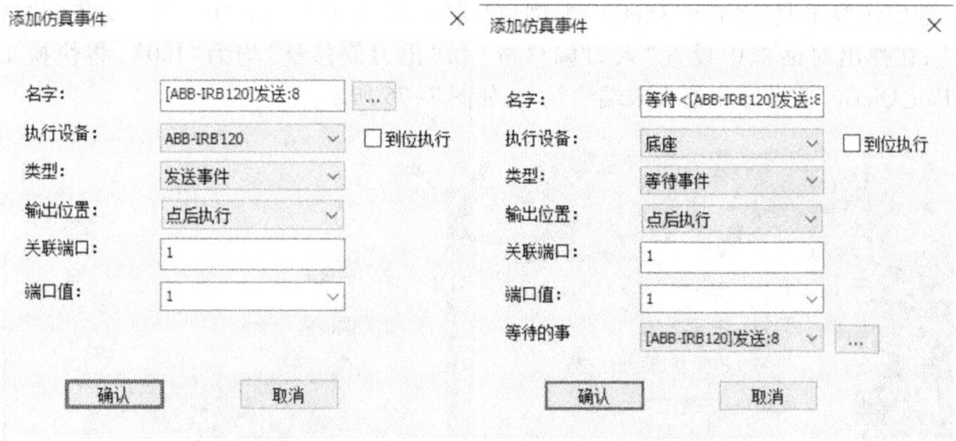

(a) (b)

图 7-76　添加机器人-底座交互仿真事件

选中“底座”模型，单击【三维球】，将底座沿着导轨（X 轴正向）移动 1430 mm，至 F 处；选中“底座”模型，单击鼠标右键，在弹出列表中选择“插入 Pos 点”。如图 7-77 所示。

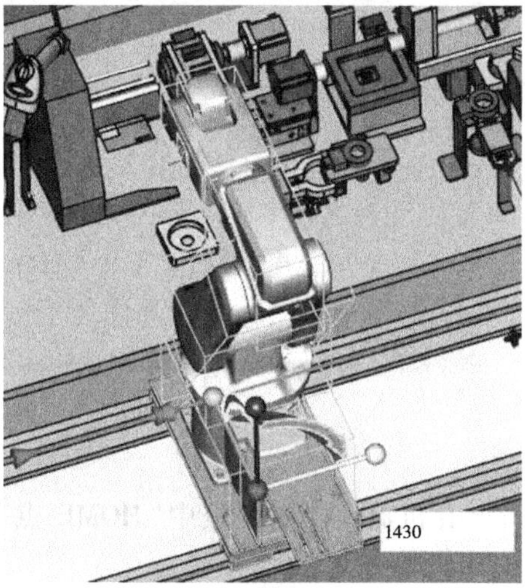

图 7-77　移动机器人至 F 处

选中“底座”模型，单击右键，在弹出列表中选择“插入 POS 点（Move-AbsJoint）”。在“调试面板”中选中该点，单击鼠标右键，选择弹出列表中的“添加仿真事件”，“类型”为“发送事件”，其余参数为默认，如图 7-78（a）所示。

选中“转盘”模型，单击右键，在弹出列表中选择“插入 POS 点”。在“调试面板”中选中，单击右键，选择弹出列表中的“添加仿真事件”，“类型”为“等待事件”，其余参数为默认，如图 7-78（b）所示。

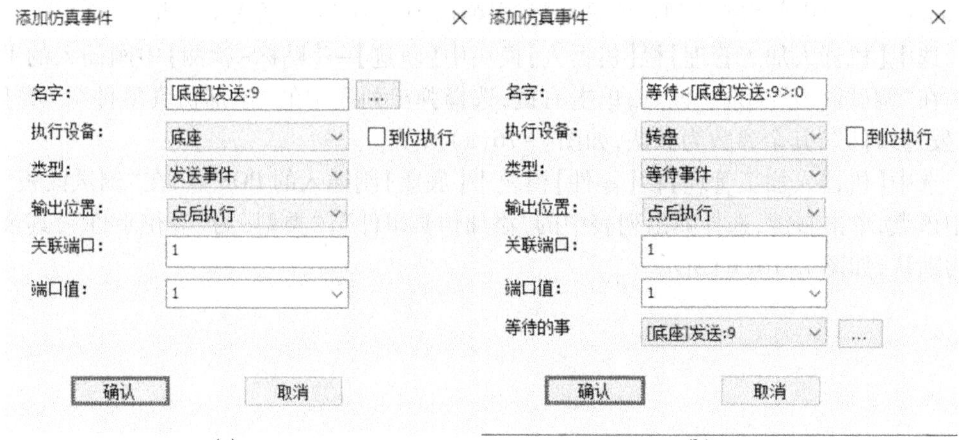

(a) (b)

图 7-78　添加机器人-转盘交互仿真事件

选中“转盘”模型，单击右键，在弹出列表中选择“抓取(生成轨迹)”，弹出对话框“未选择物体”栏中选择“零件下”，点击“增加”“确定”，如图7-79所示。

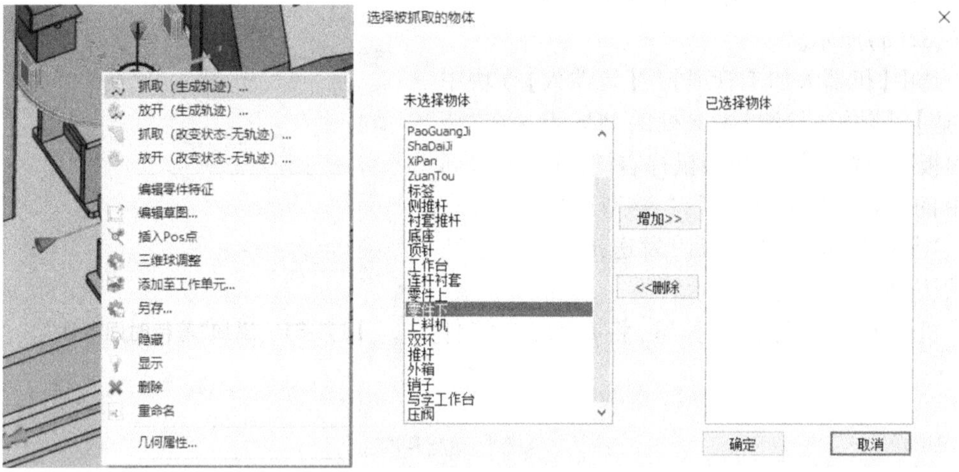

图7-79　转盘抓取“零件下”

选中“转盘”模型，使用【三维球】功能，将其绕 Z 轴旋转-90°。单击右键，在弹出列表中选择“插入Pos点”，如图7-80所示。

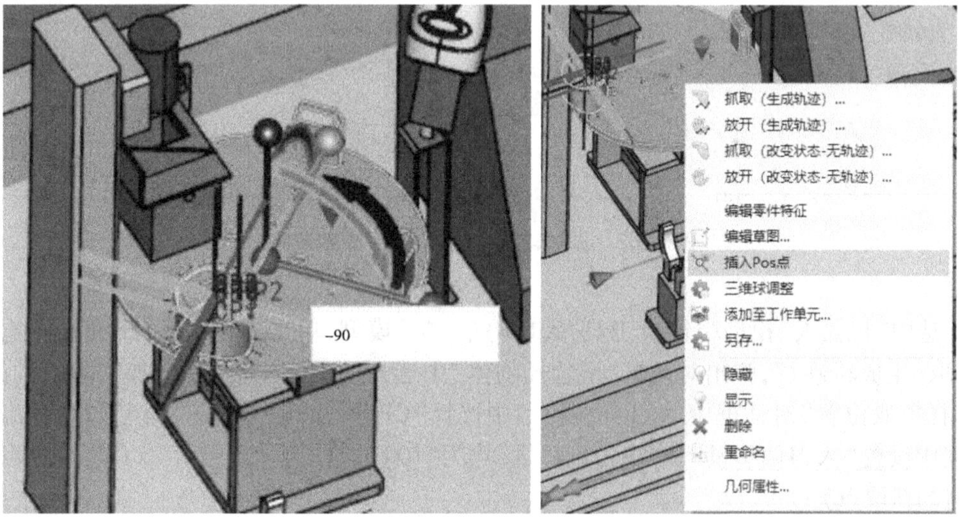

图7-80　转盘转动-90°

选中【机器人加工管理】栏【零件】模块中【转盘】刚插入的POS点，在“调试面板”中选中该点，单击右键，选择弹出列表中的“添加仿真事件”，“类型”为“等候时间事件”，时间为“3”，其余参数为默认，模拟视觉检测工艺，如图7-81所示。

选中“转盘”模型，使用【三维球】功能，将其绕 Z 轴旋转-90°。单击右键，在弹出列表中选择“插入 Pos 点”，在“调试面板”中选中，单击右键，选择弹出列表中的“添加仿真事件”，“类型”为“发送事件”，其余参数为默认，如图 7-82(a)所示。

选中【机器人加工管理】栏【机器人】模块中【轨迹】-【贴标-检测】中 F 处的 POS 点。在“调试面板”中选中该点，单击鼠标右键，选择弹出列表中的“添加仿真事件”，“类型”为“等待事件”，“等待的事”为“[转盘]发送:0”，其余参数为默认，如图 7-82(b)所示。

机器人从 F 处抓取标签，将其贴在“零件下”上。

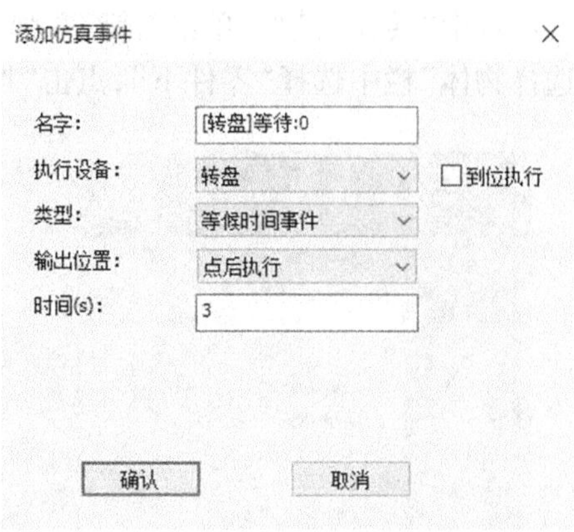

图 7-81　添加“等待时间事件”

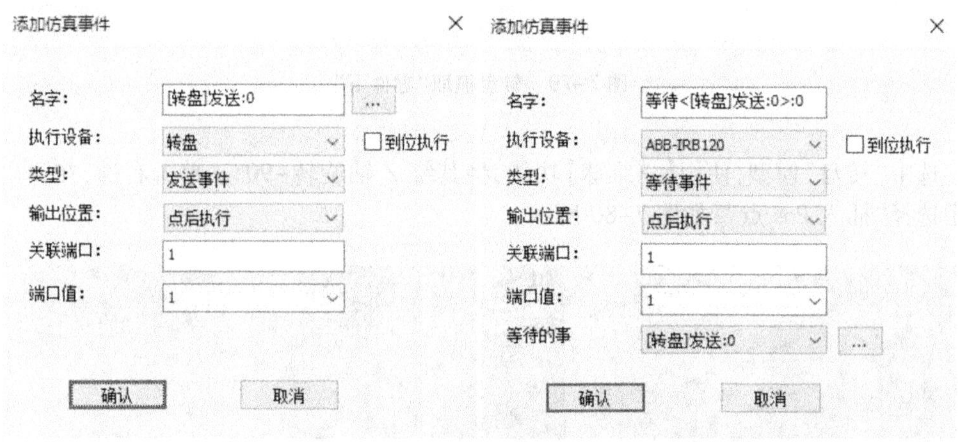

(a)　　(b)

图 7-82　添加转盘-机器人交互仿真事件

选中“机器人”模型中快换工具“XiPan_QieGe”模型，单击右键，在弹出列表中选择“抓取(生成轨迹)”，弹出对话框“未选择物体”中选择“标签”，点击“增加”“确定”；在“选择抓取位置”对话框中“承接位置”栏中选择“CP1”，点击“增加”“确定”；在弹出对话框中设置“入刀偏移量”和“出刀偏移量”均为“100”，如图 7-83 所示。(CP1 指抓取工件时的抓取点)

在机器人控制面板中“HOME 点”模块中选中“HOME1”，使机器人回到已定义的 HOME 点。

选中“机器人”模型，单击右键，在弹出列表中选择“插入 POS 点(Move-AbsJoint)”。选中“底座”模型，单击右键，在弹出列表中选择“插入 Pos 点”。

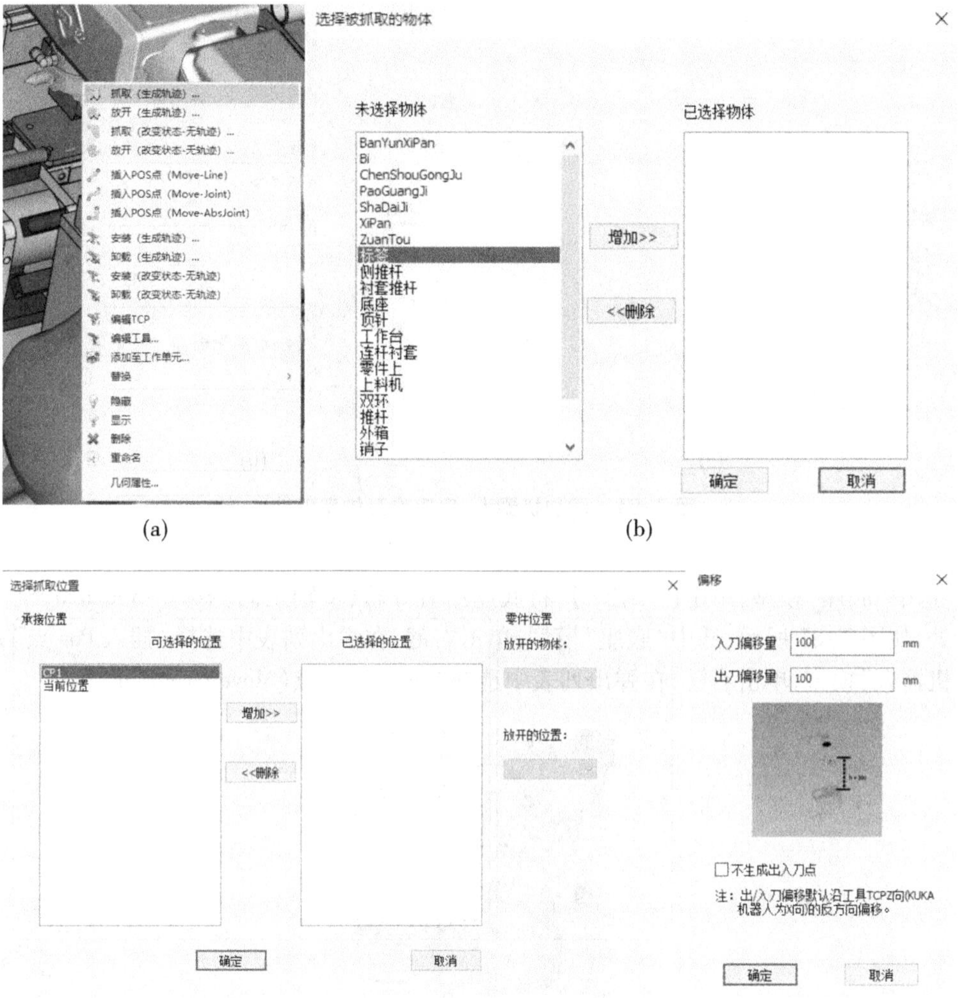

(a) (b)

(c) (d)

图 7-83 抓取“标签”

选中【机器人加工管理】栏【机器人】模块中【轨迹】→【贴标-检测】中刚插入的 POS 点。在“调试面板”中选中该点，单击右键，选择弹出列表中的“添加仿真事件”，“类型”为“发送事件”，其余参数为默认，如图 7-84(a) 所示。

选中【机器人加工管理】栏【零件】模块中【底座】刚插入的 POS 点，在“调试面板”中选中该点，单击右键，选择弹出列表中的“添加仿真事件”，“类型”为“等待事件”，其余参数为默认，如图 7-84(b) 所示。

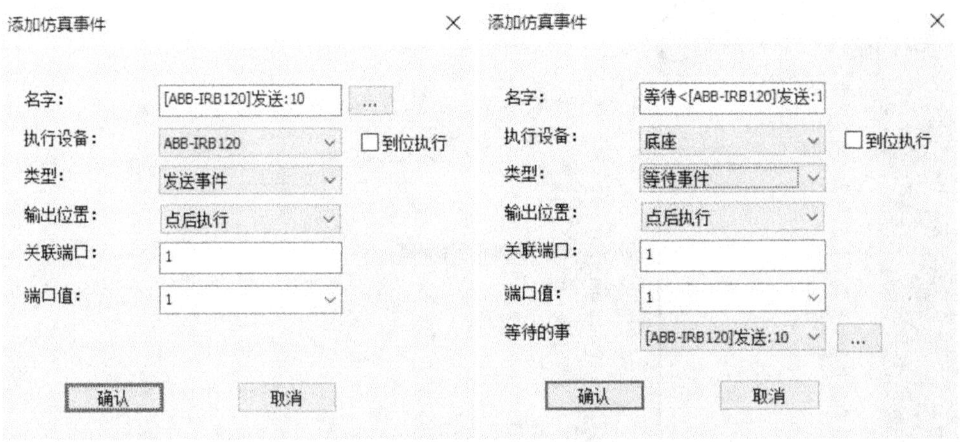

(a) (b)

图 7-84　添加机器人-底座交互仿真事件

选中“底座”模型，单击【三维球】，将底座沿着导轨（X 轴正向）移动-330 mm，至“转盘”处，如图 7-85 所示；选中“底座”模型，单击右键，在弹出列表中选择“插入 Pos 点”，选中“机器人”模型，单击右键，在弹出列表中选择“插入 POS 点（Move-AbsJoint）”。

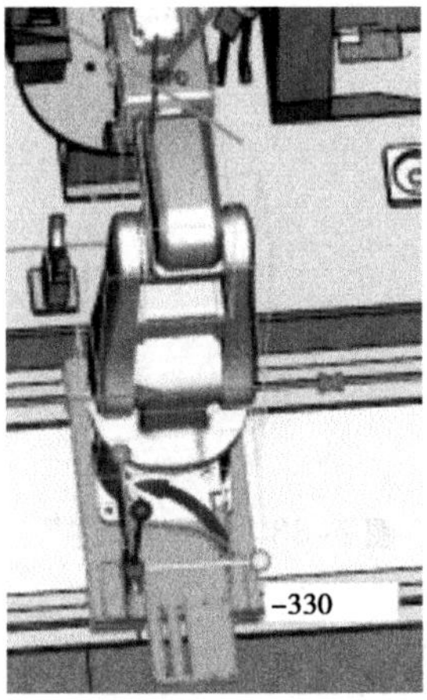

图 7-85　机器人移动至“转盘”处

选中【机器人加工管理】栏【零件】模块中【底座】刚插入的 POS 点，在“调试面板”中选中该点，单击右键，选择弹出列表中的“添加仿真事件”，“类型”为“发送事件”，其余参数为默认，如图 7-86（a）所示。

选中【机器人加工管理】栏【机器人】模块中【轨迹】→【贴标-检测】中刚插入的 POS 点。在“调试面板”中选中该点，单击右键，选择弹出列表中的“添加仿真事件”，“类型”为“等待事件”，其余参数为默认，如图 7-86（b）所示。

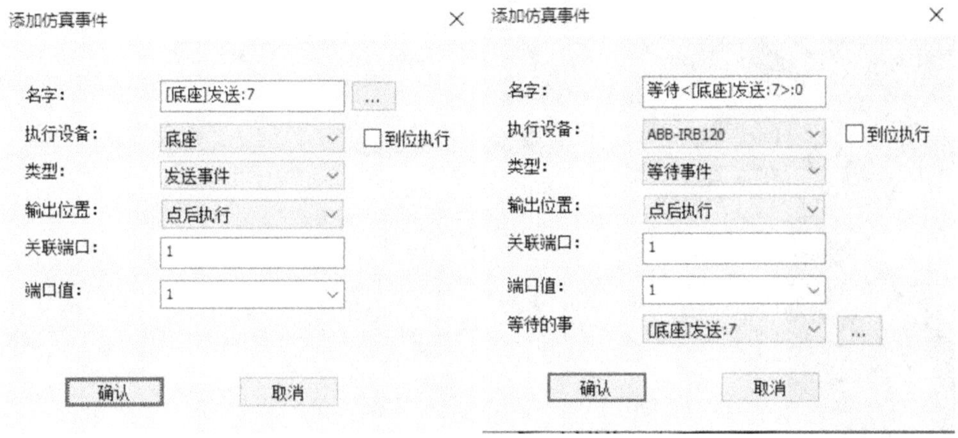

(a)　(b)

图 7-86　添加底座-机器人交互仿真事件

在机器人末端执行器上选中"标签"模型，使用【三维球】功能，单击鼠标右键，在弹出列表中选择"到点"，在"零件下"表面任意选择一点，并通过【三维球】功能使其完全贴合在"零件下"表面，如图 7-87 所示。

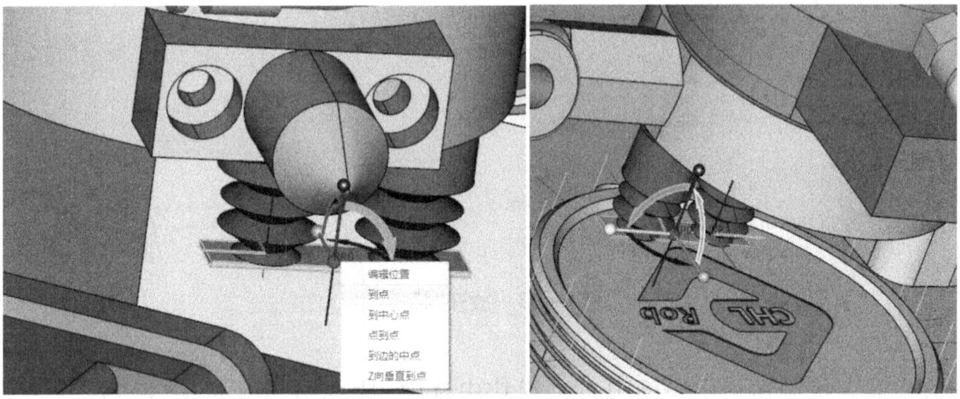

图 7-87　"标签"移动至"零件下"表面

选中"机器人"模型中快换工具"XiPan_QieGe"模型，单击右键，在弹出列表中选择"放开（生成轨迹）"，弹出对话框"未选择物体"栏中选择"标签"，点击"增加""确定"；在"选择放开位置"对话框中"承接位置"栏中选择"当前位置"，点击"增加"，"确定"；在弹出对话框中设置"入刀偏移量"和"出刀偏移量"均为"10"，如图 7-88 所示。

注：如果在"偏移"对话框中设置入刀偏移量和出刀偏移量后，出现"出入刀点不可达"的对话框，需要将入刀偏移量和出刀偏移量设置的数值减小，或重新调整"标签"位置。

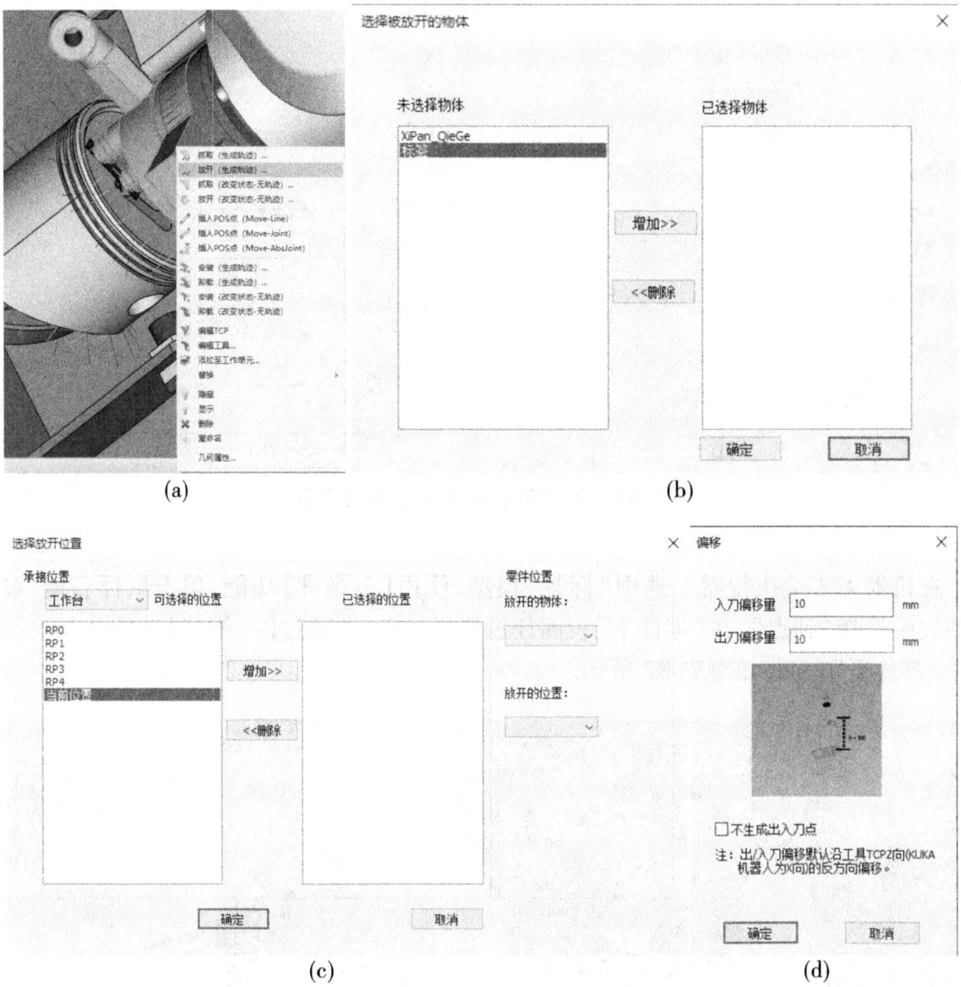

图 7-88　放开“标签”

在机器人控制面板中“HOME 点”模块中选中“HOME1”，使机器人回到已定义的 Home 点。选中“机器人”模型，单击右键，在弹出列表中选择“插入 POS 点（Move-AbsJoint）”。在“调试面板”中选中该点，单击右键，选择弹出列表中的“添加仿真事件”，“类型”为“发送事件”，其余参数为默认，如图 7-89（a）所示。

选中【机器人加工管理】栏【零件】模块【转盘】中贴标签处的 POS 点，在“调试面板”中选中该点，单击右键，选择弹出列表中的“添加仿真事件”，“类型”为“等待事件”，其余参数为默认，如图 7-89（b）所示。

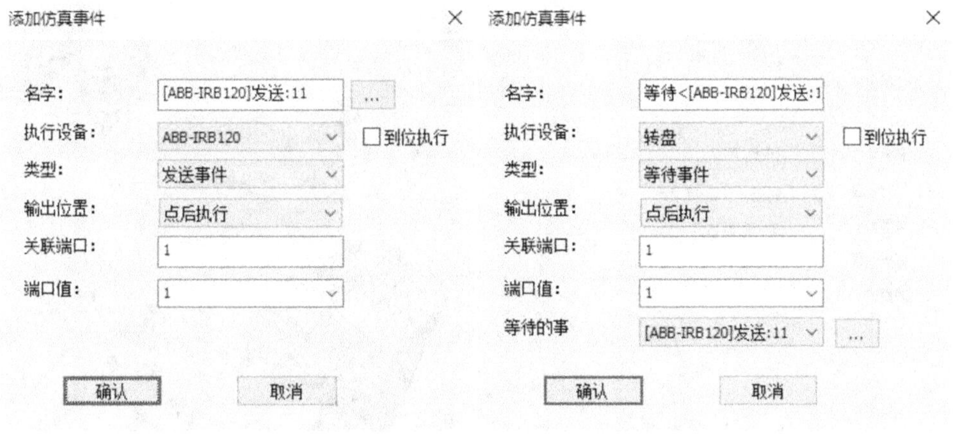

(a) (b)

图 7-89　添加机器人-底座交互仿真事件

选中【机器人加工管理】栏【零件】模块【转盘】中贴标签处的 POS 点，在“调试面板”中选中，单击右键，选择弹出列表中的“添加仿真事件”，“类型”为“抓取事件”，“关联设备”为“标签”，其余参数为默认，如图 7-90 所示。

选中“转盘”模型，使用【三维球】功能，将其绕 Z 轴旋转-90°，使“零件下”达到 X 处，如图 7-91 所示。单击右键，在弹出列表中选择“插入 Pos 点”。

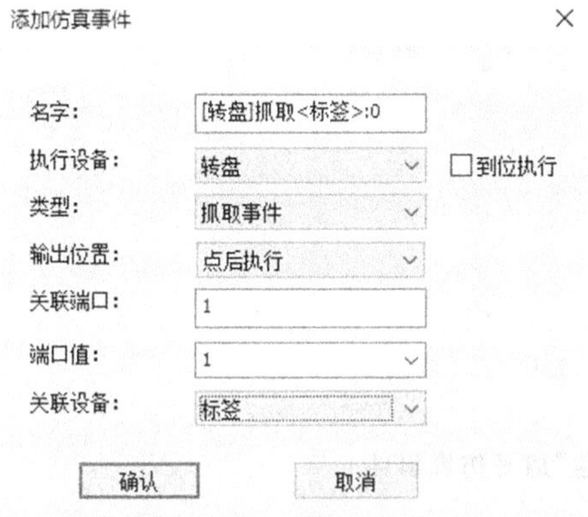

图 7-90　“转盘”抓取“标签”

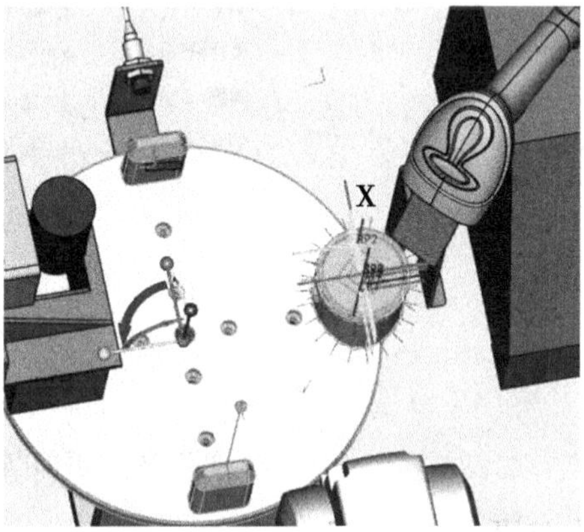

图 7-91　转动“转盘”至 X 处

选中【机器人加工管理】栏【零件】模块中【转盘】刚插入的 POS 点，在“调试面板”中选中，单击右键，选择弹出列表中的“添加仿真事件”，“类型”为“等候时间事件”，“时间”为“3”，其余参数为默认，模拟扫描工艺，如图 7-92 所示。

选中“转盘”模型，使用【三维球】功能，将其绕 Z 轴旋转-90°，使“零件下”达到 Y 处，如图 7-93 所示。单击右键，在弹出列表中选择“插入 Pos 点”。

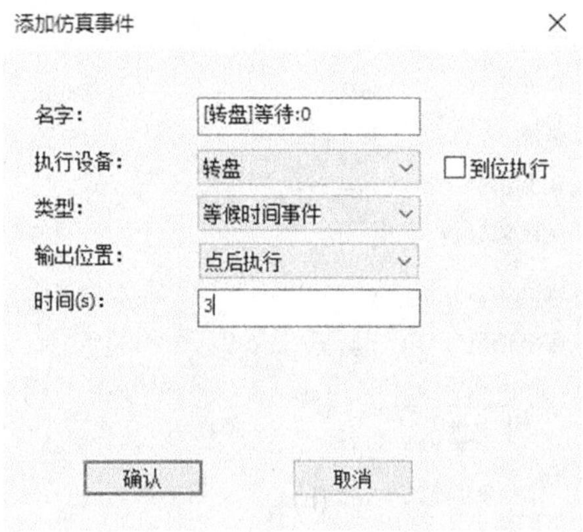

图 7-92　添加“等候时间事件”

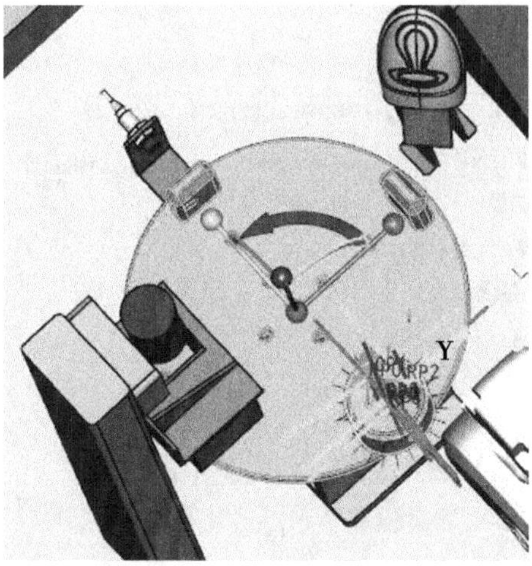

图 7-93　转动“转盘”至 Y 处

选中【机器人加工管理】栏【零件】模块【转盘】中刚插入处的 POS 点，在“调试面板”中选中，单击右键，选择弹出列表中的“添加仿真事件”，“类型”为“放开事件”，“关联设备”为“零件下”，其余参数为默认，如图 7-94 所示。

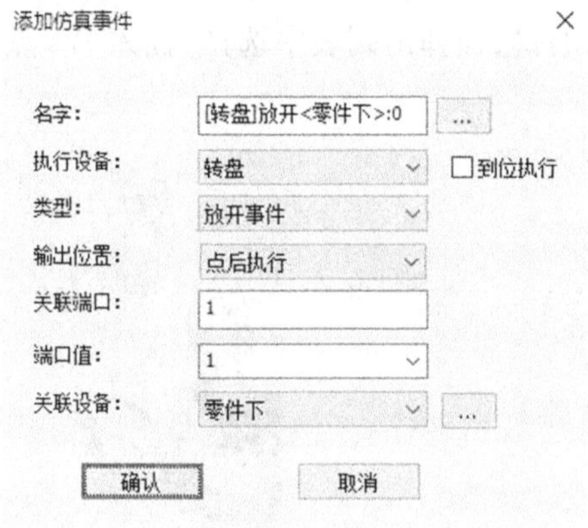

图 7-94　添加“转盘”放开仿真事件

4. 仿真

在【基础编程】栏中，单击【仿真】，在仿真管理栏中选择“ ”，观看仿真动画。观察仿真过程是否达到任务要求，如果满足任务要求，则进入下一个任务；如果未达到要求，针对未满足要求部分进行修改，直至满足任务要求。

任务 4　搬运工件仿真

任务 4　搬运工件仿真

工件（“零件下”）完成检测—贴标—扫描工艺仿真后，转动至 J 处。机器人先移动至 B 处（图 7-3），将快换工具“XiPan_QieGe”放回，再返回 O 处安装快换工具“XiPan”，然后返回 J 处，将工件搬运至 P 处，最后机器人返回 O 处，将快换工具“XiPan”放回，机器人恢复至 HOME 点，返回初始位置。如图 7-95 所示。

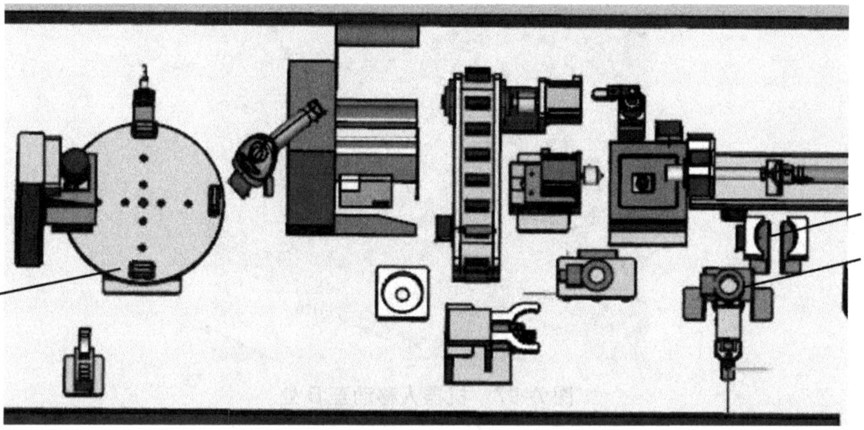

图 7-95　搬运工件仿真示意图

1. 更换快换工具

选中【机器人加工管理】栏【机器人】模块中【轨迹】→【贴标-检测】中 J 处的 POS 点。在“调试面板”中选中该点，单击右键，选择弹出列表中的“添加仿真事件”，“类型”为“发送事件”，其余参数为默认，如图 7-96(a)所示。

选中【机器人加工管理】栏【零件】模块中【底座】在 J 处的 POS 点，在“调试面板”中选中，单击右键，选择弹出列表中的“添加仿真事件”，“类型”为“等待事件”，其余参数为默认，如图 7-96(b)所示。

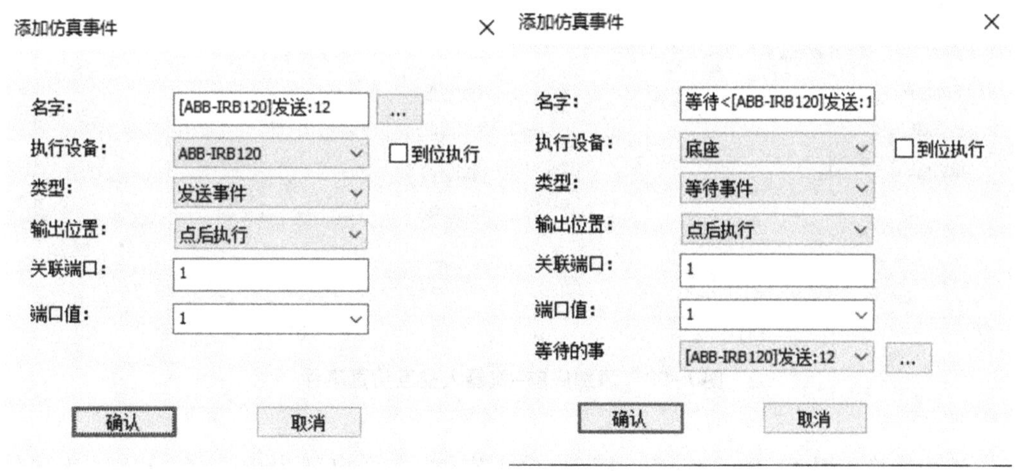

(a)　(b)

图 7-96　添加机器人-底座交互仿真事件

选中“底座”模型，单击【三维球】，将底座沿着导轨（X 轴正向）移动-1120 mm（图 7-97），至 B 处（图 7-3）；选中“底座”模型，单击右键，在弹出列表中选择“插入 Pos 点”，选中“机器人”模型，单击右键，在弹出列表中选择“插入 POS 点（Move-AbsJoint）”。

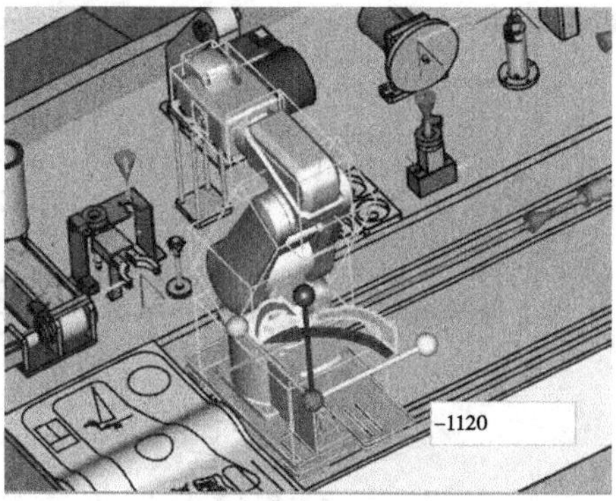

图 7-97　机器人移动至 B 处

选中【机器人加工管理】栏【零件】模块中【底座】刚插入的 POS 点，在“调试面板”中选中，单击右键，选择弹出列表中的“添加仿真事件”，“类型”为“发送事件”，其余参数为默认，如图 7-98（a）所示。

选中【机器人加工管理】栏【机器人】模块中【轨迹】→【贴标-检测】刚插入的 POS 点。在“调试面板”中选中该点，单击右键，选择弹出列表中的“添加仿真事件”，“类型”为“等待事件”，其余参数为默认，如图 7-98（b）所示。

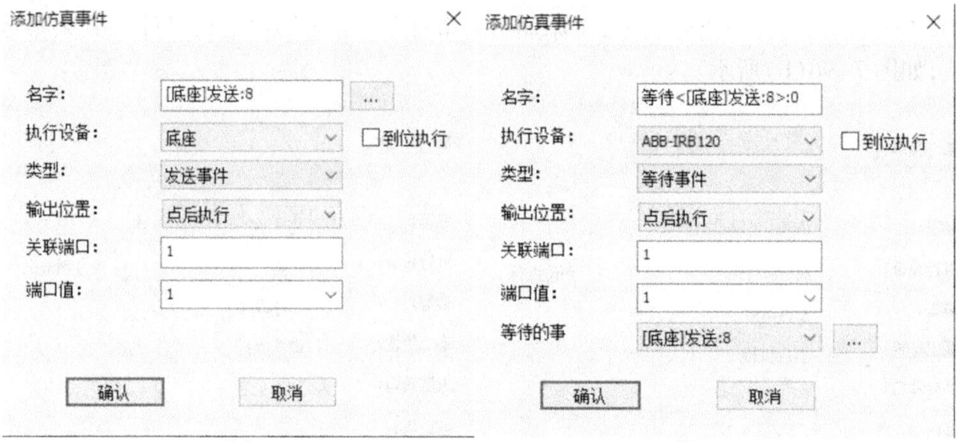

(a)　　　　(b)

图 7-98　添加底座-机器人交互仿真事件

选中快换工具“XiPan_QieGe”模型，单击右键，在弹出列表中选择“卸载（生成轨迹）”，在弹出对话框中设置“入刀偏移量”和“出刀偏移量”均为“100”，将快换工具“XiPan_QieGe”放置到 B 处，如图 7-99 所示。

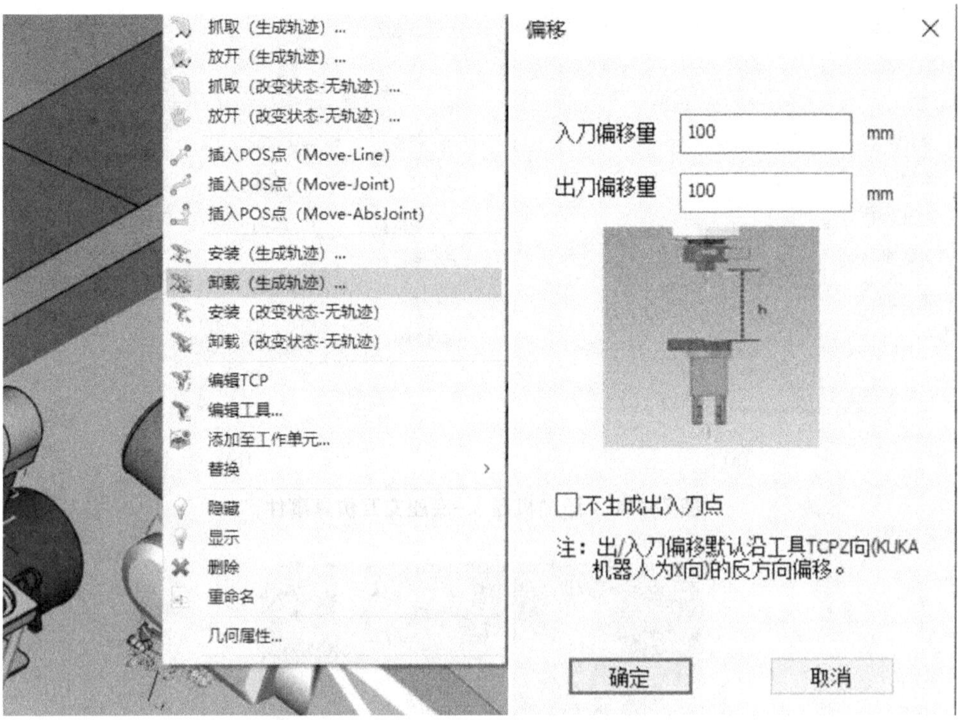

图 7-99　卸载快换工具“XiPan_QieGe”

在机器人控制面板中“HOME 点”模块中选中“HOME1”，使机器人回到已定义的 Home 点。

选中“机器人”模型，单击鼠标右键，在弹出列表中选择“插入 POS 点（Move-AbsJoint）”。

选中【机器人加工管理】栏【机器人】模块中【轨迹】→【贴标-检测】中刚插入处的 POS 点。在“调试面板”中选中该点，单击右键，选择弹出列表中的“添加仿真事件”，“类型”为“发送事件”，其余参数为默认，如图 7-100（a）所示。

选中【机器人加工管理】栏【零件】模块中【底座】在 B 处的 POS 点，在【调试面板】中选中，单击右键，选择弹出列表中的“添加仿真事件”，“类型”为“等待事件”，其余参数为默认，如图 7-100（b）所示。

选中“底座”模型，单击【三维球】，将底座沿着导轨（X 轴正向）移动 1850 mm，至 J 处；选中“底座”模型，单击右键，在弹出列表中选择“插入 Pos 点”，选中“机器人”模型，单击右键，在弹出列表中选择“插入 POS 点（Move-AbsJoint）”，如图 7-101 所示。

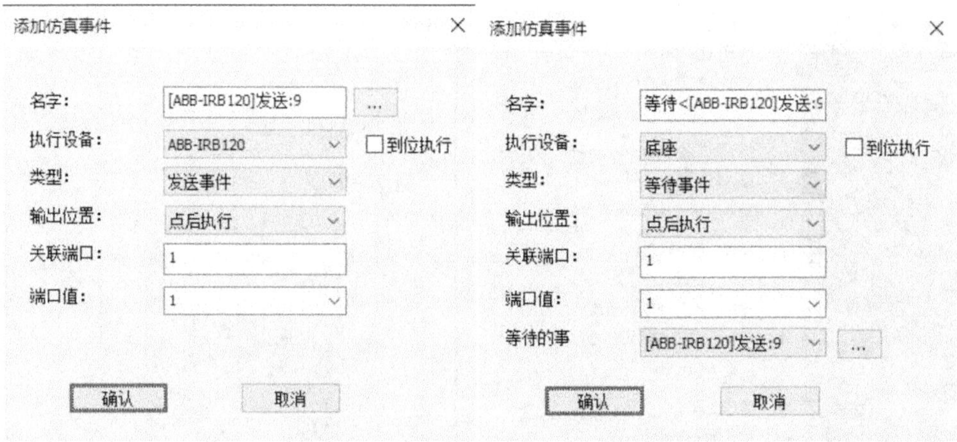

(a) (b)

图 7-100　添加机器人-底座交互仿真事件

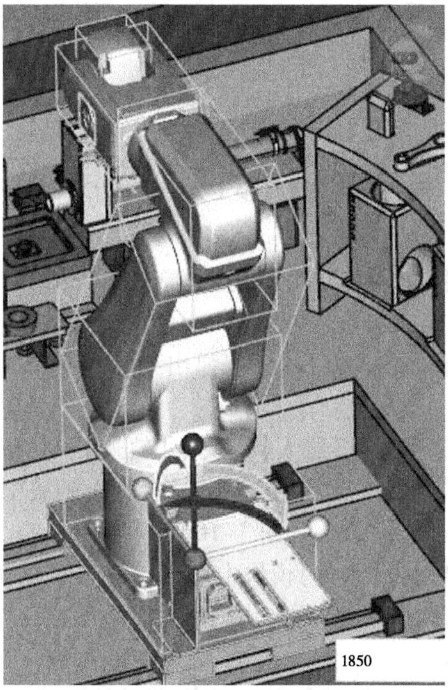

图 7-101　移动机器人至 O 处

选中快换工具“XiPan”模型，单击右键，在弹出列表中选择“安装(生成轨迹)”，“偏移”对话框中选择“不生成出入刀点”，将快换工具“XiPan”安装至机器人末端法兰上，如图 7-102 所示。

选中快换工具“XiPan”模型，使用【三维球】功能，将其沿着 Z 轴移动 50 mm，取消【三维球】功能；选中快换工具“XiPan”模型，单击右键，在弹出列表中选择“插入 POS 点(Move-AbsJoint)”，设置为出刀点，如图 7-103 所示。

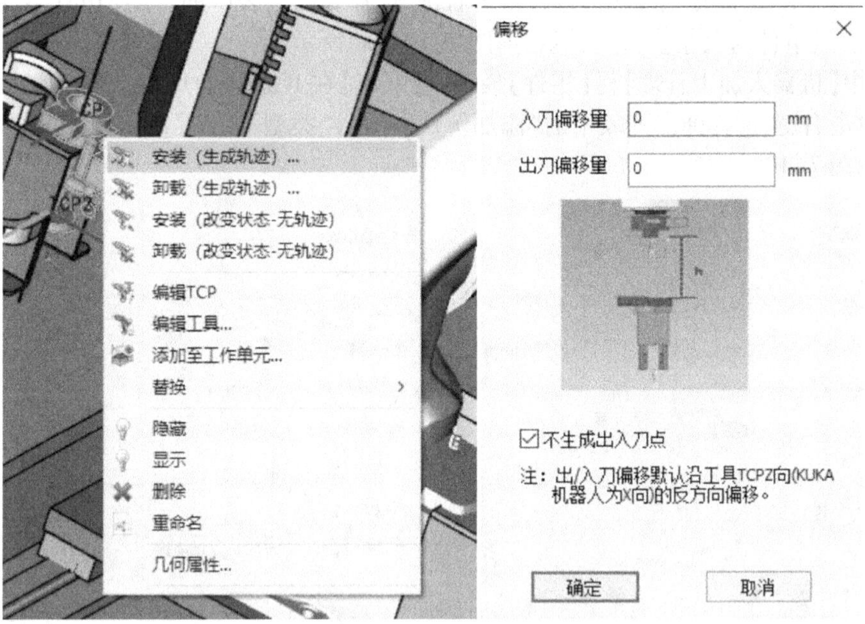

图 7-102　安装快换工具“XiPan”

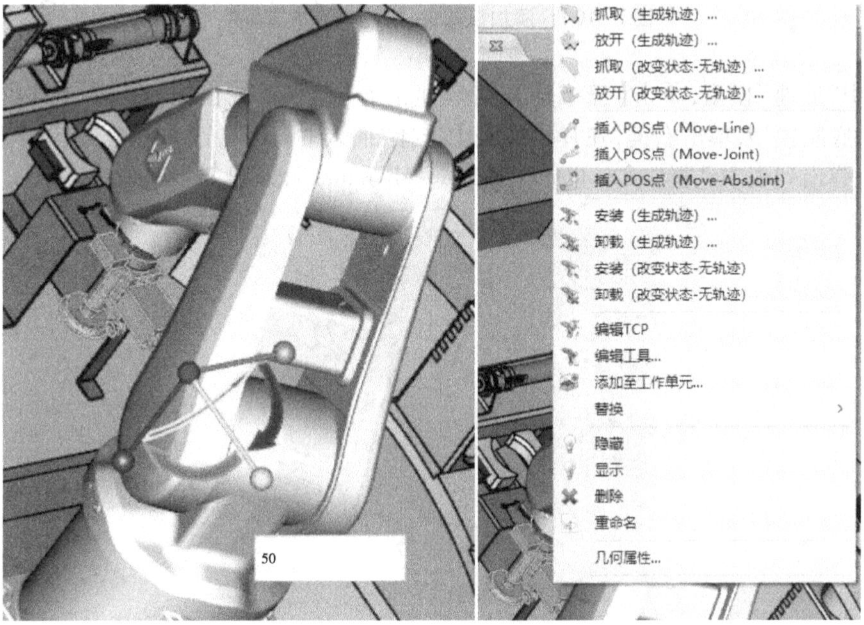

图 7-103　设置出刀点

在机器人控制面板中“HOME 点”模块中选中“HOME1”,使机器人回到已定义的 Home 点。选中“机器人”模型,单击右键,在弹出列表中选择“插入 POS 点(Move-AbsJoint)”。

选中【机器人加工管理】栏【机器人】模块中【轨迹】→【贴标-检测】中刚插入处的

POS 点。在“调试面板”中选中该点，单击右键，选择弹出列表中的“添加仿真事件”，“类型”为“发送事件”，其余参数为默认，如图 7-104(a)所示。

选中【机器人加工管理】栏【零件】模块中【底座】在 B 处的 POS 点，在“调试面板”中选中，单击右键，选择弹出列表中的“添加仿真事件”，“类型”为“等待事件”，其余参数为默认，如图 7-104(b)所示。

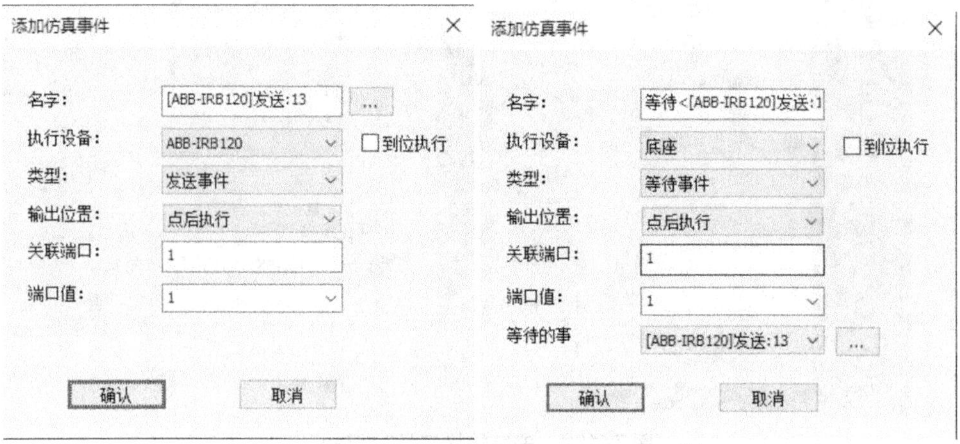

(a) (b)

图 7-104　添加机器人-底座交互仿真事件

选中“底座”模型，单击【三维球】，将底座沿着导轨（X 轴正向）移动-730 mm，至 J 处；选中底座模型，单击右键，在弹出列表中选择“插入 Pos 点”，选中“机器人”模型，单击右键，在弹出列表中选择“插入 POS 点（Move-AbsJoint）”，如图 7-105 所示。

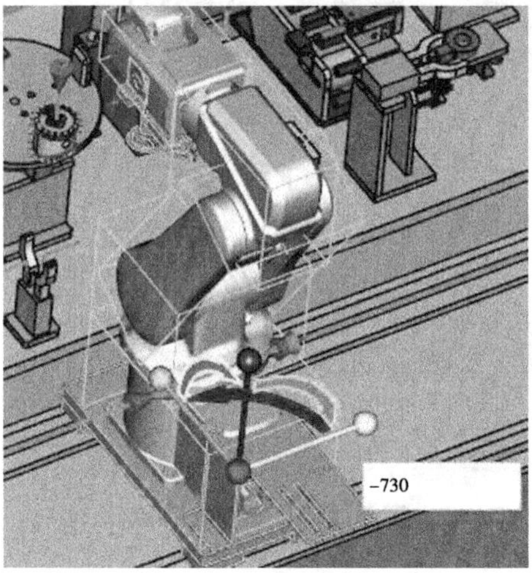

图 7-105　移动机器人至 J 处

2. 搬运工件

选中机器人末端法兰，单击右键，在弹出列表中选择“TCP 设置”，将“设置 TCP”对话框中“当前 TCP”设置为“XiPan_TCP2”，如图 7-106 所示。

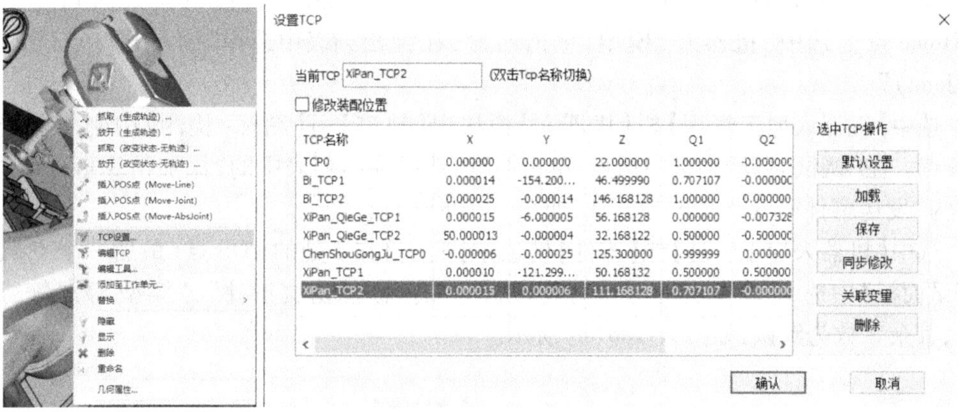

图 7-106　TCP 设置

选中“机器人”模型，单击右键，在弹出列表中选择“抓取(生成轨迹)”，弹出对话框“未选择物体”栏中选择“零件下”，点击“增加”“确定”；在“选择抓取位置”对话框中“承接位置”栏中选择“CP3”，点击“增加”“确定”；在弹出对话框中设置“入刀偏移量”和“出刀偏移量”均为“100”，如图 7-107 所示。（CP3 指抓取工件时的抓取点）

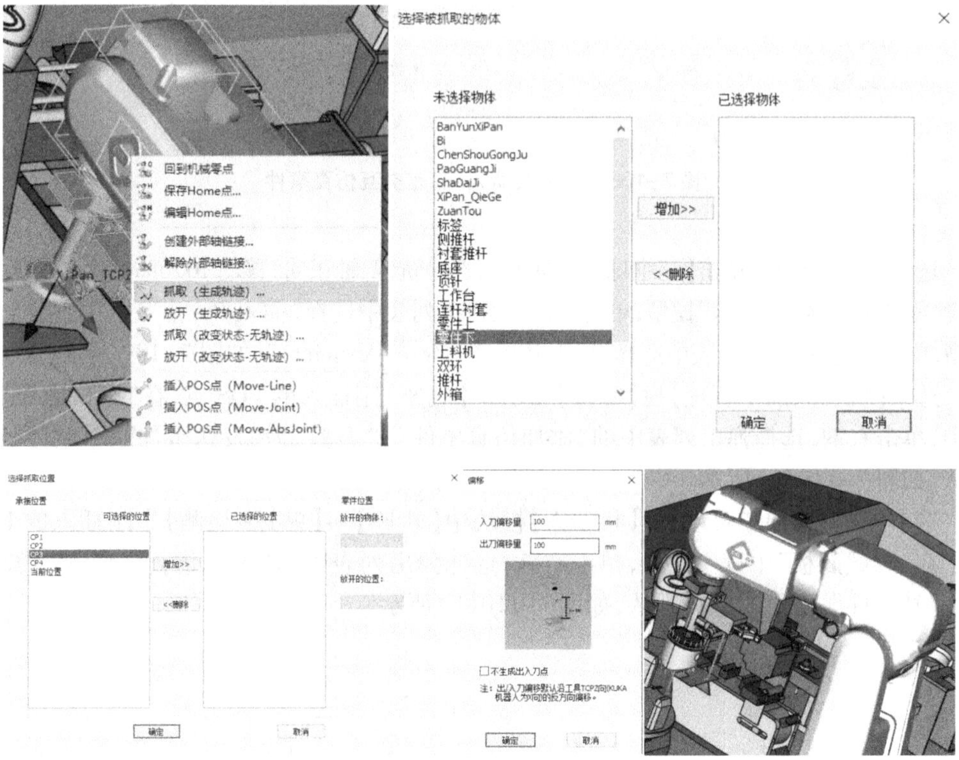

图 7-107　抓取“零件下”

在机器人控制面板中“HOME 点”模块中选中“HOME1”，使机器人回到已定义的 Home 点。选中“机器人”模型，单击右键，在弹出列表中选择“插入 POS 点（Move-AbsJoint）”。

选中【机器人加工管理】栏【机器人】模块中【轨迹】→【贴标-检测】中刚插入处的 POS 点。在“调试面板”中选中该点，单击右键，选择弹出列表中的“添加仿真事件”，“类型”为“发送事件”，其余参数为默认，如图 7-108（a）所示。

选中【机器人加工管理】栏【零件】模块中【底座】在 J 处的 POS 点（最后一个点），在“调试面板”中选中，单击右键，选择弹出列表中的“添加仿真事件”，“类型”为“等待事件”，其余参数为默认，如图 7-108（b）所示。

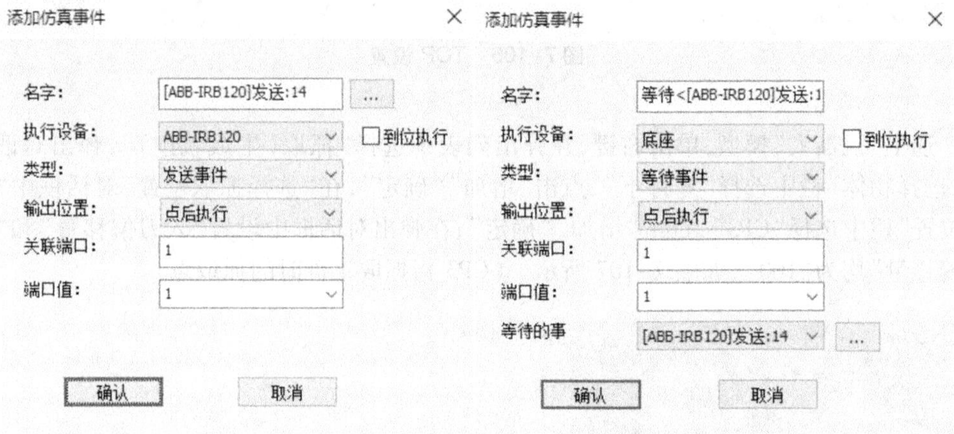

(a) (b)

图 7-108　添加机器人-底座交互仿真事件

选中“底座”模型，单击【三维球】，将底座沿着导轨（X 轴正向）移动 760 mm，至 O 处，准备放置“零件下”；选中“底座”模型，单击右键，在弹出列表中选择“插入 Pos 点”，选中“机器人”模型，单击右键，在弹出列表中选择“插入 POS 点（Move-AbsJoint）”，如图 7-109 所示。

选中【机器人加工管理】栏【零件】模块中【底座】刚插入的 POS 点，在“调试面板”中选中，单击右键，选择弹出列表中的“添加仿真事件”，“类型”为“发送事件”，其余参数为默认，如图 7-110（a）所示。

选中【机器人加工管理】栏【机器人】模块中【轨迹】→【贴标-检测】中刚插入的 POS 点。在“调试面板”中选中该点，单击右键，选择弹出列表中的“添加仿真事件”，“类型”为“等待事件”，其余参数为默认，如图 7-110（b）所示。

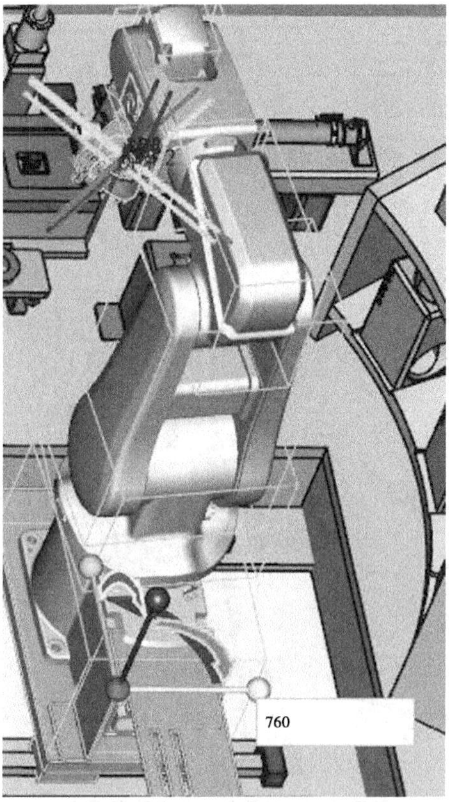

图 7-109　移动机器人至 O 处

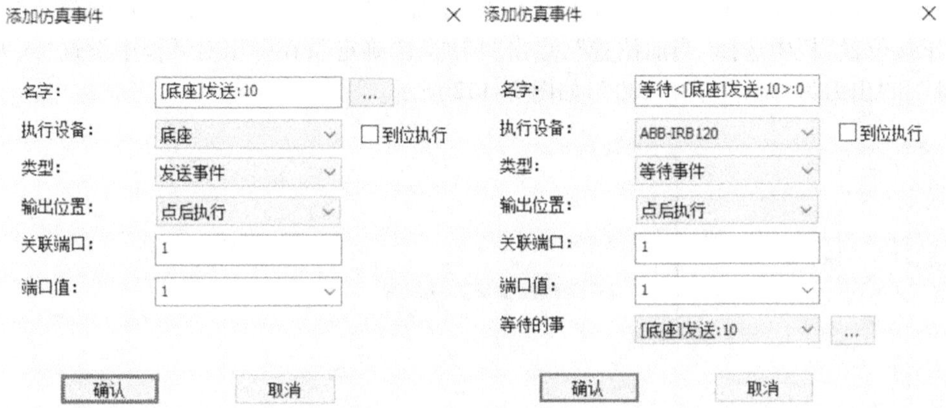

(a)　　　　　　　　　　(b)

图 7-110　添加底座-机器人交互仿真事件

选中快换工具“XiPan”模型，使用【三维球】功能，单击右键，在弹出列表中选择“到中心点”，选中 P 处平面圆弧，将“零件下”移动至 P 处；选中 Y 轴，将其调整与 P 处平台长边垂直，并将三维球沿着 Z 轴移动-25 mm，如图 7-111 所示。

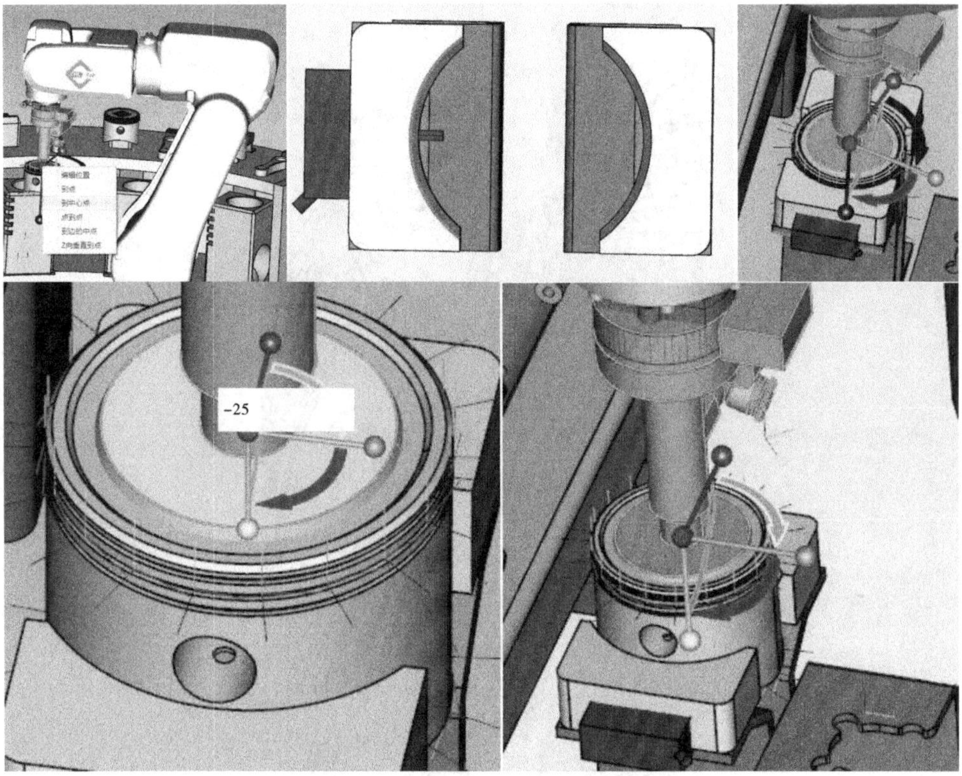

图 7-111 “零件下”移动至 P 处

选中快换工具“XiPan”模型，单击右键，在弹出列表中选择“放开(生成轨迹)”，弹出对话框“未选择物体”中选择“零件下”，点击“增加”，“确定”；在“选择放开位置”对话框中“承接位置”栏中选择“当前位置”，点击“增加”，“确定”；在弹出对话框中设置“入刀偏移量”和“出刀偏移量”均为“100”，如图 7-112 所示。

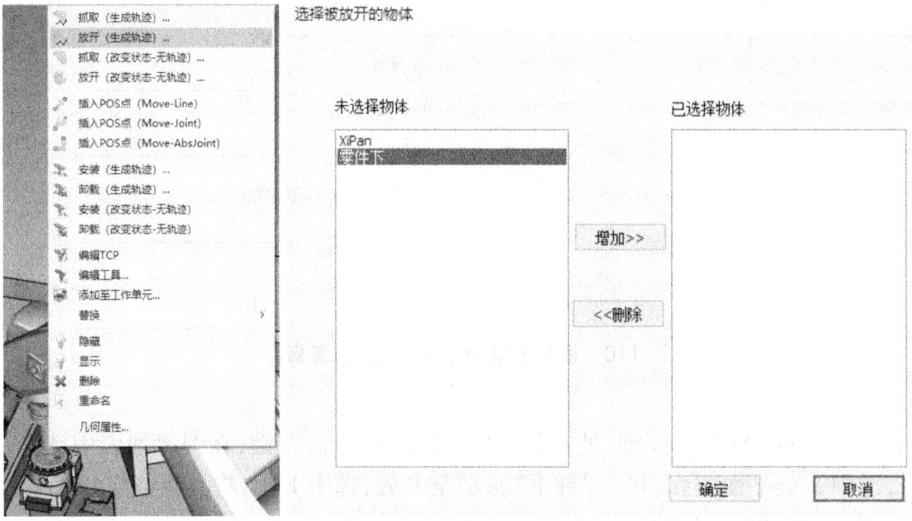

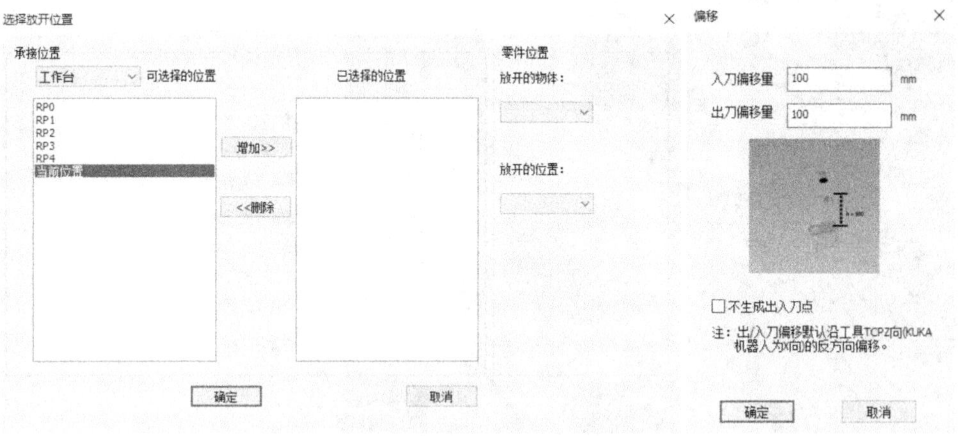

图 7-112 放开“零件下”

在机器人控制面板中“HOME 点”模块中选中“HOME1”，使机器人回到已定义的 Home 点。选中“机器人”模型，单击右键，在弹出列表中选择“插入 POS 点(Move-AbsJoint)”。

3. 机器人返回

选中快换工具“XiPan”模型，单击右键，在弹出列表中选择“卸载(生成轨迹)”，如图 7-113 所示，“偏移”对话框中选择“不生成出入刀点”，将快换工具“XiPan”放置至 O 处支架上。

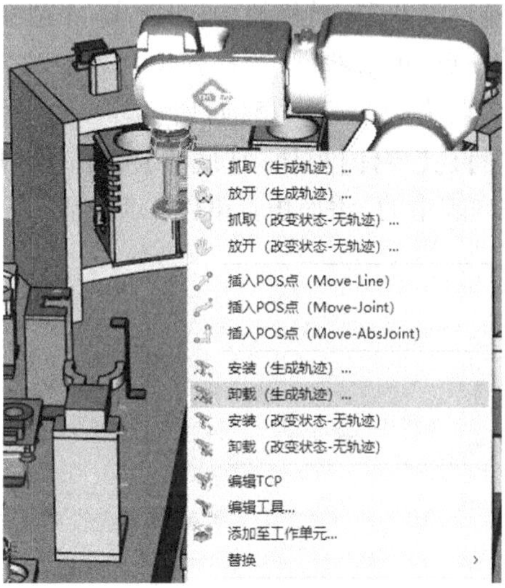

图 7-113 卸载快换工具“XiPan”

选中法兰模型，使用【三维球】功能，将其沿着 Z 轴移动 50 mm，取消【三维球】功能；选中快换工具“XiPan”模型，单击右键，在弹出列表中选择“插入 POS 点(Move-AbsJoint)”，并将其在【轨迹】中拖拽至“卸载”轨迹前，作为入刀点，如图 7-114 所示。

图 7-114　插入过渡点

在机器人控制面板中“HOME 点”模块中选中“HOME1”，使机器人回到已定义的 HOME 点。选中“机器人”模型，单击右键，在弹出列表中选择“插入 POS 点(Move-AbsJoint)”。

选中【机器人加工管理】栏【机器人】模块中【轨迹】→【贴标-检测】中刚插入的 POS 点。在“调试面板”中选中该点，单击右键，选择弹出列表中的“添加仿真事件”，“类型”为“发送事件”，其余参数为默认，如图 7-115(a)所示。

选中【机器人加工管理】栏【零件】模块中【底座】刚插入的 POS 点，在“调试面板”中选中，单击右键，选择弹出列表中的“添加仿真事件”，“类型”为“等待事件”，其余参数为默认，如图 7-115(b)所示。

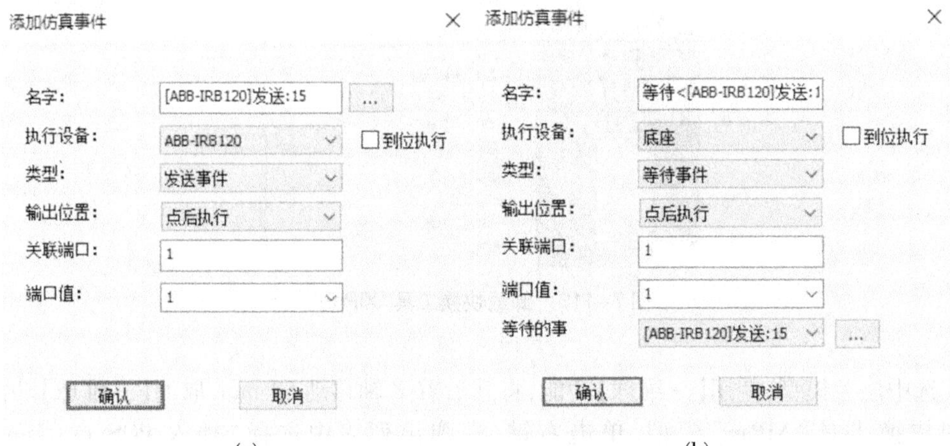

(a)　　　　　　　　　　(b)

图 7-115　添加机器人-底座交互仿真事件

选中“底座”模型，单击【三维球】，将底座沿着导轨（X 轴正向）移动-1850 mm，至初始位置处，准备放置“零件下”；选中“底座”模型，单击右键，在弹出列表中选择“插入 Pos 点”，选中“机器人”模型，单击右键，在弹出列表中选择“插入 POS 点（Move-AbsJoint）”，如图 7-116 所示。

4. 仿真

在【基础编程】栏中，单击【仿真】，在仿真管理栏中选择“ ”，观看仿真动画。观察仿真过程是否达到任务要求，如果满足任务要求，则输出动画；如果未达到要求，针对未满足要求部分进行修改，直至满足任务要求。

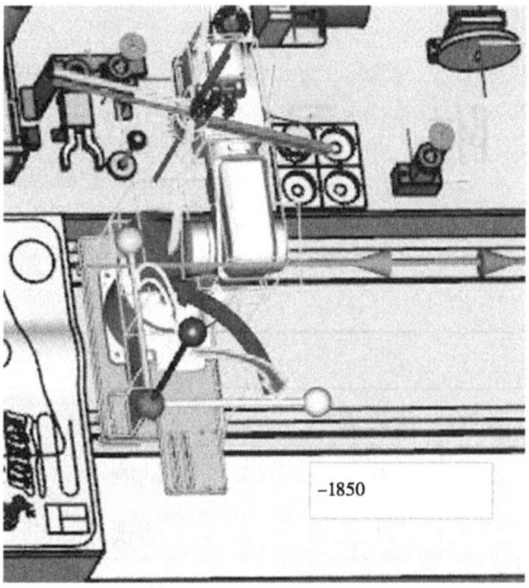

图 7-116　移动机器人至初始位置

7.5　考核评价

任务考评				
评分项	分值	考核内容	评分标准	得分
基础知识	10 分	1. 切割、打磨、抛光等工艺的定义和功能； 2. 仿真事件的含义	参照基础知识部分，每条 5 分	
任务实施	50 分	根据文中所述方法，“零件下”经过切割、打磨、抛光、检测、贴标、扫描等工艺后，放置在如图 7-117 所示 Q 位置 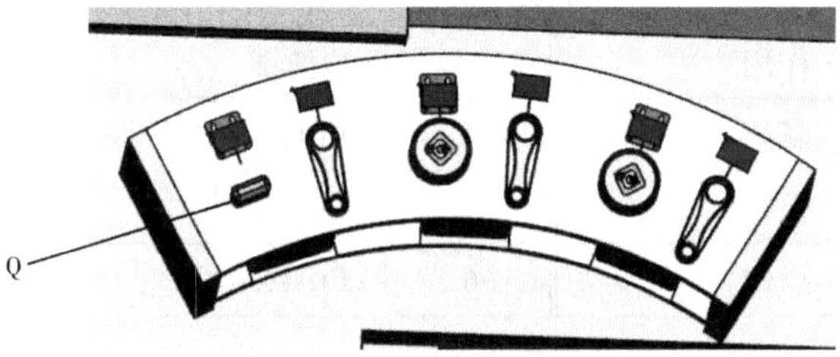 图 7-117　放置位置图	按照评分标准，结合任务实施过程和结果，逐项打分	
任务汇报	30 分	任务分析、过程实施和结果呈现	参考汇报过程和结果，酌情打分	
其他	10 分	撰写任务实施过程和结果分析	参考评分标准，根据提交任务报告打分	
合计				

附 录 PQArt 软件快捷键

视向快捷键					
序号	快捷键	作用	序号	快捷键	作用
1	0	轴测	7	6	左视
2	1	前视	8	F8	显示全图
3	2	俯视	9	Ctrl+B	局部放大
4	3	右视	10	V+S	显示居中
5	4	后视	11	V+P	透视开
6	5	底视	12	V+O	透视关
绘制样式快捷键					
序号	快捷键	作用	序号	快捷键	作用
1	V+1	默认模式	5	V+5	点
2	V+2	带边界真实感	6	V+6	隐藏线
3	V+3	真实感	7	V+7	没有阴影
4	V+4	线框			
系统快捷键					
序号	快捷键	作用	序号	快捷键	作用
1	Ctrl+N	新建	4	Ctrl+C	复制
2	Ctrl+S	保存	5	Ctrl+V	粘贴
3	Ctrl+Z	撤销	6	Ctrl+X	剪切
功能快捷键					
序号	快捷键	作用	序号	快捷键	作用
1	A	世界坐标系显示/隐藏	4	Ctrl+J	激活工具三维球状态下添加 MoveJ
2	Ctrl+I	导入工程文件	5	Ctrl+L	激活工具三维球状态下添加 MoveL
3	Ctrl+K	激活工具三维球状态下添加 MoveAbsj			

参考文献

[1]战强. 机器人学:机构、运动学及运动规划[M].北京:清华大学出版社,2019.
[2]龚仲华. 工业机器人从入门到应用[M].北京:机械工业出版社,2016.
[3]王淑珍,孟文宝. 工业机器人基础与应用[M].郑州:郑州大学出版社,2021.
[4]宋立博. 工业机器人离线编程与仿真技术[M].北京:机械工业出版社,2021.
[5]朱林,吴海波.工业机器人仿真与离线编程[M].北京:北京理工大学出版社,2017.
[6]庞党锋,崔世钢,田丽萍. 包装生产线码垛机器人工作站虚拟仿真研究[J].包装与食品机械,2022,40(4):68-72.